《模糊数学与系统及其应用丛书》编委会

主　　编：罗懋康

副 主 编：陈国青　李永明

编　　委：（以姓氏笔画为序）

　　　　　史福贵　李庆国　李洪兴　吴伟志
　　　　　张德学　赵　彬　胡宝清　徐泽水
　　　　　徐晓泉　曹永知　寇　辉　裴道武
　　　　　薛小平

模糊数学与系统及其应用丛书 2

聚合函数及其应用

覃 锋 著

科 学 出 版 社

北 京

内 容 简 介

聚合函数不同于传统的信息聚合模型,是用函数观点来描述信息聚合的数学工具,在模糊数学理论、模糊控制、模糊逻辑、决策理论和智能计算中有广泛的应用. 虽然关于它的研究可以追溯到阿贝尔的早期工作,但是它的真正兴起是近 20 年的事情,目前正处在蓬勃发展阶段. 本书将以一致模算子为主线,介绍近年来的进展及作者在这方面的工作. 主要包括:一致模算子的定义与结构;基于一致模的模糊蕴涵;基于一致模算子的函数方程.

本书可以作为从事模糊逻辑、模糊推理和智能计算研究的科研人员的参考资料,也可以作为数学、计算机、智能计算等相关专业的研究生教材或教学参考书.

图书在版编目(CIP)数据

聚合函数及其应用/覃锋著. —北京:科学出版社, 2019.2
(模糊数学与系统及其应用丛书)
ISBN 978-7-03-060521-4

Ⅰ. ①聚… Ⅱ. ①覃… Ⅲ. ①模糊数学 Ⅳ. ①O159

中国版本图书馆 CIP 数据核字(2019) 第 028813 号

责任编辑:任 静/责任校对:王 瑞
责任印制:吴兆东/封面设计:锦 辉

科 学 出 版 社 出版
北京东黄城根北街 16 号
邮政编码:100717
http://www.sciencep.com

北京中石油彩色印刷有限责任公司 印刷
科学出版社发行 各地新华书店经销

*

2019 年 2 月第 一 版　开本:720 × 1000　1/16
2020 年 1 月第二次印刷　印张:17
字数:324 000

定价: 108.00 元
(如有印装质量问题,我社负责调换)

《模糊数学与系统及其应用丛书》序

自然科学和工程技术,表现的是人类对客观世界有意识的认识和作用,甚至表现了这些认识和作用之间的相互影响,例如,微观层面上量子力学的观测问题.

当然,人类对客观世界最主要的认识和作用,仍然在人类最直接感受、感知的介观层面发生,虽然往往需要以微观层面的认识和作用为基础,以宏观层面的认识和作用为延拓.

而人类在介观层面认识和作用的行为和效果,可以说基本上都是力图在意识、存在及其相互作用关系中,对减少不确定性,增加确定性的一个不可达极限的逼近过程;即使那些目的在于利用不确定性的认识和作用行为,也仍然以对不确定性的具有更多确定性的认识和作用为基础.

正如确定性以形式逻辑的同一律、因果律、排中律、矛盾律、充足理由律为形同公理的准则而界定和产生一样,不确定性本质上也是对偶地以这五条准则的分别缺损而界定和产生. 特别地,最为人们所经常面对的,是因果律缺损所导致的随机性和排中律缺损所导致的模糊性.

与随机性被导入规范的定性、定量数学研究对象范围已有数百年的情况不同,人们对模糊性进行规范性认识的主观需求和研究体现,仅仅开始于半个世纪前 1965 年 Zadeh 具有划时代意义的 *Fuzzy sets* 一文.

模糊性与随机性都具有难以准确把握或界定的共同特性,而从 Zadeh 开始延续下来的 "以赋值方式量化模糊性强弱程度" 的模糊性表现方式,又与已经发展数百年而高度成熟的 "以赋值方式量化可能性强弱程度" 的随机性表现方式,在基本形式上平行——毕竟,模糊性所针对的 "性质",与随机性所针对的 "行为",在基本的逻辑形式上是对偶的. 这也就使得 "模糊性与随机性并无本质差别" "模糊性不过是随机性的另一表现" 等疑虑甚至争议,在较长时间和较大范围内持续.

然而时至今日,应该说不仅如上由确定性的本质所导出的不确定性定义已经表明模糊性与随机性在本质上的不同,而且人们也已逐渐意识到,表现事物本身性质的强弱程度而不关乎其发生与否的模糊性,与表现事物性质发生的可能性而不关乎其强弱程度的随机性,在现实中的影响和作用也是不同的.

例如,当情势所迫而必须在 "于人体有害的可能为万分之一" 和 "于人体有害的程度为万分之一"这两种不同性质的 150 克饮料中进行选择时，结论就是不言而喻的，毕竟前者对"万一有害，害处多大"没有丝毫保证，而后者所表明的"虽然有害，但极微小"还是更能让人放心得多. 而这里，前一种情况就是"有害"的随机性表现，后一种情况就是"有害"的模糊性表现.

模糊性能在比自身领域更为广泛的科技领域内得到今天这一步的认识，的确不是一件容易的事，到今天，模糊理论和应用的研究所涉及和影响的范围也已几乎无远弗届. 这里有一个非常基本的原因：模糊性与随机性一样，是几种基本不确定性中，最能被人类思维直接感受，也是最能对人类思维产生直接影响的.

对于研究而言，易感知、影响广本来是一个便利之处，特别是在当前以本质上更加逼近甚至超越人类思维的方式而重新崛起的人工智能的发展已经必定势不可挡的形势下. 然而也正因为如此，我们也都能注意到，相较于广度上的发展，模糊性研究在理论、应用的深度和广度上的发展，还有很大的空间；或者更直接地说，还有很大的发展需求.

例如，在理论方面，思维中模糊性与直感、直观、直觉是什么样的关系？与深度学习已首次形式化实现的抽象过程有什么样的关系？模糊性的本质是在于作为思维基本元素的单体概念，还是在于作为思维基本关联的相对关系，还是在于作为两者统一体的思维基本结构，这种本质特性和作用机制以什么样的数学形式予以刻画和如何刻画才能更为本质深刻和关联广泛？

又例如，在应用方面，人类是如何思考和解决在性质强弱程度方面难以确定的实际问题的？是否都是以条件、过程的更强定量来寻求结果的更强定量？是否可能如同深度学习对抽象过程的算法形式化一样，建立模糊定性的算法形式化？在比现在已经达到过的状态、已经处理过的问题更复杂、更精细的实际问题中，如何更有效地区分和结合"性质强弱"与"发生可能"这两类本质不同的情况？从而更有效、更有力地在实际问题中发挥模糊性研究本来应有的强大效能？

这些都是模糊领域当前还需要进一步解决的重要问题；而这也就是作为国际模糊界主要力量之一的中国模糊界研究人员所应该、所需要倾注更多精力和投入的问题.

针对相关领域高等院校师生和科技工作者，推出这套《模糊数学与系统及其应用丛书》，以介绍国内外模糊数学与模糊系统领域的前沿热点方向和最新研究成果，从上述角度来看，是具有重大的价值和意义的，相信能在推动我国模糊数学与模糊系统乃至科学技术的跨越发展上，产生显著的作用.

为此，应邀为该丛书作序，借此将自己的一些粗略的看法和想法提出，供中国模糊界同仁参考.

罗懋康

国际模糊系统协会 (IFSA) 副主席 (前任)

国际模糊系统协会中国分会代表

中国系统工程学会模糊数学与模糊系统专业委员会主任委员

2018 年 1 月 15 日

前　言

　　20 世纪 70 年代，信息融合被称为数据融合. 到 20 世纪 90 年代，鉴于传感器获取和提供信息的多样性，信息融合一词被广泛采用. 融合是一种形式框架，其过程是用数学方法或技术工具综合不同来源的信息，目的是得到高品质的有用信息. 而"高品质"的精确定义依赖于应用，因此，存在不同种类和不同等级的融合，如多源头信息融合、数据融合、图像融合、特征融合、决策融合、传感器融合、分类器融合等.

　　本书中的信息聚合是指多源头信息融合，即在测量与精度范围内，对从测量或感知系统获得的两组或两组以上的数据进行处理. 简言之，就是把一些不同来源的信息聚合成一个具有代表性的数值. 聚合信息的过程称为信息聚合，而描述信息聚合过程的函数称为信息聚合算子，在国内有时也称为综合函数. 据报道，它是当前智能领域中的研究热点. 这是因为，在机器人领域中，需要聚合由传感器提供的数据；在图像处理领域中，需要聚合不同的图片信息；在知识系统中，特别是在多属性决策理论中，需要聚合不同类型的知识并确保知识系统的相容性；在数据挖掘领域中，需要使用各种聚合方法；在分散信息的多 Agent 决策系统中，对单个 Agent 做出决策时，需要聚合其他 Agent 的信息.

　　因为信息聚合是将不同来源的信息聚合成一个具有代表性数值的过程，能从本质上反映人类思维模式，所以近 20 年来，关于信息聚合模型的研究成果已得到了广泛的应用，不仅体现在数学与计算机科学方面，也体现在经济与社会科学方面. 反过来，大量的应用又极大地激发了人们对聚合函数的研究兴趣，大量的论文与专著被发表.

　　信息聚合模型的选择与实际应用有密切的联系，所以存在不同类型信息聚合的具体模型. 例如，信息聚合模型三角模和三角余模可看成经典逻辑中逻辑连接词"与"和"或"的推广，在模糊集合理论中有重要的应用. 而信息聚合模型一致模可看成三角模和三角余模的推广，一致模就是定义在 $[0,1]^2$ 上以 $[0,1]$ 中任意设定元为单位元的交换序半群. 它是由 Yager 和 Rybalov 在 1996 年引入的. 此后，它受到了人们的广泛关注，并获得若干重要结论. 但是到目前为止，这些研究成果仍然分散在发表的数百篇论文中，因此系统地总结这些工作，推动一致模算子研究工作走向成熟，已经成为当务之急.

　　本书的主要目的是按照一致模的总体框架，总结近 20 年来国内外学者在这一领域中的研究成果，以期对我国这一领域的研究起到抛砖引玉的作用.

本书分为 4 章.

在第 1 章中, 首先介绍三角模、三角余模、模糊否定和模糊蕴涵, 这是学习和研究一致模的基础知识. 其次介绍一致模的定义与基本性质, 特别地, 详细地介绍可表示一致模、$(0,1)^2$ 内连续的一致模、Fodor 型一致模和幂等一致模等四种基本类型的一致模的定义及其结构刻画. 最后, 从推广的角度介绍与一致模相关的算子, 主要包括弱一致模、零模、左右零模、半一致模、半零模、半 t-算子、2-一致模, 它们也是当前一致模算子研究领域的主要内容.

在第 2 章中, 从一致模生成模糊蕴涵的角度展开介绍, 主要包括基于一致模的剩余蕴涵、(U,N)-蕴涵、QL-蕴涵和 D-蕴涵. 特别地, 介绍基于各已知一致模类的剩余蕴涵和基于析取一致模的 (U,N)-蕴涵的公理化刻画.

如果说第 1、2 章是从理论的角度来研究一致模, 那么第 3、4 章就是从应用的角度来展开介绍的, 它们也是作者近些年部分工作的总结.

在第 3 章中, 研究分配性方程, 主要包括基于幂等一致模与零模间的分配性、基于半 t-算子与 Mayor 聚合算子的分配性方程、半零模 F 在半 t-算子 G 上的分配性方程、关于拟算术平均算子的分配性方程、2-一致模在半一致模上的分配性、半一致模与半 t-算子之间的分配性.

在第 4 章中, 研究蕴涵分配性方程, 主要包括基于连续三角模的蕴涵分配性方程、基于连续三角余模的蕴涵分配性方程和类柯西方程. 事实上, 第 4 章是对 Baczyński 和 Jayaram 于 2009 年在 *IEEE Transactions on Fuzzy Systems* 学术期刊上提出的一个公开问题的完全回答, 并将相关结果进行推广.

作者要特别感谢博士研究生导师王国俊教授 (于 2013 年年底因病医治无效去世), 自 2001 年读博以来, 作者在他的悉心指导和鼓励下, 一直从事这一领域的研究工作. 作者也特别感谢博士后合作导师赵彬教授和硕士研究生导师徐晓泉教授的指导与帮助. 作者还要特别感谢中国科学院的陆汝钤院士和澳大利亚悉尼科技大学的李三江教授, 在访学期间他们让作者开拓了眼界.

在本书的撰写过程中, 作者得到了许多老师、同仁和研究生的关心与帮助, 在此特别感谢陕西师范大学的李永明教授、李生刚教授、吴洪博教授、周红军教授、韩胜伟教授和汪开云副教授, 四川大学的罗懋康教授、张德学教授和寇辉教授, 西南交通大学的徐杨教授和秦克云教授, 浙江理工大学的裴道武教授、樊太和教授与王三民教授, 山东大学的刘华文教授, 华东师范大学的陈仪香教授, 湖南大学的李庆国教授, 武汉大学的胡宝清教授, 江南大学的潘正华教授、刘练珍教授、王仕同教授和邓赵红教授, 四川师范大学的王学平教授, 西北大学的辛小龙教授, 上海海事大学的张小红教授, 湖北民族学院的詹建明教授, 青海民族大学的傅丽教授, 兰州理工大学的李骏教授, 西安石油大学的折延红教授, 延安大学的惠小静教授, 江西师范大学的杨金波教授, 他们阅读或与作者讨论了部分书稿, 提出了宝贵意见.

作者还要感谢研究生赵元元、陈斐、李文煌、王刚、郑炜烨、张程、马文浩和何园园，他们为本书出版付出了辛勤的劳动.

本书的出版得到了国家自然科学基金项目 (61563020，61165014) 和江西省自然科学基金重点项目 (20171ACB20010) 的资助，在此表示感谢. 江西师范大学数学与信息科学学院为本书的出版提供了多方面的支持，在此表示谢忱.

限于作者的水平，本书难免存在不足之处，恳请读者提出宝贵的意见，以便本书逐步完善.

覃 锋

2018 年 5 月于江西师范大学

目　　录

第 1 章　一致模算子 ··· 1
　1.1　基础知识 ··· 1
　　　1.1.1　三角模 ··· 1
　　　1.1.2　三角余模 ··· 3
　　　1.1.3　模糊否定 ··· 5
　　　1.1.4　模糊蕴涵 ··· 6
　1.2　一致模 ·· 13
　　　1.2.1　一致模的定义与基本性质 ·· 13
　　　1.2.2　可表示一致模 ·· 15
　　　1.2.3　$(0,1)^2$ 内连续的一致模 ·· 20
　　　1.2.4　Fodor 型一致模 ··· 27
　　　1.2.5　幂等一致模 ··· 29
　1.3　与一致模相关的算子 ·· 37
　　　1.3.1　弱一致模 ··· 37
　　　1.3.2　零模和左右零模 ·· 39
　　　1.3.3　半一致模、半零模和半 t-算子 ································ 44
　　　1.3.4　2-一致模 ··· 48

第 2 章　基于一致模的模糊蕴涵 ··· 58
　2.1　基于一致模的剩余蕴涵 ··· 58
　2.2　基于一致模的 (U,N)-蕴涵 ·· 71
　2.3　基于一致模的 QL-蕴涵和 D-蕴涵 ···································· 80
　　　2.3.1　QL-蕴涵 ·· 80
　　　2.3.2　D-蕴涵 ·· 83
　　　2.3.3　QL-蕴涵和 D-蕴涵的一些性质 ································ 85
　　　2.3.4　幂零极大三角余模生成的蕴涵 ·································· 86

第 3 章　分配性方程 ·· 89
　3.1　基于幂等一致模与零模间的分配性 ······································ 89
　　　3.1.1　F 是零模，G 是幂等一致模 ································· 89
　　　3.1.2　F 是幂等一致模，G 是零模 ································· 92
　3.2　基于半 t-算子与 Mayor 聚合算子的分配性方程 ··················· 99

3.2.1 $F \in \mathbb{F}_{a,b}$ 在 $G \in \mathbb{GM}$ 上的分配性 · 102

3.2.2 $F \in \mathbb{GM}$ 在 $G \in \mathbb{F}_{a,b}$ 上的分配性 · 105

3.3 半零模 F 在半 t-算子 G 上的分配性方程 · 115

3.3.1 情况: $z < a < b$ · 115

3.3.2 情况: $a \leqslant z \leqslant b$ · 120

3.3.3 情况: $a < b < z$ · 122

3.4 关于拟算术平均算子的分配性方程 · 125

3.4.1 某些算子在拟算术平均算子的分配性 · 125

3.4.2 拟算术平均算子 $M(f,p)$ 在某些算子上的分配性 · · · · · · · · · · · · · · · · · · · 131

3.5 2-一致模在半一致模上的分配性 · 133

3.5.1 $G \in C_k^0$ · 133

3.5.2 $G \in C_k^1$ · 140

3.5.3 $G \in C_1^0$ · 141

3.5.4 $G \in C_0^1$ · 145

3.5.5 $G \in C^k$ · 146

3.6 半一致模与半 t-算子之间的分配性 · 150

3.6.1 $F \in \mathbb{F}_{a,b}$ 在 $G \in \mathcal{N}_e^{\min} \cup \mathcal{N}_e^{\max}$ 上的分配性 · 150

3.6.2 $F \in \mathcal{N}_e^{\min} \cup \mathcal{N}_e^{\max}$ 在 $G \in \mathbb{F}_{a,b}$ 上的分配性 · 159

第 4 章 蕴涵分配性方程 · 173

4.1 基于连续三角模的蕴涵分配性方程 · 173

4.1.1 预备知识 · 173

4.1.2 当 T_2 是连续的阿基米德三角模时, 方程 (4.1.1) 的解 · · · · · · · · · · · · · 174

4.1.3 当 T_2 是严格三角模时, 满足方程 (4.1.1) 的解 · 178

4.1.4 当 T_2 是幂零三角模时, 满足方程 (4.1.1) 的解 · 187

4.2 基于连续三角余模的蕴涵分配性方程 · 198

4.2.1 有关加法柯西函数方程的一些结论 · 198

4.2.2 方程 (4.2.2) 的解 · 199

4.3 类柯西方程 · 214

4.3.1 预备知识 · 214

4.3.2 情况: $f(e) \leqslant \lambda$ · 215

4.3.3 情况: $\lambda < f(e) \leqslant u$ · 218

4.3.4 情况: $f(e) = e$ · 224

4.3.5 情况: $f(e) = 1$ · 236

参考文献 · 239

索引 · 256

第1章 一致模算子

1.1 基础知识

1.1.1 三角模

定义 1.1.1 函数 $T:[0,1]^2 \to [0,1]$ 称为三角模 (简称 t-模), 若对任意 $x,y,z \in [0,1]$, T 满足:

(1) $T(x,y) = T(y,x)$; （交换性）

(2) $T(x,T(y,z)) = T(T(x,y),z)$; （结合性）

(3) 当 $y \leqslant z$ 时, 有 $T(x,y) \leqslant T(x,z)$; （单调性）

(4) $T(x,1) = x$. （边界性）

例 1.1.1 常见的三角模有:

(1) $T_M(x,y) = \min(x,y)$;

(2) $T_L(x,y) = \max(x+y-1,0)$;

(3) $T_P(x,y) = xy$;

(4) $T_D(x,y) = \begin{cases} 0, & (x,y) \in [0,1)^2, \\ \min(x,y), & \text{其他}. \end{cases}$

定义 1.1.2 设 T 是三角模, 称 T 是

(1) 阿基米德的. 若对任意 $x,y \in (0,1)$, 存在 $n \in \mathbb{N}$ 使得 $x_T^n < y$, 这里 $\mathbb{N}$ 表示全体自然数集.

(2) 严格的. 若它是连续的, 且对任意 $x \in (0,1]$, 当 $y < z$ 时, 有 $T(x,y) < T(x,z)$.

(3) 幂零的. 若它是连续的, 且对任意 $x \in (0,1)$, 存在 $n \in \mathbb{N}$ 使得 $x_T^n = 0$, 这里 $x_T^1 = x$, $x_T^2 = T(x,x)$, $\cdots$, $x_T^n = T(x_T^{n-1},x)$.

注记 1.1.1 (1) 连续三角模 T 是阿基米德的, 当且仅当对任意 $x \in (0,1)$ 时, 有 $T(x,x) < x$.

(2) 若三角模 T 是严格的或者是幂零的, 则它一定是阿基米德的. 反之, 每个连续的阿基米德三角模要么是严格的, 要么是幂零的.

(3) 就三角模性质而言, 阿基米德性质与连续性之间不存在必然关系. 也就是说, 既存在连续的非阿基米德三角模, 也存在非连续的阿基米德三角模.

下面的定理称为连续阿基米德三角模的表示定理.

定理 1.1.1 对于二元函数 $T:[0,1]^2 \to [0,1]$ 而言，下面命题是等价的：

(1) T 是连续阿基米德三角模.

(2) T 有一个连续加法生成子. 即存在一个连续严格单调递减函数 $t:[0,1] \to [0,\infty]$ 满足 $t(1)=0$，并使得对任意 $x,y \in [0,1]$，有

$$T(x,y) = t^{(-1)}(t(x)+t(y)). \tag{1.1.1}$$

其中

$$t^{(-1)}(x) = \begin{cases} t^{-1}(x), & x \in [0,t(0)], \\ 0, & x \in (t(0),\infty] \end{cases} \tag{1.1.2}$$

是 t 的伪逆. 此外，就相差一个正的常系数而言，t 是唯一的. 即若连续严格单调递减函数 f,g 都是连续三角模 T 的加法生成子，则存在正的常数 c 使得 $f=cg$.

(3) T 有一个连续乘法生成子. 即存在一个连续严格单调递增函数 $\theta:[0,1] \to [0,1]$ 满足 $\theta(1)=1$，并使得对任意 $x,y \in [0,1]$，有

$$T(x,y) = \theta^{(-1)}(\theta(x) \cdot \theta(y)). \tag{1.1.3}$$

其中

$$\theta^{(-1)}(x) = \begin{cases} \theta^{-1}(x), & x \in [0,\theta(1)], \\ 1, & x \in (\theta(1),1] \end{cases} \tag{1.1.4}$$

是 θ 的伪逆. 此外，就相差一个正的常系数而言，θ 是唯一的.

注记 1.1.2 (1) 如果在定理 1.1.1 中不使用伪逆，那么式 (1.1.1) 可以改写为对任意 $x,y \in [0,1]$ 有

$$T(x,y) = t^{-1}(\min(t(x)+t(y), t(0))). \tag{1.1.5}$$

(2) T 是严格三角模，当且仅当 T 的每一个连续加法生成子 t 满足 $t(0)=\infty$.

(3) T 是幂零三角模，当且仅当 T 的每一个连续加法生成子 t 满足 $t(0)<\infty$.

定义 1.1.3 一元连续函数 $\varphi:[0,1] \to [0,1]$ 称为自同构的. 若 φ 满足以下条件：

(1) φ 在 $[0,1]$ 上是严格递增的.

(2) $\varphi(0)=0, \varphi(1)=1$.

定义 1.1.4 两个二元运算 $F,G:[0,1]^2 \to [0,1]$ 称为共轭的，若存在 $[0,1]$ 上的自同构 φ 使得 $G=F_\varphi$. 这里

$$F_\varphi(x,y) = \varphi^{-1}(F(\varphi(x),\varphi(y))), \quad x,y \in [0,1]. \tag{1.1.6}$$

下面的定理进一步刻画严格三角模和幂零三角模的结构.

1.1 基础知识

定理 1.1.2 (1) 三角模 T 是严格的, 当且仅当存在自同构映射 $\varphi: [0,1] \to [0,1]$ 使得 T 与 T_P 共轭, 即

$$T(x,y) = \varphi^{-1}(\varphi(x) \cdot \varphi(y)), \quad x, y \in [0,1]. \tag{1.1.7}$$

(2) 三角模 T 是幂零的, 当且仅当存在自同构映射 $\varphi: [0,1] \to [0,1]$ 使得 T 与 T_L 共轭, 即

$$T(x,y) = \varphi^{-1}(\max(\varphi(x) + \varphi(y) - 1, 0)), \quad x, y \in [0,1]. \tag{1.1.8}$$

下面的定理是对连续三角模结构的刻画.

定理 1.1.3 T 是任意连续三角模, 当且仅当 T 具有如下情形之一:
(1) $T = T_M$.
(2) T 是连续阿基米德的.
(3) T 是一族连续阿基米德三角模的序和. 即

$$T(x,y) = \begin{cases} a_m + (b_m - a_m) T_m \left(\dfrac{x - a_m}{b_m - a_m}, \dfrac{y - a_m}{b_m - a_m} \right), & (x,y) \in [a_m, b_m]^2, \\ \min(x, y), & \text{其他}. \end{cases} \tag{1.1.9}$$

其中, T_m 为连续阿基米德三角模; $\{(a_m, b_m)\}_{m \in A}$ 是单位区间 $[0,1]$ 上互不相交的开子区间族, A 是有限或可数无限指标集, 记 $T = (\langle a_m, b_m, T_m \rangle)_{m \in A}$.

1.1.2 三角余模

定义 1.1.5 二元函数 $S: [0,1]^2 \to [0,1]$ 称为三角余模 (简称 t-余模或 s-模). 若对任意 $x, y, z \in [0,1]$, S 满足以下条件:

(1) $S(x,y) = S(y,x)$; (交换性)
(2) $S(S(x,y),z) = S(x,S(y,z))$; (结合性)
(3) 当 $y \leqslant z$ 时, 有 $S(x,y) \leqslant S(x,z)$; (单调性)
(4) $S(x,0) = x$. (边界性)

例 1.1.2 常见的三角余模有:
(1) $S_M(x,y) = \max(x,y)$;
(2) $S_L(x,y) = \min(x+y, 1)$;
(3) $S_P(x,y) = x + y - xy$;
(4) $S_D(x,y) = \begin{cases} 1, & (x,y) \in (0,1]^2, \\ \max(x,y), & \text{其他}. \end{cases}$

定义 1.1.6 若 S 是三角余模, 称 S 是
(1) 阿基米德的. 若对任意 $x, y \in (0,1)$, 存在 $n \in \mathbb{N}$ 使得 $x_S^n > y$.

(2) 严格的. 若它是连续的, 且对任意 $x \in [0,1]$, 当 $y < z$ 时, 有 $S(x,y) < S(x,z)$.

(3) 幂零的. 若它是连续的, 且对任意 $x \in (0,1)$, 存在 $n \in \mathbb{N}$ 使得 $x_S^n = 1$. 这里 $x_S^1 = x$, $x_S^2 = S(x,x)$, $\cdots$, $x_S^n = S(x_S^{n-1}, x)$.

注记 1.1.3 (1) 连续三角余模 S 是阿基米德的, 当且仅当对任意 $x \in (0,1)$, 有 $S(x,x) > x$.

(2) 若三角余模 S 是严格的或幂零的, 则它一定是阿基米德的. 反过来, 连续阿基米德三角余模要么是严格的, 要么是幂零的.

下面的定理是连续阿基米德三角余模的表示定理.

定理 1.1.4 对于二元函数 $S : [0,1]^2 \to [0,1]$ 而言, 下面的叙述等价:

(1) S 是连续阿基米德三角余模.

(2) S 有一个连续加法生成子, 即存在一个连续严格单调递增函数 $s : [0,1] \to [0,\infty]$ 满足 $s(0) = 0$, 使得对任意 $x, y \in [0,1]$, 有

$$S(x,y) = s^{(-1)}(s(x) + s(y)). \tag{1.1.10}$$

其中

$$s^{(-1)}(x) = \begin{cases} s^{-1}(x), & x \in [0, s(1)], \\ 1, & x \in (s(1), \infty) \end{cases} \tag{1.1.11}$$

是 s 的伪逆. 此外, 就相差一个正的常系数而言, s 是唯一的. 即若连续严格单调递减函数 f, g 都是连续三角余模 S 的加法生成子, 则存在正的常数 c 使得 $f = cg$.

(3) S 有一个连续乘法生成子, 即存在一个连续严格单调递减函数 $\xi : [0,1] \to [0,\infty]$ 满足 $\xi(0) = 1$, 使得对任意 $x, y \in [0,1]$, 有

$$S(x,y) = \xi^{(-1)}(\xi(x) \cdot \xi(y)). \tag{1.1.12}$$

其中

$$\xi^{(-1)}(x) = \begin{cases} \xi^{-1}(x), & x \in [\xi(0), 1], \\ 1, & x \in [0, \xi(0)) \end{cases} \tag{1.1.13}$$

是 ξ 的伪逆. 此外, 就相差一个正的常系数而言, ξ 是唯一的.

注记 1.1.4 (1) 如果在定理 1.1.4 中不使用伪逆, 那么式 (1.1.10) 可以改写为: 对任意 $x, y \in [0,1]$, 有

$$S(x,y) = s^{-1}(\min(s(x) + s(y), s(1))). \tag{1.1.14}$$

(2) S 是严格三角余模, 当且仅当 S 的每一个连续加法生成子 s 满足 $s(1) = \infty$.

(3) S 是幂零三角余模, 当且仅当 S 的每一个连续加法生成子 s 满足 $s(1) < \infty$.

下面的定理将进一步刻画严格三角余模和幂零三角余模的结构.

定理 1.1.5 (1) 三角余模 S 是严格的, 当且仅当存在自同构映射 $\varphi : [0,1] \to [0,1]$ 使得 S 与 S_P 共轭, 即

$$S(x,y) = \varphi^{-1}(\varphi(x) + \varphi(y) - \varphi(x) \cdot \varphi(y)), \quad x, y \in [0,1]. \tag{1.1.15}$$

(2) 三角余模 S 是幂零的, 当且仅当存在自同构映射 $\varphi : [0,1] \to [0,1]$ 使得 S 与 S_L 共轭, 即

$$S(x,y) = \varphi^{-1}(\min(\varphi(x) + \varphi(y), 1)), \quad x, y \in [0,1]. \tag{1.1.16}$$

下面的定理是连续三角余模的结构定理.

定理 1.1.6 S 是任意连续三角余模, 当且仅当 S 具有如下情形之一:
(1) $S = S_M$.
(2) S 是连续阿基米德余模.
(3) S 是一族连续阿基米德三角余模的序和, 即

$$S(x,y) = \begin{cases} a_m + (b_m - a_m)S_m\left(\dfrac{x - a_m}{b_m - a_m}, \dfrac{y - a_m}{b_m - a_m}\right), & (x,y) \in [a_m, b_m]^2, \\ \max(x,y), & \text{其他}. \end{cases} \tag{1.1.17}$$

S_m 为连续阿基米德三角余模, $\{(a_m, b_m)\}_{m \in A}$ 是单位区间上互不相交的开子区间族, A 是有限或无限可数指标集, 记 $S = (\langle a_m, b_m, S_m \rangle)_{m \in A}$.

1.1.3 模糊否定

定义 1.1.7 一元函数 $N : [0,1] \to [0,1]$ 称为模糊否定, 若它是单调递减的, 并满足 $N(0) = 1$, $N(1) = 0$.

定义 1.1.8 若 $N : [0,1] \to [0,1]$ 是模糊否定, 称 N 是
(1) 弱否定. 若对任意 $x \in [0,1]$, 都有 $x \leqslant N^2(x)$.
(2) 强否定. 若它是严格单调递减的对合函数, 即对任意 $x \in [0,1]$ 有

$$N(N(x)) = x.$$

(3) 严格的. 若它是严格单调递减的连续函数.

注记 1.1.5 若一元函数 N 是强否定, 则它一定是严格否定, 但反之不然. 显然 $N(x) = 1 - x$ 是强否定, 通常称它为标准强否定, 记作 N_0.

下面的定理给出了弱否定的分类刻画.

定理 1.1.7 若 $N : [0,1] \to [0,1]$ 是弱否定, 记 $t = \sup\{s \in [0,1] | N(s) > s\}$, 则弱否定能分成如下情况.

(1) 若 $N(t) > t$, 则当 $x \in (t, N(t)]$ 时, 必有 $N(x) = t$.

(2) 若 $N(t) = t$, 即 t 是 N 的不动点, 则 N 可以分为如下情况:

① t 是闭区间 $[N(p), p]$ 上的内点, N 在开区间 $(N(p), p)$ 内对合, 这里 p 可以等于 1;

② t 是连续性的孤立点, 即存在不连续的递增点列 $(x_k)_{k \in \mathbb{N}}$ 使得 $\lim_{k \to \infty} x_k = t$, 并且 N 在半开区间 $[x_k, x_{k+1})$ 内连续;

③ t 是 N 为常值的某区间的右端点.

下面的定理表明强否定与标准强否定同构.

定理 1.1.8 一元函数 N 为强否定, 当且仅当存在自同构映射 $\varphi: [0, 1] \to [0, 1]$ 使得

$$N(x) = \varphi^{-1}(1 - \varphi(x)). \tag{1.1.18}$$

下面的定理表明严格否定具有强否定的类似结构.

定理 1.1.9 一元函数 N 为严格否定, 当且仅当存在两个自同构映射 $\varphi: [0, 1] \to [0, 1]$ 和 $\psi: [0, 1] \to [0, 1]$ 使得

$$N(x) = \varphi^{-1}(1 - \psi(x)). \tag{1.1.19}$$

下面的命题表明三角模与三角余模在标准强否定下是对偶的, 因此今后只需要研究三角模就足够了.

命题 1.1.1 函数 $S: [0, 1]^2 \to [0, 1]$ 是三角余模, 当且仅当存在三角模 T 使得对任意 $x, y \in [0, 1]$ 有

$$S(x, y) = 1 - T(1 - x, 1 - y). \tag{1.1.20}$$

1.1.4 模糊蕴涵

定义 1.1.9 二元函数 $I: [0, 1]^2 \to [0, 1]$ 称为模糊蕴涵. 若 I 满足以下条件:

(1) I 是第一变元单调递减的. (I1)

(2) I 是第二变元单调递增的. (I2)

(3) $I(0, 0) = 1$. (I3)

(4) $I(1, 1) = 1$. (I4)

(5) $I(1, 0) = 0$. (I5)

从定义 1.1.9 可知, 每个模糊蕴涵 I, 对任意 $x \in [0, 1]$ 都满足下面的性质:

(1) $I(0, x) = 1$. (LB)

(2) $I(x, 1) = 1$. (RB)

显然, 模糊蕴涵是经典蕴涵的推广.

例 1.1.3 常见的模糊蕴涵有:

(1) $I_{\text{LK}}(x, y) = \min(1, 1 - x + y)$.

(2) $I_{\mathrm{GD}}(x,y) = \begin{cases} 1, & x \leqslant y, \\ y, & x > y. \end{cases}$

(3) $I_{\mathrm{RC}}(x,y) = 1 - x + xy.$

(4) $I_{\mathrm{KD}}(x,y) = \max(1-x, y).$

(5) $I_{\mathrm{GG}}(x,y) = \begin{cases} 1, & x \leqslant y, \\ \dfrac{y}{x}, & x > y. \end{cases}$

(6) $I_{\mathrm{RS}}(x,y) = \begin{cases} 1, & x \leqslant y, \\ 0, & x > y. \end{cases}$

(7) $I_{\mathrm{YG}}(x,y) = \begin{cases} 1, & x = 0 \text{ 且 } y = 0, \\ y^x, & x > 0 \text{ 或 } y > 0. \end{cases}$

(8) $I_{\mathrm{WB}}(x,y) = \begin{cases} 1, & x < 1, \\ y, & x = 1. \end{cases}$

(9) $I_{\mathrm{FW}}(x,y) = \begin{cases} 1, & x \leqslant y, \\ \max(1-x, y), & x > y. \end{cases}$

顺便指出, 模糊蕴涵 I_{FW} 由 Fodor 教授和王国俊教授分别独立提出.

定义 1.1.10 若 N 是模糊否定, 称 I 是模糊蕴涵满足:

(1) 左单位性质. 若对任意 $y \in [0,1]$, 有

$$I(1,y) = y. \tag{NP}$$

(2) 恒等性质. 若对任意 $x \in [0,1]$, 有

$$I(x,x) = 1. \tag{IP}$$

(3) 序性质. 若对任意 $x,y \in [0,1]$, 有

$$I(x,y) = 1 \Leftrightarrow x \leqslant y. \tag{OP}$$

(4) 关于 N 的换置位性质. 若对任意 $x,y \in [0,1]$, 有

$$I(x,y) = I(N(y), N(x)). \tag{CP(N)}$$

(5) 结论边界性质. 若对任意 $x,y \in [0,1]$, 有

$$I(x,y) \geqslant y. \tag{CB}$$

(6) 交换性质. 若对任意 $x,y,z \in [0,1]$, 有

$$I(x, I(y,z)) = I(y, I(x,z)). \tag{EP}$$

(7) 连续性. 若 I 作为二元函数是连续的. (CON)

(8) 正规性. 若 I 满足 $I(0,1) = 1$. (NC)

下面讨论模糊蕴涵的一些基本性质.

引理 1.1.1 若 $I: [0,1]^2 \to [0,1]$ 为二元函数. 则

(1) 若 I 满足 (LB), 则 I 满足 (I3) 和 (NC).

(2) 若 I 满足 (RB), 则 I 满足 (I4) 和 (NC).

(3) 若 I 满足 (NP), 则 I 满足 (I4) 和 (I5).

(4) 若 I 满足 (IP), 则 I 满足 (I3) 和 (I4).

(5) 若 I 满足 (OP), 则 I 满足 (I3)、(I4)、(NC)、(LB)、(RB) 和 (IP).

引理 1.1.2 若二元函数 $I: [0,1]^2 \to [0,1]$ 满足 (EP) 和 (OP), 则 I 满足 (I1)、(I3)、(I4)、(I5)、(LB)、(RB)、(NC)、(NP) 和 (IP).

定义 1.1.11 若 I 是模糊蕴涵, 对任意 $x \in [0,1]$, 令 $N_I(x) = I(x,0)$, 则称 N_I 为 I 诱导的自然否定.

下面命题揭示了自然否定和模糊否定之间的关系.

命题 1.1.2 若二元函数 $I: [0,1]^2 \to [0,1]$ 满足 (EP) 和 (OP), 则

(1) N_I 是模糊否定.

(2) 对任意 $x \in [0,1]$, 都有 $x \leqslant N_I(N_I(x))$.

(3) $N_I \circ N_I \circ N_I = N_I$.

命题 1.1.3 若二元函数 $I: [0,1]^2 \to [0,1]$ 满足 (EP) 和 (OP), 则下面叙述等价:

(1) N_I 是连续函数.

(2) N_I 是强否定.

推论 1.1.1 若二元函数 $I: [0,1]^2 \to [0,1]$ 满足 (EP) 和 (OP), 则 N_I 要么是强否定, 要么不连续.

下面讨论几类常见的模糊蕴涵.

1. 剩余蕴涵

定义 1.1.12 若 $T: [0,1]^2 \to [0,1]$ 是三角模, 称如下定义的二元函数 $I_T: [0,1]^2 \to [0,1]$,

$$I_T(x,y) = \sup\{z \in [0,1] | T(x,z) \leqslant y\} \tag{1.1.21}$$

为 R-蕴涵或剩余蕴涵.

例 1.1.4 由 T_M、T_L、T_P 生成的剩余蕴涵分别是 I_{GD}、I_{LK}、I_{GG}.

命题 1.1.4 若 T 是三角模, 则下面命题等价:

(1) T 是左连续的.

(2) T 与 I_T 构成伴随对, 即它们满足下面的剩余性质: 对任意 $x,y,z \in [0,1]$, 有
$$T(x,z) \leqslant y \Leftrightarrow I_T(x,y) \geqslant z, \quad x,y,z \in [0,1]. \tag{RP}$$

(3) 在式 (1.1.21) 中可用 max 替代 sup, 即
$$I_T(x,y) = \max\{z \in [0,1] | T(x,z) \leqslant y\}. \tag{1.1.22}$$

命题 1.1.5 对于二元函数 $I:[0,1]^2 \to [0,1]$ 而言, 下面的命题等价:

(1) I 是由某个左连续三角模 T 生成的剩余蕴涵.

(2) I 满足 (I2)、(EP)、(OP) 并且关于第二变元是右连续的.

命题 1.1.6 若连续阿基米德三角模 T 有加法生成子 f, 则对任意 $x,y \in [0,1]$, 有
$$I_T(x,y) = f^{-1}(\max(f(y) - f(x), 0)). \tag{1.1.23}$$

命题 1.1.7 若连续三角模 T 有序和形式, 即可写成式 (1.1.17) 的形式, 则对任意 $x,y \in [0,1]$, 有
$$I_T(x,y) = \begin{cases} 1, & x \leqslant y, \\ a_m + (b_m - a_m) I_{T_m}\left(\dfrac{x-a_m}{b_m-a_m}, \dfrac{y-a_m}{b_m-a_m}\right), & x,y \in [a_m, b_m], \\ y, & \text{其他}. \end{cases} \tag{1.1.24}$$

2. 强蕴涵

定义 1.1.13 设 S 为三角余模, N 为否定, 称如下定义的二元函数 $I:[0,1]^2 \to [0,1]$,
$$I_{S,N}(x,y) = S(N(x), y), \quad x,y \in [0,1] \tag{1.1.25}$$
为 (S,N)-蕴涵. 进一步, 若 N 为强否定, 其他条件都不变, 则称 $I_{S,N}$ 为 S-蕴涵或强蕴涵.

例 1.1.5 (1) 若 N 是标准否定 N_0, S 分别是三角余模 S_M、S_P 和 S_{LK}, 则由它们生成的 (S,N)-蕴涵分别是 I_{KD}、I_{RC} 和 I_{LK}.

(2) 若 N 是标准否定 N_0, S 是三角余模 S_D, 则由它们生成的 (S,N)-蕴涵是
$$I_{\text{DP}}(x,y) = \begin{cases} y, & x = 1, \\ 1-x, & y = 0, \\ 1, & x < 1, y > 0. \end{cases} \tag{1.1.26}$$

(3) 若 N 是标准否定 N_0,
$$S(x,y) = S_{nM}(x,y) = \begin{cases} 1, & x+y \geqslant 1, \\ \max\{x,y\}, & \text{其他}, \end{cases} \quad (1.1.27)$$

则由它们生成的 (S,N)-蕴涵是 F_{FW}.

(4) 对于任意的三角余模 S, 若
$$N(x) = N_{D1}(x) = \begin{cases} 1, & x = 0, \\ 0, & \text{其他}, \end{cases} \quad (1.1.28)$$

则由它们生成的 (S,N)-蕴涵是
$$I_D(x,y) = \begin{cases} 1, & x = 0, \\ y, & \text{其他}. \end{cases} \quad (1.1.29)$$

(5) 对于任意的三角余模 S, 若
$$N(x) = N_{D2}(x) = \begin{cases} 0, & x = 1, \\ 1, & \text{其他}, \end{cases} \quad (1.1.30)$$

则由它们生成的 (S,N)-蕴涵是 I_{WB}.

下面给出 (S,N)-蕴涵的一些特征定理.

定理 1.1.10 对二元函数 $I:[0,1]^2 \to [0,1]$, 下面的命题等价:

(1) I 是关于连续模糊否定 N 的 (S,N)-蕴涵;

(2) I 满足 (I1)、(EP) 且自然否定 N_I 是连续模糊否定. 此外, (S,N)-蕴涵的表示是唯一的.

定理 1.1.11 对二元函数 $I:[0,1]^2 \to [0,1]$, 下面的命题等价:

(1) I 是关于严格模糊否定 N 的 (S,N)-蕴涵;

(2) I 满足 (I1)、(EP) 且自然否定 N_I 是严格模糊否定.

定理 1.1.12 对二元函数 $I:[0,1]^2 \to [0,1]$, 下面的命题等价:

(1) I 是关于强模糊否定 N 的 (S,N)-蕴涵;

(2) I 满足 (I1)、(EP) 且自然否定 N_I 是强模糊否定.

定理 1.1.13 对二元函数 $I:[0,1]^2 \to [0,1]$, 下面的命题等价:

(1) I 是连续的 (S,N)-蕴涵;

(2) I 是关于连续三角余模 S 和连续模糊否定 N 的 (S,N)-蕴涵.

定理 1.1.14 若 S 是三角余模, N 是模糊否定, 则下面的叙述等价:

(1) $I_{S,N}$ 是满足性质 (IP) 的连续 (S,N)-蕴涵.

(2) S 是幂零三角余模, 并且对任意 $x \in [0,1]$ 有 $N(x) \geqslant N_S(x)$, 这里
$$N_S(x) = \min(t \in [0,1] | S(x,t) = 1). \quad (1.1.31)$$

定理 1.1.15 对二元函数 $I:[0,1]^2\to[0,1]$, 下面的命题等价:

(1) I 连续并且满足性质 (EP) 和 (OP).

(2) I 是由连续三角余模 S 和连续模糊否定 N 生成的满足性质 (OP) 的 (S,N)-蕴涵.

(3) I 是满足性质 (OP) 的连续 (S,N)-蕴涵.

(4) I 是幂零三角余模及其自然否定生成的 (S,N)-蕴涵.

(5) I 与 Lukasiewicz 蕴涵 I_{LK} 是 Φ 同构的, 即存在唯一确定的 $\varphi\in\Phi$, 使得对任意 $x,y\in[0,1]$, 有

$$I(x,y)=(I_{\mathrm{LK}})_\varphi(x,y)=\varphi^{-1}(\min(1-\varphi(x)+\varphi(y),1)). \tag{1.1.32}$$

3. QL-算子与 QL-蕴涵

定义 1.1.14 称二元算子 $F:[a,b]^2\to[a,b]$ 满足利普希茨条件, 对所有的 $x,x',y,y'\in[a,b]$, 有

$$|F(x,y)-F(x',y')|\leqslant|x-x'|+|y-y'|. \tag{1.1.33}$$

注意到对于三角模 T, 上面的条件等价于

$$T(x,y)-T(x',y)\leqslant x-x',\quad x'\leqslant x. \tag{1.1.34}$$

定义 1.1.15 设 T 为三角模, S 为三角余模, N 为模糊否定, 则称如下定义的二元函数 $I:[0,1]^2\to[0,1]$,

$$I_{T,S,N}(x,y)=S(N(x),T(x,y)),\quad x,y\in[0,1] \tag{1.1.35}$$

为 QL-算子.

一般说来, QL-算子不必是模糊蕴涵. 下面给出几个 QL-算子的例子和一些性质.

(1) 若 $T=T_M$, $S=S_M$ 和 $N(x)=N_0(x)=1-x$, 则 $I_{T,S,N}(x,y)=\max(1-x,\min(x,y))$, 但它不是模糊蕴涵.

(2) 若 $T=T_M$, $S=S_P$ 和 $N(x)=N_0(x)=1-x$, 则

$$I_{T,S,N}(x,y)=\begin{cases}1-x+x^2,&x\leqslant y,\\1-x+xy,&\text{其他},\end{cases} \tag{1.1.36}$$

但它不是模糊蕴涵.

(3) 若 $T=T_M$, $S=S_{\mathrm{LK}}$ 和 $N(x)=N_0(x)=1-x$, 则 $I_{T,S,N}(x,y)=I_{\mathrm{LK}}$ 是模糊蕴涵.

(4) 若 $T = T_P$, $S = S_P$ 和 $N(x) = N_0(x) = 1 - x$, 则 $I_{T,S,N}(x,y) = 1 - x + x^2 y$, 但它不是模糊蕴涵.

(5) 若 $T = T_P$, $S = S_{nM}$ 和 $N(x) = N_0(x) = 1 - x$, 则

$$I_{T,S,N}(x,y) = \begin{cases} 1, & y = 1, \\ \max(1-x, xy), & \text{其他}, \end{cases} \quad (1.1.37)$$

但它不是模糊蕴涵.

(6) 若 $T = T_{LK}$, $S = S_M$ 和 $N(x) = N_0(x) = 1 - x$, 则 $I_{T,S,N}(x,y) = \max(1-x, x+y-1)$, 但它不是模糊蕴涵.

(7) 若 $T = T_{LK}$, $S = S_P$ 和 $N(x) = N_0(x) = 1 - x$, 则

$$I_{T,S,N}(x,y) = \begin{cases} 1 - x, & y \leqslant 1-x, \\ 1 + x^2 + xy - 2x, & \text{其他}, \end{cases} \quad (1.1.38)$$

但它不是模糊蕴涵.

命题 1.1.8 若 $I_{T,S,N}$ 是 QL-算子, 则

(1) $I_{T,S,N}$ 满足 (I2)、(I3)、(I4)、(I5)、(NC)、(LB) 和 (NP).

(2) $N_{I_{T,S,N}} = N$.

命题 1.1.9 若 QL-算子 $I_{T,S,N}$ 是 QL-蕴涵, 则函数 (S,N) 满足排中律, 即对任意 $x \in [0,1]$, 有 $S(N(x), x) = 1$.

定理 1.1.16 若 N 是连续否定, 就 QL-蕴涵 $I_{T,S,N}$ 而言, 下面的叙述等价:

(1) $I_{T,S,N}$ 满足 (EP).

(2) $I_{T,S,N}$ 是由 S、N 生成的 (S,N)-蕴涵.

定理 1.1.17 若 $I_{T,S,N}$ 是由右连续三角余模生成的 QL-蕴涵, 则下面的叙述等价:

(1) $I_{T,S,N}$ 满足 (IP).

(2) $T(x,x) \geqslant N_S \circ N(x)$.

定理 1.1.18 若 $I_{T,S,N}$ 满足 (OP), 则

(1) 对任意 $x \in [0,1]$, 有 $T(x,x) \geqslant N_S \circ N(x)$.

(2) N 是严格否定.

(3) S 是非正三角余模, 即对任意 $x \in (0,1)$, 存在 $y \in (0,1)$ 使得 $S(x,y) = 1$.

4. D-算子与 D-蕴涵

定义 1.1.16 设 T 为三角模, S 为三角余模, N 为模糊否定, 称如下定义的二元运算 $I: [0,1]^2 \to [0,1]$,

$$I_{S,T,N}(x,y) = S(T(N(x), N(y)), y) \quad (1.1.39)$$

为 D-算子.

对比定义 1.1.15 和定义 1.1.16,发现它们之间存在一定的对偶性. 为进一步研究它们的关系,需要下面的引理.

引理 1.1.3 若 N 是强否定,则二元函数 $I: [0,1]^2 \to [0,1]$ 是模糊蕴涵,当且仅当它的换置位蕴涵 $J(x,y) = I(N(y), N(x))$ 是模糊蕴涵.

命题 1.1.10 若 T 是三角模,S 是三角余模,N 是强否定,则 QL-算子 $I_{T,S,N}$ 是 QL-蕴涵,当且仅当它的换置位蕴涵是 D-蕴涵.

1.2 一致模

1.2.1 一致模的定义与基本性质

定义 1.2.1 二元运算 $U: [0,1] \times [0,1] \to [0,1]$ 称为一致模,U 满足结合律和交换律,关于每个变元单调递增,并且存在 $e \in [0,1]$,对任意 $x \in [0,1]$ 使得 $U(x,e) = x$. 此时 e 称为 U 的单位元. 下面用 U 表示一致模,e 表示其单位元.

注记 1.2.1 显然,当 $e = 1, 0$ 时,U 分别是三角模和三角余模. 因此,当一致模 U 的单位元 $e \in (0,1)$ 时,称其为真一致模. 此外,对于任意一致模 U,显然有 $U(0,0) = 0$ 和 $U(1,1) = 1$.

例 1.2.1 若 R^* 与 R_* 分别定义如下:

$$R^*(a,b) = \begin{cases} a \wedge b, & a,b \in [0,e], \\ a \vee b, & 其他. \end{cases} \tag{1.2.1}$$

$$R_*(a,b) = \begin{cases} a \vee b, & a,b \in [e,1], \\ a \wedge b, & 其他. \end{cases} \tag{1.2.2}$$

显然,若 $e \neq 0, 1$,则 R^* 与 R_* 都是真一致模,既不是三角模也不是三角余模. 这说明一致模是三角模和三角余模的真推广.

命题 1.2.1 若 U 是任意一致模,则 $U(0,1) \in \{0,1\}$.

证明 记 $U(0,1) = \lambda$. 则 $U(\lambda,0) = U(U(1,0),0) = U(1,U(0,0)) = U(1,0) = \lambda$,$U(\lambda,1) = U(U(1,0),1) = U(0,U(1,1)) = U(1,0) = \lambda$. 若 $\lambda \leqslant e$,则有 $\lambda = U(\lambda,0) \leqslant U(e,0) = 0$;若 $\lambda \geqslant e$,则有 $\lambda = U(\lambda,1) \geqslant U(e,1) = 1$. 因此 $U(0,1) \in \{0,1\}$.

根据 $U(0,1)$ 的取值情况,可以对 U 进行分类. 下面称满足 $U(0,1) = 0$ 的一致模为合取一致模,称满足 $U(0,1) = 1$ 的一致模为析取一致模.

命题 1.2.2 若一致模 U 作为二元函数是连续的,则 U 必是三角模或三角余模.

证明 首先假设 U 是连续的合取一致模, 由命题 1.2.1 可知 $U(0,1) = 0$, 又由一致模的定义可知 $U(1,1) = 1$. 现定义函数 $f: [0,1] \to [0,1]$ 为 $f(x) = U(x,1)$, 则 f 是 $[0,1]$ 上的连续函数并且 $f(0) = 0, f(1) = 1$, 使用介值性定理可知, 对于一致模的单位元 e 而言, 存在 $x_0 \in [0,1]$ 使得 $f(x_0) = e$. 因此

$$1 = U(1,e) = U(1, U(x_0, 1)) = U(x_0, U(1,1)) = U(x_0, 1) = f(x_0) = e. \tag{1.2.3}$$

这样就证明了 U 是三角模.

同理可证: 若 U 是连续的析取一致模, 则 U 是三角余模.

注记 1.2.2 由命题 1.2.2 可知, 不存在连续的真一致模. 因此在今后的讨论中, 总是假定 U 的单位元满足 $e \in (0,1)$, 且作为二元函数在单位区域 $[0,1]^2$ 上是不连续的.

下面介绍一致模的结构定理.

定理 1.2.1 若 U 是一致模并且 $e \in (0,1)$, 则存在三角模 T_U 和三角余模 S_U 使得

$$U(x,y) = \begin{cases} eT_U\left(\dfrac{x}{e}, \dfrac{y}{e}\right), & (x,y) \in [0,e]^2, \\ e + (1-e)S_U\left(\dfrac{x-e}{1-e}, \dfrac{y-e}{1-e}\right), & (x,y) \in [e,1]^2. \end{cases} \tag{1.2.4}$$

若记 $E = [0,e] \times (e,1] \cup (e,1] \times [0,e)$, 则当 $(x,y) \in E$ 时, 有

$$\min(x,y) \leqslant U(x,y) \leqslant \max(x,y). \tag{1.2.5}$$

此外, 称 T_U 和 S_U 分别为 U 的基本三角模和基本三角余模.

证明 若 $(x,y) \in [0,e]^2$, 则 $0 = U(0,0) \leqslant U(x,y) \leqslant U(e,e)$. 因此 U 限制在 $[0,e]^2$ 上的值域是 $[0,e]$. 当 $(x,y) \in [0,1]^2$ 时, 定义 $T_U(x,y) = \dfrac{U(ex,ey)}{e}$, 则 T_U 是三角模并满足当 $(x,y) \in [0,e]^2$ 时, 有 $U(x,y) = eT_U\left(\dfrac{x}{e}, \dfrac{y}{e}\right)$.

同理, 若 $(x,y) \in [e,1]^2$, 则 $1 = U(1,1) \geqslant U(x,y) \geqslant U(e,e)$. 因此 U 限制在 $[e,1]^2$ 上的值域是 $[e,1]$. 当 $(x,y) \in [0,1]^2$ 时, 定义 $S_U(x,y) = (U(e+(1-e)x, e+(1-e)y) - e)/(1-e)$, 则 S_U 是三角余模并满足当 $(x,y) \in [e,1]^2$ 时, 有 $U(x,y) = e + (1-e)S_U\left(\dfrac{x-e}{1-e}, \dfrac{y-e}{1-e}\right)$.

当 $(x,y) \in E$ 时, 不妨设 $x \leqslant y$, 则有 $\min(x,y) = x = U(x,e) \leqslant U(x,y) \leqslant U(e,y) = y = \max(x,y)$.

注记 1.2.3 根据定理 1.2.1, 可知: 若 $(x,y) \in [0,e]^2$, 则一致模的作用就像一个三角模; 若 $(x,y) \in [e,1]^2$, 则一致模的作用就像一个三角余模. 但是当 $(x,y) \in E$

时, 仅知道一致模介于函数 min 和函数 max 之间, 对于其具体结构还不清楚. 这也是一致模结构复杂的原因.

由定理 1.2.1 和注记 1.2.3 容易获得下面的命题.

命题 1.2.3 若 U 是有单位元 $e \in (0,1)$ 的一致模, 那么

$$\underline{U}_e(x,y) \leqslant U(x,y) \leqslant \overline{U}_e(x,y). \tag{1.2.6}$$

其中

$$\underline{U}_e(x,y) = \begin{cases} 0, & (x,y) \in [0,e]^2, \\ \max(x,y), & (x,y) \in [e,1]^2, \\ \min(x,y), & 其他; \end{cases} \tag{1.2.7}$$

$$\overline{U}_e(x,y) = \begin{cases} \min(x,y), & (x,y) \in [0,e]^2, \\ 1, & (x,y) \in [e,1]^2, \\ \max(x,y), & 其他. \end{cases} \tag{1.2.8}$$

下面, 介绍具有特殊性质的一致模.

1.2.2 可表示一致模

定义 1.2.2 若一致模 U 除了两点 $(0,1)$ 和 $(1,0)$ 外都连续, 即一致模 U 在区域 $[0,1]^2 \backslash \{(0,1),(1,0)\}$ 上连续, 则称 U 是几乎连续的.

定义 1.2.3 设 U 是有单位元 $e \in (0,1)$ 的几乎连续一致模, 称 U 是阿基米德的, 且

$$当 0 < x < e 时, U(x,x) < x; \; 当 e < x < 1 时, U(x,x) > x. \tag{1.2.9}$$

根据上面的定义和一致模的结构, 显然有下面的命题.

命题 1.2.4 设 U 是有单位元 $e \in (0,1)$ 的几乎连续一致模, 那么基本三角模 T_U 和基本三角余模 S_U 是连续的. 此外, U 是阿基米德的, 当且仅当基本三角模 T_U 和基本三角余模 S_U 都是阿基米德的.

定义 1.2.4 设一致模 U 的单位元 $e \in (0,1)$, 若存在严格递增的连续函数 $h: [0,1] \to [-\infty, +\infty]$ 满足 $h(0) = -\infty, h(e) = 0, h(1) = +\infty$, 使得

$$U(x,y) = h^{-1}(h(x) + h(y)), \quad (x,y) \in [0,1]^2 \setminus \{(0,1),(1,0)\}, \tag{1.2.10}$$

则称 U 是可表示的, h 称为 U 的加法生成子. 记全体可表示一致模为 RU.

由可表示一致模的定义, 容易知道 U 的基本三角模 T_U 和基本三角余模 S_U 是连续阿基米德的. 进一步, 假设 T_U 和 S_U 的加法生成子分别是 $f: [0,1] \to [0,\infty]$

和 $g\colon [0,1] \to [0,\infty]$, 则 f 是严格单调递减的并满足 $f(1) = 0$, g 是严格单调递增的并满足 $g(0) = 0$. 因此

$$T_U(x,y) = f^{(-1)}(f(x) + f(y)), \qquad (x,y) \in [0,1]^2, \tag{1.2.11}$$

$$S_U(x,y) = g^{(-1)}(g(x) + g(y)), \qquad (x,y) \in [0,1]^2. \tag{1.2.12}$$

根据式 (1.2.4), 对于有单位元 $e \in (0,1)$ 的几乎连续一致模 U 而言, 它可以表示如下:

$$U(x,y) = \begin{cases} ef^{(-1)}\left(f\left(\dfrac{x}{e}\right) + f\left(\dfrac{y}{e}\right)\right), & (x,y) \in [0,e]^2, \\ e + (1-e)g^{(-1)}\left(g\left(\dfrac{x-e}{1-e}\right) + g\left(\dfrac{y-e}{1-e}\right)\right), & (x,y) \in [e,1]^2. \end{cases} \tag{1.2.13}$$

现在定义函数 $h\colon [0,1] \to [-\infty, \infty]$ 为

$$h(x) = \begin{cases} -f\left(\dfrac{x}{e}\right), & x \leqslant e, \\ g\left(\dfrac{x-e}{1-e}\right), & x \geqslant e, \end{cases} \tag{1.2.14}$$

则 h 是严格单调递增的连续函数并满足 $h(e) = 0$. 此时, h 的伪逆是

$$h^{(-1)}(x) = \begin{cases} ef^{(-1)}(-x), & x \leqslant 0, \\ e + (1-e)g^{(-1)}(x), & x \geqslant 0. \end{cases} \tag{1.2.15}$$

命题 1.2.5 若 h 由式 (1.2.14) 给定, 并且 $h(0) > -\infty$ 或 $h(1) < \infty$, 那么 $U(x,y) = h^{(-1)}(h(x) + h(y))$ 不满足结合律.

证明 不妨假设 $h(0) > -\infty$. 显然存在 $x,y,z \in (0,1)$ 使得 $x,y < e < z$ 并且

$$h(x) + h(y) < h(0) < h(x) + h(y) + h(z), \quad h(0) + h(z) < h(1). \tag{1.2.16}$$

从式 (1.2.16) 可知 $h(y) + h(z) > h(0)$, 否则有 $h(x) + h(y) + h(z) < h(0)$, 这与假设矛盾. 进一步经过计算可知

$$\begin{aligned} U(U(x,y),z) &= h^{(-1)}(h(U(x,y)) + h(z)) \\ &= h^{(-1)}(h(h^{(-1)}(h(x) + h(y))) + h(z)) \\ &= h^{(-1)}(h(0) + h(z)) \\ &= h^{-1}(h(0) + h(z)), \end{aligned}$$

1.2 一致模

$$U(x, U(y,z)) = h^{(-1)}(h(x) + h(h^{(-1)}(h(y) + h(z))))$$
$$= h^{(-1)}(h(x) + h(y) + h(z))$$
$$= h^{-1}(h(x) + h(y) + h(z)).$$

因此,

$$U(x, U(y,z)) = h^{-1}(h(x) + h(y) + h(z))$$
$$< h^{-1}(h(0) + h(z))$$
$$= U(U(x,y), z).$$

推论 1.2.1 若一致模 U 能写成式 (1.2.10) 的形式,则 U 在开区域 $(0,1)^2$ 内严格递增.

证明 由命题 1.2.5 可知, $h(0) = \lim_{x \to 0} h(x) = -\infty$ 和 $h(1) = \lim_{x \to 1} h(x) = \infty$,因此 $h^{(-1)} = h^{-1}$,这样 $h^{-1}(h(x) + h(y))$ 是严格递增的.

命题 1.2.6 若一致模 U 能写成式 (1.2.10) 的形式,则存在强否定 N 使得 U 的单位元 e 是 N 的不动点,且 U 关于 N 是自对偶的,即对任意 $(x,y) \in [0,1]^2 \setminus \{(0,1), (1,0)\}$,都有

$$N(U(x,y)) = U(N(x), N(y)). \tag{1.2.17}$$

证明 若一致模 U 能写成式 (1.2.10) 的形式,从推论 1.2.1 可知 $h^{(-1)} = h^{-1}$,因此 $U(x,y) = h^{-1}(h(x) + h(y))$. 定义 $N: [0,1] \to [0,1]$ 为

$$N(x) = h^{-1}(-h(x)), \tag{1.2.18}$$

那么容易验证 N 是强否定并且 U 的单位元 e 是 N 的不动点. 进一步计算可得

$$N(U(x,y)) = h^{-1}(-h(h^{-1}(h(x) + h(y)))) = h^{-1}(-h(x) - h(y)), \tag{1.2.19}$$

$$U(N(x), N(y)) = h^{-1}(h(h^{-1}(-h(x))) + h(h^{-1}(-h(y)))) = h^{-1}(-h(x) - h(y)). \tag{1.2.20}$$

这样就证明了 U 关于 N 是自对偶的.

定理 1.2.2 若 U 是有单位元 $e \in (0,1)$ 的几乎连续一致模,那么存在严格递增的连续函数 $h: [0,1] \to \overline{R}$ 使得 $h(e) = 0$ 和

$$U(x,y) = h^{(-1)}(h(x) + h(y)), \tag{1.2.21}$$

当且仅当

(1) U 在 $(0,1)^2$ 内是严格递增的.

(2) 存在不动点 e 的强否定 N 使得 U 关于 N 是自对偶的.

在这种情况下, $h(0) = -\infty$, $h(1) = \infty$ 并且 $h^{(-1)} = h^{-1}$. 此外, 就相差一个正常数而言, 加法生成子是唯一的.

证明 从前面的命题与推论可知, 必要性成立. 充分性容易证明. 下面证明除相差一个正常数而言, 加法生成子是唯一的. 若还存在 $k : [0,1] \to \overline{R}$ 满足式 (1.2.21), 那么有

$$U(x,y) = h^{-1}(h(x) + h(y)) = k^{-1}(k(x) + k(y)). \tag{1.2.22}$$

令 $u = h(x)$ 和 $v = h(y)$, 则式 (1.2.22) 等价于

$$k \circ h^{-1}(u+v) = k \circ h^{-1}(u) + k \circ h^{-1}(v), \quad u, v \in R. \tag{1.2.23}$$

从柯西函数方程可知 $k \circ h^{-1}(u) = \alpha u$ $(\alpha > 0)$, 因此 $k(x) = \alpha h(x)$.

显然定理 1.2.2 的条件多、表示复杂, 因此下面将它简化.

引理 1.2.1 若一致模 U 是几乎连续的, 则

(1) 对任意 $x < 1$, 有 $U(x,0) = 0$.

(2) 对任意 $x > 0$, 有 $U(x,1) = 1$.

证明 在这里仅证明 (1), 因为 (2) 可以采用类似 (1) 的方法证明, 故略去. 采用反证法. 假设存在 $a \in (0,1)$ 使得 $U(a,0) = b > 0$, 根据 U 的连续性可知, 对任意 $y \leqslant b$, 存在 $x \leqslant a$ 使得 $U(x,0) = y$, 因此 $U(y,0) = U(U(x,0),0) = U(x,0) = y$. 但这与当 $y \leqslant e$ 时有 $U(y,0) = 0$ 矛盾.

命题 1.2.7 若一致模 U 是几乎连续的, 则

(1) 对任意 $x < 1, y < 1$ 有 $U(x,y) < 1$.

(2) 对任意 $x > 0, y > 0$ 有 $U(x,y) > 0$.

证明 在这里仅证明 (1), 因为 (2) 可以采用类似 (1) 的方法证明, 故略去. 采用反证法. 假设存在 $x < 1, y < 1$ 使得 $U(x,y) = 1$, 那么可以获得 $U(\max(x,y), \max(x,y)) = 1$. 换言之, 存在 $e < t < 1$ 使得 $U(t,t) = 1$. 现在令 $a = \inf\{x \in [0,1] | U(x,x) = 1\}$, 则 $e < a < 1$. 利用 U 的连续性可以获得 $U(a,a) = 1$, 注意到对任意 $x < a$, 有 $U(x,a) < 1$, 进一步可知: 对任意 $x > 0$ 有 $U(U(x,a),a) = U(x,U(a,a)) = U(x,1) = 1$, 因此 $U(x,a) \geqslant a$. 另外, 当 $x < e$ 时, 有 $U(x,a) \leqslant a$, 这样当 $x < e$ 时, 有 $U(x,a) = a$, 但这与 U 的连续性相矛盾.

引理 1.2.2 若一致模 U 是几乎连续的, 那么 U 是可表示的, 当且仅当 U 在 $(0,1)^2$ 内严格单调.

1.2 一致模

证明 根据定理 1.2.2 可知,若 U 是几乎连续的和可表示的,那么 U 在 $(0,1)^2$ 上严格单调. 下面证明反过来的情况. 为此,定义函数 $N:[0,1]\to[0,1]$ 为

$$N(x)=\begin{cases}0, & x=1,\\ 1, & x=0,\\ y, & x\in(0,1),\ U(x,y)=e,\end{cases} \quad (1.2.24)$$

则可以断言 N 是强否定. 首先,证明 N 是对合的. 当 $x=0,1$ 时,N 显然是对合的;当 $x\in(0,1)$ 时,记 $y=N(x)$,根据 N 的定义可知 $U(x,y)=e$,再使用 U 的交换性可以获得 $U(y,x)=e$,这表明 $x=N(y)$,故 $N(N(x))=N(y)=x$. 接下来,证明 N 是严格递减的. 采用反证法,取 x、x' 使得 $x<x'$ 并且 $N(x)\leqslant N(x')$,记 $y=N(x)$ 和 $y'=N(x')$,根据 N 的定义可知 $U(x,y)=e$ 和 $U(x',y')=e$. 进一步,根据 U 的严格单调性有 $e=U(x,y)<U(x,y')<U(x',y')=e$,矛盾. 因此 N 是强否定.

下面证明 U 关于 N 是自对偶的,即证明: 对任意 $x,y\in[0,1]^2\setminus\{(1,0),(0,1)\}$ 有 $U(x,y)=N(U(N(x),N(y)))$ 成立. 根据 N 的定义,就是要证明 $U(U(x,y),U(N(x),N(y)))=e$. 当 $x,y\in(0,1)$ 时,根据 U 的交换性、结合性和 N 的定义可知 $U(U(x,y),U(N(x),N(y)))=U(U(x,N(x)),U(y,N(y)))=U(e,e)=e$;当 $x\in[0,1]$, $y=0$ 时,有 $U(x,0)=0=N(1)=N(U(N(x),1))=N(U(N(x),N(0)))$;当 $y\in[0,1]$, $x=0$ 时,有 $U(0,y)=0=N(1)=N(U(N(y),1))=N(U(N(y),N(0)))$. 这样就证明了 U 关于 N 是自对偶的. 再使用定理 1.2.2 可知 U 是可表示的.

定理 1.2.3 设一致模 U 的单位元 $e\in(0,1)$,则如下条件等价:

(1) U 是可表示的.

(2) U 是几乎连续的.

证明 根据可表示一致模的定义可知 (1)⇒(2). 下面证明 (2)⇒(1). 根据引理 1.2.2,只需要证明 U 在 $(0,1)^2$ 内严格单调. 为此只需要证明: 对任意 $x,y,t\in(0,1)$,若 $U(x,t)=U(y,t)$,则 $x=y$. 从引理 1.2.1 可知 $U(t,0)=0$ 和 $U(t,1)=1$,又因为 $U(t,x)$ 是连续的,所以存在 $\alpha\in(0,1)$ 使得 $U(t,\alpha)=e$,进一步有 $x=U(x,e)=U(x,U(t,\alpha))=U(U(x,t),\alpha)=U(U(y,t),\alpha)=U(y,U(t,\alpha))=U(y,e)=y$. 根据引理 1.2.2 可知 U 是可表示的.

例 1.2.2 下面给出几个可表示一致模的例子.

(1) 令 $h(x)=\ln\left(\dfrac{x}{1-x}\right)$,则获得可表示一致模

$$U(x,y)=\begin{cases}0, & (x,y)\in\{(0,1),(1,0)\},\\ \dfrac{xy}{(1-x)(1-y)+xy}, & \text{其他},\end{cases} \quad (1.2.25)$$

且有单位元 $e = \dfrac{1}{2}$.

(2) 对任意 $\beta > 0$, 令 $h_\beta(x) = \ln\left(-\dfrac{1}{\beta} \cdot \ln(1-x)\right)$, 则获得可表示一致模

$$U(x,y) = \begin{cases} 1, & (x,y) \in \{(0,1),(1,0)\}, \\ 1 - \exp\left(-\dfrac{1}{\beta} \cdot \ln(1-x) \cdot \ln(1-y)\right), & \text{其他}, \end{cases} \quad (1.2.26)$$

且有单位元 $e = 1 - \exp(-\beta)$.

类似于定理 1.2.2, 可以证明如下定理.

定理 1.2.4 设一致模 U 的单位元 $e \in (0,1)$, 则 U 是可表示一致模, 当且仅当存在严格递增的连续函数 $h : [0,1] \to [0,+\infty]$ 满足 $h(0) = 0, h(e) = 1, h(1) = +\infty$, 并且使得

$$U(x,y) = h^{-1}(h(x) \cdot h(y)), \quad (x,y) \in [0,1]^2 \setminus \{(0,1),(1,0)\}. \quad (1.2.27)$$

此时 h 称为 U 的乘法生成子.

1.2.3 $(0,1)^2$ 内连续的一致模

在这一小节, 我们将给出 $(0,1)^2$ 内连续的一致模的结构. 为此, 需要下面的若干引理.

引理 1.2.3 设 U 是 $(0,1)^2$ 内连续的单位元 $e \in (0,1)$ 的一致模, 则 U 的基本三角模 T_U 和基本三角余模 S_U 都连续.

证明 因为 S_U 的连续性类似可证, 在这里仅证明 T_U 的连续性. 因为 $T_U \leqslant \min$, 所以对任意 $a \in [0,1]$ 有 $T_U(0,a) = T_U(a,0) = 0$, 进一步可知 T_U 在点 $(0,a)$ 和 $(a,0)$ 处连续. 又因为 U 在 $(0,1)^2$ 内连续, 所以 T_U 在 $(0,1]^2$ 内连续.

引理 1.2.4 设 U 是 $(0,1)^2$ 内连续有单位元 $e \in (0,1)$ 的一致模, (α_n, β_n) 是 T_U 的生成区间, 则对任意 $x, y \in (e\alpha_n, e\beta_n)$ 有

$$U(x,y) = e\alpha_n + (e\beta_n - e\alpha_n) T_U\left(\dfrac{x - e\alpha_n}{e\beta_n - e\alpha_n}, \dfrac{y - e\alpha_n}{e\beta_n - e\alpha_n}\right). \quad (1.2.28)$$

引理 1.2.5 设 U 是有单位元 $e \in (0,1)$ 的一致模, 并存在 $u \in [0,e)$ 使得对任意 $x \in (u,e), y \in (e,1)$ 有 $U(x,y) = x$, 那么 U 是不连续的.

证明 固定 $c \in (e,1)$, 定义函数 $f(x) = U(x,c)$, 则对任意 $x \in (u,e)$ 有 $f(x) = U(x,c) = x < e$. 另外, 因为 e 是 U 的单位元, 所以 $f(e) = U(e,c) = c$. 进一步有 $\lim\limits_{x \to e} f(x) = e \neq c = U(e,c) = f(e)$, 因此 U 在 $(0,1)^2$ 内不连续.

引理 1.2.6 设 U 是 $(0,1)^2$ 内连续有单位元 $e \in (0,1)$ 的一致模, 存在 α_1、α_2 ($0 \leqslant \alpha_1 \leqslant \alpha_2 < 1$, $\alpha_2 > 0$) 使得对任意 $x \in [\alpha_1, \alpha_2]$ 和 $y \in [\alpha_2, 1]$ 有 $T_U(x,y) = x$, 那么对任意 $x \in [e\alpha_1, e\alpha_2]$ 和 $y \in (e, 1)$, 有 $U(x,y) = x$.

证明 由基本三角模的定义可知, 对任意 $x \in [e\alpha_1, e\alpha_2]$ 和 $y \in (e\alpha_2, e)$, 有 $U(x,y) = x$. 下面证明对任意 $x \in [e\alpha_1, e\alpha_2]$ 和 $y \in (e, 1)$ 有 $U(x,y) = x$. 为此首先断言: 对任意 $y \in (e, 1)$, 有 $U(e\alpha_2, y) < e$. 若不然, 即存在 $a \in (e, 1)$ 使得 $U(e\alpha_2, a) \geqslant e$, 那么由 $U(e\alpha_2, e) = e\alpha_2 < e$ 和 U 的连续性可知, 存在 $b \in (e, a]$ 使得 $U(e\alpha_2, b) = e$. 现在令 $c \in (e\alpha_2, e)$, 那么有 $c = U(c, e) = U(c, U(e\alpha_2, b)) = U(U(e\alpha_2, c), b) = U(e\alpha_2, b) = e$, 矛盾. 因此对任意 $y \in (e, 1)$, 有 $U(e\alpha_2, y) < e$.

注意到对任意 $y \in (e, 1)$ 有 $U(e, y) = y$, 那么利用 U 的连续性可知, 存在 $z \in (e\alpha_2, e)$ 使得 $U(z, y) = e$. 这样对任意 $x \in [e\alpha_1, e\alpha_2]$ 和 $y \in (e, 1)$ 有 $U(x,y) = U(U(x,z), y) = U(x, U(z,y)) = U(x, e) = x$.

引理 1.2.7 设 U 是 $(0,1)^2$ 内连续且有单位元 $e \in (0,1)$ 的一致模, 那么

(1) U 的基本三角模 T_U 有生成子区间 $(\alpha, 1)$, 并且对应生成三角模 T_0 是严格的.

(2) U 的基本三角余模 S_U 有生成子区间 $(0, \beta)$, 并且对应生成三角余模 S_0 是严格的.

证明 在这里, 仅证明 (1). 因为 (2) 可类似地证明, 故略去. 根据引理 1.2.3 可知 T_U 是连续三角模, 再由定理 1.1.3 可知, T_U 有唯一一族可数的互不相交的开生成子区间 $\{(\alpha_k, \beta_k)\}_{k \in K}$. 根据序和的性质易知, 当 x、y 不在同一生成区间内时, $T_U(x,y) = \min(x,y)$.

(1) 下面通过反证法证明 T_U 有生成子区间 $(\alpha, 1)$, 即假设没有 $k \in K$ 使得 $\beta_k = 1$, 则可以构造一个严格单调递增的序列 $\{a_n\}$ 使得对所有 $x \in [a_n, a_{n+1}], y \in (a_{n+1}, 1)$ 满足 $T_U(x,y) = x$. 事实上, $\{a_n\}$ 可以通过如下方式进行构造.

① 若 $K = \varnothing$, 则令 $a_n = 1 - \dfrac{1}{2^{n+1}}$;

② 若 $\beta = \sup\{\beta_k : k \in K\} < 1$, 则令 $a_n = 1 - \dfrac{(1-\beta)}{2^{n+1}}$;

③ 若 $\beta = 1$ 并且对任意 k 都有 $\beta_k < 1$, 那么序列 $\{\beta_k\}$ 有严格单调的子序列 $\{\beta_{ki}\}$: $\beta_{k1} < \beta_{k2} < \beta_{k3} < \cdots < 1$ 使得 $\lim\limits_{ki \to \infty} \beta_{ki} = 1$. 定义 $a_1 = \alpha_{k1}$, $a_2 = \beta_{k1}$, $a_3 = \alpha_{k2}$, $a_4 = \beta_{k2}, \cdots$.

根据引理 1.2.6 可知, 对任意 $n \in N, x \in [ea_n, ea_{n+1}], y \in (e, 1)$ 都有 $U(x,y) = x$. 进一步可以获得对任意 $x \in [ea_1, e) = \cup_{n=1}^{+\infty}[ea_n, ea_{n+1}], y \in (e, 1)$ 有 $U(x,y) = x$. 再利用引理 1.2.5 可知, U 在 $(0,1)^2$ 内不连续, 矛盾.

(2) 下面证明 T_0 是严格的. 为此, 首先需要证明对任意 $y \in (e, 1)$ 有 $U(e\alpha, y) =$

$e\alpha$. 事实上, 因为 α 不在任何开区间 (α_k, β_k) 内, 根据定理 1.1.3 可知 $T_U(\alpha, \alpha) = \alpha$. 再注意到 T_U 是 U 的基本三角模, 那么 $U(e\alpha, e\alpha) = e\alpha$. 若 $U(e\alpha, y) \geqslant e$, 根据 $U(e\alpha, e\alpha) = e\alpha$ 和 U 的连续性可知, 存在 $a \in (e\alpha, y]$ 使得 $U(e\alpha, a) = e$. 进一步可以获得 $e = U(e\alpha, a) = U(U(e\alpha, e\alpha), a) = U(e\alpha, U(e\alpha, a)) = U(e\alpha, e) = e\alpha$, 矛盾. 所以 $U(e\alpha, y) < e$. 一方面, 注意到 $U(e\alpha, y) \geqslant U(e\alpha, e) = e\alpha$, 另一方面, 有 $U(e\alpha, y) = U(U(e\alpha, e\alpha), y) = U(e\alpha, U(e\alpha, y)) \leqslant U(e\alpha, e) = e\alpha$, 所以有 $U(e\alpha, y) = e\alpha$.

现在, 用反证法证明 T_0 是严格的. 根据 T_U 的定义和定理 1.1.3 可知, 存在连续严格递减函数 $f: [e\alpha, e] \to [0, M]$, 使得 $f(e\alpha) = M < +\infty, f(e) = 0$, 并且当 $(x, y) \in [e\alpha, e]^2$ 时, 有 $U(x, y) = f^{(-1)}(f(x) + f(y))$, 这里 $f^{(-1)}(x) = f^{-1}(\min(x, M))$. 令 $a \in (e\alpha, e)$, 且记 $b_a = f^{-1}(M - f(a))$, 那么显然有 $b_a \in (e\alpha, e)$ 和 $U(a, b_a) = e\alpha$.

根据引理 1.2.5, 存在 $a \in (e\alpha, e)$ 和 $c \in (e, 1)$ 使得 $U(a, c) > a$. 若 $U(a, c) > e$, 则有 $U(U(a, c), b_a) \geqslant U(e, b_a) \geqslant b_a \geqslant e\alpha$; 若 $U(a, c) \leqslant e$, 根据 $f(x)$ 在 $(e\alpha, e)$ 上的严格单调递减性可知, $U(U(a, c), b_a) = f^{-1}(f(U(a, c)) + f(b_a)) > f^{-1}(f(a) + f(b_a)) = U(a, b_a) = e\alpha$. 总而言之, 证明了 $U(U(a, c), b_a) > e\alpha$. 另外, 有 $U(U(a, c), b_a) = U(U(a, b_a), c) = U(e\alpha, c) = e\alpha$, 矛盾.

引理 1.2.8 若二元函数 $H(x, y)$ 满足下面的条件:

(1) 对任意 $x, y \in (a, b)$, 有 $H(x, y) \in (a, b)$.

(2) 对任意 $x, y, z \in (a, b)$, 有 $H(H(x, y), z) = H(x, H(y, z))$.

(3) $H(x, y)$ 在 $(a, b)^2$ 内是严格单调的.

则存在严格单调的连续函数 $h: (a, b) \to (-\infty, +\infty)$ 使得对任意 $x, y \in (a, b)$, 有 $H(x, y) = h^{-1}(h(x) + h(y))$.

引理 1.2.9 设 U 是 $(0, 1)^2$ 内连续有单位元 $e \in (0, 1)$ 的一致模, 基本三角余模 S_U 是严格的, 基本三角模 T_U 有生成区间 $(\alpha, 1)$ 并且对应生成三角模 T_0 是严格的, 那么 U 在区域 $(e\alpha, 1)^2$ 内严格单调.

证明 由假设易知 $U(x, y)$ 在区域 $(e\alpha, e)^2$ 和区域 $[e, 1]^2$ 都是严格单调递增的, 根据 U 的交换性, 只需要证明: 当 $t, x, y \in (e\alpha, 1), x < y$ 时, 有 $U(x, t) < U(y, t)$. 下面分三种情况证明上述结论.

(1) 若 $t, x, y \in (e\alpha, e)$ 或 $t, x, y \in [e, 1)$, 结论显然.

(2) 若 $t, x \in (e\alpha, e], y \in (e, 1)$, 根据 T_0 的严格单调性可知 $U(x, t) = e T_U \left(\dfrac{x}{e}, \dfrac{t}{e} \right) < t$, 而 $U(y, t) \geqslant t$, 因此 $U(x, t) \leqslant U(y, t)$. 若 $x \in (e\alpha, e], t, y \in (e, 1)$, 证明完全类似, 故略去.

(3) 若 $x, y \in (e\alpha, e], t \in (e, 1)$. 采用反证法, 即假设存在 $x, y \in (e\alpha, e], t \in (e, 1)$ 使得 $U(x, t) = U(y, t)$, 假设 $U(x, t) = U(y, t) < e$, 由 $U(e, t) = t$ 和 U 的连续性可知,

存在 $a \in (x,e)$ 使得 $U(a,t) = e$, 因此 $x = U(x,e) = U(x,U(a,t)) = U(a,U(x,t)) = U(a,U(y,t)) = U(y,U(a,t)) = U(y,e) = y$, 矛盾. 假设 $U(x,t) = U(y,t) \geqslant e$, 由 U 的连续性, $U(x,e) = x$ 和 $U(x,t) \geqslant e \geqslant y$ 知, 存在 $b \in (e,t]$ 使得 $U(x,b) = y$; 由 $U(y,e) = y$ 和 $U(y,t) \geqslant e$ 知, 存在 $c \in [e,t]$ 使得 $U(y,c) = e$, 因此有 $U(t,b) = U(U(t,b),e) = U(U(t,b),U(y,c)) = U(U(y,t),U(b,c)) = U(U(x,t),U(b,c)) = U(t,U(U(x,b),c)) = U(t,U(y,c)) = U(t,e) = t$, 与 U 在 $(e,1)^2$ 内严格单调矛盾. 若 $t \in (e\alpha,e], x,y \in (e,1)$, 证明完全类似, 故略去.

综合可得引理成立.

定理 1.2.5 若 U 是 $(0,1)^2$ 内连续有单位元 $e \in (0,1)$ 的一致模, 则下面两种情况之一成立.

(1) S_U 是严格的, T_U 有生成区间 $(\alpha,1)$ 并且对应生成三角模 T_0 是严格的.

(2) T_U 是严格的, S_U 有生成区间 $(0,\beta)$ 并且对应生成三角余模 S_0 是严格的.

证明 根据引理 1.2.7, T_U 有生成子区间 $(\alpha,1)$, S_U 有生成子区间 $(0,\beta)$. 若 $\alpha > 0$ 且 $\beta < 1$, 由 $\alpha > 0$ 可知对任意 $x \in [0,\alpha], y \in (\alpha,1)$ 有 $T_U(x,y) = x$. 进一步根据引理 1.2.6 可以获得, 对任意 $x \in [0,e\alpha], y \in (e,1)$ 有 $U(x,y) = x$. 由 $\beta < 1$ 可知对任意 $x \in [0,\beta], y \in (\beta,1)$ 有 $S_U(x,y) = y$. 进一步根据引理 1.2.6 可以获得, 对任意 $x \in [0,e], y \in [e+(1-e)\beta,1]$ 有 $U(x,y) = y$. 这样当 $x \in (0,e\alpha), y \in [e+(1-e)\beta,1]$ 时, 有 $U(x,y) = x$ 和 $U(x,y) = y$ 同时成立, 矛盾.

因此, 只可能有 $\alpha = 0$ 或 $\beta = 1$. 显然, $\alpha = 0$ 就是情形 (2); $\beta = 1$ 就是情形 (1).

注记 1.2.4 设 U 是 $(0,1)^2$ 内连续有单位元 $e \in (0,1)$ 的一致模. 若 T_U 和 S_U 满足定理 1.2.5 的结论之一, 则重新定义的一致模 $\overline{U} = 1 - U(1-x,1-y)$ 的基本三角模 T_U 和基本三角余模 S_U 满足定理 1.2.5 的另一个结论.

下面将详细讨论定理 1.2.5 (1), 因为 (2) 类似可得, 故只在后面列举它的结论, 略去证明过程.

定理 1.2.6 设 U 是 $(0,1)^2$ 内连续有单位元 $e \in (0,1)$ 的一致模, S_U 是严格的, T_U 有生成区间 $(\alpha,1)$ 并且对应生成三角模 T_0 是严格的, 则存在严格递增函数 $h : [e\alpha,1] \to [-\infty,+\infty]$ 使得 $h(e\alpha) = -\infty$, $h(e) = 0$, $h(1) = +\infty$, 并对任意 $x,y \in [0,1)$ 有

$$U(x,y) = \begin{cases} eT_U\left(\dfrac{x}{e}, \dfrac{y}{e}\right), & (x,y) \in [0,e\alpha]^2, \\ h^{-1}(h(x) + h(y)), & (x,y) \in (e\alpha,1]^2, \\ \min(x,y), & \text{其他}. \end{cases} \quad (1.2.29)$$

证明 (1) 若 $x,y \in [0,e\alpha]$, 则根据式 (1.2.4) 可知 $U(x,y) = eT_U\left(\dfrac{x}{e}, \dfrac{y}{e}\right)$.

(2) 若 $x,y \in (e\alpha,1]$，则根据定理 1.2.1 可知 $U(x,y) \in (e\alpha,1)$，再利用引理 1.2.9 和引理 1.2.8 可知，存在连续严格递增函数 $h:(e\alpha,1) \to (-\infty,+\infty)$ 使得对任意 $x,y \in (e\alpha,1)$ 有 $U(x,y) = h^{-1}(h(x)+h(y))$。再由 $U(e,e) = e$ 可知 $h^{-1}(h(e)+h(e)) = e$，因此 $h(e) = 0$。下面证明 $h(e\alpha) = \lim_{x \to e\alpha+} h(x) = -\infty$。若不然，即 $h(e\alpha) = M > -\infty$，根据式 (1.2.28) 可知对任意 $y \in (e\alpha,e)$，有 $U(e\alpha,y) = e\alpha$，因此 $\lim_{x \to e\alpha+} h^{-1}(h(x)+h(y)) = e\alpha$，进一步根据 h 的严格单调性和连续性可知 $\lim_{x \to e\alpha+}(h(x)+h(y)) = M$，因此对任意 $y \in (e\alpha,e)$，有 $h(y) = 0$，这与 h 的严格单调性矛盾。类似地，可以证明 $h(1) = \lim_{x \to 1-} h(x) = +\infty$。

(3) 若 $(x,y) \in [0,e\alpha] \times (e\alpha,1] \cup (e\alpha,1] \times [0,e\alpha]$。根据交换性，不妨设 $(x,y) \in [0,e\alpha] \times (e\alpha,1]$。若 $\alpha = 0$，那么 $U(0,y) = h^{-1}(h(0)+h(y)) = h^{-1}(-\infty) = 0$。若 $\alpha > 0$，那么根据引理 1.2.6 和对任意 $x \in [0,\alpha], y \in (\alpha,1)$ 有 $T_U(x,y) = x$ 可知，对任意 $x \in [0,e\alpha], y \in (e\alpha,1)$ 有 $U(x,y) = x$。

定理 1.2.7 设 U 是 $(0,1)^2$ 内连续有单位元 $e \in (0,1)$ 的一致模，S_U 是严格的，T_U 有生成区间 $(\alpha,1)$ 并且对应生成三角模 T_0 是严格的，则存在 T_U 的幂等元 $p \in [0,\alpha]$ 使得

$$U(x,1) = \begin{cases} x, & x \in [0,ep), \\ 1, & x \in (ep,1], \\ x \text{或} 1, & x = ep. \end{cases} \tag{1.2.30}$$

证明 根据命题 1.2.1 可知，对任意一致模 U 有 $U(0,1) = 0$ 或 $U(0,1) = 1$。

若 $U(0,1) = 1$，根据 U 的单调性，对任意 $x \in [0,1]$ 有 $U(x,1) = 1$。令 $p = 0$，那么式 (1.2.30) 成立，并且 0 是 T_U 的幂等元。

若 $U(0,1) = 0$，根据式 (1.2.29) 可知，对任意 $x \in (e\alpha,1]$，有 $U(x,1) = h^{-1}(h(x)+h(1)) = h^{-1}(+\infty) = 1$。

下面证明，对任意 $x \in (0,e\alpha]$ 有 $U(x,1) = 1$ 或 $U(x,1) = x$。若不然，即存在 $a \in (0,e\alpha]$ 使得 $a < U(a,1) < 1$，记 $b = U(a,1)$。

若 $b \in (e\alpha,1)$，那么由式 (1.2.29) 可知，对任意 $y \in (e,1)$ 有 $b = U(a,1) = U(a,U(1,y)) = U(U(a,1),y) = U(b,y) > b$，矛盾。

若 $b \in (a,e\alpha]$，由 $U(b,0) = 0$，$U(b,e) = b$ 和 U 的连续性可知，存在 $c \in (0,e)$ 使得 $U(b,c) = a$，因此有 $b = U(a,1) = U(U(b,c),1) = U(U(U(a,1),c),1) = U(U(a,c),U(1,1)) = U(U(a,c),1) = U(U(a,1),c) = U(b,c) = a$，矛盾。

综上，对任意 $x \in (0,e\alpha]$ 有 $U(x,1) = 1$ 或 $U(x,1) = x$。令 $\lambda = \inf\{x \in [0,e\alpha] | U(x,1) = 1\}$，$p = \dfrac{\lambda}{e}$，再根据 U 的单调性可知，对任意 $x \in (0,ep)$ 有 $U(x,1) = x$；对任意 $x \in (ep,e\alpha)$ 有 $U(x,1) = 1$；$U(ep,1)$ 等于 ep 或者 1。因此式 (1.2.30)

成立.

最后讨论 p 的情况. 显然 $p \in [0,\alpha]$. 对任意 $x \in (0, ep)$ 和 $y \in (ep, e]$, 有 $U(x,y) = U(U(x,1), y) = U(x, U(y,1)) = U(x,1) = x$, 根据定理 1.2.1 可知, 对任意 $x \in (0, p)$ 和 $y \in (p, 1]$ 有 $T_U(x,y) = x$, 这意味着 $T_U(p,p) = p$, 即 p 是 T_U 的幂等元.

根据定理 1.2.5~定理 1.2.7 可得如下结构定理.

定理 1.2.8 若二元运算 U 有单位元 $e \in (0,1)$ 且 U 在 $(0,1)^2$ 内连续, 则 U 是一致模, 当且仅当下面两种情况之一成立.

(1) S_U 是严格的, T_U 有生成区间 $(\alpha, 1)$, 并且 T_0 是严格的, 而且 (1) 成立, 当且仅当

$$U(x,y) = \begin{cases} eT_U\left(\dfrac{x}{e}, \dfrac{y}{e}\right), & x,y \in [0, e\alpha], \\ h^{-1}(h(x) + h(y)), & x,y \in (e\alpha, 1), \\ x \wedge y, & (x,y) \in [0, e\alpha] \times (e\alpha, 1) \cup (e\alpha, 1) \times [0, e\alpha] \cup [0, ep) \\ & \times \{1\} \cup \{1\} \times [0, ep), \\ 1, & (x,y) \in (ep, 1] \times \{1\} \cup \{1\} \times (ep, 1], \\ x \text{ 或 } 1, & (x,y) = (ep, 1), \\ y \text{ 或 } 1, & (x,y) = (1, ep). \end{cases}$$

(1.2.31)

其中, $0 \leqslant \alpha < 1$, T^0 是 T_U 的生成区间 $(\alpha, 1)$ 所对应的生成三角模, $p \in [0, \alpha]$, $U(ep, ep) = ep$, 严格单调递增映射 $h : [e\alpha, 1] \to [-\infty, +\infty]$ 满足 $h(e\alpha) = -\infty$, $h(e) = 0$, $h(1) = +\infty$.

(2) T_U 是严格的, S_U 有生成区间 $(0, \beta)$, 并且 S_0 是严格的, 而且 (2) 成立当且仅当

$$U(x,y) = \begin{cases} e + (1-e)S_U\left(\dfrac{x-e}{1-e}, \dfrac{y-e}{1-e}\right), & x,y \in [e+(1-e)\beta, 1], \\ \gamma^{-1}(\gamma(x) + \gamma(y)), & x,y \in (0, e+(1-e)\beta), \\ x \vee y, & (x,y) \in [e+(1-e)\beta, 1] \times (0, e+(1-e)\beta) \\ & \cup (0, e+(1-e)\beta) \times [e+(1-e)\beta, 1] \\ & \cup (e+(1-e)q, 1] \times \{0\} \cup \{0\} \\ & \times (e+(1-e)q, 1], \\ 0, & (x,y) \in [0, e+(1-e)q) \times \{0\} \cup \{0\} \\ & \times [0, e+(1-e)q), \\ x \text{ 或 } 0, & (x,y) = (e+(1-e)q, 0), \\ y \text{ 或 } 0, & (x,y) = (0, e+(1-e)q). \end{cases}$$

(1.2.32)

其中, $0 < \beta \leq 1$, S^0 是 S_U 的生成区间 $(0,\beta)$ 所对应的生成三角余模, $q \in [\beta,1]$, $U(e+(1-e)q, e+(1-e)q) = e+(1-e)q$, 严格单调递增映射 $\gamma: [0, e+(1-e)\beta] \to [-\infty, +\infty]$ 满足 $\gamma(0) = -\infty, \gamma(e) = 0, \gamma(e+(1-e)\beta) = +\infty$.

下面用 $\mathbb{CU}_{\min}$ 表示满足 (1) 的所有一致模的集合, 用 $\mathbb{CU}_{\max}$ 表示满足 (2) 的所有一致模的集合, 令 $\mathbb{CU} = \mathbb{CU}_{\min} \cup \mathbb{CU}_{\max}$.

注记 1.2.5 在定理 1.2.8 中, 如果 $\alpha = 0$ 或 $\beta = 1$ 就得到可表示一致模的结构定理.

事实上, 对于 U 在 $(0,1)^2$ 内连续的一致模, 定理 1.2.9 与定理 1.2.8 等价, 但表达可能稍微简洁一些.

定理 1.2.9 若二元运算 U 有单位元 $e \in (0,1)$ 且 U 在 $(0,1)^2$ 内连续, 则 U 是一致模, 当且仅当下面两种情况之一成立.

(1) 存在 $u \in [0,e), \lambda \in [0,u]$, 两连续三角模 T_1、T_2 和可表示一致模 R 使得

$$U(x,y) = \begin{cases} \lambda T_1\left(\dfrac{x}{\lambda}, \dfrac{y}{\lambda}\right), & x,y \in [0,\lambda], \\ \lambda + (u-\lambda)T_2\left(\dfrac{x-\lambda}{u-\lambda}, \dfrac{y-\lambda}{u-\lambda}\right), & x,y \in [\lambda, u], \\ u + (1-u)R\left(\dfrac{x-u}{1-u}, \dfrac{y-u}{1-u}\right), & x,y \in (u,1), \\ 1, & \min(x,y) \in (\lambda, 1], \max(x,y) = 1, \\ \min(x,y) \text{ 或 } 1, & (x,y) \in \{(\lambda,1),(1,\lambda)\}, \\ \min(x,y), & 其他. \end{cases}$$

(1.2.33)

(2) 存在 $\gamma \in (e,1], \delta \in [\gamma,1]$, 两连续三角余模 S_1、S_2 和可表示一致模 R 使得

$$U(x,y) = \begin{cases} \gamma R\left(\dfrac{x}{\gamma}, \dfrac{y}{\gamma}\right), & x,y \in (0,\gamma), \\ \gamma + (\delta-\gamma)S_1\left(\dfrac{x-\gamma}{\delta-\gamma}, \dfrac{y-\gamma}{\delta-\gamma}\right), & x,y \in [\gamma, \delta], \\ \delta + (1-\delta)S_2\left(\dfrac{x-\delta}{1-\delta}, \dfrac{y-\delta}{1-\delta}\right), & x,y \in [\delta,1], \\ 0, & \max(x,y) \in [0,\delta), \min(x,y) = 1, \\ \max(x,y) \text{ 或 } 0, & (x,y) \in \{(\delta,0),(0,\delta)\}, \\ \max(x,y), & 其他. \end{cases}$$

(1.2.34)

下面给出有单位元 $e \in (0,1)$ 且在 $(0,1)^2$ 内连续的一致模例子.

1.2 一 致 模

例 1.2.3 令 $e \in (0,1), \alpha \in (0,1), \lambda = 0, u = e\alpha, S(x,y) = x+y+xy$ 和

$$T(x,y) = \begin{cases} \alpha + \dfrac{(x-\alpha)(y-\alpha)}{1-\alpha}, & x,y \in [\alpha,1], \\ \min(x,y), & 其他. \end{cases} \quad (1.2.35)$$

这意味着 $T_0(x,y) = xy$, 根据定理 1.2.9 知如下定义二元函数 $U : [0,1]^2 \to [0,1]$ 为

$$U(x,y) = \begin{cases} 1, & (x,y) \in [0,1] \times \{1\} \cup \{1\} \times [0,1], \\ \min(x,y), & (x,y) \in [0,u] \times [0,1) \cup [0,1) \times [0,u], \\ u + \dfrac{(x-u)(y-u)}{e-u}, & (x,y) \in [u,e]^2, \\ x + y - e - \dfrac{(x-e)(y-e)}{1-e}, & (x,y) \in [e,1]^2, \\ 1 - \dfrac{(e-u)(1-y)}{x-u}, & (x,y) \in (u,e) \times (e,1), \dfrac{x-u}{1-y} \geqslant \dfrac{e-u}{1-e} \\ & 或 (x,y) \in (e,1) \times (u,e), \dfrac{y-u}{1-x} \leqslant \dfrac{e-u}{1-e}, \\ u + \dfrac{(1-e)(x-u)}{1-y}, & (x,y) \in (u,e) \times (e,1), \dfrac{x-u}{1-y} < \dfrac{e-u}{1-e} \\ & 或 (x,y) \in (e,1) \times (u,e), \dfrac{y-u}{1-x} > \dfrac{e-u}{1-e} \end{cases} \quad (1.2.36)$$

是 $(0,1)^2$ 内连续有单位元 $e \in (0,1)$ 的一致模.

1.2.4 Fodor 型一致模

命题 1.2.8 若 $U : [0,1]^2 \to [0,1]$ 是有单位元 $e \in (0,1)$ 的一致模, 且除了在点 $x = e$ 之外, U 的两边界的截线 $x \mapsto U(x,1)$ 和 $x \mapsto U(x,0)$ 在其他点都连续.

(1) 若 $U(1,0) = 0$, 则对任意 $x \in [0,e)$ 有 $U(x,1) = x$, 进一步, 当 $(x,y) \in [0,e] \times [e,1] \cup [e,1] \times [0,e]$ 时, 有 $U(x,y) = \min(x,y)$.

(2) 若 $U(1,0) = 1$, 则对任意 $x \in (e,1]$ 有 $U(x,0) = x$, 进一步, 当 $(x,y) \in [0,e] \times [e,1] \cup [e,1] \times [0,e]$ 时, 有 $U(x,y) = \max(x,y)$.

证明 在这里, 仅证明 (1), 因为 (2) 的情况类似. 根据 $U(1,e) = q$ 和假设 $U(1,0) = 0$ 可知, 对任意 $x \in [0,e)$, 存在 $z \in [0,e)$ 使得 $x = U(z,1)$, 这样有 $U(x,1) = U(U(z,1),1) = U(z,U(1,1)) = U(z,1) = x$. 再根据定理 1.2.1 可知, 当 $(x,y) \in [0,e] \times [e,1] \cup [e,1] \times [0,e]$ 时, 有 $U(x,y) = \min(x,y)$.

定理 1.2.10 若 $U : [0,1]^2 \to [0,1]$ 是有单位元 $e \in (0,1)$ 的一致模, 那么除了在点 $x = e$ 之外 U 的两边界截线 $x \mapsto U(x,1)$ 和 $x \mapsto U(x,0)$ 在其他点都连续当且仅当 U 具有如下两种形式之一.

(1) 若 $U(0,1) = 0$, 则

$$U(x,y) = \begin{cases} eT_U\left(\dfrac{x}{e}, \dfrac{y}{e}\right), & (x,y) \in [0,e]^2, \\ e + (1-e)S_U\left(\dfrac{x-e}{1-e}, \dfrac{y-e}{1-e}\right), & (x,y) \in [e,1]^2, \\ \min(x,y), & \text{其他}. \end{cases} \quad (1.2.37)$$

(2) 若 $U(0,1) = 1$, 则

$$U(x,y) = \begin{cases} eT_U\left(\dfrac{x}{e}, \dfrac{y}{e}\right), & (x,y) \in [0,e]^2, \\ e + (1-e)S_U\left(\dfrac{x-e}{1-e}, \dfrac{y-e}{1-e}\right), & (x,y) \in [e,1]^2, \\ \max(x,y), & \text{其他}. \end{cases} \quad (1.2.38)$$

下面, 记有情形 (1) 的全体一致模类为 $\mathbb{U}_{\min}$, 有情形 (2) 的全体一致模类为 $\mathbb{U}_{\max}$. 因为情形 (1) 和情形 (2) 的一致模最早由 Fodor 教授完成刻画的, 所以称其为 Fodor 型一致模. 下面考虑另一类更加特殊的 Fodor 型一致模.

定义 1.2.5 设 $U: [0,1]^2 \to [0,1]$ 是有单位元 $e \in (0,1)$ 的一致模, 且 U 在区域 $[0,1]^2 \setminus \{(x,y) | x = e \text{ 或 } y = e\}$ 上连续, 则称 U 是伪连续的.

根据定义 1.2.5 可知, 若 U 伪连续, 则 U 在区域 $[0,1]^2$ 内除了截线 $\{(e,0),(e,1)\}$ 和截线 $\{(0,e),(1,e)\}$ 之外的部分都是连续的.

若 $\{[a_m, b_m]\}$ 是区间 $[0,1]$ 的互不相交的、闭的、真的可数子区间族, 记为 $\mathbb{I}$, 取 $e \in [0,1] \setminus \cup \{[a_m, b_m]\}$, 令 $\mathbb{I}_1 = \{[a_m, b_m] \in \mathbb{I} | b_m \leqslant e\}$ 和 $\mathbb{I}_2 = \{[a_m, b_m] \in \mathbb{I} | a_m \geqslant e\}$, 对每一个 $[a_m, b_m] \in \mathbb{I}_1$ 有一个连续阿基米德三角模 T_m 与之对应, 对每一个 $[a_m, b_m] \in \mathbb{I}_2$ 有一个连续阿基米德三角余模 S_m 与之对应. 令

$$U_*(x,y) = \begin{cases} a_m + (b_m - a_m)T_m\left(\dfrac{x-a_m}{b_m-a_m}, \dfrac{y-a_m}{b_m-a_m}\right), & (x,y) \in [a_m, b_m]^2 \in (\mathbb{I}_1)^2, \\ a_m + (b_m - a_m)S_m\left(\dfrac{x-a_m}{b_m-a_m}, \dfrac{y-a_m}{b_m-a_m}\right), & (x,y) \in [a_m, b_m]^2 \in (\mathbb{I}_2)^2, \\ \max(x,y), & (x,y) \notin [a_m, b_m]^2 \text{ 且 } x,y \geqslant e, \\ \min(x,y), & \text{其他} \end{cases}$$

$$(1.2.39)$$

1.2 一致模

和

$$U^*(x,y) = \begin{cases} a_m+(b_m-a_m)T_m\left(\dfrac{x-a_m}{b_m-a_m}, \dfrac{y-a_m}{b_m-a_m}\right), & (x,y) \in [a_m,b_m]^2 \in (\mathbb{I}_1)^2, \\ a_m+(b_m-a_m)S_m\left(\dfrac{x-a_m}{b_m-a_m}, \dfrac{y-a_m}{b_m-a_m}\right), & (x,y) \in [a_m,b_m]^2 \in (\mathbb{I}_2)^2, \\ \min(x,y), & (x,y) \notin [a_m,b_m]^2 \text{且} x,y \leqslant e, \\ \max(x,y), & \text{其他}, \end{cases} \quad (1.2.40)$$

则它们是伪连续的,并记为 $\mathbb{U}_* \cup \mathbb{U}^*$.

根据上面的定义和分析,可得如下定理.

定理 1.2.11 $U:[0,1]^2 \to [0,1]$ 是有单位元 $e \in (0,1)$ 的伪连续一致模,当且仅当下列条件之一成立:

(1)
$$U(x,y) = \begin{cases} \max(x,y), & x,y \geqslant e, \\ \min(x,y), & \text{其他}. \end{cases} \quad (1.2.41)$$

(2)
$$U(x,y) = \begin{cases} \min(x,y), & x,y \geqslant e, \\ \max(x,y), & \text{其他}. \end{cases} \quad (1.2.42)$$

(3) $U \in \mathbb{U}_{\min} \cup \mathbb{U}_{\max}$ 并且是阿基米德的.

(4) $U \in \mathbb{U}_* \cup \mathbb{U}^*$.

1.2.5 幂等一致模

定义 1.2.6 称二元运算 $F:[0,1]^2 \to [0,1]$ 为局部内部的,如果对任意 $x,y \in [0,1]$,都有 $F(x,y) \in \{x,y\}$.

定义 1.2.7 称二元运算 $F:[0,1]^2 \to [0,1]$ 为幂等的,如果对任意 $x \in [0,1]$,都有 $U(x,x) = x$.

显然,如果一个算子是局部内部的,那么它一定是幂等的,反之不然. 但是附加一些特殊条件的幂等算子也是局部内部算子. 下面将考虑这类情况. 因此,需要一些符号 $\mathbb{R}_1 = \{(x,y) \in [0,1]^2 | x \leqslant y\}$, $\mathbb{R}_2 = \{(x,y) \in [0,1]^2 | x \geqslant y\}$ 和下面的几个引理.

引理 1.2.10 设 $F:[0,1]^2 \to [0,1]$ 是单调的局部内部算子,若 $x_1 < x_2$,

(1) 对任意 $y \geqslant x_1$ 都有 $F(x_1,y) = y$,则对任意 $y \geqslant x_2$ 都有 $F(x_2,y) = y$.

(2) 对任意 $y \leqslant x_2$ 都有 $F(x_2,y) = y$,则对任意 $y \geqslant x_1$ 都有 $F(x_1,y) = y$.

定义:
$$e_1 = \inf\{x \in [0,1] | F(x,y) = y, \forall y \geqslant x\}, \tag{1.2.43}$$

$$e_2 = \sup\{x \in [0,1] | F(x,y) = y, \forall y \leqslant x\}. \tag{1.2.44}$$

那么, 引理 1.2.10(1) 表明 F 限制在 $\mathbb{R}_1$ 上, 当 $x > e_1$ 时, $F = \max$; 而引理 1.2.10(2) 表明 F 限制在 $\mathbb{R}_2$ 上, 当 $x < e_2$ 时, $F = \min$. 但是 F 限制在 $\mathbb{R}_1$ 上, 当 $x \leqslant e_1$ 时, 和 F 限制在 $\mathbb{R}_2$ 上, 当 $x \geqslant e_2$ 时, F 的值还不能确定.

因此, 需要下面的引理.

引理 1.2.11 设 $F:[0,1]^2 \to [0,1]$ 是单调的局部内部算子,
(1) 对任意 $x \in [0,e_1], x \leqslant y_1 \leqslant y_2$, 若 $F(x,y_1) = y_1$, 则 $F(x,y_2) = y_2$.
(2) 对任意 $x \in [e_2,1], y_1 \leqslant y_2 \leqslant x$, 若 $F(x,y_1) = x$, 则 $F(x,y_2) = x$.

定义:
$$g_1(x) = \inf\{y \in [0,1] | (x,y) \in \mathbb{R}_1, F(x,y) = y\}, \quad \forall x \in [0,e_1], \tag{1.2.45}$$

$$g_2(x) = \inf\{y \in [0,1] | (x,y) \in \mathbb{R}_2, F(x,y) = x\}, \quad \forall x \in [e_2,1]. \tag{1.2.46}$$

那么, 引理 1.2.11(1) 表明 F 限制在 $\mathbb{R}_1$ 上, 若 $x \leqslant e_1$, 当 $y > g_1(x)$ 时, $F(x,y) = \max(x,y)$; 当 $y < g_1(x)$ 时, $F(x,y) = \min(x,y)$. 而引理 1.2.11(2) 表明 F 限制在 $\mathbb{R}_2$ 上, 若 $x \geqslant e_2$, 当 $y > g_2(x)$ 时, $F(x,y) = \max(x,y)$; 当 $y < g_2(x)$ 时, $F(x,y) = \min(x,y)$. 而对于 $x \leqslant e_1, y = g_1(x)$ 和 $x \geqslant e_2, y = g_2(x)$ 的情况, $F(x,y)$ 的值不确定.

接下来, 讨论 g_1 和 g_2 的性质.

引理 1.2.12 若 g_1 和 g_2 由式 (1.2.45) 和式 (1.2.46) 所定义, 则
(1) g_1 是递减的, 且其值域为 $[e_1,1]$.
(2) g_2 是递减的, 且其值域为 $[0,e_2]$.

证明 在这里, 仅证明 (1), 因为 (2) 的情况完全类似于 (1), 所以略去. 以下证明: 对任意 $x \in [0,e_1]$, $g_1(x) \geqslant e_1$. 若不然, 即存在 $x_0 \in [0,e_1]$ 使得 $g(x_0) < e_1$, 取 y_0 满足 $g(x_0) < y_0 < e_1$, 根据上面的分析可知 $F(x_0,y_0) = y_0$. 进一步有, 当 $y \geqslant y_0$ 时, 有 $F(x_0,y) = y$, 再根据单调性可知 $F(y_0,y) = y$, 故 $y_0 \in \{x \in [0,1] | F(x,y) = y, \forall y \geqslant x\}$. 再使用 e_1 的定义可知 $e_1 \leqslant y_0$, 这与假设矛盾, 因此 g_1 的值域为 $[e_1,1]$.

最后证明 g_1 是递减的. 任取 $x_1,x_2 \in [0,e_1], x_1 < x_2$, 若 $g_1(x_1) = 1$, 则结论显然成立. 若 $g_1(x_1) < 1$, 任取 $y > g_1(x_1) \geqslant e_1$, 根据 F 的单调性和局部有限性可知 $F(x_2,y) = y$, 再根据 g_1 的定义可知 $g_1(x_2) \leqslant y$, 这样就证明了 $g_1(x_2) \leqslant g_1(x_1)$.

综上, 有下面的命题.

命题 1.2.9 设 $F:[0,1]^2 \to [0,1]$ 是单调的局部内部算子，那么存在 $e_1, e_2 \in [0,1]$ 和递减函数 $g_1:[0,e_1] \to [e_1,1], g_2:[e_2,1] \to [0,e_2]$ 使得

$$F(x,y) = \begin{cases} \min(x,y), & (x,y) \in \mathbb{R}_i, y < g_i(x) \text{ 或 } (x,y) \in \mathbb{R}_2, x < e_2, \\ \max(x,y), & (x,y) \in \mathbb{R}_i, y > g_i(x) \text{ 或 } (x,y) \in \mathbb{R}_1, x > e_1, \\ x \text{ 或 } y, & y = g_1(x) \text{ 或 } y = g_2(x). \end{cases} \quad (1.2.47)$$

其中，$i=1,2$.

下面考虑单调的局部内部算子具有一些附加性质的情况. 首先考虑附加条件为交换性的情况.

引理 1.2.13 设 $F:[0,1]^2 \to [0,1]$ 是交换的单调局部内部算子，那么由式 (1.2.43) 和式 (1.2.44) 所定义的 e_1、e_2 相等.

证明 首先证明 $e_1 \geqslant e_2$. 任取 $x \geqslant e_1$，根据 e_1 的定义可知，对任意 $y \geqslant x$ 有 $F(x,y)=y$，再根据交换性可知，对任意 $y \geqslant x$ 有 $F(y,x)=y$，最后使用 e_2 的定义可知 $e_1 \geqslant e_2$. 类似可证 $e_1 \leqslant e_2$，因此 $e_1 = e_2$.

引理 1.2.14 设 $F:[0,1]^2 \to [0,1]$ 是单调的局部内部算子，对任意 $a,b,c \in [0,1]$，有 $F(a,F(b,c)) = F(F(a,b),c)$，当且仅当 $F(a,b)$、$F(a,c)$ 和 $F(b,c)$ 至少两个相等.

证明 需要考虑下面 8 种情况.

(1) 若 $F(a,b)=a, F(a,c)=a, F(b,c)=b$，则 $F(a,F(b,c))=a, F(F(a,b),c)=a$.
(2) 若 $F(a,b)=a, F(a,c)=a, F(b,c)=c$，则 $F(a,F(b,c))=a, F(F(a,b),c)=a$.
(3) 若 $F(a,b)=a, F(a,c)=c, F(b,c)=b$，则 $F(a,F(b,c))=a, F(F(a,b),c)=c$.
(4) 若 $F(a,b)=a, F(a,c)=c, F(b,c)=c$，则 $F(a,F(b,c))=c, F(F(a,b),c)=c$.
(5) 若 $F(a,b)=b, F(a,c)=a, F(b,c)=b$，则 $F(a,F(b,c))=b, F(F(a,b),c)=b$.
(6) 若 $F(a,b)=b, F(a,c)=a, F(b,c)=c$，则 $F(a,F(b,c))=a, F(F(a,b),c)=c$.
(7) 若 $F(a,b)=b, F(a,c)=c, F(b,c)=b$，则 $F(a,F(b,c))=b, F(F(a,b),c)=b$.
(8) 若 $F(a,b)=b, F(a,c)=c, F(b,c)=c$，则 $F(a,F(b,c))=c, F(F(a,b),c)=c$.

注意到仅情况 (3) 和 (6) 使得结合律不成立，而此时 $F(a,b)$、$F(a,c)$ 和 $F(b,c)$ 互不相等.

推论 1.2.2 设 $F:[0,1]^2 \to [0,1]$ 是单调的局部内部算子，对任意 $a,b,c \in [0,1]$ 中至少两个相等，则 $F(a,F(b,c)) = F(F(a,b),c)$.

引理 1.2.15 设 $F:[0,1]^2 \to [0,1]$ 是单调的局部内部算子，$a,b,c \in [0,1]$，α、β、γ 是 a、b、c 的置换，F 限制在 $\{a,b,c\}$ 上交换. 若 $F(a,F(b,c)) \neq F(F(a,b),c)$，则 $F(\alpha,F(\beta,\gamma)) \neq F(F(\alpha,\beta),\gamma)$.

证明 由引理 1.2.14 可知，若 $F(a,F(b,c)) \neq F(F(a,b),c)$，则只可能出现 (3)

和 (6) 两种情况. 仅考虑情况 (3), 情况 (6) 类似可得. 为此需要分析下面 6 种子情况.

(1) 若 $(\alpha, \beta, \gamma) = (a, b, c)$, 则 $F(a, F(b, c)) = a$, $F(F(a, b), c) = c$.

(2) 若 $(\alpha, \beta, \gamma) = (a, c, b)$, 则 $F(a, F(c, b)) = a$, $F(F(a, c), b) = b$.

(3) 若 $(\alpha, \beta, \gamma) = (b, a, c)$, 则 $F(b, F(a, c)) = b$, $F(F(b, a), c) = c$.

(4) 若 $(\alpha, \beta, \gamma) = (b, c, a)$, 则 $F(b, F(c, a)) = b$, $F(F(b, c), a) = a$.

(5) 若 $(\alpha, \beta, \gamma) = (c, a, b)$, 则 $F(c, F(a, b)) = c$, $F(F(c, a), b) = b$.

(6) 若 $(\alpha, \beta, \gamma) = (c, b, a)$, 则 $F(c, F(b, a)) = c$, $F(F(c, b), a) = a$.

引理 1.2.16 设 $F : [0,1]^2 \to [0,1]$ 是单调的局部内部算子, $a, b, c \in [0,1]$, F 限制在 $\{a, b, c\}$ 上交换, 则 $F(a, F(b, c)) = F(F(a, b), c)$.

证明 由引理 1.2.14 可知, 能进一步假设 $a < b < c$. 再由引理 1.2.14 可知, 只需证明 (3) 和 (6) 两种情况不可能.

对于情况 (3), 注意到 $F(a, b) = a, F(a, c) = c$ 和 $F(b, c) = b$, 因为 $a < b$, 由单调性可知 $c = F(a, c) \leqslant F(b, c) = b$, 矛盾.

对于情况 (6), 注意到 $F(a, b) = b, F(a, c) = a$ 和 $F(b, c) = c$, 因为 $b < c$, 由单调性可知 $b = F(a, b) \leqslant F(a, c) = a$, 矛盾.

由引理 1.2.16, 有下面的命题.

命题 1.2.10 设 $F : [0,1]^2 \to [0,1]$ 是交换的单调局部内部算子, 则 $F(a, F(b, c)) = F(F(a, b), c)$.

上面的命题表明, 对于单调的局部内部算子, 交换性蕴涵结合性, 但反之不然. 接下来考虑附加条件为有单位元的情形.

引理 1.2.17 设 $F : [0,1]^2 \to [0,1]$ 是有单位元 e 的单调局部内部算子, 那么 $e_1 = e_2 = e$, $g(e_1) = g(e_2) = e$.

证明 首先证明 $e_1 = e$. 任取 $y \geqslant e$, 因为 e 是单位元, 所以 $F(e, y) = y$, 再根据 e_1 的定义可知 $e_1 \leqslant e$. 若 $e_1 < e$, 取 $a \in (e_1, e)$, 由 e_1 的定义可知 $F(a, e) = e$, 另外, e 是单位元, 所以 $F(a, e) = a$, 矛盾. 同理可证 $e_2 = e$.

进一步, 利用 g_1 的定义可知 $g_1(e_1) \leqslant e$; 另外, 显然有 $g_1(e_1) \geqslant e_1 = e$, 因此 $g(e_1) = e$. 同理可知 $g(e_2) = e$.

根据引理 1.2.17, 有下面的命题.

命题 1.2.11 设 $F : [0,1]^2 \to [0,1]$ 是有单位元 e 的单调局部内部算子, 则存在递减函数 $g : [0,1] \to [0,1]$ 满足 $g(e) = e$, 并使得

$$F(x, y) = \begin{cases} \min(x, y), & y < g(x), \\ \max(x, y), & y > g(x), \\ \min(x, y) \text{ 或} \max(x, y), & y = g(x). \end{cases} \quad (1.2.48)$$

证明 定义函数 $g : [0,1] \to [0,1]$ 为: 当 $x \leqslant e$ 时, $g(x) = g_1(x)$; 当 $x \geqslant e$ 时, $g(x) = g_2(x)$. 由命题 1.2.9 可知命题 1.2.11 成立.

由命题 1.2.11 可知, 下面的命题成立.

命题 1.2.12 二元函数是幂等一致模, 当且仅当它是有单位元的、交换的局部内部单调算子.

最后考虑附加条件为有单位元和满足结合性的情形. 由命题 1.2.11 可知, 下面的命题成立.

命题 1.2.13 若 $F : [0,1]^2 \to [0,1]$ 是有单位元的结合单调算子, 则 F 是幂等的, 当且仅当它是局部内部的.

引理 1.2.18 若 $[0,1]$ 上的单调二元运算 F 满足结合律、幂等律、有单位元 $e \in [0,1]$, 则存在一个递减函数 $g : [0,1] \to [0,1]$ 满足 $g(e) = e$; 对任意 $x > g(0)$ 有 $g(x) = 0$, 对任意 $x < g(1)$ 有 $g(x) = 1$; 对所有 $x \in [0,1]$, 有

$$\inf\{y|g(y) = g(x)\} \leqslant g^2(x) \leqslant \sup\{y|g(y) = g(x)\} \tag{1.2.49}$$

并且使得

$$F(x,y) = \begin{cases} \min(x,y), & y < g(x) \text{或}(y = g(x) \text{并且} x < g^2(x)), \\ \max(x,y), & y > g(x) \text{或}(y = g(x) \text{并且} x > g^2(x)), \\ \min(x,y) \text{或} \max(x,y), & y = g(x) \text{并且} x = g^2(x). \end{cases} \tag{1.2.50}$$

在这种情况下, 除了在满足 $y = g(x), x = g^2(x)$ 的点 (x,y) 之外, F 是交换的.

证明 若 F 是结合的、有单位元的幂等单调算子, 根据命题 1.2.13 可知, F 是局部内部的, 再根据命题 1.2.11 可知, 存在递减函数 $g : [0,1] \to [0,1]$ 满足 $g(e) = e$, 并使得

$$F(x,y) = \begin{cases} \min(x,y), & y < g(x), \\ \max(x,y), & y > g(x), \\ \min(x,y) \text{或} \max(x,y), & y = g(x). \end{cases} \tag{1.2.51}$$

下面首先证明: 在满足 $b \neq g(a)$ 的点 (a,b) 处, F 是交换的. 因为 $a > b$ 的情况类似可证, 在这里, 仅考虑 $a < b$ 的情况. 为此需要考虑下面几种子情况.

(1) 若 $a < b < g(a)$, $g(b) < g(a)$, 则 $F(a,b) = a$. 下面证明 $F(b,a) = a$. 若不然, 即 $F(b,a) = b$, 取 $c \in [0,1]$ 使得 $\max(b,g(b)) < c < g(a)$, 那么有 $F(a,c) = a$, 进一步有 $b = F(b,a) = F(b,F(a,c)) = F(F(b,a),c) = F(b,c) = c$, 矛盾.

(2) 若 $a < b$, $g(a) < b$, $g(b) < g(a)$, 则 $F(a,b) = b$. 下面证明 $F(b,a) = b$. 若不然, 即 $F(b,a) = a$, 那么有 $a \leqslant g(b)$, 再取 c 满足 $a \leqslant g(b) < g(a) < c < b$, 则可以获得 $c = F(a,c) = F(F(b,a),c) = F(b,F(a,c)) = F(b,c) = b$, 矛盾.

(3) 若 $a < b$, $g(a) = g(b)$，则不可能存在情况：当 $a < e < b$ 时 $g(a) = g(b) = e$. 若存在，取 c、d 满足 $a < c < e < d < b$，根据 g 的单调性有 $g(c) = g(d) = e$，再使用式 (1.2.51) 可知，$d = F(c,d) = F(F(b,c),d) = F(b,F(c,d)) = F(b,d) = b$，矛盾. 因此仅存在两种情况：① 若 $g(a) = g(b) \leqslant e$，那么一定有 $e \leqslant a < b$，再使用式 (1.2.51) 可知，$F(a,b) = F(b,a) = b$；② 若 $g(a) = g(b) \geqslant e$，那么一定有 $a < b \leqslant e$，再使用式 (1.2.51) 可知，$F(a,b) = F(b,a) = a$.

特别地，根据上面已经证明的交换性知若 $x > g(0)$，那么有 $F(0,x) = F(x,0) = \max(x,0) = x$，再使用式 (1.2.51) 可知，对任意 $x > g(0)$ 有 $g(x) = 0$. 类似地可以获得对任意 $x < g(1)$ 有 $g(x) = 1$.

接下来，证明对任意 $x \in [0,1]$，有

$$\inf\{y|g(y) = g(x)\} \leqslant g^2(x) \leqslant \sup\{y|g(y) = g(x)\}. \tag{1.2.52}$$

为此，任意固定 $x_0 \in [0,1]$ 并记 $a = \inf\{y|g(y) = g(x_0)\}$ 和 $b = \sup\{y|g(y) = g(x_0)\}$，显然有 $a \leqslant x_0 \leqslant b, g(b) \leqslant g(x_0) \leqslant g(a)$. 下面证明 $g_2(x_0) \geqslant a$. 若不然，即 $g_2(x_0) < a$，取 c 满足 $g_2(x_0) < c < a$，获得 $F(g(x_0),c) = \max(g(x_0),c)$. 根据前面已经证明的交换性和式 (1.2.51) 可知 $g(x_0) \leqslant g(c) \leqslant g(a)$，从而获得 $g(x_0) = g(a) = g(c)$，这表明 $c \in \{y|g(y) = g(x_0)\}$，但与 a 的定义矛盾. 类似可证 $g^2(x_0) \leqslant b$.

最后，证明

$$F(a,g(a)) = \begin{cases} \min(a,g(a)), & a < g^2(a), \\ \max(a,g(a)), & a > g^2(a). \end{cases} \tag{1.2.53}$$

在这里，仅证明：当 $a < g^2(a)$ 时，有 $F(a,g(a)) = \min(a,g(a))$. 根据假设显然有 $a \neq e$. 若 $a < e$，有 $g(a) \geqslant e > a$，根据已经证明的交换性知 $F(a,g(a)) = F(g(a),a) = \min(a,g(a))$；若 $a > e$，有 $g(a) \leqslant e < a$，根据已经证明的交换性知 $F(a,g(a)) = F(g(a),a) = \min(a,g(a))$.

引理 1.2.19 若 $[0,1]$ 上的单调二元运算 F 满足结合律、幂等律、有单位元 $e \in [0,1]$，$g: [0,1] \to [0,1]$ 是引理 1.2.18 中的递减函数.

(1) 若 g 在 $(a,b) \subseteq [0,1]$ 上是严格递减的连续函数并且 $g((a,b)) = (c,d)$，则 g 在区间 (c,d) 上是严格递减的连续函数，并且对任意 $x \in (a,b) \cup (c,d)$ 有 $g^2(x) = x$.

(2) 若 s 是 g 的不连续点，并记

$$p = \begin{cases} \lim_{x \to s^+} g(x), & s < 1, \\ 0, & s = 1, \end{cases} \qquad q = \begin{cases} \lim_{x \to s^-} g(x), & s > 0, \\ 0, & s = 0, \end{cases} \tag{1.2.54}$$

则对任意 $x \in (p,q)$ 有 $g(x) = s$.

(3) 记 $s \in [0,1], B = \{x|g(x) = s\}$, 若 card $B \geqslant 2$ 并且 $p = \inf B < \sup B = q$, 那么 s 是 g 的不连续点, $p \leqslant g(s) \leqslant q$ 且满足式 (1.2.54).

证明 (1) 假设 g 在 $(a,b) \subseteq [0,1]$ 上是严格递减的连续函数, 这意味着 g 是从 (a,b) 到 $g((a,b)) = (c,d)$ 的双射. 故由式 (1.2.49) 可知, 对任意 $x \in (a,b)$ 有 $g^2(x) = x$, 这表明 $g((c,d)) = (a,b)$, g 在 (c,d) 上也是严格递减的连续函数. 同理可知对任意 $x \in (c,d)$ 有 $g^2(x) = x$.

(2) 若 s 是 g 的不连续点, 记 $\lim\limits_{x \to s^-} g(x) = q$, $\lim\limits_{x \to s^+} g(x) = p$.

假设 $s > e$, 有: 若 $x \in (p,q), e \leqslant y < s$, 则根据 q 的定义有 $g(y) \geqslant q > x$, 使用式 (1.2.50) 可知 $U(y,x) = \min(x,y) = U(x,y)$. 这意味着对任意 $y < s$ 都有 $g(x) > y$, 因此可进一步获得对任意 $x \in (p,q)$ 有 $g(x) \geqslant s$. 若 $x \in (p,q), y > s$, 则根据 p 的定义有 $g(y) \leqslant p < x$, 使用式 (1.2.50) 可知 $U(y,x) = \max(x,y) = U(x,y)$. 这意味着, 对任意 $y > s$ 都有 $g(x) < y$, 因此可进一步获得, 对任意 $x \in (p,q)$ 有 $g(x) \leqslant s$. 这样就证明了当 $s > e$ 时, 对任意 $x \in (p,q)$ 有 $g(x) = s$.

假设 $s < e$, 显然类似可证.

假设 $s = e$, 由引理的证明可知, 要么 $(p,q) \subset [0,e]$ 且对任意 $x \in (p,q)$ 有 $g(x) \geqslant e$; 要么 $(p,q) \subset [e,1]$ 且对任意 $x \in (p,q)$ 有 $g(x) \leqslant e$. 在这里仅考虑第一种情况. 因此任取 $y > e$, 注意到 $s = e$, 那么一定有 $g(y) \leqslant p < x$. 使用式 (1.2.50) 可知 $U(y,x) = \max(x,y) = U(x,y)$. 这意味着, 对任意 $y > e$ 都有 $g(x) \leqslant y$, 因此可进一步获得, 对任意 $x \in (p,q)$ 有 $g(y) \leqslant e$. 这样就证明了当 $s = e$ 时, 对任意 $x \in (p,q)$ 有 $g(x) = s$.

(3) 若 $s \in [0,1]$ 使得 card $B > 2$ 且 $p = \inf B < \sup B = q$, 任取 $x_0 \in B$, 则 $g(x_0) = s$. 这样 $B = \{x|g(x) = s\} = \{x|g(x) = g(x_0)\}$, 使用前面已经证明的结论可以获得 $p \leqslant g(g(x_0)) = g(s) \leqslant q$. 现在取 $x \in (p,q), y < s$, 那么由式 (1.2.50) 可知 $U(x,y) = \min(x,y)$, 再使用已经证明的关于 U 的部分交换性可知 $U(y,x) = \min(y,x)$, 再一次使用式 (1.2.50) 可知对任意 $x \in (p,q)$ 有 $g(y) \geqslant x$, 这意味着 $g(y) \geqslant q$. 注意到 $y < s$, 因此 $\lim\limits_{x \to s^-} g(x) \geqslant q$. 记 $r = \lim\limits_{x \to s^-} g(x)$, 若 $r > q$, 则根据前面已经证明的结论可知, 对任意 $x \in (p,r) \supset (p,q)$ 有 $g(x) = s$, 这与 p 的定义矛盾. 类似地可证 $\lim\limits_{x \to s^+} g(x) = p$, 注意到 $p < q$, 因此 s 是 g 的不连续点.

定义 1.2.8 若 $g: [0,1] \to [0,1]$ 是递减函数, G 是 g 的图形, 即 $G = \{(x, g(x)) | x \in [0,1]\}$, 对 g 的任意不连续点 s, 用 s^- 和 s^+ 分别表示 s 的左、右极限, 通过在 g 的任意不连续点 s, 在图像 G 添加从 s^- 到 s^+ 的垂直截线获得的图像称为 g 的完全图, 记为 F_g.

定义 1.2.9 $[0,1]^2$ 的子集 F 称为是 Id-对称的, 若对任意 $(x,y) \in [0,1]^2$ 有

$$(x,y) \in F \Leftrightarrow (y,x) \in F. \tag{1.2.55}$$

定义 1.2.10 递减函数 $g:[0,1]\to[0,1]$ 称为是 Id-对称的, 若它的完全图 F_g 是 Id-对称的.

定义 1.2.11 递减函数 $g:[0,1]\to[0,1]$ 称为是满足 C 条件的, 若 g 在区间 (p,q) 上取常值 s, 这里 $p<q$, $p=\inf\{x\in[0,1]|g(x)=s\}$ 和 $q=\sup\{x\in[0,1]|g(x)=s\}$, 当且仅当 $s\in(0,1)$ 是 g 的不连续点或者 $s=0,1$ 并且满足

$$p=\begin{cases}\lim_{x\to s^+}g(x), & s<1,\\ 0, & s=1,\end{cases}\quad q=\begin{cases}\lim_{x\to s^-}g(x), & s>0,\\ 0, & s=0.\end{cases}\quad(1.2.56)$$

注记 1.2.6 递减函数 $g:[0,1]\to[0,1]$ 满足 C 条件, 则对任意 $x>g(0^+)$ 有 $g(x)=0$; 对任意 $x<g(1^-)$ 有 $g(x)=1$.

定理 1.2.12 令 $e\in(0,1)$, 下面的结论等价:

(1) U 是有单位元 e 的幂等一致模.

(2) 存在有不动点 e 的递减函数 $g:[0,1]\to[0,1]$ 满足式 (1.2.49) 和 C 条件, 使得 U 有式 (1.2.50) 的形式且在除了满足条件 $y=g(x),x=g^2(x)$ 的点 (x,y) 之外交换.

(3) 存在有不动点 e 的 Id-对称的递减函数 $g:[0,1]\to[0,1]$, 使得 U 有式 (1.2.50) 的形式且在除了满足条件 $y=g(x),x=g^2(x)$ 的点 (x,y) 之外交换.

证明 (1) $\Rightarrow$ (2). 由引理 1.2.18 和引理 1.2.19 可知结论成立.

(2) $\Rightarrow$ (3). 只需证明 g 是 Id-对称的即可, 因此需要考虑下面几种情况: ①若 $(x,y)\in G$ 并且 g 在点 x 处是严格递减的, 则 $y=g(x)$ 并且 $g^2(x)=x$, 这样有 $x=g(y),(y,x)\in G\subseteq F_g$; ②若 $(x,y)\in G$ 并且 g 在区间 (p,q) 上取常值, 则 y 是 g 的不连续点, 并且 $p=y^-,q=y^+$, 所以 (y,x) 在从 y^- 到 y^+ 的垂直截线上, 这样 $(y,x)\in F_g$; ③若 $(x,y)\in F_g\setminus G$, 那么 x 是 g 的不连续点, 类似于上面可以证明 $(y,x)\in G\subseteq F_g$.

(3) $\Rightarrow$ (1). 若 U 有式 (1.2.50) 的形式, 则它关于每个变元单调递增并且有单位元 e. 注意到 g 是 Id-对称的、U 交换的, 从而是结合的.

上述定理给出了所有幂等一致模的刻画, 因为只需要求满足 $y=g(x)$ 和 $x=g^2(x)$ 的点 (x,y) 是交换的即可, 所以, 称 g 为 U 的相关函数. 下面, 任一有单位元 e 和相关函数 g 的幂等一致模 U 也记为 $U=(e,g)$.

定义 1.2.12 一致模 U 称为是左 (右) 连续的, 若 U 作为二元函数是左 (右) 连续的.

从定理 1.2.12 可知, 若 U 是左连续 (右连续) 的幂等一致模, 则

(1) U 的相关函数 g 一定是左连续 (右连续) 的.

(2) U 的相关函数 g 一定满足: $\forall x\leqslant g(0)$ 有 $g(g(x))\geqslant x$; $\forall x>g(0)$ 有 $g(x)=0$

($\forall x \geqslant g(1)$ 有 $g(g(x)) \leqslant x$; $\forall x < g(1)$ 有 $g(x) = 1$).

下面给出关于给出幂等一致模的结构定理.

定理 1.2.13 (1) 二元运算 U 是左连续的、幂等的、有单位元 $e \in [0,1)$ 的一致模, 当且仅当存在 $[0,1]$ 上的一元递减函数 g 使得 $g(e) = e$; $\forall x \leqslant g(0), g(g(x)) \geqslant x$; $\forall x > g(0), g(x) = 0$;

$$U(x,y) = \begin{cases} \min(x,y), & y \leqslant g(x) \text{ 且 } x \leqslant g(0), \\ \max(x,y), & \text{其他}. \end{cases} \tag{1.2.57}$$

(2) 二元运算 U 是右连续的、幂等的、有单位元 $e \in (0,1]$ 的一致模, 当且仅当存在 $[0,1]$ 上的一元递减函数 g 使得 $g(e) = e$; $\forall x \geqslant g(1), g(g(x)) \leqslant x$; $\forall x < g(1), g(x) = 1$;

$$U(x,y) = \begin{cases} \max(x,y), & y \geqslant g(x) \text{ 且 } x \geqslant g(1), \\ \min(x,y), & \text{其他}. \end{cases} \tag{1.2.58}$$

推论 1.2.3 (1) 二元运算 U 是左连续的、幂等的、有单位元 $e \in [0,1)$ 的合取一致模, 当且仅当存在 $[0,1]$ 上的一元递减函数 g 使得 $g(e) = e$; $\forall x \in [0,1], g(g(x)) \geqslant x$;

$$U(x,y) = \begin{cases} \min(x,y), & y \leqslant g(x), \\ \max(x,y), & \text{其他}. \end{cases} \tag{1.2.59}$$

(2) 二元运算 U 是右连续的、幂等的、有单位元 $e \in (0,1]$ 的析取一致模, 当且仅当存在 $[0,1]$ 上的一元递减函数 g 使得 $g(e) = e$; $\forall x \in [0,1], g(g(x)) \leqslant x$;

$$U(x,y) = \begin{cases} \max(x,y), & y \geqslant g(x), \\ \min(x,y), & \text{其他}. \end{cases} \tag{1.2.60}$$

1.3 与一致模相关的算子

1.3.1 弱一致模

定义 1.3.1 一个二元运算 $W : [0,1] \times [0,1] \to [0,1]$ 称为弱一致模, 如果 W 满足结合律、交换律、关于每个变元单调递增, 并且对任意 $x \in [0,1]$, 存在 $e_x \in [0,1]$ 使得 $W(x, e_x) = x$. 此时 e_x 称为 x 关于 W 的弱单位元.

下面用 W 表示弱一致模. 显然, 假如对任意 $x \in [0,1]$ 都有 $e_x = e$, 那么此时弱一致模就是一致模.

例 1.3.1 令 $\alpha \in (0,1)$, 定义二元函数 $\mathrm{med}_\alpha : [0,1] \times [0,1] \to [0,1]$,

$$\mathrm{med}_\alpha(x,y) = \begin{cases} \max(x,y), & x,y \leqslant \alpha, \\ \min(x,y), & x,y \geqslant \alpha, \\ \lambda, & \text{其他}, \end{cases} \quad (1.3.1)$$

则 med_α 是弱一致模, 但不是一致模.

引理 1.3.1 若 W 是弱一致模, 则 $W(0,0) = 0$, $W(1,1) = 1$.

证明 注意到 $0 \leqslant e_0$, 由弱一致模的单调性可知: $W(0,0) \leqslant W(0,e_0) = 0$, 因此 $W(0,0) = 0$. 类似地, 注意到 $1 \geqslant e_1$, 由弱一致模的单调性可知: $W(1,1) \leqslant W(1,e_1) = 1$, 因此 $W(1,1) = 1$.

下面记 $W(0,1) = \lambda$.

引理 1.3.2 若 W 是弱一致模, 对任意 $(x,y) \in [0,\lambda] \times [\lambda,1] \cup [\lambda,1] \times [0,\lambda]$, 则 $W(x,y) = \lambda$.

证明 由弱一致模的交换性可知, 仅考虑 $(x,y) \in [0,\lambda] \times [\lambda,1]$ 的情况就够了. 根据弱一致模的单调性可知, 当 $(x,y) \in [0,\lambda] \times [\lambda,1]$ 时, 有 $W(0,\lambda) \leqslant W(x,y) \leqslant W(\lambda,1)$, 进一步可知 $W(0,\lambda) = W(0,W(0,1)) = W(W(0,0),1) = W(0,1) = \lambda$; $W(1,\lambda) = W(1,W(0,1)) = W(W(1,1),0) = W(0,1) = \lambda$, 所以 $W(x,y) = \lambda$.

引理 1.3.3 若 W 是连续弱一致模, 则对任意 $x \in [0,\lambda]$ 有 $W(0,x) = x$; 对任意 $x \in [\lambda,1]$ 有 $W(1,x) = x$.

证明 定义函数 $f : [0,\lambda] \to [0,1]$ 为 $f(x) = W(0,x)$, 则 f 连续且其值域为 $[0,\lambda]$. 根据中值定理可知, 对任意 $x \in [0,\lambda]$, 存在 $y \in [0,\lambda]$, 使得 $f(y) = x$, 因此 $W(0,x) = W(0,W(0,y)) = W(0,y) = x$. 同理可证, 对任意 $x \in [\lambda,1]$ 有 $W(1,x) = x$.

引理 1.3.4 若 W 是连续弱一致模, 那么存在三角模 T 和三角余模 S 使得当 $x,y \in [0,\lambda]$ 时, 有 $W(x,y) = \lambda \wedge S(x,y)$; 当 $x,y \in [\lambda,1]$ 时, 有 $W(x,y) = \lambda \vee T(x,y)$.

证明 分别定义算子 $T, S : [0,1]^2 \to [0,1]$ 如下:

$$T(x,y) = \begin{cases} W(x,y), & x,y \geqslant \lambda, \\ x \wedge y, & \text{其他}, \end{cases} \quad S(x,y) = \begin{cases} W(x,y), & x,y \leqslant \lambda, \\ x \vee y, & \text{其他}, \end{cases} \quad (1.3.2)$$

则容易验证 T、S 分别是三角模和三角余模, 所以引理结论成立.

定理 1.3.1 一个二元运算 $W : [0,1] \times [0,1] \to [0,1]$ 是连续的弱一致模, 当且

仅当存在连续的三角模 T 和三角余模 S 使得

$$W(x,y) = \begin{cases} \lambda \wedge S(x,y), & x,y \leqslant \lambda, \\ \lambda \vee T(x,y), & x,y \geqslant \lambda, \\ \lambda, & 其他. \end{cases} \quad (1.3.3)$$

证明 ($\Rightarrow$) 根据引理 1.3.2~引理 1.3.4 可知, 结论成立.

($\Leftarrow$) 根据式 (1.3.3) 可知 W 是单调的, 满足结合律和交换律. 容易观察到对任意 $x \leqslant \lambda$ 有单位元 0; 对任意 $x \geqslant \lambda$ 有单位元 1, 所以 W 是弱一致模.

1.3.2 零模和左右零模

定义 1.3.2 二元函数 $F:[0,1] \times [0,1] \to [0,1]$ 称为零模, 若 F 是结合的、交换的、关于每个变元单调递增, 存在 $k \in [0,1]$ 使得对任意 $x \in [0,1]$ 有 $F(k,x) = k$ (此时 k 称为 F 的吸收元), 并且满足: 当 $x \leqslant k$ 时, 有 $F(0,x) = x$; 当 $x \geqslant k$ 时, 有 $F(1,x) = x$.

下面用 F 表示零模, k 表示它的吸收元.

注记 1.3.1 显然, 当 $k=0,1$ 时, F 分别是三角模和三角余模. 在定义 1.3.2 中, 不难验证与 F 对应的 k 是唯一的且 $k = F(0,1)$.

例 1.3.2 若 $F:[0,1]^2 \to [0,1]$ 定义如下:

$$F(a,b) = \begin{cases} a \vee b, & a,b \in [0,k], \\ a \wedge b, & a,b \in [k,1], \\ k, & 其他, \end{cases}$$

则当 $k \neq 0,1$ 时, 虽然 F 是零模, 但 F 既不是三角模与三角余模, 也不是一致模. 根据零模的定义, 不难发现若 $e \neq 0,1$, 则例 1.2.1 中的 R^* 与 R_* 都不是零模. 这说明一致模类与零模类是两个互不包含的二元函数类.

由例 1.3.2 可知下面的命题.

命题 1.3.1 若 F 是连续的零模, 则 F 可以既不是三角模也不是三角余模.

定义 1.3.3 二元运算 $F:[0,1] \times [0,1] \to [0,1]$ 称为是 t-算子, 若 F 是结合的、交换的、关于每个变元单调递增, 并且满足

(1) $F(0,0) = 0$, $F(1,1) = 1$;

(2) 截线 $x \to F(x,0)$ 与截线 $x \to F(x,1)$ 都是连续的.

命题 1.3.2 零模与 t-算子等价, 即一个二元运算 F 是零模, 则 F 是 t-算子, 反之亦然.

证明 若 F 是零模, 设其吸收元为 k. 由 $0 \leqslant k$ 可知 $F(0,0) = 0$; 再由 $k \leqslant 1$ 可知 $F(1,1) = 1$. 若 $x \geqslant k$, 根据定义可知 $k = F(0,k) \leqslant F(0,x) \leqslant F(k,x) = k$, 从

而 $F(0,x) = k$, 因此有

$$F(0,x) = \begin{cases} x, & x \leqslant k, \\ k, & x \geqslant k. \end{cases} \tag{1.3.4}$$

显然, $F(0,x)$ 是连续的. 类似地可以证明

$$F(1,x) = \begin{cases} x, & x \geqslant k, \\ k, & x \leqslant k. \end{cases} \tag{1.3.5}$$

因此 $F(1,x)$ 也是连续的. 这样就证明了: 若 F 是零模, 则 F 也是 t-算子.

反之, 若 F 是 t-算子, 由 $F(0,0) = 0$, $F(1,1) = 1$ 和 F 的单调性可知, 对任意 $x \in [0,1]$ 有

$$\begin{aligned} F(1,0) &= F(1, F(0,0)) = F(0, F(1,0)) \leqslant F(x, F(1,0)) \\ &\leqslant F(1, F(1,0)) = F(F(1,1), 0) = F(1,0). \end{aligned} \tag{1.3.6}$$

从而有 $F(F(1,0), x) = F(1,0)$, 即 $F(1,0)$ 是吸收元. 记 $k = F(1,0)$, 则 $F(0,k) = k$. 当 $x \leqslant k$ 时, 定义 $f : [0,k] \to [0,k]$ 为 $f(x) = F(x,0)$, 由 $F(x,0)$ 的连续性可知, $f(x)$ 是连续的. 因为 $f(0) = 0$, $f(k) = k$, 所以对任意 $x \in [0,k]$, 都存在 $a_x \in [0,k]$ 使得 $f(a_x) = x$, 这样有

$$\begin{aligned} f(x) &= F(0,x) = F(0, f(a_x)) = F(0, F(0, a_x)) \\ &= F(F(0,0), a_x) = F(0, a_x) = f(a_x) = x. \end{aligned} \tag{1.3.7}$$

即 $F(0,x) = x$. 类似地, 可以证明当 $x \geqslant k$ 时, 有 $F(1,x) = x$. 这样就证明了 F 是零模.

基于命题 1.3.2, 在下面不加区别地使用 t-算子和零模概念.

定理 1.3.2 若二元函数 F 满足 $k = F(1,0) \neq 0, 1$, 则 F 是零模, 当且仅当存在三角模 T_F 和三角余模 S_F 使得

$$F(x,y) = \begin{cases} kS_F\left(\dfrac{x}{k}, \dfrac{y}{k}\right), & x,y \in [0,k], \\ k + (1-k)T_F\left(\dfrac{x-k}{1-k}, \dfrac{y-k}{1-k}\right), & x,y \in [k,1], \\ k, & \text{其他}. \end{cases} \tag{1.3.8}$$

下面记零模为 $F = (k, S_F, T_F)$.

证明 由定义可知 $F(k,x) = k$, 因此当 $(x,y) \in [0,k] \times [k,1] \cup [k,1] \times [0,k]$ 时, 有 $F(x,k) = k$. 现定义 $S_F : [0,1]^2 \to [0,1]$ 为 $S_F(x,y) = \dfrac{F(kx, ky)}{k}$; 定义

1.3 与一致模相关的算子

$T_F : [0,1]^2 \to [0,1]$ 为 $T_F(x,y) = \dfrac{F((1-k)x+k, (1-k)y+k) - k}{1-k}$,则 T_F 和 S_F 是三角模和三角余模,并且当 $x,y \in [0,k]$ 时,有 $F(x,y) = kS_F\left(\dfrac{x}{k}, \dfrac{y}{k}\right)$;当 $x,y \in [k,1]$ 时,有 $F(x,y) = k + (1-k)T_F\left(\dfrac{x-k}{1-k}, \dfrac{y-k}{1-k}\right)$,因此式 (1.3.8) 成立. 反过来的情况,只需按定义逐项检查即可.

下面开始研究左右零模.

定义 1.3.4 二元运算 $F : [0,1] \times [0,1] \to [0,1]$ 称为 $(1,0)((0,1))$-型左零模,若 F 是结合的且关于每个变元单调,则当 $x \leqslant F(1,0)(F(0,1))$ 时,$F(0,x) = x$;当 $x \geqslant F(1,0)(F(0,1))$ 时,$F(1,x) = x$.

定义 1.3.5 二元运算 $F : [0,1] \times [0,1] \to [0,1]$ 称为 $(1,0)((0,1))$-型右零模,若 F 是结合的且关于每个变元单调,则当 $x \leqslant F(1,0)(F(0,1))$ 时,$F(x,0) = x$;当 $x \geqslant F(1,0)(F(0,1))$ 时,$F(x,1) = x$.

上面定义的四种零模是类似的,下面仅详细地讨论 $(1,0)$-型左零模,对于其他零模,仅罗列相关结果.

命题 1.3.3 令 F 是 $(1,0)$-型左零模,记 $F(1,0) = k$,则 k 是 F 的左零元并且对任意 $x \in [0,1]$,有 $F(x,0) = x \wedge k$.

证明 若 $x \in [0,1]$,则 $k = F(k,0) \leqslant F(k,x) \leqslant F(k,1) = k$,即 k 是 F 的左零元. 下面证明 $F(x,0) = x \wedge k$. 事实上,当 $x \leqslant k$ 时,由定义可知 $F(x,0) = x$. 当 $x \geqslant k$ 时,有 $k = F(k,0) \leqslant F(x,0) \leqslant F(1,0) = k$,因此 $F(x,0) = x \wedge k$.

引理 1.3.5 二元函数 $M : [a,b] \times [a,b] \to [a,b]$ 是连续的、结合的,且以 a 为零元、b 为单位元,当且仅当存在一个连续的三角模 T,使得对任意 $x,y \in [a,b]$ 有

$$M(x,y) = a + (b-a)T\left(\dfrac{x-a}{b-a}, \dfrac{y-a}{b-a}\right). \tag{1.3.9}$$

引理 1.3.6 二元函数 $M : [a,b] \times [a,b] \to [a,b]$ 是连续的、结合的,且以 b 为零元、a 为单位元,当且仅当存在一个连续的三角余模 S,使得对任意 $x,y \in [a,b]$ 有

$$M(x,y) = a + (b-a)S\left(\dfrac{x-a}{b-a}, \dfrac{y-a}{b-a}\right). \tag{1.3.10}$$

定理 1.3.3 二元函数 $F : [0,1] \times [0,1] \to [0,1]$ 是连续的 $(1,0)$-型左零模,当且仅当 F 具有如下结构:

$$F(x,y) = \begin{cases} \alpha S\left(\dfrac{x}{\alpha}, \dfrac{y}{\alpha}\right), & (x,y) \in [0,\alpha] \times [0,\alpha], \\ \alpha, & (x,y) \in [0,\alpha] \times [\alpha,1], \\ x, & (x,y) \in [\alpha,k] \times [0,1], \\ k + (1-k)T\left(\dfrac{x-k}{1-k}, \dfrac{y-k}{1-k}\right), & (x,y) \in [k,1] \times [k,1], \\ k, & (x,y) \in [k,1] \times [0,k]. \end{cases} \quad (1.3.11)$$

其中，$k = F(1,0)$，$\alpha = F(0,k)$，T 与 S 分别是连续的三角模和连续的三角余模.

证明 首先注意到 $\alpha = F(0,k) \leqslant F(k,k) = k$，$F(0,0) = 0$，$F(\alpha,\alpha) = F(F(0,k), F(0,k)) = F(F(0,F(k,0)),k) = F(F(0,k),k) = F(0,F(k,k)) = F(0,k) = \alpha$，$F(0,\alpha) = F(0,F(0,k)) = F(F(0,0),k) = F(0,k) = \alpha$，$F(\alpha,0) = \alpha$.

(1) 若 $(x,y) \in [0,\alpha] \times [0,\alpha]$，由 $\alpha = F(0,\alpha) \leqslant F(x,\alpha) \leqslant F(\alpha,\alpha) = \alpha$，$\alpha = F(\alpha,0) \leqslant F(\alpha,x) \leqslant F(\alpha,\alpha) = \alpha$ 知，α 是二元运算 $F: [0,\alpha] \times [0,\alpha] \to [0,\alpha]$ 的零元. 下面证明 0 是这个二元运算的单位元. 由 $x \leqslant \alpha \leqslant k$ 和定义知 $F(x,0) = x$. 因此只需证明当 $x \in [0,\alpha]$ 时，$F(0,x) = x$. 由 F 的连续性知 $F(0,-): [0,\alpha] \to [0,1]$ 是连续的，并且 $F(0,0) = 0$，$F(0,\alpha) = \alpha$. 由介值定理知，对任意 $x \in [0,\alpha]$，存在 $y \in [0,\alpha]$ 使得 $F(0,y) = x$. 因此有 $F(0,x) = F(0,F(0,y)) = F(F(0,0),y) = F(0,y) = x$，这样就完成了 0 是 F 定义在 $[0,\alpha]$ 上的单位元，再由引理 1.3.6 知 $F(x,y) = \alpha S\left(\dfrac{x}{\alpha}, \dfrac{y}{\alpha}\right)$.

(2) 若 $(x,y) \in [0,\alpha] \times [\alpha,1]$，由 $\alpha = F(0,\alpha) \leqslant F(x,y) \leqslant F(\alpha,1) = F(F(0,k),1) = F(0,F(k,1)) = F(0,k) = \alpha$ 可知 $F(x,y) = \alpha$.

(3) 若 $(x,y) \in [\alpha,k] \times [0,1]$，由 $F(\alpha,1) = F(F(0,k),1) = F(0,F(k,1)) = F(0,k) = \alpha$ 知 $F(\alpha,1) = \alpha$. 由 $x \in [\alpha,k]$ 和定义可知 $F(x,0) = x$. 下面证明当 $x \in [\alpha,k]$ 时，有 $F(x,1) = x$. 事实上，由 F 是连续的可知，函数 $F(-,1): [\alpha,k] \to [0,1]$ 是连续的并且 $F(\alpha,1) = \alpha$，$F(k,1) = k$. 由介值定理可知，对任意 $x \in [\alpha,k]$ 存在 $y \in [\alpha,k]$ 使得 $F(y,1) = x$，因此有 $F(x,1) = F(F(y,1),1) = F(y,F(1,1)) = F(y,1) = x$，这样就证明了当 $x \in [\alpha,k]$ 时，有 $F(x,1) = x$. 再由 $x = F(x,0) \leqslant F(x,y) \leqslant F(x,1) = x$ 可知 $F(x,y) = x$.

(4) 若 $(x,y) \in [k,1] \times [k,1]$，由 k 是 F 的左零元和定义可知 $F(k,x) = k$，$F(x,1) = x$，$F(1,k) = F(1,F(1,0)) = F(F(1,1),0) = F(1,0) = k$. 由 $F(x,k) = F(x,F(1,0)) = F(F(x,1),0) = F(x,0) = x \wedge k = k$ 知 $F(x,k) = k$. 下面证明当 $x \in [k,1]$ 时，有 $F(1,x) = x$. 由 F 的连续性可知，函数 $F(1,-): [k,1] \to [0,1]$ 是连续的并且 $F(1,k) = k$，$F(1,1) = 1$. 由介值定理可知，对任意 $x \in [k,1]$ 存在 $y \in [k,1]$ 使得 $F(1,y) = x$，因此有 $F(1,x) = F(1,F(1,y)) = F(F(1,1),y) =$

$F(1, y) = x$, 这样就证明了当 $x \in [k, 1]$ 时有 $F(1, x) = x$. 综上所述, 可知 k 和 1 分别是二元函数 $F : [k, 1] \times [k, 1] \to [k, 1]$ 的零元和单位元. 再由引理 1.3.5 可知 $F(x, y) = k + (1 - k)T\left(\dfrac{x - k}{1 - k}, \dfrac{y - k}{1 - k}\right)$.

(5) 若 $(x, y) \in [k, 1] \times [0, k]$, 由 $k = F(k, 0) \leqslant F(x, y) \leqslant F(1, k) = k$ 可知 $F(x, y) = k$.

对于相反方向的证明, 只需直接验证即可.

定理 1.3.4 二元函数 $F : [0, 1] \times [0, 1] \to [0, 1]$ 是连续的 (0,1)-型左零模, 当且仅当 F 具有如下结构:

$$F(x, y) = \begin{cases} kS\left(\dfrac{x}{k}, \dfrac{y}{k}\right), & (x, y) \in [0, k] \times [0, k], \\ k, & (x, y) \in [0, k] \times [k, 1], \\ x, & (x, y) \in [k, \alpha] \times [0, 1], \\ \alpha, & (x, y) \in [\alpha, 1] \times [0, \alpha], \\ \alpha + (1 - \alpha)T\left(\dfrac{x - \alpha}{1 - \alpha}, \dfrac{y - \alpha}{1 - \alpha}\right), & (x, y) \in [\alpha, 1] \times [\alpha, 1]. \end{cases} \quad (1.3.12)$$

其中, $k = F(0, 1)$, $\alpha = F(1, k)$, T 与 S 分别是连续的三角模和连续的三角余模.

推论 1.3.1 令二元函数 $F : [0, 1] \times [0, 1] \to [0, 1]$ 是连续的 (1,0)-型左零模, 若 F 是幂等的, 当且仅当 F 具有如下结构:

$$F(x, y) = \begin{cases} x \vee y, & (x, y) \in [0, \alpha] \times [0, \alpha], \\ \alpha, & (x, y) \in [0, \alpha] \times [\alpha, 1], \\ x, & (x, y) \in [\alpha, k] \times [0, 1], \\ x \wedge y, & (x, y) \in [k, 1] \times [k, 1], \\ k, & (x, y) \in [k, 1] \times [0, k]. \end{cases} \quad (1.3.13)$$

其中, $k = F(1, 0)$, $\alpha = F(0, k)$, T 与 S 分别是连续的三角模和连续的三角余模.

由定理 1.3.3 与定理 1.3.4 可得如下推论.

推论 1.3.2 二元函数 $F : [0, 1] \times [0, 1] \to [0, 1]$ 满足 $F(0, 1) = F(1, 0)$. F 是连续的 (1,0)-型左零模, 当且仅当 F 具有如下结构:

$$F(x, y) = \begin{cases} kS\left(\dfrac{x}{k}, \dfrac{y}{k}\right), & x, y \in [0, k], \\ k + (1 - k)T\left(\dfrac{x - k}{1 - k}, \dfrac{y - k}{1 - k}\right), & x, y \in [k, 1], \\ k, & 其他. \end{cases} \quad (1.3.14)$$

其中, $k = F(0, 1) = F(1, 0)$, T 与 S 分别是连续的三角模和连续的三角余模.

由推论 1.3.2 可得以下推论.

推论 1.3.3 若二元函数 $F:[0,1]\times[0,1]\to[0,1]$ 是连续的 $(1,0)$-型左零模, 则 F 是零模, 当且仅当 $F(0,1)=F(1,0)$.

推论 1.3.4 令二元函数 $F:[0,1]\times[0,1]\to[0,1]$ 是连续的 $(1,0)$-型左零模且 $F(0,1)=F(1,0)$, F 是幂等的, 当且仅当 F 具有如下结构:

$$F(x,y)=\begin{cases} x\vee y, & x,y\in[0,k],\\ x\wedge y, & x,y\in[k,1],\\ k, & \text{其他}.\end{cases} \tag{1.3.15}$$

定理 1.3.5 二元函数 $F:[0,1]\times[0,1]\to[0,1]$ 是连续的 $(1,0)$-型右零模, 当且仅当 F 具有如下结构:

$$F(x,y)=\begin{cases} kS\left(\dfrac{x}{k},\dfrac{y}{k}\right), & (x,y)\in[0,k]\times[0,k],\\ k, & (x,y)\in[k,1]\times[0,k],\\ y, & (x,y)\in[0,1]\times[k,\beta],\\ \beta, & (x,y)\in[0,\beta]\times[\beta,1],\\ \beta+(1-\beta)T\left(\dfrac{x-\beta}{1-\beta},\dfrac{y-\beta}{1-\beta}\right), & (x,y)\in[\beta,1]\times[\beta,1]. \end{cases} \tag{1.3.16}$$

其中, $k=F(1,0)$, $\beta=F(k,1)$, T 与 S 分别是连续的三角模和连续的三角余模.

定理 1.3.6 二元函数 $F:[0,1]\times[0,1]\to[0,1]$ 是连续的 $(1,0)$-型左零模, 当且仅当 F 具有如下结构:

$$F(x,y)=\begin{cases} \beta S\left(\dfrac{x}{\beta},\dfrac{y}{\beta}\right), & (x,y)\in[0,\beta]\times[0,\beta],\\ \beta, & (x,y)\in[\beta,1]\times[0,\beta],\\ y, & (x,y)\in[0,1]\times[\beta,k],\\ k+(1-k)T\left(\dfrac{x-k}{1-k},\dfrac{y-k}{1-k}\right), & (x,y)\in[k,1]\times[k,1],\\ k, & (x,y)\in[0,k]\times[k,1]. \end{cases} \tag{1.3.17}$$

其中, $k=F(1,0)$, $\alpha=F(0,k)$, T 与 S 分别是连续的三角模和连续的三角余模.

1.3.3 半一致模、半零模和半 t-算子

定义 1.3.6 称有单位元 $e\in[0,1]$ 的单调递增的二元函数 $U:[0,1]^2\to[0,1]$ 为半一致模, 并记这样的半一致模全体为 $\mathbb{N}_e$. 特别地, 若 $U\in\mathbb{N}_1$, 则称其为半三角模或半-copula; 若 $U\in\mathbb{N}_0$, 则称其为半三角余模.

1.3 与一致模相关的算子

实际上, 半一致模也具有与一致模类似的结构.

定理 1.3.7 二元函数 U 是有单位元 $e \in (0,1)$ 的半一致模, 当且仅当对任意 $x, y \in [0,1]$, 有

$$U(x,y) = \begin{cases} eT_U\left(\dfrac{x}{e}, \dfrac{y}{e}\right), & (x,y) \in [0,e]^2, \\ e + (1-e)S_U\left(\dfrac{x-e}{1-e}, \dfrac{y-e}{1-e}\right), & (x,y) \in [e,1]^2, \\ C(x,y), & (x,y) \in [0,1]^2 \setminus ([0,e]^2 \cup [e,1]^2). \end{cases} \quad (1.3.18)$$

其中, T_U 是半三角模; S_U 是半三角余模; $C : [0,e) \times (e,1] \cup (e,1] \times [0,e) \to [0,1]$ 是递增的并且满足 $\min \leqslant C \leqslant \max$. 把 T_U 和 S_U 分别称为 U 的基础半三角模与基础半三角余模.

证明 容易知道定理是成立的.

定理 1.3.8 若 $h : [0,1] \to [-\infty, \infty]$ 是严格单调递增的, 除了在点 $e \in [0,1]$ 外是连续的且满足 $h(e) = 0$, 那么函数 $U : [0,1]^2 \to [0,1]$,

$$U(x,y) = h^{(-1)}(h(x) + h(y)), \quad x, y \in [0,1] \quad (1.3.19)$$

是有单位元 e 的交换半一致模, 这里 $h^{(-1)}$ 是 h 的伪逆.

证明 类似于可表示一致模结构定理的证明, 故略去.

定义 1.3.7 所有具有单位元 $e \in (0,1)$ 并且对所有 $x \in [0,e)$ 满足 $U(1,x) = U(x,1) = x$ (对所有 $x \in (e,1]$ 满足 $U(0,x) = U(x,0) = x$) 的半一致模记为 $\mathcal{N}_e^{\min}$ ($\mathcal{N}_e^{\max}$).

从定理 1.3.7, 得到 $\mathcal{N}_e^{\min}$ 与 $\mathcal{N}_e^{\max}$ 中元素的结构.

定理 1.3.9 设 $U \in \mathcal{N}_e$ 有单位元 $e \in (0,1)$.

(1) $U \in \mathcal{N}_e^{\min}$, 当且仅当对任意 $x, y \in [0,1]$ 有

$$U(x,y) = \begin{cases} eT_U\left(\dfrac{x}{e}, \dfrac{y}{e}\right), & (x,y) \in [0,e]^2, \\ e + (1-e)S_U\left(\dfrac{x-e}{1-e}, \dfrac{y-e}{1-e}\right), & (x,y) \in [e,1]^2, \\ \min(x,y), & 其他. \end{cases} \quad (1.3.20)$$

(2) $U \in \mathcal{N}_e^{\max}$, 当且仅当对任意 $x, y \in [0,1]$ 有

$$U(x,y) = \begin{cases} eT_U\left(\dfrac{x}{e}, \dfrac{y}{e}\right), & (x,y) \in [0,e]^2, \\ e + (1-e)S_U\left(\dfrac{x-e}{1-e}, \dfrac{y-e}{1-e}\right), & (x,y) \in [e,1]^2, \\ \max(x,y), & 其他. \end{cases} \quad (1.3.21)$$

其中, $T_U : [0,1]^2 \to [0,1]$ 是半三角模; $S_U : [0,1]^2 \to [0,1]$ 是半三角余模.

定理 1.3.10 设 $e \in [0,1]$, 则算子

$$U(x,y) = \begin{cases} \max(x,y), & (x,y) \in [e,1]^2, \\ \min(x,y), & 其他 \end{cases} \tag{1.3.22}$$

和

$$U(x,y) = \begin{cases} \min(x,y), & (x,y) \in [0,e]^2, \\ \max(x,y), & 其他 \end{cases} \tag{1.3.23}$$

分别是 $\mathcal{N}_e^{\min}$ 及 $\mathcal{N}_e^{\max}$ 中唯一的幂等一致模.

下面介绍半零模.

定义 1.3.8 二元函数 $V : [0,1]^2 \to [0,1]$ 被称为半零模, 若它是单调递增的, 有零元 $z \in [0,1]$ 使得

(1) 当 $x \leqslant z$ 时, 有 $V(0,x) = V(x,0) = x$;

(2) 当 $x \geqslant z$ 时, 有 $V(1,x) = V(x,1) = x$.

显然, 交换结合的半零模是零模, 反之不然.

定理 1.3.11 令 $z \in (0,1)$. 二元函数 V 是有零元 z 的半零模, 当且仅当存在一个半三角模 T_V 和一个半三角余模 S_V 使得对任意 $x,y \in [0,1]$ 有

$$V(x,y) = \begin{cases} zS_V\left(\dfrac{x}{z}, \dfrac{y}{z}\right), & (x,y) \in [0,z]^2, \\ z + (1-z)T_V\left(\dfrac{x-z}{1-z}, \dfrac{y-z}{1-z}\right), & (x,y) \in [z,1]^2, \\ z, & (x,y) \in [0,1]^2 \setminus ([0,z]^2 \cup [z,1]^2). \end{cases} \tag{1.3.24}$$

证明 类似于定理 1.3.2 的证明可以获得, 故略去.

虽然零模与 t-算子是等价的, 但推广的半零模与半 t-算子并不是等价的. 下面介绍半 t-算子.

定义 1.3.9 二元函数 $F : [0,1]^2 \to [0,1]$ 被称为是半 t-算子, 如果它是结合的、递增的且满足 $F(0,0) = 0, F(1,1) = 1$ 使得函数 F_0、F_1、F^0、F^1 是连续的, 其中, $F_0(x) = F(0,x), F_1(x) = F(1,x), F^0(x) = F(x,0)$ 和 $F^1(x) = F(x,1)$.

所有满足 $F(0,1) = a$ 和 $F(1,0) = b$ 的半 t-算子族记为 $\mathbb{F}_{a,b}$.

定理 1.3.12 设 $F : [0,1]^2 \to [0,1]$, 记 $F(0,1) = a$ 和 $F(1,0) = b$, 算子 $F \in \mathbb{F}_{a,b}$, 当且仅当存在结合的半三角模 T_F 和结合的半三角余模 S_F 使得下面两种情况之一成立.

(1) 若 $a \leqslant b$, 则

$$F(x,y) = \begin{cases} aS_F\left(\dfrac{x}{a}, \dfrac{y}{a}\right), & (x,y) \in [0,a]^2, \\ b+(1-b)T_F\left(\dfrac{x-b}{1-b}, \dfrac{y-b}{1-b}\right), & (x,y) \in [b,1]^2, \\ a, & (x,y) \in [0,a] \times [a,1], \\ b, & (x,y) \in [b,1] \times [0,b], \\ x, & \text{其他}. \end{cases} \quad (1.3.25)$$

(2) 若 $a \geqslant b$, 则

$$F(x,y) = \begin{cases} bS_F\left(\dfrac{x}{b}, \dfrac{y}{b}\right), & (x,y) \in [0,b]^2, \\ a+(1-a)T_F\left(\dfrac{x-a}{1-a}, \dfrac{y-a}{1-a}\right), & (x,y) \in [a,1]^2, \\ a, & (x,y) \in [0,a] \times [a,1], \\ b, & (x,y) \in [b,1] \times [0,b], \\ y, & \text{其他}. \end{cases} \quad (1.3.26)$$

推论 1.3.5 设 $F\colon [0,1]^2 \to [0,1], F(0,1) = a$ 和 $F(1,0) = b$, 则幂等算子 $F \in \mathbb{F}_{a,b}$, 当且仅当下面两种情况之一成立.

(1) 若 $a \leqslant b$, 则

$$F(x,y) = \begin{cases} \max(x,y), & (x,y) \in [0,a]^2, \\ \min(x,y), & (x,y) \in [b,1]^2, \\ a, & (x,y) \in [0,a] \times [a,1], \\ b, & (x,y) \in [b,1] \times [0,b], \\ x, & \text{其他}. \end{cases} \quad (1.3.27)$$

(2) 若 $a \geqslant b$, 则

$$F(x,y) = \begin{cases} \max(x,y), & (x,y) \in [0,b]^2, \\ \min(x,y), & (x,y) \in [a,1]^2, \\ a, & (x,y) \in [0,a] \times [a,1], \\ b, & (x,y) \in [b,1] \times [0,b], \\ y, & \text{其他}. \end{cases} \quad (1.3.28)$$

1.3.4 2-一致模

定义 1.3.10 设 V 是单位区间 $[0,1]$ 上的交换二元函数，$0 < z_1 < 1$，$e_1 \in [0, z_1]$，$e_2 \in [z_1, 1]$. 当 $x \leqslant z_1$ 时，有 $V(e_1, x) = x$；当 $x \leqslant z_1$ 时，有 $V(e_2, x) = x$. 那么 $\{e_1, e_2\}_{z_1}$ 称作 V 的 2-单位元.

定义 1.3.11 若单位区间 $[0,1]$ 上的二元函数 U^2 是结合的、单调递增的、交换的并有 2-单位元 $\{e_1, e_2\}_{z_1}$，则称 U^2 是 2-一致模.

为给出 2-一致模的结构刻画，需要下面的若干引理.

引理 1.3.7 若单位区间 $[0,1]$ 上的二元函数 V 是结合的、单调递增的、交换的，且满足 $V(0,0) = 0$，$V(1,1) = 1$，记 $k = V(0,1)$，则 k 是 V 的吸收元.

证明 因为 V 是结合的、单调递增的、交换的，且满足 $V(0,0) = 0$，$V(1,1) = 1$，所以对任意 $x \in [0,1]$ 有

$$k = V(1,0) = V(1, V(0,0)) = V(V(1,0), 0) = V(0, V(1,0))$$
$$\leqslant V(x, V(1,0)) \leqslant V(1, V(1,0)) = V(V(1,1), 0) = V(1,0) = k, \quad (1.3.29)$$

即对任意 $x \in [0,1]$ 有 $V(x, k) = k$，因此 k 是吸收元.

若二元函数 V 是在单位区间 $[0,1]$ 上是结合的、单调递增的、交换的，且满足 $V(0,0) = 0$，$V(1,1) = 1$，y 是 V 的幂等元，我们记 $V(\cdot, y) = f_y$，$\text{Im}(f_y) = \{f_y(x) | x \in [0,1]\}$.

引理 1.3.8 对任意 $x \in [0,1]$，有 $f_y(f_y(x)) = f_y(x)$.

证明 注意到 y 是 V 的幂等元，则

$$f_y(f_y(x)) = V(V(x, y), y) = V(x, V(y, y)) = V(x, y) = f_y(x), \quad (1.3.30)$$

因此 $f_y(f_y(x)) = f_y(x)$ 是吸收元.

引理 1.3.9 对任意 $x \in \text{Im}(f_y)$，有 $f_y(x) = x$.

证明 因为对任意 $x \in \text{Im}(f_y)$，存在 $z \in [0,1]$ 使得 $f_y(z) = x$，故由引理 1.3.8 可得 $f_y(x) = f_y(f_y(z)) = f_y(z) = x$，因此对任意 $x \in \text{Im}(f_y)$ 有 $f_y(x) = x$.

推论 1.3.6 若存在 $x \in [0,1]$ 使得 $f_y(x) = x' \neq x$，则 $f_y(x') = x'$ 且
(1) 若 $x < x'$，则对任意 $z \in [x, x']$ 有 $f_y(z) = x'$.
(2) 若 $x > x'$，则对任意 $z \in [x', x]$ 有 $f_y(z) = x'$.

引理 1.3.10 若存在 $x \in [0,1]$ 使得 $f_y(x) = x' \neq x$，则
(1) 若 $x' < x$，令 $z = \sup\{k | f_y(k) = x'\}$，则 $f_y(z) = x'$ 或 $f_y(z) \geqslant z$.
(2) 若 $x' > x$，令 $z = \inf\{k | f_y(k) = x'\}$，则 $f_y(z) = x'$ 或 $f_y(z) \leqslant z$.

证明 假设 $x' < x$ 并令 $f_y(z) = x_0$，这里 $x' < x_0 < z$，那么根据引理 1.3.8 可知 $f_y(x_0) = x_0$，这与 f_y 的单调性矛盾. 类似可以证明 $x' > x$ 的情况.

1.3 与一致模相关的算子

推论 1.3.7 若存在 $x \in [0,1]$ 使得 $f_y(x) = x' \neq x$, z 如引理 1.3.10 所定义, 则 z 是 f_y 的不连续点.

证明 不妨设 $x' < x$, 根据引理 1.3.10 可知 $f_y(z) = x'$ 或 $f_y(z) \geqslant z$. 若 $f_y(z) \geqslant z$, 则显然 z 是 f_y 的不连续点. 若 $f_y(z) = x'$, 则对任意 $x > z$ 一定有 $f_y(z) \geqslant z$. 否则, 即存在 $a > z$ 使得 $f_y(a) < z$. 记 $b = f_z(a)$, 因为 $a > z > x$, 所以 $f_y(a) \geqslant f_y(x) = x'$, 从而 $b \geqslant x'$. 但 $b \neq x$, 否则与 z 的定义矛盾. 这样一定有 $b > x$, 进一步获得 $b \in (x, z)$, 再根据 f_y 的单调性可知 $f_y(b) = x'$, 这与 $f_y(b) = b$ 矛盾, 因此 z 是 f_y 的不连续点.

定理 1.3.13 假如存在 $x \in (f_y(0), f_y(1))$ 使得 $f_y(x) = x' \neq x$, 那么 f_y 是不连续的且

(1) 当 $x' < x$ 时, 有不连续点 $z = \sup\{k | f_y(k) = x\}$.

(2) 当 $x' > x$ 时, 有不连续点 $z = \inf\{k | f_y(k) = x\}$.

证明 从推论 1.3.7 容易证明.

推论 1.3.8 令 x、x'、z 如定理 1.3.13 所定义, z 是 f_y 的不连续点, $p = f_y(0)$ 和 $q = f_y(1)$.

(1) 若 $f_y(x) < x$, 则 $x' < x \leqslant z$, 进一步, 若 $f_y(z) = x'$, 则 $[p,q] \backslash (x', z) = \mathrm{Im}(f_y)$; 若 $f_y(z) \geqslant z$, 则 $[p,q] \backslash (x', z) = \mathrm{Im}(f_y)$.

(2) 若 $f_y(x) > x$, 则 $z \leqslant x < x'$, 进一步, 若 $f_y(z) = x'$, 那么 $[p,q] \backslash [z, x') = \mathrm{Im}(f_y)$; 若 $f_y(z) \leqslant z$, 则 $[p,q] \backslash (z, x') = \mathrm{Im}(f_y)$.

证明 从定理 1.3.13 易知.

引理 1.3.11 若 U^2 是 2-一致模, 则对任意 $x, y \in [0,1]$, 如下定义的函数

$$U_1(x, y) = \frac{U^2(z_1 x, z_1 y)}{z_1}, \tag{1.3.31}$$

$$U_2(x, y) = \frac{U^2(z_1 + (1 - z_1)x, z_1 + (1 - z_1)y) - z_1}{1 - z_1} \tag{1.3.32}$$

都是一致模且分别有单位元 $\dfrac{e_1}{z_1}$ 和 $\dfrac{e_2 - z_1}{1 - z_1}$.

证明 容易验证式 (1.3.31) 所定义的 U_1 和式 (1.3.32) 所定义的 U_2 是结合的、单调的、交换的.

现令 $e' = \dfrac{e_1}{z_1}$, 那么对任意 $y \in [0,1]$ 有

$$U_1(e', y) = \frac{U^2\left(\dfrac{z_1 e_1}{z_1}, z_1 y\right)}{z_1} = \frac{U^2(e_1, z_1 y)}{z_1} = y. \tag{1.3.33}$$

式 (1.3.33) 成立是因为对任意 $y \in [0,1]$, 有 $z_1 y \leqslant z_1$ 和 $U^2(e_1, z_1 y) = z_1 y$, 所以 e' 是 U_1 的单位元, 且 U_1 是一致模.

同理，令 $e'' = \dfrac{e_2 - z_1}{1 - z_1}$，那么对任意 $y \in [0,1]$ 有

$$U_2(e'', y) = \dfrac{U^2\left(z_1 + \dfrac{(1-z_1)(e_2-z_1)}{(1-z_1)}, z_1 + (1-z_1)y\right) - z_1}{1 - z_1} \tag{1.3.34}$$

$$= \dfrac{U^2(e_2, z_1 + (1-z_1)y) - z_1}{1 - z_1} = y.$$

式 (1.3.34) 成立是因为对任意 $y \in [0,1]$，有 $z_1 + (1-z_1)y \geqslant z_1$ 和 $U^2(e_2, z_1 + (1-z_1)y) = z_1 + (1-z_1)y$，所以 e'' 是 U_2 的单位元，且 U_2 是一致模.

推论 1.3.9 若 U^2 是 2-一致模，则存在一致模 U_1 和 U_2 使得

$$U^2(x, y) = z_1 U_1\left(\dfrac{x}{z_1}, \dfrac{y}{z_1}\right), \quad x, y \leqslant z_1, \tag{1.3.35}$$

$$U^2(x, y) = z_1 + (1 - z_1) U_2\left(\dfrac{x - z_1}{1 - z_1}, \dfrac{y - z_1}{1 - z_1}\right), \quad x, y \geqslant z_1, \tag{1.3.36}$$

并且假如 U_1 是合取一致模，那么 $U^2(0, z_1) = 0$；假如 U_1 是析取一致模，那么 $U^2(0, z_1) = z_1$；假如 U_2 是合取一致模，那么 $U^2(1, z_1) = z_1$；假如 U_2 是析取一致模，那么 $U^2(1, z_1) = 1$.

证明 从引理 1.3.11 可得推论 1.3.9 成立.

从上面的讨论可知，虽然 U^2 的结构还没有完全确定，但是我们可以近似地将其看成两个一致模的序和.

推论 1.3.10 若 U^2 是 2-一致模，则 $U^2(0, z_1) \in \{0, z_1\}$ 和 $U^2(1, z_1) \in \{z_1, 1\}$.

证明 从推论 1.3.9 可得推论 1.3.10 成立.

引理 1.3.12 若 U^2 是 2-一致模，则 $f_1(z_1) = f_1(e_1)$ 且 $f_0(z_1) = f_0(e_2)$.

证明 从前面的引理可知 $f_1(z_1) \in \{z_1, 1\}$. 若 $f_1(z_1) = z_1$，注意到 $f_{z_1}(e_1) = z_1$，由单调性可知 $f_1(e_1) = z_1$，因此 $f_1(z_1) = f_1(e_1)$. 若 $f_1(z_1) = 1$，显然对任意 $x \geqslant z_1$ 有 $f_1(x) = 1$. 注意到 $f_{z_1}(e_1) = z_1$，再使用单调性可知 $f_1(e_1) \geqslant z_1$，这样有 $f_1(e_1) = f_1(f_1(e_1)) = 1$. 因此证明了 $f_1(z_1) = f_1(e_1)$. 类似地可以证明 $f_0(z_1) = f_0(e_2)$.

推论 1.3.11 $U_1(x, 0)(U_2(x, 1))$ 在点 $e_1(e_2)$ 处不连续，当且仅当 $U_1(x, 0)(U_2(x, 1))$ 在点 $\dfrac{e_1}{z_1}\left(\dfrac{e_2 - z_1}{1 - z_1}\right)$ 处不连续.

证明 从引理 1.3.11 和引理 1.3.12 可得推论 1.3.11 成立.

推论 1.3.12 若 U^2 是 2-一致模，那么 $U^2(0, 1) \in \{0, z_1, 1\}$.

证明 因为 $U^2(0, 0) = 0$，$U^2(1, 1) = 1$，从引理 1.3.11 可知，$U^2(0, 1) = k$ 是 U^2 的零化子，即对任意 $x \in [0, 1]$ 有 $U^2(x, k) = k$. 根据 e_1 和 e_2 的定义可知 $k \notin \{e_1, e_2\}$.

若 $k < e_1$, 则 $U^2(e_1, 0) = 0$ 且 $U^2(k, 0) = k$, 所以由单调性可得 $k = 0$.

若 $z_1 \geqslant k > e_1$, 则 $U^2(e_1, z_1) = z_1$ 且 $U^2(k, z_1) = k$, 所以由单调性和 $U^2(z_1, z_1) = z_1$ 可得 $k = z_1$.

类似地可以证明: 当 $e_2 > k \geqslant z_1$ 时, 有 $k = z_1$; 当 $k > e_2$ 时, 有 $k = 1$.

这样, 总有 $U^2(0, 1) \in \{0, z_1, 1\}$.

根据 $U^2(0, 1)$ 的取值, 对于由全体 U^2 构成的集合而言, 存在三个子类, 分别记为 $\mathbb{U}_0^2$、$\mathbb{U}_{z_1}^2$ 和 $\mathbb{U}_1^2$.

下面借助连续性, 分别刻画 $\mathbb{U}_0^2$、$\mathbb{U}_{z_1}^2$ 和 $\mathbb{U}_1^2$ 中成员的结构.

(1) 考虑 $\mathbb{U}_{z_1}^2$ 中元素的结构. 注意到 $U_{z_1}^2(0, 1) = z_1$, 因为单位元和零因子一定不相同, 所以有 $0 \leqslant e_1 < z_1 < e_2 \leqslant 1$. 又因为 z_1 是 U^2 的零因子, 所以 $U_{z_1}^2(0, z_1) = z_1 = U_{z_1}^2(1, z_1)$. 根据引理 1.3.11 可知 U_1 是析取一致模, U_2 是合取一致模. 从推论 1.3.9 可知 $U_{z_1}^2$ 的一般结构为

$$U_{z_1}^2(x, y) = \begin{cases} z_1 U_1\left(\dfrac{x}{z_1}, \dfrac{y}{z_1}\right), & (x, y) \in [0, z_1]^2, \\ z_1 + (1 - z_1)U_2\left(\dfrac{x - z_1}{1 - z_1}, \dfrac{y - z_1}{1 - z_1}\right), & (x, y) \in [z_1, 1]^2, \\ z_1, & \text{其他}. \end{cases} \quad (1.3.37)$$

推论 1.3.13 若 U^2 是有 2-单位元 $\{e_1, e_2\}_{z_1}$ 的 2-一致模, 那么 $U^2 \in \mathbb{U}_{z_1}^2$, 当且仅当 U^2 由式 (1.3.37) 所决定, 其中 U_1 是析取一致模, U_2 是合取一致模.

命题 1.3.4 若 $U_{z_1}^2 \in \mathbb{U}_{z_1}^2$, 则 $e_1 > 0$ 且 $e_2 < 1$, 当且仅当 f_0 和 f_1 不连续.

证明 由 U_1 是析取一致模, U_2 是合取一致模可知命题 1.3.4 成立.

命题 1.3.5 若 $U_{z_1}^2 \in \mathbb{U}_{z_1}^2$, f_0 有唯一不连续点 e_1, f_1 有唯一不连续点 e_2, 当且仅当 $0 < e < k < f < 1$ 且

$$U_{z_1}^2(x, y) = \begin{cases} e_1 T_1\left(\dfrac{x}{z_1}, \dfrac{y}{z_1}\right), & (x, y) \in [0, e_1]^2, \\ e_1 + (z_1 - e_1)S_1\left(\dfrac{x - e_1}{z_1 - e_1}, \dfrac{y - e_1}{z_1 - e_1}\right), & (x, y) \in [e_1, z_1]^2, \\ \max(x, y), & (x, y) \in [0, z_1]^2 \setminus ([0, e_1]^2 \cup [e_1, z_1]^2), \\ z_1 + (e_2 - z_1)T_2\left(\dfrac{x - z_1}{e_2 - z_1}, \dfrac{y - z_1}{e_2 - e_1}\right), & (x, y) \in [z_1, e_2]^2, \\ e_2 + (1 - e_2)S_2\left(\dfrac{x - e_2}{1 - e_2}, \dfrac{x - e_2}{1 - e_2}\right), & (x, y) \in [e_2, 1]^2, \\ \min(x, y), & (x, y) \in [z_1, 1]^2 \setminus ([z_1, e_2]^2 \cup [e_2, 1]^2), \\ z_1, & \text{其他}. \end{cases}$$

$$(1.3.38)$$

其中, T_1 和 T_2 是三角模; S_1 和 S_2 是三角余模.

证明 注意到 $U_1(x,0)$ 仅在由 U_1 的单位元处不连续, 所以 $U_1 \in \mathbb{U}_{\max}$, 而 $U_2(x,1)$ 仅在由 U_2 的单位元处不连续, 所以 $U_2 \in \mathbb{U}_{\min}$, 因此 $U_{z_1}^2$ 有式 (1.3.38) 的形式. 反之亦然.

推论 1.3.14 f_0 和 f_1 都连续, 当且仅当 $U_{z_1}^2$ 是零模.

证明 假设 f_0 和 f_1 都连续, 那么 $e_1 = 0$ 和 $e_2 = 1$, 这样 U_1 和 U_2 分别是三角余模和三角模, 因此 $U_{z_1}^2$ 是零模. 反之亦然.

(2) 考虑 $\mathbb{U}_0^2$ 中元素的结构. 注意到 $U_0^2(0,1) = 0$, 根据 U_0^2 的单调性可知 $U_0^2(0,z_1) = 0$. 另外, 根据推论 1.3.10 可知 $U_0^2(1,z_1) = z_1$ 或 $U_0^2(1,z_1) = 1$. 因此进一步刻画 $\mathbb{U}_0^2$ 中元素的结构, 需要分两种情况进行讨论.

① 若 $U_0^2(1,z_1) = z_1$, 并将这类全体 2-一致模记为 $\mathbb{U}_{0,z_1}^2$. 因为单位元和零因子一定不相同, 所以有 $0 < e_1 \leqslant z_1 < e_2 \leqslant 1$. 从引理 1.3.11 可知 U_1 和 U_2 都是合取一致模. 从引理 1.3.12 可知 $U_{0,z_1}^2(e_1,1) = z_1$, 再使用单调性可知: 对任意 $(x,y) \in [e_1,z_1] \times [z_1,1]$ 有 $U_{0,z_1}^2(x,y) = z_1$. 进一步使用推论 1.3.9 可知 U_{0,z_1}^2 的一般结构为

$$U_{0,z_1}^2(x,y) = \begin{cases} z_1 U_1\left(\dfrac{x}{z_1}, \dfrac{y}{z_1}\right), & (x,y) \in [0,z_1]^2, \\ z_1 + (1-z_1)U_2\left(\dfrac{x-z_1}{1-z_1}, \dfrac{y-z_1}{1-z_1}\right), & (x,y) \in [z_1,1]^2, \\ z_1, & (x,y) \in [e_1,z_1] \times [z_1,1] \\ & \text{或 } (x,y) \in [z_1,1] \times [e_1,z_1], \\ 0, & x = 0 \text{ 或 } y = 0. \end{cases}$$
(1.3.39)

对于剩余部分, 根据单调性可知: 当 $(x,y) \in (0,e_1) \times (z_1,1]$ 或 $(x,y) \in (z_1,1] \times (0,e_1)$ 时有 $U_{0,z_1}^2(x,y) \in [\min(x,y), z_1]$.

命题 1.3.6 令 $e_1 < z_1$ 和 $e_2 < 1$, 那么 f_1 在区间 $[0,z_1]$ 和 $[z_1,1]$ 上是不连续的.

证明 因为 $f_1(e_1) = z_1 > e_1$, $f_1(e_2) = 1 > e_2$, $e_1, e_2 \in (f_1(0), f_1(1))$, 那么根据定理 1.3.13 可知 $\inf\{x | f_1(x) = z_1\}$ 和 $\inf\{x | f_1(x) = 1\}$ 是 f_1 的不连续点.

命题 1.3.7 若 $U_{0,z_1}^2 \in \mathbb{U}_{0,z_1}^2$, f_1 仅有不动点 e_1 和 e_2, 当且仅当 $0 < e_1 \leqslant z_1 < e_2 \leqslant 1$ 且 U_{0,z_1}^2 有如下结构:

$$U_{0,z_1}^2(x,y) = \begin{cases} e_1 T_1\left(\dfrac{x}{z_1}, \dfrac{y}{z_1}\right), & (x,y) \in [0,e_1]^2, \\ e_1 + (z_1 - e_1)S_1\left(\dfrac{x-e_1}{z_1-e_1}, \dfrac{y-e_1}{z_1-e_1}\right), & (x,y) \in [e_1,z_1]^2, \\ \min(x,y), & (x,y) \in (0,e_1) \times (z_1,1] \\ & \text{或}(x,y) \in (z_1,1] \times (0,e_1) \\ & \text{或}(x,y) \in [z_1,e_2] \times [e_2,1] \\ & \text{或}(x,y) \in [e_2,1] \times [z_1,e_2], \\ z_1 + (e_2 - z_1)T_2\left(\dfrac{x-z_1}{e_2-z_1}, \dfrac{y-z_1}{e_2-e_1}\right), & (x,y) \in [z_1,e_2]^2, \\ e_2 + (1-e_2)S_2\left(\dfrac{x-e_2}{1-e_2}, \dfrac{x-e_2}{1-e_2}\right), & (x,y) \in [e_2,1]^2, \\ 0, & x=0 \text{ 或} y=0, \\ z_1, & \text{其他}. \end{cases}$$
(1.3.40)

其中, T_1 和 T_2 是三角模; S_1 和 S_2 是三角余模.

证明 因为 $f_1(e_1) = z_1 > e_1$, $f_1(e_2) = 1 > e_2$, $[e_1, z_1) \cap \text{Im}(f_1) = \varnothing$, $[e_1, 1) \cap \text{Im}(f_1) = \varnothing$, f_1 在 $[0, z_1]$ 内仅有不连续点 e_1, f_1 在 $[z_1, 1]$ 内仅有不连续点 e_2, 所以有 $[0, e_1], [z_1, e_2] \subseteq \text{Im}(f_1)$. 因此, 对任意 $x \in [0, e_1) \cup [z_1, e_2)$ 有 $f_1(x) = x$, 对任意 $x \in [0, e_1)$ 有 $f_{e_1}(x) = x$, 对任意 $x \in [z_1, e_2)$ 有 $f_{e_2}(x) = x$. 进一步根据单调性可知 U_{0,z_1}^2 有式 (1.3.40) 所示的结构. 反之亦然.

推论 1.3.15 f_1 连续, 当且仅当 U_{0,z_1}^2 是两个三角模的序和.

证明 假如 f_1 连续, 那么 $[0,1] = \text{Im}(f_1)$, 因此对任意 $x \in [0,1]$ 有 $f_1(x) = x$. 再使用命题 1.3.6 可知 $e_1 = z_1, e_2 = 1$. 所以有 $U_1 = T_1, U_2 = T_2$, 即 $U_{0,1}^2$ 是两个三角模的序和. 反之亦然.

② 若 $U_0^2(1, z_1) = 1$, 并将这类全体 2-一致模记为 $\mathcal{U}_{0,1}^2$. 因为单位元和零因子一定不相同, 所以有 $0 < e_1 \leqslant z_1 \leqslant e_2 < 1$. 从引理 1.3.11 可知 U_1 是合取的, U_2 是析取的. 注意到 $U_{0,1}^2(e_1, z_1) = z_1, U_{0,1}^2(e_2, z_1) = z_1$, 使用单调性可知 $U_{0,1}^2(e_1, e_2) = z_1$, 因此对任意 $(x, y) \in [e_1, z_1] \times [z_1, e_2]$ 有 $U_{0,1}^2(x, y) = z_1$. 根据引理 1.3.12 可知, 对任意 $x \in [e_1, 1]$ 有 $U_{0,1}^2(e_1, 1) = 1$. 再使用推论 1.3.9 可知 $U_{0,1}^2$ 的一般结构为

$$U_{0,1}^2(x,y) = \begin{cases} z_1 U_1\left(\dfrac{x}{z_1}, \dfrac{y}{z_1}\right), & (x,y) \in [0,z_1]^2, \\ z_1+(1-z_1)U_2\left(\dfrac{x-z_1}{1-z_1}, \dfrac{y-z_1}{1-z_1}\right), & (x,y) \in [z_1,1]^2, \\ z_1, & (x,y) \in [e_1,z_1] \times [z_1,e_2] \\ & \text{或 } (x,y) \in [z_1,e_2] \times [e_1,z_1], \\ 1, & (x=1 \text{ 且 } y \geqslant e_1) \text{ 或 } (y=1 \text{ 且 } x \geqslant e_1), \\ 0, & x=0 \text{ 或 } y=0. \end{cases}$$
(1.3.41)

对于剩余部分的刻画,还需要一些附加条件.

命题 1.3.8 若 $e_1 < z_1$,则 f_1 在 $[0,z_1]$ 上不连续;若 $e_2 > z_1$,则 f_{e_1} 在 $[z_1,1]$ 上不连续.

证明 因为 $f_1(e_1) = 1 > e_1$,$f_{e_1}(e_2) = z_1 < e_2$,$e_1 \in (f_1(0), f_1(1))$,$e_2 \in (f_{e_1}(0), f_{e_1}(1))$,那么根据定理 1.3.13 可知 $\inf\{x | f_1(x) = 1\}$ 是 f_1 的不连续点,$\sup\{x | f_{e_1}(x) = z_1\}$ 是 f_{e_1} 的不连续点.

命题 1.3.9 若 $U_{0,1}^2 \in \mathbb{U}_{0,1}^2$,$f_1$ 仅有不动点 e_1,f_{e_1} 仅有不动点 e_2,当且仅当 $0 < e_1 \leqslant z_1 < e_2 \leqslant 1$,且 U_{0,z_1}^2 有如下结构:

$$U_{0,1}^2(x,y) = \begin{cases} e_1 T_1\left(\dfrac{x}{z_1}, \dfrac{y}{z_1}\right), & (x,y) \in [0,e_1]^2, \\ e_1 + (z_1 - e_1)S_1\left(\dfrac{x-e_1}{z_1-e_1}, \dfrac{y-e_1}{z_1-e_1}\right), & (x,y) \in [e_1,z_1]^2, \\ \min(x,y), & (x,y) \in [0,e_1) \times (e_1,1] \\ & \text{或}(x,y) \in (e_1,1] \times [0,e_1), \\ z_1 + (e_2 - z_1)T_2\left(\dfrac{x-z_1}{e_2-z_1}, \dfrac{y-z_1}{e_2-e_1}\right), & (x,y) \in [z_1,e_2]^2, \\ e_2 + (1-e_2)S_2\left(\dfrac{x-e_2}{1-e_2}, \dfrac{x-e_2}{1-e_2}\right), & (x,y) \in [e_2,1]^2, \\ z_1, & (x,y) \in [e_1,z_1] \times [z_1,e_2] \\ & \text{或}(x,y) \in [z_1,e_2] \times [e_1,z_1], \\ \max(x,y), & (x,y) \in [e_1,e_2] \times [e_2,1] \\ & \text{或}(x,y) \in [e_2,1] \times [e_1,e_2], \end{cases}$$
(1.3.42)

其中, T_1 和 T_2 是三角模; S_1 和 S_2 是三角余模.

证明 因为 $f_1(e_1) = 1 > e_1$, $f_{e_1}(e_2) = z_1 < e_2$, $[e_1, 1) \cap \text{Im}(f_1) = \varnothing$, $[z_1, e_2) \cap \text{Im}(f_{e_1}) = \varnothing$, f_1 仅有不连续点 e_1, f_{e_1} 仅有不连续点 e_2, 所以有 $[0, e_1) \subseteq \text{Im}(f_1)$, $(e_2, 1] \subseteq \text{Im}(f_{e_1})$. 因此对任意 $x \in [0, e_1)$ 有 $f_1(x) = x$, 对任意 $x \in (e_2, 1]$ 有 $f_{e_1}(x) = x$, 对任意 $x \in [0, e_1)$ 有 $f_{e_1}(x) = x$, 对任意 $x \in (e_2, 1]$ 有 $f_{e_2}(x) = x$. 再根据单调性可知 $U_{0,1}^2$ 有式 (1.3.42) 所示的结构. 反之亦然.

推论 1.3.16 f_{z_1} 连续当且仅当 $U_{0,1}^2$ 是一致模.

证明 假如 f_{z_1} 连续, 那么 $[0, 1] = \text{Im}(f_{z_1})$, 因此对任意 $x \in [0, 1]$ 有 $f_1(x) = x$. 再使用命题 1.3.8 可知 $e_1 = z_1 = e_2$. 所以 $U_{0,1}^2$ 是一致模. 反之亦然.

(3) 现在考虑 $\mathbb{U}_1^2$ 中元素的结构. 注意到 $U_1^2(0, 1) = 1$, 根据 U_1^2 的单调性可知 $U_1^2(1, z_1) = 1$. 另外, 根据推论 1.3.10 可知 $U_1^2(0, z_1) = z_1$ 或 $U_1^2(0, z_1) = 0$. 因此进一步刻画 $\mathbb{U}_1^2$ 中元素的结构, 需要分两种情况进行讨论. 但是根据对偶性可知, 对于每个 U_1^2, 存在 U_0^2 使得 $U_1^2(x, y) = 1 - U_0^2(1 - x, 1 - y)$. 这样就可以直接从 $\mathbb{U}_0^2$ 的情况中获得 $\mathbb{U}_1^2$ 情况的结果, 所以在这里仅列出 $\mathbb{U}_1^2$ 情况的结果, 不作证明.

① 若 $U_1^2(0, z_1) = z_1$, 并将这类全体 2-一致模记为 $\mathbb{U}_{1,z_1}^2$. 因为单位元和零因子一定不相同, 所以有 $0 \leqslant e_1 < z_1 \leqslant e_2 < 1$. 从引理 1.3.11 可知 U_1 和 U_2 都是析取一致模, 从引理 1.3.12 可知 $U_{1,z_1}^2(e_2, 0) = z_1$, 再使用单调性可知: 对任意 $(x, y) \in [0, z_1] \times [z_1, e_2]$ 有 $U_{1,z_1}^2(x, y) = z_1$. 最后使用推论 1.3.9 可知 U_{1,z_1}^2 的一般结构为

$$U_{1,z_1}^2(x, y) = \begin{cases} z_1 U_1\left(\dfrac{x}{z_1}, \dfrac{y}{z_1}\right), & (x, y) \in [0, z_1]^2, \\ z_1 + (1 - z_1) U_2\left(\dfrac{x - z_1}{1 - z_1}, \dfrac{y - z_1}{1 - z_1}\right), & (x, y) \in [z_1, 1]^2, \\ z_1, & (x, y) \in [0, z_1] \times [z_1, e_2] \\ & \text{或 } (x, y) \in [z_1, e_2] \times [0, z_1], \\ 1, & x = 1 \text{ 或 } y = 1. \end{cases}$$
(1.3.43)

对于剩余部分, 根据单调性可知: 当 $(x, y) \in [0, z_1) \times (e_2, 1)$ 或 $(x, y) \in (e_2, 1) \times [0, z_1)$ 时有 $U_{1,z_1}^2(x, y) \in [z_1, \max(x, y)]$.

命题 1.3.10 令 $e_1 > 0$ 和 $e_2 > z_1$, 那么 f_0 在区间 $[0, z_1]$ 和 $[z_1, 1]$ 上是不连续的.

命题 1.3.11 若 $U_{1,z_1}^2 \in \mathbb{U}_{1,z_1}^2$, f_0 仅有不动点 e_1 和 e_2, 当且仅当 $0 \leqslant e_1 < z_1 \leqslant e_2 < 1$, 且 U_{1,z_1}^2 有如下结构:

$$U_{1,z_1}^2(x,y) = \begin{cases} e_1 T_1\left(\dfrac{x}{z_1}, \dfrac{y}{z_1}\right), & (x,y) \in [0, e_1]^2, \\ e_1 + (z_1 - e_1) S_1\left(\dfrac{x - e_1}{z_1 - e_1}, \dfrac{y - e_1}{z_1 - e_1}\right), & (x,y) \in [e_1, z_1]^2, \\ \max(x,y), & (x,y) \in [0, e_2) \times (e_2, 1] \\ & \text{或 } (x,y) \in (e_2, 1] \times [0, e_2) \\ & \text{或 } (x,y) \in [0, e_1] \times [e_1, z_1] \\ & \text{或 } (x,y) \in [e_1, z_1] \times [0, e_1], \\ z_1 + (e_2 - z_1) T_2\left(\dfrac{x - z_1}{e_2 - z_1}, \dfrac{y - z_1}{e_2 - e_1}\right), & (x,y) \in [z_1, e_2]^2, \\ e_2 + (1 - e_2) S_2\left(\dfrac{x - e_2}{1 - e_2}, \dfrac{x - e_2}{1 - e_2}\right), & (x,y) \in [e_2, 1]^2, \\ 1, & x = 1 \text{ 或 } y = 1, \\ z_1, & \text{其他}. \end{cases}$$
(1.3.44)

其中, T_1 和 T_2 是三角模; S_1 和 S_2 是三角余模.

推论 1.3.17 f_0 连续, 当且仅当 U_{0,z_1}^2 是两个三角余模的序和.

② 若 $U_1^2(0, z_1) = 0$, 并将这类全体 2-一致模记为 $\mathbb{U}_{1,0}^2$. 因为单位元和零因子一定不相同, 所以有 $0 < e_1 \leqslant z_1 \leqslant e_2 < 1$. 从引理 1.3.11 可知 U_1 是合取的, U_2 是析取的. 注意到 $U_{1,0}^2(e_1, z_1) = z_1, U_{1,0}^2(e_2, z_1) = z_1$, 使用单调性可知 $U_{1,0}^2(e_1, e_2) = z_1$, 因此对任意 $(x,y) \in [e_1, z_1] \times [z_1, e_2]$ 有 $U_{1,0}^2(e_1, e_2) = z_1$. 根据引理 1.3.12 可知, 对任意 $x \in [0, e_2]$ 有 $U_{1,0}^2(x, 1) = 1$. 再使用推论 1.3.9 可知 $U_{1,0}^2$ 的一般结构为

$$U_{1,0}^2(x,y) = \begin{cases} z_1 U_1\left(\dfrac{x}{z_1}, \dfrac{y}{z_1}\right), & (x,y) \in [0, z_1]^2, \\ z_1 + (1-z_1) U_2\left(\dfrac{x-z_1}{1-z_1}, \dfrac{y-z_1}{1-z_1}\right), & (x,y) \in [z_1, 1]^2, \\ z_1, & (x,y) \in [e_1, z_1] \times [z_1, e_2] \\ & \text{或 } (x,y) \in [z_1, e_2] \times [e_1, z_1], \\ 0, & (x=0 \text{ 且 } y \leqslant e_1) \text{ 或 } (y=0 \text{ 且 } x \leqslant e_2), \\ 1, & x = 1 \text{ 或 } y = 1. \end{cases}$$
(1.3.45)

对于剩余部分的刻画, 还需要一些附加条件.

命题 1.3.12 若 $e_1 < z_1$, 则 f_{e_2} 在 $[0, z_1]$ 上不连续; 若 $e_2 > z_1$, 那么 f_0 在 $[z_1, 1]$ 上不连续.

1.3 与一致模相关的算子

命题 1.3.13 若 $U_{1,0}^2 \in \mathbb{U}_{1,0}^2$，则 f_{e_2} 仅有不动点 e_1，f_0 仅有不动点 e_2，当且仅当 $0 < e_1 \leqslant z_1 \leqslant e_2 < 1$，且 $U_{1,0}^2$ 有如下结构：

$$U_{1,0}^2(x,y) = \begin{cases} e_1 T_1\left(\dfrac{x}{z_1}, \dfrac{y}{z_1}\right), & (x,y) \in [0, e_1]^2, \\ e_1 + (z_1 - e_1)S_1\left(\dfrac{x - e_1}{z_1 - e_1}, \dfrac{y - e_1}{z_1 - e_1}\right), & (x,y) \in [e_1, z_1]^2, \\ \min(x,y), & (x,y) \in [0, e_1) \times (e_1, e_2) \\ & \text{或}(x,y) \in (e_1, e_2) \times [0, e_1), \\ z_1 + (e_2 - z_1)T_2\left(\dfrac{x - z_1}{e_2 - z_1}, \dfrac{y - z_1}{e_2 - e_1}\right), & (x,y) \in [z_1, e_2]^2, \\ e_2 + (1 - e_2)S_2\left(\dfrac{x - e_2}{1 - e_2}, \dfrac{x - e_2}{1 - e_2}\right), & (x,y) \in [e_2, 1]^2, \\ \max(x,y), & (x,y) \in [0, e_2] \times [e_2, 1] \\ & \text{或}(x,y) \in [e_2, 1] \times [0, e_2], \\ z_1, & (x,y) \in [e_1, z_1] \times [z_1, e_2] \\ & \text{或}(x,y) \in [z_1, e_2] \times [e_1, z_1]. \end{cases}$$
(1.3.46)

其中，T_1 和 T_2 是三角模；S_1 和 S_2 是三角余模.

推论 1.3.18 f_{z_1} 连续，当且仅当 $U_{1,0}^2$ 是一致模.

第2章 基于一致模的模糊蕴涵

2.1 基于一致模的剩余蕴涵

对于一致模 U,首先定义剩余蕴涵算子.

定义 2.1.1 若 U 是一致模,则称

$$R_U(x,y) = \sup\{z \in [0,1] | U(x,z) \leqslant y\} \tag{2.1.1}$$

为一致模 U 生成的剩余算子.

注意到,当 U 的单位元 $e=1$ 或 $e=0$ 时,回到三角模和三角余模的情况,所以在这里就不再讨论了,即严格要求 $e \in (0,1)$. 另外,在上面的定义中,算子 R_U 一般不是模糊蕴涵. 当算子 R_U 是模糊蕴涵时,称为剩余蕴涵.

命题 2.1.1 若一致模 U 有单位元 $e \in (0,1)$,则二元算子 R_U 是模糊蕴涵的充要条件是

$$U(0,x) = 0, \quad x \in [0,1). \tag{2.1.2}$$

证明 首先给出从左到右的证明. 假设 R_U 是模糊蕴涵,根据模糊蕴涵的定义可知 $R_U(0,0) = 1$,即 $\sup\{x \in [0,1]|U(0,x) \leqslant 0\} = 1$,这样从 U 的单调性可知,对任意 $x \in [0,1)$,有 $U(0,x) = 0$.

接下来,给出从右到左的证明. 根据 U 的单调性和 R_U 的定义直接可得 R_U 关于第一变元递减、第二变元递增且 $R_U(1,1) = 1$. 接下来证明 $R_U(0,0) = 0$ 和 $R_U(1,0) = 0$. 根据假设对任意 $x \in [0,1)$ 有 $U(0,x) = 0$ 可知 $R_U(0,0) = 0$. 根据 U 的结构,对任意 $z \in [0,1]$,显然有 $U(z,1) \geqslant \min(1,z) = z$. 因此 $\{z \in [0,1]|U(1,z) = 0\}$ 要么等于 $\{0\}$,要么等于空集. 所以 $R_U(1,0) = 0$.

命题 2.1.2 若一致模 U 满足式 (2.1.2) 并有单位元 $e \in (0,1)$,R_U 是模糊蕴涵,则 R_U 满足如下性质:

(1) 左单位性质 (记为 (NP_U)),即对任意 $y \in [0,1]$,有 $R_U(e,y) = y$.
(2) 对任意 $x,y \in [0,1]$,若 $x \leqslant y$,则 $R_U(x,y) \geqslant e$.
(3) 对任意 $x,y \in [0,1]$,有 $y \leqslant R_U(x,U(x,y))$.
(4) 对任意 $x \in [0,1]$,$R_U(x,\cdot)$ 是右连续的.

证明 根据 R_U 的定义可知前三条性质成立,下面证明第四条性质. 为此只需证明: 对于任意 $x \in [0,1]$ 和递减序列 $(y_n), y_n \in [0,1]$ 有 $R_U(x,\inf(y_n)) =$

$\inf(R_U(x,y_n))$. 这样, 固定 $x \in [0,1]$ 并记 $b = \inf(y_n)$. 根据 R_U 关于第二变元的单调递增性, 对任意 $n \in \mathbb{N}$, 有 $R_U(x,b) \leqslant R_U(x,y_n)$. 现假设 a 是另一个下界, 即对任意 $n \in \mathbb{N}$ 有 $a \leqslant R_U(x,y_n)$, 需要证明 $a \leqslant R_U(x,b)$. 因此需要考虑下面两种情况:

(1) 若对任意 $n \in \mathbb{N}$ 有 $a < R_U(x,y_n)$. 根据 R_U 的定义可知对任意 $n \in \mathbb{N}$ 有 $R_U(x,a) \leqslant y_n$, 因此有 $U(x,a) \leqslant b$. 再根据 R_U 的定义可知一定有 $a \leqslant R_U(x,b)$.

(2) 若存在 $n_0 \in \mathbb{N}$ 使得 $a = R_U(x,y_{n_0})$, 则对所有 $n \geqslant n_0$ 有 $a = R_U(x,y_n)$. 反之假设 $R_U(x,b) < a$, 那么存在 z 使得 $R_U(x,b) < z < a$. 一方面, 对所有 $n \geqslant n_0$ 有 $U(x,z) \leqslant y_n$, 所以 $U(x,z) \leqslant b$. 另一方面, 因为 $R_U(x,b) < z$ 有 $U(x,z) > b$, 矛盾, 因此有 $a \leqslant R_U(x,b)$.

当一致模 U 满足式 (2.1.2) 并有单位元 $e \in (0,1)$, 根据上面的命题可知 R_U 是模糊蕴涵, 但是 R_U 一般不满足剩余性质, 即不满足

$$U(x,y) \leqslant z \Leftrightarrow R_U(x,z) \geqslant y, \quad x,y \in [0,1]. \tag{2.1.3}$$

下面的命题将给出 R_U 蕴涵满足剩余蕴涵的充要条件. 由于证明完全类似于三角模的情况, 所以略去其证明.

命题 2.1.3 若一致模 U 满足式 (2.1.2) 并有单位元 $e \in (0,1)$, R_U 是模糊蕴涵, 则 R_U 满足剩余蕴涵性质, 当且仅当 U 是左连续的.

从命题 2.1.2 和命题 2.1.3 可知, R_U 是剩余模糊蕴涵的充要条件, U 是左连续的合取一致模. 此外, 容易证明下面的命题.

命题 2.1.4 若 U 是左连续的合取一致模并且有单位元 $e \in (0,1]$, 那么 R_U 满足以下性质.

(1) 序性质 (记为 (OP_U)):

$$x \leqslant y \Leftrightarrow U(x,y) \geqslant e, \quad x,y \in [0,1]. \tag{2.1.4}$$

(2) 交换性质 (记为 (EP)):

$$R_U(x, R_U(y,z)) = R_U(R_U(x,y), z), \quad x,y,z \in [0,1]. \tag{2.1.5}$$

(3) 假言推理性质 (记为 (MP)):

$$U(x, R_U(x,y)) \leqslant y, \quad x,y \in [0,1]. \tag{2.1.6}$$

下面给出左连续的合取一致模生成的剩余蕴涵的公理化刻画, 为此首先需要如下命题.

命题 2.1.5 若二元函数 $I : [0,1] \to [0,1]$ 满足 (OP_U) 和 (EP), 则

(1) 对任意 $x \in [0,1]$, $I(x,x) \geqslant e$.

(2) I 关于第一变元是单调递减的.

(3) I 满足 (NP_U). 特别地, $I(e,e) = e$.

(4) 对所有 $y \in [0,1]$ 有 $I(0,y) = 1$.

(5) $N(x) = I(x,e)$ 是递减的并且 $N(0) = 1$. 此外, N 是模糊否定, 当且仅当 $N(1) = 0$.

证明 (1) 由 I 满足 (OP_U) 直接可知命题 2.1.5 (1) 成立.

(2) 若 $x, y, z \in [0,1]$ 并且 $x \leqslant y$, 则从 I 满足 (EP)、命题 2.1.5 (1) 和 (OP_U) 可知

$$I(y, I(I(y,z), z)) = I(I(y,z), I(y,z)) \geqslant e \Rightarrow y \leqslant I(I(y,z), z), \tag{2.1.7}$$

进一步可以获得

$$x \leqslant y \leqslant I(I(y,z), z). \tag{2.1.8}$$

因此有

$$e \leqslant I(x, I(I(y,z), z)) = I(I(y,z), I(x,z)), \tag{2.1.9}$$

即 $I(y,z) \leqslant I(x,z)$.

(3) 首先, 根据 I 的单调性和命题 2.1.5 (1) 可知

$$I(x, I(e,x)) = I(e, I(x,x)) \geqslant e. \tag{2.1.10}$$

因此从上面的不等式可知 $x \leqslant I(e,x)$. 下面证明相反的不等式. 事实上, 只需要运用命题 2.1.5 (1)、(OP_U) 和 (EP) 直接可得

$$I(e, I(I(e,x), x)) = I(I(e,x), I(e,x)) \geqslant e \Rightarrow I(I(e,x), x) \geqslant e. \tag{2.1.11}$$

因此 $I(e,x) \leqslant x$.

(4) 对任意 $y \in [0,1]$, 有

$$0 \leqslant I(1,y) \Rightarrow I(0, I(1,y)) \geqslant e \Rightarrow I(1, I(0,y)) \geqslant e \Rightarrow 1 \leqslant I(0,y). \tag{2.1.12}$$

这样对任意 $y \in [0,1]$ 有 $I(0,y) = 1$.

(5) 由命题 2.1.5 (2) 知 $N(x) = I(x,e)$ 是递减的, 由命题 2.1.5 (4) 知 $N(0) = I(0,e) = 1$. 因此 N 是模糊否定, 当且仅当 $N(1) = I(1,e) = 0$.

现在, 给出左连续一致模 U 所生成剩余蕴涵的公理化刻画. 注意到 I_U 是模糊蕴涵的充要条件, 对任意 $x < 1$ 都满足 $U(x,0) = 0$, 因此再根据左连续性可知 U 一定是合取的.

2.1 基于一致模的剩余蕴涵

定理 2.1.1 $I:[0,1]^2 \to [0,1]$ 是一个二元函数，$e \in (0,1]$. 下面命题等价:
(1) I 是带有单位元 e 的左连续一致模 U 所生成的剩余蕴涵.
(2) I 满足 (I2)、(OP_U)、(EP) 并且对任意 $x \in [0,1]$，$I(x,\cdot)$ 是右连续的.
此外，在这种情况下，U 一定是合取的并且由式 (2.1.13) 给出:

$$U(x,y) = \inf\{z \in [0,1] | I(x,z) \geqslant y\}. \tag{2.1.13}$$

证明 首先假设对任意 $x,y \in [0,1]$，有

$$I(x,y) = I_U(x,y) = \sup\{z \in [0,1] | U(x,z) \leqslant y\}, \tag{2.1.14}$$

因为 I 是模糊蕴涵，所以 U 是合取的并满足 (I2)，再根据命题 2.1.4 可知 I 满足定理 2.1.1 (2) 中的所有条件.

现在假设 I 满足所有假设条件. 下面证明

$$U(x,y) = \inf\{z \in [0,1] | I(x,z) \geqslant y\}, \quad x,y \in [0,1] \tag{2.1.15}$$

是带有单位元 e 的左连续合取一致模并且 $I = I_U$.

(1) U 有单位元 e. 事实上，对任意 $x \in [0,1]$，由 (OP_U) 可知

$$U(x,e) = \inf\{z \in [0,1] | I(x,z) \geqslant e\} = \inf\{z \in [0,1] | x \geqslant z\} = x. \tag{2.1.16}$$

(2) U 的交换性. 注意到由 (OP_U) 和 (EP) 可得

$$I(y,z) \geqslant x \Leftrightarrow I(x,I(y,z)) \geqslant e \Leftrightarrow I(y,I(x,z)) \geqslant e \Leftrightarrow I(x,z) \geqslant y. \tag{2.1.17}$$

这样

$$U(y,x) = \inf\{z \in [0,1] | I(y,z) \geqslant x\} = \inf\{z \in [0,1] | I(x,z) \geqslant y\} = U(x,y). \tag{2.1.18}$$

(3) U 的单调性. 若 $x_1 \leqslant x_2$，$I(x_2,z) \geqslant y$，则从命题 2.1.5 (2) 可知一定有 $I(x_1,z) \geqslant I(x_2,z) \geqslant y$，再使用 U 的定义可知 $U(x_1,y) \leqslant U(x_2,y)$.

(4) U 的结合性. 根据交换性可知，对任意 $x,y,z \in [0,1]$，都有 $U(U(x,y),z) = U(z,U(x,y))$，这样使用 U 的定义可知

$$U(U(x,y),z) = \inf\{t \in [0,1] | I(z,t) \geqslant U(x,y)\} \tag{2.1.19}$$

和

$$U(x,U(y,z)) = \inf\{t \in [0,1] | I(x,t) \geqslant U(z,y)\}. \tag{2.1.20}$$

要证明结合性成立，只需要证明: 对任意 $t \in [0,1]$，有

$$I(z,t) \geqslant U(x,y) \Leftrightarrow I(x,t) \geqslant U(z,y). \tag{2.1.21}$$

在这里只证明从左边推导右边,反过来的情况类似可证. 注意到 $I(x,\cdot)$ 是右连续的,那么从 $U(x,y)$ 的定义可知 $I(x,U(x,y)) \geqslant y$,这样有

$$I(z,t) \geqslant U(x,y) \Rightarrow I(x,I(z,t)) \geqslant I(x,U(x,y)) \geqslant y. \tag{2.1.22}$$

进一步利用 U 的单调性和定义可知

$$U(y,z) = U(z,y) \leqslant U(x,I(x,I(z,t))) = U(z,I(z,I(x,t))) \leqslant I(x,t). \tag{2.1.23}$$

(5) U 是合取的和左连续的. 因为

$$U(1,0) = \inf\{z \in [0,1]|I(1,z) \geqslant 0\} = 0, \tag{2.1.24}$$

所以 U 是合取的. 下面证明 U 是左连续的. 注意到 U 的交换性,只需要证明关于第二变元是左连续的即可. 因此,取单调递增序列 $\{y_n\}$ 使得 $\sup\{y_n\} = y$,因为 U 是单调递增的,所以 $U(x,y)$ 是 $\{U(x,y_n)\}$ 的上界. 若 a 是 $\{U(x,y_n)\}$ 的另一个上界,即对所有 n 都有 $a \geqslant U(x,y_n)$,那么对所有 n 有 $I(x,a) \geqslant y_n$,因此 $I(x,a) \geqslant y$,这表明 $U(x,y) \geqslant a$. 因此 $U(x,y) = \sup\{U(x,y_n)\}$.

(6) 最后证明 $I(x,y) = I_U(x,y) = \sup\{z \in [0,1]|U(x,z) \leqslant y\}$. 首先,根据 I_U 的剩余性质可知

$$\begin{aligned}I_U(z,I_U(x,y)) &= \sup\{t \in [0,1]|U(z,t) \leqslant I_U(x,y)\} \\&= \sup\{t \in [0,1]|U(x,U(z,t)) \leqslant y\} \\&= \sup\{t \in [0,1]|U(U(x,z),t) \leqslant y\} \\&= I_U(U(x,z),y).\end{aligned} \tag{2.1.25}$$

进一步,对任意 $z \in [0,1]$ 可知

$$U(x,z) \leqslant y \Leftrightarrow I_U(U(x,z),y) = I_U(z,I_U(x,y)) \geqslant e, \tag{2.1.26}$$

因此 $z \leqslant I_U(x,y)$. 取 $z = I(x,y)$,根据 U 的定义可知 $U(x,I(x,y)) \geqslant y$,因此有 $I_U(x,y) \geqslant I(x,y)$. 另外,根据 $I(x,\cdot)$ 的连续性可知 $I(x,U(x,z)) \geqslant z$. 现在令 $z = I_U(x,y)$,则由 I_U 的剩余性质和 I 关于第二变元的单调性可知

$$I_U(x,y) \leqslant I(x,U(x,I_U(x,y))) \leqslant I(x,y). \tag{2.1.27}$$

注记 2.1.1 注意到当 $e = 1$ 时,条件 (OP_U) 将变成序性质 (OP),这样由左连续三角模生产的剩余蕴涵的公理化刻画就是上面定理的特例. 此外,上面公理化刻画条件间的相互独立性仍然是一个公开问题,但是当一致模退化为三角模时,这一问题已经解决. 下面给出一些特殊一致模类剩余蕴涵的公理化刻画. 首先,考虑可表示一致模的剩余蕴涵.

2.1 基于一致模的剩余蕴涵

命题 2.1.6 假设 U 是有加法生成子 h 的可表示一致模,那么由它生成的剩余蕴涵 I_U 为

$$I_U(x,y) = \begin{cases} h^{-1}(h(y) - h(x)), & (x,y) \notin \{(0,0),(1,1)\}, \\ 1, & \text{其他}. \end{cases} \quad (2.1.28)$$

证明 因为对任意 $z \in [0,1)$ 有 $U(0,z) = 0$,所以对任意 $y \in [0,1]$ 有 $I_U(0,y) = 1$. 另外,对任意 $y \in (0,1]$ 有 $h^{-1}(h(y) - h(0)) = 1$.

因为对任意 $z \in [0,1)$ 有 $U(1,z) = 1$,所以对任意 $y \in [0,1)$ 有 $I_U(1,y) = 0$ 成立. 另外,对任意 $y \in [0,1)$ 有 $h^{-1}(h(y) - h(1)) = 0$. 容易验证 $I_U(1,1) = 1$.

接下来,考虑 $x \in (0,1)$. 因为 h, h^{-1} 都是递增的,所以有

$$\begin{aligned} I_U(x,y) &= \sup\{z | z \in [0,1] \wedge h^{-1}(h(x) + h(z)) \leqslant y\} \\ &= \sup\{z | z \in [0,1] \wedge h(z) \leqslant h(y) - h(x)\} \\ &= \sup\{z | z \in [0,1] \wedge z \leqslant h^{-1}(h(y) - h(x))\} \\ &= h^{-1}(h(y) - h(x)). \end{aligned} \quad (2.1.29)$$

综上所述,除了在点 $(0,0)$, $(1,1)$ 外,有 $I_U(x,y) = h^{-1}(h(y) - h(x))$.

推论 2.1.1 与有单位元 e 的可表示一致模 U 对应的对合否定可以写成 $N_U = I_U(\cdot, e)$.

例 2.1.1 由例 1.2.2 (1) 中的合取可表示一致模 $\mathscr{U}$ 生成的剩余蕴涵为

$$\mathscr{I}_{\mathscr{U}}(x,y) = \begin{cases} \dfrac{(1-x)y}{x(1-y) - (1-x)y}, & (x,y) \in [0,1]^2 \setminus \{(0,0),(1,1)\}, \\ 1, & \text{其他}. \end{cases} \quad (2.1.30)$$

命题 2.1.7 令 $I : [0,1]^2 \to [0,1]$ 是二元函数并且 $e \in (0,1)$. 假设 I 满足 (OP$_U$)、(EP) 和除了点 $(0,0)$ 和点 $(1,1)$ 外 I 都连续,那么函数 $N(x) = I(x,e)$ 是有不动点 e 的强否定.

证明 令 $N(x) = I(x,e)$. 首先证明 $N(1) = I(1,e) = 0$. 若不然,即 $I(1,e) = a > 0$. 注意到对任意 $b \leqslant a$ 都有 $I(b,e) = 1$. 实际上,当 $b \leqslant a$ 时,有

$$I(1, I(b,e)) = I(b, I(1,e)) = I(b,a) \geqslant e \Rightarrow 1 \leqslant I(b,e). \quad (2.1.31)$$

因为 I 满足 (OP$_U$) 和 (EP),根据命题 2.1.5 可知 I 关于第一变元是单调递减的,所以有 $0 < a = I(1,e) \leqslant I(e,e) = e < 1$. 根据 I 的连续性可知 $I(\cdot, a)$ 是连续函数并且满足 $I(0,a) = 1, I(e,a) = a$. 对任意 $y \geqslant e$,根据连续性定理可知存在 $z_y \in [0,e]$ 使得 $I(z_y, a) = y \geqslant e$,这意味着 $z_y \leqslant a$. 进一步可以获得

$$y = I(z_y, a) = I(z_y, I(1,e)) = I(1, I(z_y, e)) = I(1,1), \quad (2.1.32)$$

矛盾. 这样就证明了 N 是有不动点 e 的模糊否定. 因为 $e \neq 0,1$, 所以 N 连续. 最后证明 N 是对合的. 一方面, 对任意 $x \in [0,1]$, 从命题 2.1.5 可知

$$I(x, I(x,e), e) = I(I(x,e), I(x,e)) \geqslant e, \tag{2.1.33}$$

进一步可得

$$x \leqslant I(I(x,e), e) = N(N(x)) = N^2(x). \tag{2.1.34}$$

利用 N 的递减性可知 $N(x) \geqslant N(N(N(x))) = N^3(x)$. 另一方面,

$$I(I(x,e), I(I(x,e), e), e)) = I(I(I(x,e), e), I(I(x,e), e)) \geqslant e, \tag{2.1.35}$$

即 $N(x) = I(x,e) \leqslant I(I(I(x,e),e),e) = N^3(x)$. 这样证明了对任意 $x \in [0,1]$ 都有 $N(x) = N^3(x)$. 注意到 N 是连续的, 故对任意 $x \in [0,1]$ 存在 $y \in [0,1]$ 使得 $N(y) = x$. 因此 $N(N(x)) = N(N(N(y))) = N(y) = x$, 即 N 是强否定.

定理 2.1.2 令 $I : [0,1]^2 \to [0,1]$ 是二元函数, $e \in (0,1)$, 则下面的命题等价:

(1) I 是带有单位元 e 的左连续的可表示一致模 U 所生成的剩余蕴涵.

(2) I 满足 (I2)、(OP_U)、(EP) 并且除了点 $(0,0)$ 和点 $(1,1)$ 外 I 都连续.

证明 首先假设 I 是带有单位元 e 的左连续的可表示一致模 U 所生成的剩余蕴涵, 根据定理 2.1.1 可知 U 是合取的, I 满足 (I2)、(OP_U)、(EP). 另外, 因为 U 是可表示的, 根据命题 2.1.6 可知, 除了点 $(0,0)$ 和点 $(1,1)$ 外 I 都连续.

反之, 假设 I 满足定理 2.1.2 (2) 中的所有条件, 根据命题 2.1.7 可知函数 $N(x) = I(x,e)$ 是有不动点 e 的强否定. 现在定义

$$U(x,y) = N(I(x, N(y))), \tag{2.1.36}$$

下面证明它是有单位元 e 的一致模.

(1) 交换性, 从 (EP) 可知, 对任意 $x, y, z \in [0,1]$, 有

$$\begin{aligned} U(y,x) &= N(I(y, N(x))) \\ &= I(I(y, N(x)), e) \\ &= I(I(y, I(x,e)), e) \\ &= I(I(x, I(y,e)), e) \\ &= N(I(x, N(y))) \\ &= U(x,y). \end{aligned} \tag{2.1.37}$$

(2) 结合性, 从 (EP) 和 $I(I(y,e), e) = N^2(y) = y$ 可知, 对任意 $x, y \in [0,1]$ 有

$$I(N(y), N(x)) = I(I(y,e), I(x,e)) = I(x, I(I(y,e), e)) = I(x,y). \tag{2.1.38}$$

2.1 基于一致模的剩余蕴涵

进一步, 对任意 $x,y,z \in [0,1]$, 可以获得

$$\begin{aligned}U(x,U(y,z)) &= N(I(x,N(U(y,z)))) = N(I(x,N(N(I(y,N(z)))))) \\ &= N(I(x,I(y,N(z)))) = N(I(y,I(x,N(z)))) \\ &= N(I(y,I(z,N(x)))) = N(I(z,I(y,N(x)))) \\ &= N(I(N(I(y,N(x))),N(z))) = N(I(N(I(x,N(y))),N(z))) \\ &= N(I(U(x,y),N(z))) = U(U(x,y),z). \end{aligned} \quad (2.1.39)$$

(3) 单调性, 直接从命题 2.1.5 和 N 的递减性可知. 事实上, 若 $x_1 \leqslant x_2, y \in [0,1]$, 则有 $I(x_1,N(y)) \geqslant I(x_2,N(y))$. 这样

$$N(I(x_1,N(y))) \leqslant N(I(x_2,N(y))) \Rightarrow U(x_1,y) \leqslant U(x_2,y). \quad (2.1.40)$$

(4) 单位元和合取性, 对所有 $x \in [0,1]$, 有 $U(x,e) = N(I(x,N(e))) = N(I(x,e)) = N^2(x) = x$. 因为除了点 $(0,0)$ 和点 $(1,1)$ 外 I 都连续, 所以 U 除了在点 $(0,0)$ 和点 $(1,1)$ 外都连续. 此外, 因为 $I(1,1) \leqslant e$, 有 $U(1,0) = N(I(1,1)) \leqslant e$, 所以 $U(1,0) = 0$. 这就证明了 U 是合取的可表示一致模, 特别地, 它是左连续的.

最后, 证明 $I = I_U$. 只需要证明剩余性质成立即可, 即需要证明: 对任意 $x,y,z \in [0,1]$, 有 $U(x,y) \leqslant z \Leftrightarrow I(x,z) \geqslant y$. 事实上, 对任意 $x,y,z \in [0,1]$, 有

$$\begin{aligned} U(x,y) \leqslant z &\Leftrightarrow N(I(x,N(y))) \leqslant z \Leftrightarrow I(x,N(y)) \geqslant N(z) \\ &\Leftrightarrow I(N(z),I(x,N(y))) \geqslant e \Leftrightarrow I(x,I(N(z),N(y))) \geqslant e \\ &\Leftrightarrow I(x,I(y,z)) \geqslant e \Leftrightarrow I(y,I(x,z)) \geqslant e \\ &\Leftrightarrow I(x,z) \geqslant y. \end{aligned} \quad (2.1.41)$$

下面讨论 $U_{\min}$ 中一致模生成的剩余蕴涵结构.

定理 2.1.3 设一致模 $U \in U_{\min}$ 有单位元 $e \in (0,1)$、基本算子三角模 T 和三角余模 S, 则其剩余蕴涵为

$$I_U(x,y) = \begin{cases} \phi_e^{-1}(I_T(\phi_e(x),\phi_e(y))), & (x,y) \in [0,e]^2 \wedge y < x, \\ \psi_e^{-1}(R_S(\psi_e(x),\psi_e(y))), & (x,y) \in [e,1]^2, \\ I_M(x,y), & \text{其他}. \end{cases} \quad (2.1.42)$$

证明 (1) 对于任意 $x \in [0,e]$ 有

$$\begin{aligned} I_U(x,y) &= \max(\sup\{z | z \in [0,e] \wedge \phi_e^{-1}(T(\phi_e(x),\phi_e(z))) \leqslant y\}, \\ &\quad \sup\{z | z \in (e,1] \wedge \min(x,z) \leqslant y\}) \\ &= \max(\sup\{z | z \in [0,e] \wedge \mathscr{T}(\phi_e(x),\phi_e(z)) \leqslant \phi_e(y)\}, \\ &\quad \sup\{z | z \in (e,1] \wedge x \leqslant y\}). \end{aligned} \quad (2.1.43)$$

若 $x \leqslant y$, 则有 $I_U(x,y) = 1 = I_M(x,y)$.

若 $y < x$, 则有

$$I_U(x,y) = \phi_e^{-1}(\sup\{z'|z' \in [0,1] \wedge \mathscr{T}(\phi_e(x),z') \leqslant \phi_e(y)\})$$
$$= \phi_e^{-1}(\mathscr{I}_{\mathscr{T}}(\phi_e(x),\phi_e(y))). \tag{2.1.44}$$

(2) 对任意 $x \in [e,1]$ 有

$$I_U(x,y) = \max(\sup\{z|z \in [e,1] \wedge \psi_e^{-1}(S(\psi_e(x),\psi_e(z))) \leqslant y\},$$
$$\sup\{z|z \in [0,e) \wedge \min(x,z) \leqslant y\})$$
$$= \max(\sup\{z|z \in [e,1] \wedge S(\psi_e(x),\psi_e(z)) \leqslant \psi_e(y)\},$$
$$\sup\{z|z \in [0,e) \wedge z \leqslant y\}). \tag{2.1.45}$$

若 $y \in [e,1]$, 类似于 (1) 有 $I_U(x,y) = \max(\psi_e^{-1}(R_S(\psi_e(x),\psi_e(y))),e)$. 因为总有 $\psi_e^{-1}(u) \geqslant e$, 有

$$I_U(x,y) = \psi_e^{-1}(R_S(\psi_e(x),\psi_e(y))). \tag{2.1.46}$$

若 $y \in [0,e)$, 则 $y < x$, 从而有 $\psi_e(y) < \psi_e(x)$. 因为 $S(\psi_e(x),\psi_e(z)) \geqslant \psi_e(x)$, 所以 $\{z|z \in [e,1] \wedge S(\psi_e(x),\psi_e(z)) \leqslant \psi_e(y)\}$ 是空集, 进一步有

$$I_U(x,y) = \max(0,y) = y = I_M(x,y). \tag{2.1.47}$$

现在, 给出幂等一致模的剩余蕴涵结构.

引理 2.1.1 设 $U = (e,g)$ 是幂等一致模, 则 I_U 是模糊蕴涵, 当且仅当 $g(0) = 1$.

证明 由定义可知 I_U 关于第一变元是递减的, 关于第二变元是递增的. 另外, 由 I_U 的定义还可知 $I_U(1,1) = 1, I_U(1,0) = 0$. 但是为使 $I_U(0,0) = 1$, 则对 $x < 1$ 时必有 $U(x,0) = 0$, 即 I_U 是模糊蕴涵, 当且仅当 $g(0) = 1$.

定理 2.1.4 设 $U = (e,g)$ 是幂等一致模且 $g(0) = 1$, 则 U 生成的剩余蕴涵 I_U 为

$$I_U(x,y) = \begin{cases} \min(g(x),y), & y < x, \\ \max(g(x),y), & y \geqslant x. \end{cases} \tag{2.1.48}$$

证明 需要考虑下面几种情况:

(1) 若 $y < x, y < g(x)$, 则有 $U(x,y) = \min(x,y) = y$. 如果取 z 满足 $y < z$, 则 $U(x,z) \in \{x,z\} > y$, 那么

$$I_U(x,y) = \sup\{z|z \in [0,1], U(x,z) \leqslant y\} = y. \tag{2.1.49}$$

2.1 基于一致模的剩余蕴涵

(2) 若 $y < x, y \geqslant g(x)$, 取 z 满足 $z < g(x) \leqslant y$, 则 $U(x,z) = \min(x,z) = z < y$; 但是取 z 满足 $g(x) < z$, 那么 $U(x,z) = \max(x,z) \geqslant x > y$. 这样可得

$$I_U(x,y) = \sup\{z | z \in [0,1], U(x,z) \leqslant y\} = g(x). \tag{2.1.50}$$

(3) 若 $y \geqslant x, y > g(x)$, 则 $U(x,y) = \max(x,y) = y$. 若取 z 满足 $g(x) < y < z$, 那么 $U(x,z) = \max(x,z) = z > y$. 这样可得

$$I_U(x,y) = \sup\{z | z \in [0,1], U(x,z) \leqslant y\} = y. \tag{2.1.51}$$

(4) 若 $y \geqslant x, y \leqslant g(x)$, 取 z 满足 $z < g(x)$, 则 $U(x,z) = \min(x,z) = x \leqslant y$; 若取 z 满足 $y < g(x) < z$, 则 $U(x,z) = \max(x,z) = z > y$. 这样可得

$$I_U(x,y) = \sup\{z | z \in [0,1], U(x,z) \leqslant y\} = g(x). \tag{2.1.52}$$

综上, 结论成立.

从上面的定理可以获得如下推论.

推论 2.1.2 所有有相同单位元 e 和相同关联函数 g 且 $g(0) = 1$ 的幂等一致模, 有相同的剩余蕴涵.

例 2.1.2 若 U 是 $U_{\min}$ 中的幂等一致模, 则它的关联函数为

$$g(x) = \begin{cases} 1, & x < e, \\ e, & x \geqslant e, \end{cases} \tag{2.1.53}$$

则其剩余蕴涵 I_U 的表达式为

$$I_U(x,y) = \begin{cases} y, & y < x \text{ 且 } y \leqslant e, \\ e, & y < x \text{ 且 } y > e, \\ y, & y \geqslant x \text{ 且 } x \geqslant e, \\ 1, & y \geqslant x \text{ 且 } x < e. \end{cases} \tag{2.1.54}$$

从上面的定理 2.1.4 可以获得如下命题.

命题 2.1.8 令 $U = (e, g)$ 是幂等一致模, $g(0) = 1$, I_U 是它的剩余蕴涵, 那么
(1) $I_U(x, \cdot)$ 是右连续的, $I_U(\cdot, y)$ 是左连续的, 当且仅当 g 是左连续的.
(2) $I_U(x,x) = \max(x, g(x))$.
(3) $I_U(x,y) \geqslant y$, 当且仅当 $y \geqslant x$ 或者 $(y < x$ 和 $y \leqslant g(x))$.
(4) $I_U(x, g(x)) = g(x)$.
(5) $I_U(x, e) = g(x)$.

证明 所有结论的证明都是直接的.

当关联函数 g 是强否定 N 时,可以获得很多很好的性质.

命题 2.1.9 令 $U = (e, g)$ 是幂等一致模,$g(0) = 1$,I_U 是它的剩余蕴涵,$N: [0,1] \to [0,1]$ 是一个强否定. 那么

$$I_U(x, e) = N(x), \quad 对任意 x \in [0,1]. \tag{2.1.55}$$

当且仅当 $g = N$. 进一步有

$$I_U(x, N(x)) = N(x), \quad 对任意 x \in [0,1]. \tag{2.1.56}$$

证明 由前面的命题 2.1.8 (4) 和 (5) 可得命题 2.1.9 成立.

注记 2.1.2 若由三角模生成的剩余蕴涵满足条件: 对任意 $x \in [0,1]$,有 $I_U(x, N(x)) = N(x)$,则这类模糊蕴涵可以用于构建包含度指示器.

当 g 是强否定 N 时,幂等一致模剩余蕴涵的另一个重要性质是换质位对称性,即对任意 $x \in [0,1]$,有

$$I_U(x, y) = I_U(N(y), N(x)). \tag{2.1.57}$$

命题 2.1.10 令 $U = (e, g)$ 是幂等一致模,$g(0) = 1$,I_U 是它的剩余蕴涵,$N: [0,1] \to [0,1]$ 是强否定. 则 I_U 关于 N 满足换质位对称性,当且仅当 $g = N$.

证明 若 $g = N$,一方面有

$$I_U(x, y) = \begin{cases} \min(N(x), y), & y < x, \\ \max(N(x), y), & y \geqslant x. \end{cases} \tag{2.1.58}$$

另一方面有

$$I_U(N(y), N(x)) = \begin{cases} \min(N(N(y)), N(x)), & N(x) < N(y), \\ \max(N(N(y)), N(y)), & N(x) \geqslant N(y) \end{cases}$$

$$= \begin{cases} \min(y, N(x)), & y < x, \\ \max(y, N(x)), & y \geqslant x, \end{cases}$$

这就证明了 I_U 关于 N 满足换质位对称性.

反过来,首先证明 $N(e) = e$. 由 I_U 关于 N 的换质位对称性可知

$$e = I_U(e, e) = I_U(N(e), N(e)) = \max\{g(N(e)), N(e)\}. \tag{2.1.59}$$

2.1 基于一致模的剩余蕴涵

如果 $N(e) \geqslant g(N(e))$, 那么可得 $e = N(e)$; 如果 $N(e) < g(N(e))$, 那么可得 $g(N(e)) = e$ 和 $N(e) < e$, 这样对任意 $x \in (N(e), e)$ 有 $g(x) = e$ 和 $N(x) \in (N(e), e)$, 进一步可以得到

$$x = I_U(e, x) = I_U(N(x), N(e)) = \min(g(N(x)), N(e)) = N(e), \tag{2.1.60}$$

矛盾. 这样就证明了 $N(e) = e$. 再利用换置位对称性可知, 对任意 $x \in [0,1]$ 有

$$g(x) = I_U(x, e) = I_U(N(e), N(x)) = I_U(e, N(x)) = N(x). \tag{2.1.61}$$

例 2.1.3 考虑强否定 $N(x) = 1 - x$ 和右连续幂等一致模 $U = (0.5, N)$. 在这种情况下

$$U(x, y) = \begin{cases} \min(x, y), & y < 1 - x, \\ \max(x, y), & y \geqslant 1 - x, \end{cases} \tag{2.1.62}$$

它的剩余蕴涵

$$I_U(x, y) = \begin{cases} \min(1 - x, y), & y < x, \\ \max(1 - x, y), & y \geqslant x, \end{cases} \tag{2.1.63}$$

由上面的命题可知关于 N 满足逆否对称性.

下面给出 U 在 $(0,1)^2$ 内连续一致模生成剩余蕴涵 I_U 结构的刻画. 根据前面的讨论可知, I_U 是模糊蕴涵的充要条件是对于 $x < 1$ 有 $U(x, 0) = 0$. 因此既要考虑 $U_{\cos,\min}$ 中的一致模, 也要考虑 $U_{\cos,\max}$ 中 $\delta = 1$ 的一致模. 在这两种情况下, 分别获得如下定理.

定理 2.1.5 如果 $U \equiv \langle T', \alpha, T'', \beta, (R, e) \rangle_{\cos,\min}$ 是 $U_{\cos,\min}$ 中的一致模, 那么

$$I_U(x, y) = \begin{cases} 1, & x \in [0, \beta] \text{ 且 } y \geqslant x, \\ \alpha I_{T'}\left(\dfrac{x}{\alpha}, \dfrac{y}{\alpha}\right), & x \in [0, \alpha) \text{ 且 } y < x, \\ \alpha + (\beta - \alpha) I_{T''}\left(\dfrac{x - \alpha}{\beta - \alpha}, \dfrac{y - \alpha}{\beta - \alpha}\right), & x \in [\alpha, \beta] \text{ 且 } y < x, \\ \beta + (1 - \beta) I_R\left(\dfrac{x - \beta}{1 - \beta}, \dfrac{y - \beta}{1 - \beta}\right), & (x, y) \in (\beta, 1)^2, \\ 1, & y = 1, \\ \alpha, & x = 1 \text{ 且 } y > \alpha, \\ y, & \text{其他}. \end{cases} \tag{2.1.64}$$

定理 2.1.6 如果 $U \equiv \langle (R,e), \gamma, S, 1 \rangle_{\cos,\max}$,那么

$$I_U(x,y) = \begin{cases} \gamma I_R\left(\dfrac{x}{\gamma}, \dfrac{y}{\gamma}\right), & (x,y) \in (0,\gamma]^2, \\ \gamma + (1-\gamma) R_S\left(\dfrac{x-\gamma}{1-\gamma}, \dfrac{y-\gamma}{1-\gamma}\right), & (x,y) \in (\gamma,1)^2 \text{且} y \geqslant x, \\ 0, & x \in (\gamma,1) \text{且} y < x, \\ y, & (x,y) \in (0,\gamma] \times [\gamma,1), \\ 1, & y = 1 \text{或} x = 0, \\ 0, & y = 0 \text{且} x \neq 0. \end{cases} \quad (2.1.65)$$

下面研究 $U_{\cos}$ 中一致模生成剩余蕴涵的两个性质:交换原则和换质位对称性.因为任意左连续一致模生成的剩余蕴涵都满足交换原则,特别地,有如下定理.

定理 2.1.7 若一致模 $U \in U_{\cos}$ 且满足对任意 $x < 1$ 有 $U(0,x) = 0$,对如下任一情况:

(1) $U \equiv \langle T', \alpha, T'', \beta, (R,e) \rangle_{\cos,\min}$ 满足 $\alpha = \beta$,$U(\alpha,1) = U(1,\alpha) = \alpha$;

(2) $U \equiv \langle (R,e), \gamma, S, 1 \rangle_{\cos,\max}$ 是析取的,即 $U(0,1) = U(1,0) = 1$.

则有 U 是左连续的并且 I_U 满足交换原理.

下面证明 I_U 满足换质位对称性.

定理 2.1.8 若一致模 $U \in U_{\cos}$ 且满足对任意 $x < 1$ 有 $U(0,x) = 0$,那么 I_U 关于强否定 N 满足换质位对称性,当且仅当 $N = N_U$.

证明 首先,若 U 是可表示的,则它显然关于 N_U 满足换质位对称性,为完成从左到右的证明,需要考虑两种不同的情况.

(1) 若 $U \equiv \langle T', \alpha, T'', \beta, (R,e) \rangle_{\cos,\min}$.假设存在强否定 N 使 I_U 满足换质位对称性,那么在换质位对称性方程中令 $x = y$ 可以获得

$$I_U(x,x) = I_U(N(x), N(x)). \quad (2.1.66)$$

根据 I_U 的结构可知

$$I_U(x,x) = \begin{cases} 1, & x \leqslant \beta, \\ e, & x < \beta < 1, \\ 0, & x = 1. \end{cases} \quad (2.1.67)$$

因为 N 是强否定,所以存在不动点 z 使得 $N(z) = z$.下面证明 $\beta = 0$.根据不动点 z 的情况,有:①若 $z = \beta$,则能取 $0 < x < 1$ 使得 $x < \beta = N(\beta) < N(x)$.②若 $z < \beta$,则能取 $0 < x < 1$ 使得 $x < N(\beta) < z < \beta < N(x)$.③若 $\beta < z$,则能取 $0 < x < 1$ 使得 $x < \beta < z < N(\beta) < N(x)$.

这样证明了：总存在 x 使得 $x < \beta < N(x)$. 再由 I_U 满足换质位对称性可知 $e = 1$. 但这与 U 是真一致模矛盾. 因此 $\beta = 0$, 即 U 是可表示一致模.

(2) 若 $U \equiv \langle (R,e), \gamma, S, 1 \rangle_{\cos,\max}$. 根据 I_U 的结构可知

$$I_U(x,x) = \begin{cases} e, & x < \gamma, \\ \gamma, & x = \gamma, \\ \gamma + (1-\gamma)R_S\left(\dfrac{x-\gamma}{1-\gamma}, \dfrac{x-\gamma}{1-\gamma}\right), & x < \gamma < 1, \\ 1, & x = 1. \end{cases} \quad (2.1.68)$$

类似上面的证明, 假设 $\gamma \neq 1$, 那么存在 x_0 使得 $x_0 < \gamma < N(x_0)$, 但从换质位对称性可知 $e = \gamma + (1-\gamma)R_S\left(\dfrac{x_0-\gamma}{1-\gamma}, \dfrac{x_0-\gamma}{1-\gamma}\right)$, 但这与 $e < \gamma$ 矛盾. 因此 $\gamma = 1$, 即 U 是可表示一致模.

2.2 基于一致模的 (U, N)-蕴涵

在研究基于一致模的 (U, N)-蕴涵之前, 需要下面的预备知识.

引理 2.2.1 若 N 是连续模糊否定, 定义一个函数 $\Re : [0,1] \to [0,1]$ 为

$$\Re(x) = \begin{cases} N^{-1}(x), & x \in [0,1], \\ 1, & x = 0, \end{cases} \quad (2.2.1)$$

则 $\Re$ 是严格单调递减的模糊否定. 此外,

$$\Re^{-1} = N,$$
$$N \circ \Re = \mathrm{id}_{[0,1]},$$
$$\Re \circ N|_{\mathrm{Ran}(\Re)} = \mathrm{id}_{\mathrm{Ran}(\Re)}.$$

引理 2.2.2 若两个连续的模糊否定 N_1、N_2 满足 $N_1 \circ N_2 = \mathrm{id}_{[0,1]}$, 则
(1) N_1 是连续模糊否定.
(2) N_2 是严格单调递减的模糊否定.
(3) N_2 是连续模糊否定, 当且仅当 N_1 是严格单调递减的模糊否定. 此时 $N_1 = N_2^{-1}$.

引理 2.2.3 二元函数 $I : [0,1]^2 \to [0,1]$ 关于连续模糊否定 N 满足 (R-CP). 则 I 满足 (I1), 当且仅当 I 满足 (I2).

定义 2.2.1 令 $I : [0,1]^2 \to [0,1]$ 是二元函数, $\alpha \in [0,1)$. 若定义的一元函数 $N_I^\alpha : [0,1] \to [0,1]$,

$$N_I^\alpha(x) = I(x, \alpha), \quad x \in [0,1] \quad (2.2.2)$$

是模糊否定, 则称它为 I 关于 α 的自然否定.

引理 2.2.4 设 $I : [0,1]^2 \to [0,1]$ 是二元函数, N_I^α 是模糊否定, 其中 $\alpha \in (0,1)$, 则

(1) 若 I 满足 (I2), 则 I 满足 (I5).

(2) 若 I 满足 (I2) 和 (EP), 则 I 满足 (I3), 当且仅当 I 满足 (I4).

(3) 若 I 满足 (EP), 则 I 满足 (R-CP(N_I^α)).

证明 (1) 由 N_I^α 是模糊否定且 I 满足 (I2) 可知:

$$I(1,0) \leqslant I(1,\alpha) = N_I^\alpha = 0. \tag{2.2.3}$$

(2) 令 I 满足 (I2) 和 (EP), 若 I 满足 (I4), 则

$$\begin{aligned}1 = I(1,1) &= I(1, N_I^\alpha(0)) = I(1, I(0,\alpha))\\ &= I(0, I(1,\alpha)) = I(0, N_I^\alpha) = I(0,0),\end{aligned} \tag{2.2.4}$$

即 I 满足 (I3). 反之, 若 I 满足 (I3), 同理可证 I 满足 (I4).

(3) 由 I 满足 (EP) 可知, 对任意 $x, y \in [0,1]$ 有

$$I(x, N_I^\alpha(y)) = I(x, I(y,\alpha)) = I(y, I(x,\alpha)) = I(y, N_I^\alpha(x)), \tag{2.2.5}$$

即 I 满足 (R-CP(N_I^α)).

引理 2.2.5 设 I 是模糊蕴涵且满足 (EP), N_I^α 是模糊否定, 其中 $\alpha \in (0,1)$. 若存在模糊否定 N 使得 $N_I^\alpha \circ N = \mathrm{id}_{[0,1]}$, 则 I 满足 (L-CP(N)).

证明 由假设可知, 对任意 $x, y \in [0,1]$ 有

$$\begin{aligned}I(N(x), y) &= I(N(x), N_I^\alpha \circ N(y)) = I(N(x), I(N(y), \alpha))\\ &= I(N(y), I(N(x), \alpha)) = I(N(y), N_I^\alpha \circ N(x)) = I(N(y), x),\end{aligned}$$

所以 I 满足 (L-CP(N)).

注记 2.2.1 根据引理 2.2.5 可得:

(1) 若 N_I^α 是严格否定, 则 I 满足 (L-CP($(N_I^\alpha)^{-1}$)).

(2) 若 N_I^α 是强否定, 则 I 满足 (L-CP(N_I^α)) 和 (CP(N_I^α)).

下面开始研究基于一致模的 (U, N)-蕴涵.

定义 2.2.2 若 U 是一致模, N 是模糊否定,

$$I(x,y) = U(N(x), y), \quad x, y \in [0,1], \tag{2.2.6}$$

则称二元函数 $I : [0,1]^2 \to [0,1]$ 为 (U, N)-算子. 若 I 是一个由一致模 U 和否定 N 生成的 (U, N)-算子, 则常用 $I_{U,N}$ 来表示它.

2.2 基于一致模的 (U,N)-蕴涵

显然,当 $e=0$ 时,U 是三角余模,此时 $I_{U,N}$ 算子是 (S,N)-蕴涵,所以它总是模糊蕴涵. 当 $e=1$ 时,U 是三角模,此时由于 (I3) 不成立,所以 $I_{U,N}$ 不是模糊蕴涵. 因此,今后仅考虑带有单位元 $e \in (0,1)$ 的一致模.

命题 2.2.1 若 $I_{U,N}$ 是由一致模 U 生成的 (U,N)-算子,$e \in (0,1)$ 是一致模 U 的单位元,则

(1) $I_{U,N}$ 满足 (I1)、(I2)、(I5)、(NC) 和 (EP).

(2) $N^e_{I_{U,N}} = N$.

(3) $I_{U,N}$ 满足 R-CP(N).

(4) 若 N 严格,则 $I_{U,N}$ 满足 L-CP(N^{-1}).

(5) 若 N 是强否定,则 $I_{U,N}$ 满足 CP(N).

证明 (1) 根据 U 和 N 的单调性直接可知 $I_{U,N}$ 满足 (I1) 和 (I2). 此外,也容易证明 $I_{U,N}$ 满足 (I5) 和 (NC). 最后,从 U 的结合性以及交换性可知 $I_{U,N}$ 满足 (EP).

(2) 注意到 $e \in (0,1)$ 是 U 的单位元,因此对任意 $x \in [0,1]$ 有

$$N^e_{I_{U,N}}(x) = I_{U,N}(x,e) = U(N(x),e) = N(x), \tag{2.2.7}$$

即 $N^e_{I_{U,N}} = N$.

(3) 因为 $I_{U,N}$ 满足 (EP),根据引理 2.2.4 (3) 可知,当 $\alpha = e$ 时,$I_{U,N}$ 满足 R-CP(N).

(4) 若 N 严格,则从注记 2.2.1 (1) 中可知 $I_{U,N}$ 满足 L-CP(N^{-1}).

(5) 若 N 是强否定,则从注记 2.2.1 (2) 中可知 $I_{U,N}$ 满足 CP(N).

注意到,当 $e \in (0,1)$ 时,并不是每一个 U 所得的 (U,N)-算子都是模糊蕴涵. 下面的定理刻画满足 (I3) 和 (I4) 的 (U,N)-算子.

定理 2.2.1 若一致模 U 有单位元 $e \in (0,1)$,则下面的命题等价:

(1) 定义 2.2.2 中定义的函数 $I_{U,N}$ 是模糊蕴涵.

(2) U 是析取一致模,即 $U(0,1) = U(1,0) = 1$.

证明 (1) $\Rightarrow$ (2) 若 $I_{U,N}(x,y) = U(N(x),y)$ 是模糊蕴涵,则由 (I3) 可知 $U(0,1) = U(1,0) = I_{U,N}(0,0) = 1$.

(2) $\Rightarrow$ (1) 假设 $U(0,1) = 1$,根据命题 2.2.1,只需要证明 (I3) 和 (I4). 事实上,有 $I_{U,N}(0,0) = U(N(0),0) = U(1,0) = 1$ 和 $I_{U,N}(1,1) = U(N(1),1) = U(0,1) = 1$. 因此 $I_{U,N}$ 是模糊蕴涵.

例 2.2.1 下面利用标注强否定 $N_C(x) = 1-x$ 和不同的一致模 U 生成 (U,N)-蕴涵. 其中 I_{KD} 是 Kleene-Dienes 蕴涵并且 $I_{\mathrm{KD}}(x,y) = \max(1-x,y), x,y \in [0,1]$.

(1) 考虑在 $\mathcal{U}_{\max}$ 类中由 $(T_{\mathrm{LK}}, S_{\mathrm{LK}}, 0.5)$ 生成的析取一致模 U_{LK},其中 T_{LK} 表示Lukasiewcz 三角模,即 $T_{\mathrm{LK}}(x,y) = \max(x+y-1, 0)$, $x,y \in [0,1]$, S_{LK} 表

示 Lukasiewcz 三角余模, 即 $S_{\text{LK}}(x,y) = \min(x+y,1)$, $x,y \in [0,1]$. 则

$$I_{U_{\text{LK}},N_C}(x,y) = \begin{cases} \max(y-x+0.5, 0), & \max(1-x,y) \leqslant 0.5, \\ \min(y-x+0.5, 1), & \max(1-x,y) > 0.5, \quad x,y \in [0,1]. \\ I_{\text{KD}}(x,y), & \text{其他}. \end{cases} \quad (2.2.8)$$

(2) 考虑在 $\mathcal{U}_{\max}$ 类中由 $(T_P, S_P, 0.5)$ 生成的析取一致模 U_P, 其中 T_P 表示代数乘积三角模, 即 $T_P(x,y) = xy$, $x,y \in [0,1]$, S_P 表示代数乘积三角余模 $S_P(x,y) = x+y-xy$, $x,y \in [0,1]$, 则

$$I_{U_P,N_C}(x,y) = \begin{cases} 2y - 2xy, & \max(1-x,y) \leqslant 0.5, \\ 1 - 2x + 2xy, & \max(1-x,y) > 0.5, \quad x,y \in [0,1]. \\ I_{\text{KD}}(x,y), & \text{其他}. \end{cases} \quad (2.2.9)$$

(3) 考虑在 $\mathcal{U}_{\max}$ 类中由 $(T_M, S_M, 0.5)$ 生成析取一致模 U_M, 其中 T_M 表示最大三角模, 即 $T_M(x,y) = \min(x,y)$, $x,y \in [0,1]$, S_M 表示最小三角余模, 即 $S_M(x,y) = \max(x,y)$, $x,y \in [0,1]$. 显然 U_M 是幂等一致模且

$$I_{U_M,N_C}(x,y) = \begin{cases} \min(1-x,y), & \max(1-x,y) \leqslant 0.5, \\ I_{\text{KD}}(x,y), & \text{其他}. \end{cases} \quad x,y \in [0,1]. \quad (2.2.10)$$

(4) 考虑加法生成子 $h_1(x) = \ln(x/(1-x))$, 则可以得到析取可表示一致模

$$U_{h_1}^d(x,y) = \begin{cases} 1, & x,y \in \{(0,1),(1,0)\}, \\ \dfrac{xy}{(1-x)(1-y)+xy}, & \text{其他}, \end{cases} \quad x,y \in [0,1]. \quad (2.2.11)$$

当 $e = \dfrac{1}{2}$ 时可得

$$I_{U_{h_1}^d,N_0}(x,y) = \begin{cases} 1, & x,y \in \{(0,0),(1,1)\}, \\ \dfrac{(1-x)y}{x+y-2xy}, & \text{其他}, \end{cases} \quad x,y \in [0,1]. \quad (2.2.12)$$

引理 2.2.6 令 $I_{U,N}$ 是由一致模 U 和连续否定 N 生成的 (U,N)-算子, $e \in (0,1)$, $\alpha \in (0,1)$, 则以下命题等价:

(1) $N_{I_{U,N}}^\alpha = N$.

(2) $\alpha = e$.

2.2 基于一致模的 (U,N)-蕴涵

证明 设 $e \in (0,1)$ 是 U 的单位元, $\alpha \in (0,1)$.

(1) $\Rightarrow$ (2) 若 $N^\alpha_{I_{U,N}} = N$, 注意到 N 是连续的, 则存在 e' 使得 $e = N(e')$, 因此 $N^\alpha_{I_{U,N}}(e') = I_{U,N}(e',\alpha) = U(N(e'),\alpha) = N(e') = e$. 但 $U(N(e'),\alpha) = U(e,\alpha) = \alpha$. 这样得到 $\alpha = e$.

(2) $\Rightarrow$ (1) 根据命题 2.2.1 (2) 可得 $N^\alpha_{I_{U,N}} = N$.

注记 2.2.2 与 (S,N)-蕴涵不同, (U,N)-蕴涵不满足左单位元性质 (NP). 事实上, 假设一致模 U 有单位元 $e \in (0,1)$, N 是模糊否定. 则 $I_{U,N}(1,e) = U(N(1),e) = N(1) = 0 \neq e$.

命题 2.2.2 设 I 是模糊蕴涵, N 是模糊否定. 定义二元算子 $U_{I,N} : [0,1]^2 \to [0,1]$ 为

$$U_{I,N}(x,y) = I(N(x),y), \quad x,y \in [0,1], \tag{2.2.13}$$

则

(1) 对任意 $x \in [0,1]$, 有 $U_{I,N}(x,1) = U_{I,N}(1,x) = 1$, 特别地 $U_{I,N}(0,1) = 1$.

(2) $U_{I,N}$ 关于每个变元都是递增的.

(3) $U_{I,N}$ 满足交换性, 当且仅当 I 满足 L-CP(N).

另外, 若 I 满足 L-CP(N), N 是连续模糊否定, 则

(1) $U_{I,N}$ 具有结合性, 当且仅当 I 满足 (EP).

(2) $\alpha \in (0,1)$ 是 $U_{I,N}$ 的单位元, 当且仅当 $N^\alpha_I \circ N = \mathrm{id}_{[0,1]}$.

证明 (1) 设 $x \in [0,1]$. 由 I 的边界条件 (RB) 可知 $U_{I,N}(x,1) = I(N(x),1) = 1$, 进一步由 I 的定义可知 $U_{I,N}(1,x) = I(N(1),x) = I(0,x) = 1$.

(2) 根据 I 和 N 的单调性直接可得 $U_{I,N}$ 关于两个变元均单调递增.

(3) 若 $U_{I,N}$ 是交换的, 则对任意 $x,y \in [0,1]$ 有 $I(N(x),y) = U_{I,N}(x,y) = U_{I,N}(y,x) = I(N(y),x)$, 即 I 满足 L-CP(N). 反之, 若 I 满足 L-CP(N), 则对任意 $x,y \in [0,1]$ 有 $U_{I,N}(x,y) = I(N(x),y) = I(N(y),x) = U_{I,N}(y,x)$, 即 $U_{I,N}$ 满足交换性.

(4) 设 $x,y,z \in [0,1]$, 若 I 满足 (EP), 则有

$$\begin{aligned} U_{I,N}(x, U_{I,N}(y,z)) &= I(N(x), I(N(y),z)) = I(N(x), I(N(z),y)) \\ &= I(N(z), I(N(x),y)) = I(N(I(N(x),y)), z) \\ &= I(N(U_{I,N}(x,y)), z) = U_{I,N}(U_{I,N}(x,y), z), \end{aligned}$$

因此 $U_{I,N}$ 满足结合性.

反之, 若 $U_{I,N}$ 是结合的且 N 是连续的, 则存在 $x',y',z' \in [0,1]$ 使得 $x =$

$N(x')$, $y = N(y')$, $z = N(z')$，因此有

$$I(x, I(y, z)) = I(N(x'), I(N(y'), N(z'))) = U_{I,N}(x', U_{I,N}(y', N(z')))$$
$$= U_{I,N}(U_{I,N}(x', y'), N(z')) = U_{I,N}(U_{I,N}(y', x'), N(z'))$$
$$= U_{I,N}(y', U_{I,N}(x', N(z'))) = I(y, I(x, z)),$$

故 I 满足交换性.

(5) 设 $\alpha \in (0,1)$. 若 α 是 $U_{I,N}$ 的单位元，则对任意 $x \in [0,1]$ 有 $x = U_{I,N}(x, \alpha) = I(N(x), \alpha) = N_I^\alpha(N(x))$，即 $N_I^\alpha \circ N = \mathrm{id}_{[0,1]}$. 反之，若 $N_I^\alpha \circ N = \mathrm{id}_{[0,1]}$，则对任意 $x \in [0,1]$ 有 $U_{I,N}(\alpha, x) = U(x, \alpha) = I(N(x), \alpha) = N_I^\alpha(N(x)) = x$，因此 α 是 $U_{I,N}$ 的单位元.

若 N_I^α 是连续模糊否定，其中 $\alpha \in (0,1)$，则由引理 2.2.1 的结论，考虑将修改的伪逆 $\mathfrak{R}_I^\alpha$ 定义为

$$\mathfrak{R}_I^\alpha(x) = \begin{cases} (N_I^\alpha)^{-1}(x), & x \in (0,1], \\ 1, & x = 0. \end{cases} \tag{2.2.14}$$

把它作为在命题 2.2.2 中模糊否 N 的潜在选择. 因此，令 $N = \mathfrak{R}_I^\alpha$，从引理 2.2.5 可知下面的推论.

推论 2.2.1 若模糊蕴涵 I 满足 (EP)，连续模糊否定 N_I^α 是 I 关于 α 的自然否定，则 I 满足 L-CP($\mathfrak{R}_I^\alpha$).

因此，若模糊蕴涵 I 满足 (EP)，N_I^α 是连续的模糊否定，$\alpha \in (0,1)$，则命题 2.2.2 中的 N 可以用 I 的自然否定修改后的伪逆 $\mathfrak{R}_I^\alpha$ 替代.

推论 2.2.2 若模糊蕴涵 I 满足 (EP)，N_I^α 是关于 α 的连续模糊否定，则定义的函数 U_I:

$$U_I(x, y) = I(\mathfrak{R}_I^\alpha(x), y), \quad x, y \in [0,1] \tag{2.2.15}$$

是以 α 为单位元的析取一致模.

定理 2.2.2 对于二元函数 $I : [0,1]^2 \to [0,1]$ 而言，下面的叙述等价:

(1) I 是由有单位元 $e \in (0,1)$ 的析取一致模和连续模糊否定 N 生成的 (U, N)-算子.

(2) I 是由有单位元 $e \in (0,1)$ 的析取一致模和连续模糊否定 N 生成的 (U, N)-蕴涵.

(3) I 满足 (I1)、(I3)、(EP)，对于 $e \in (0,1)$ 而言，N_I^e 是连续的模糊否定.

此外，(U, N)-蕴涵 $I_{U,N}(x, y) = U(N(x), y)$ 的表示唯一.

证明 由定理 2.2.1 可知定理 2.2.2 (1) 和 (2) 等价.

(2) ⇒ (3) 假设 I 是由有单位元 $e \in (0,1)$ 的一致模 U 和连续否定 N 生成的 (U,N)-蕴涵. 因为任意 (U,N)-蕴涵均是模糊蕴涵, 故 I 满足 (I1) 和 (I3). 进一步, 由命题 2.2.1 可知它满足 (EP) 且 $N_I^e = N$, 因此 N_I^e 也是连续的模糊否定.

(3) ⇒ (2) 首先, 根据引理 2.2.4 (3) 可知 I 满足 R-CP(N_I^e). 其次, 由引理 2.2.3 可知 I 满足 (I2). 然后, 由引理 2.2.4 (1) 和 (2) 可知 I 满足 (I3)~(I5), 因此 I 是模糊蕴涵. 最后, 根据引理 2.2.1 和引理 2.2.5 可知蕴涵 I 满足 L-CP($\Re_I^e$). 因为推论 2.2.2 定义的函数 U_I 是带有单位元 $e \in (0,1)$ 的析取一致模. 下面证明 $I_{U_I, N_I^e} = I$. 对任意 $x, y \in [0,1]$, 若 $x \in \text{Ran}(\Re_I^e)$ 有

$$I_{U_I, N_I^e}(x,y) = U_I(N_I^e(x), y) = I(\Re_I^e \circ N_I^e(x), y) = I(x,y). \quad (2.2.16)$$

若 $x \notin \text{Ran}(\Re_I^e)$, 注意到 N_I^e 的连续性, 那么存在 $x_0 \in \text{Ran}(\Re_I^e)$ 使得 $N_I^e(x) = N_I^e(x_0)$. 可以发现对任意 $y \in [0,1]$ 有 $I(x,y) = I(x_0, y)$. 事实上, 固定 $y \in [0,1]$, 由 N_I^e 的连续性可知存在 $y' \in [0,1]$ 使得 $N_I^e(y') = y$. 因此

$$I(x,y) = I(x, N_I^e(y')) = I(y', N_I^e(x)) = I(y', N_I^e(x_0)) = I(x_0, N_I^e(y')) = I(x_0, y). \quad (2.2.17)$$

于是有

$$I_{U_I, N_I^e}(x,y) = U_I(N_I^e(x), y) = U_I(N_I^e(x_0), y) = I(x_0, y) = I(x,y), \quad (2.2.18)$$

这样 I 是一个 (U,N)-蕴涵.

最后, 假设存在两个连续的模糊否定 N_1、N_2 和两个一致模 U_1、U_2, 其中 U_1 的单位元为 $e \in (0,1)$, U_2 的单位元为 $e' \in (0,1)$. 对所有 $x, y \in [0,1]$ 有 $I(x,y) = U_1(N_1(x), y) = U_2(N_2(x), y)$. 固定任意 x_0、y_0, 根据命题 2.2.1 可以得到 $N_1 = N_2 = N_I^e = N_I^{e'}$, 再从引理 2.2.6 可以得到 $e' = e$. 此外, 因为 N_I^e 是连续否定, 那么存在 $x_1 \in [0,1]$ 使得 $N_I^e(x_1) = x_0$. 因此 $U_1(x_0, y_0) = U_1(N_I^e(x_1), y_0) = U_2(N_I^e(x_1), y_0) = U_2(x_0, y_0)$, 即 $U_1 = U_2$. 这样就证明了 U 和 N 是唯一确定的. 事实上, U 和推论 2.2.2 定义的 U_I 是相等的.

定理 2.2.3 对于函数 $I: [0,1]^2 \to [0,1]$, 下列描述等价:

(1) I 是由有单位元 $e \in (0,1)$ 的析取一致模和严格 (强) 模糊否定 N 生成的 (U,N)-蕴涵.

(2) I 满足 (I1)、(I3)、(EP) 且函数 N_I^e 是一个严格 (强) 否定.

注记 2.2.3 (1) 在定理 2.2.2 和定理 2.2.3 中性质 (I1) 可以用 (I2) 代替, 性质 (I3) 可以用 (I4) 代替.

(2) 表 2-1 表明定理 2.2.2 中性质的相互独立性. 同样的例子也能够用来考虑定理 2.2.3 中公理的相互独立性. 注意到表 2-1 中, 函数与要表明的对应性

表 2-1 定理 2.2.2 中性质相互独立的例子

函数	(I1)	(I3)	(EP)	N_F^α 连续, $\alpha \in (0,1)$
$F_1(x,y) = \begin{cases} 1, & x < y, \\ 0, & 其他 \end{cases}$	✓	×	×	×
$F_2(x,y) = \begin{cases} 1, & x=0 且 y=0, \\ y, & x=1, \\ 0, & 其他 \end{cases}$	×	✓	×	×
$F_3 = T_M$	×	×	✓	×
$F_4(x,y) = \begin{cases} 0, & (x,y) \in [0,0.5]^2 \cup (0.5,1]^2, \\ 1-x, & y=0.5, \\ 1, & 其他 \end{cases}$	×	×	×	✓
$F_5(x,y) = \begin{cases} 1, & x,y \in [0,0.5], \\ 0, & 其他 \end{cases}$	✓	✓	×	×
$F_6 = 0$	✓	×	✓	×
$F_7(x,y) = \begin{cases} 1-x, & y=0.5, \\ \min(1-x,y), & 其他 \end{cases}$	✓	×	×	✓
$F_8(x,y) = \begin{cases} 1, & (x,y) \in [0,0.5]^2 \cup (0.5,1]^2, \\ 0, & 其他 \end{cases}$	×	✓	✓	×
$F_9(x,y) = \begin{cases} 1, & (x,y) \in [0,0.5]^2 \cup (0.5,1]^2, \\ 1-x, & y=0.5, \\ 0, & 其他 \end{cases}$	×	✓	×	✓
$F_{10}(x,y) = \begin{cases} 0, & (x,y) \in [0,0.5]^2 \cup (0.5,1]^2, \\ 1-x, & y=0.5, \\ y, & x=0.5, \\ 1, & 其他 \end{cases}$	×	×	✓	✓
$F_{11}(x,y) = \begin{cases} 1, & (x,y) \in [0,0.5]^2 \cup (0.5,1]^2, \\ 1-x, & y=0.5, \\ y, & x=0.5, \\ 0, & 其他 \end{cases}$	×	✓	✓	✓
$F_{12}(x,y) = \begin{cases} \min(1-x,y), & x \leqslant y, \\ \max(1-x,y), & x > y \end{cases}$	✓	×	✓	✓
$F_{13}(x,y) = 1-x$	✓	✓	×	✓
$F_{14}(x,y) = \begin{cases} 1, & x=0 且 y=0, \\ y^x, & 其他 \end{cases}$	✓	✓	✓	×

2.2 基于一致模的 (U,N)-蕴涵

质之间的关系不是很明显. 因此, 接下来证明表 2-1 中给出的例子是正确的. 首先, 观察如果一个函数 F 满足 (NP), 那么对所有的 $\alpha \in (0,1)$ 有 $F(1,\alpha) = \alpha$, 即 $N_F^\alpha(1) \neq 0$, 因此对任意 $\alpha \in (0,1)$, N_F^α 不是模糊否定.

① 很明显 F_1 满足 (I1), 但 F_1 不满足 (I3) 且对任意 $\alpha \in (0,1)$, $N_{F_1}^\alpha$ 不是连续的模糊否定. 另外, F_1 也不满足 (EP), 因为

$$F_1(0.4, F_1(0.6, 0.5)) = 0 \neq 1 = F_1(0.6, F_1(0.4, 0.5)). \tag{2.2.19}$$

② F_2 不满足 (I1), 因为对任意 $y \in [0,1]$ 有 $F_2(0,y) = 0 < y = F_2(1,y)$. 而根据同样的等式可以发现对任意 $\alpha \in (0,1)$, $N_{F_2}^\alpha$ 不是模糊否定. 因为

$$F_2(0, F_2(0.5, 1)) = 1 \neq 0 = F_2(0.5, F_2(0,1)), \tag{2.2.20}$$

所以 F_2 不满足 (EP).

③ F_3 不满足 (I1), 因为对任意 $y \in [0,1]$ 有 $F_3(0,y) = 0 < y = F_3(1,y)$. 而根据同样的等式可发现对任意 $\alpha \in (0,1)$, $N_{F_3}^\alpha$ 不是模糊否定. 此外, 因为 $F_3(0,0) = 0$, 所以 F_3 不满足 (I3). 最后, $T_M\{x,y\}$ 满足 (EP).

④ F_4 不满足 (I1), 因为 $F_4(0, 0.3) = 0 < 1 = F_4(1, 0.3)$. 很容易看到 $N_{F_4}^{0.5} = N_0$ 和 F_4 不满足 (I3). F_4 也不满足 (EP), 因为

$$F_4(0.5, F_4(0.6, 0.5)) = 1 \neq 0.4 = F_4(0.6, F_4(0.5, 0.5)). \tag{2.2.21}$$

⑤ 很明显 F_5 满足 (I1) 和 (I3). F_5 也不满足 (EP), 因为

$$F_5(0.5, F_5(0.8, 0.5)) = 1 \neq 0 = F_5(0.8, F_1(0.5, 0.5)). \tag{2.2.22}$$

此外, 对任意 $\alpha \in (0,1)$, $N_{F_6}^\alpha$ 不是连续的模糊否定.

⑥ 函数 F_6 显然满足 (I1) 和 (EP), 不满足 (I3) 和 N_F^α 连续.

⑦ 明显地, 函数 F_7 满足 (I1), $N_{F_7}^{0.5} = N_0$, 但是不满足 (I3). 另外, 因为

$$F_7(0.5, F_7(0.4, 0.6)) = 0.5 \neq 0.6 = F_7(0.4, F_1(0.5, 0.6)), \tag{2.2.23}$$

所以 F_7 不满足 (EP).

⑧ F_8 不满足 (I1), 因为 $F_8(0, 0.6) = 0 < 1 = F_8(1, 0.6)$. 对任意 $\alpha \in (0,1)$, $N_{F_8}^\alpha$ 不是连续的模糊否定. 而且容易推出 F_8 满足 (I3) 和 (EP).

⑨ F_9 不满足 (I1), 因为 $F_9(0, 0.6) = 0 < 1 = F_9(1, 0.6)$. 容易看到 $N_{F_9}^{0.5} = N_0$ 和 F_9 满足 (I3). F_9 也不满足 (EP), 因为

$$F_9(0.5, F_9(0.6, 0.5)) = 0 \neq 0.4 = F_9(0.6, F_9(0.5, 0.5)). \tag{2.2.24}$$

⑩ 尽管 $N_{F_{10}}^{0.5} = N_0$ 且 F_{10} 满足 (EP), 但 F_{10} 不满足 (I3) 和 (I1), 因为 $F_{10}(0, 0.3) = 0 < 1 = F_{10}(1, 0.3)$.

⑪ F_{11} 不满足 (I1), 因为 $F_{11}(0, 0.6) = 0 < 1 = F_{11}(1, 0.6)$. 有趣的是, $N_{F_{11}}^{0.5} = N_0$ 且 F_{11} 满足 (EP) 和 (I3).

⑫ 显然, F_{12} 不满足 (I3), 但 F_{12} 满足 (I1) 和 (EP), 且 $N_{F_{12}}^{0.5} = N_0$.

⑬ F_{13} 满足 (I1) 和 (I3), 且对任意 $\alpha \in (0, 1)$ 有 $N_{F_{13}}^{\alpha} = N_0$. 此外 F_{13} 不满足 (EP), 因为

$$F_{13}(0, F_{13}(0.5, 0)) = 1 \neq 0.5 = F_{13}(0.5, F_9(0, 0)). \tag{2.2.25}$$

⑭ 最后, F_{14} 是 Yager-蕴涵, 它满足 (EP) 和 (NP).

定理 2.2.4 对于函数 $I : [0, 1]^2 \to [0, 1]$, 下列描述等价:

(1) I 是由有单位元 $e \in (0, 1)$ 的析取一致模和连续模糊否定 N 生成的 (U, N)-算子.

(2) I 满足 (I1), (EP) 且函数 N_I^e 是连续否定.

2.3 基于一致模的 QL-蕴涵和 D-蕴涵

2.3.1 QL-蕴涵

设 U 和 U' 分别为以 e 为单位元的合取一致模和以 e' 为单位元的析取一致模, N 是强否定. 用 I_Q 来表示 QL-算子, 且定义如下:

$$I_Q(x, y) = U'(N(x), U(x, y)), \quad x, y \in [0, 1]. \tag{2.3.1}$$

注意到 QL-算子满足 (I2)、(I3)、(I4) 和 (I5), 但是一般不满足 (I1). 因此下面首先研究 QL-算子成为模糊蕴涵的必要条件.

命题 2.3.1 设 U 和 U' 分别是合取一致模和析取一致模, N 是强否定, 对应的 QL-算子 I_Q 是模糊蕴涵. 则 U' 是三角余模而且对所有的 $x \in [0, 1]$ 有 $U'(x, N(x)) = 1$.

证明 对所有的 $x \in [0, 1]$, 显然有 $I_Q(x, e) = U'(N(x), U(x, e)) = U'(N(x), x)$. 特别地, $I_Q(0, e) = 1 = I_Q(1, e)$, 因为 I_Q 关于第一变元单调递增, 所以对所有的 $x \in [0, 1]$ 有 $U'(N(x), x) = I_Q(x, e) = 1$.

下面证明 $e' = 0$. 因为对所有的 $x \in [0, 1]$ 有 $U'(x, N(x)) = 1$. 特别地有

$$N(e') = U'(e', N(e')) = 1. \tag{2.3.2}$$

因此 $e' = 0$. 这样 U' 是三角余模.

2.3 基于一致模的 QL-蕴涵和 D-蕴涵

例 2.3.1 取 $S = S_{\mathrm{LK}}$, 即 S 是Lukasiewicz 三角余模 $S_{\mathrm{LK}}(x,y) = \min(1, x+y)$, $N(x) = 1 - x$ 和任意可表示一致模 U(甚至任意 $(0,1)^2$ 上连续的一致模). 从命题 2.3.2 可知: 如下表示的 QL-算子

$$I_Q(x,y) = \min(1, 1-x+U(x,y)), \quad x,y \in [0,1] \tag{2.3.3}$$

不是模糊蕴涵. 这表明命题 2.3.1 的逆命题不成立.

注意到, 当 U' 连续时, 命题 2.3.1 表明存在单调递增的双射 $\varphi : [0,1] \to [0,1]$ 使得 U' 必须与 S_{LK} 是 φ-同构的并且 $N \geqslant N_\varphi$. 在这里仅处理 $N = N_\varphi$ 的情况. 这样对所有的 $x, y \in [0,1]$, I_Q 有如下表示:

$$I_Q(x,y) = \varphi^{-1}(\min(1, 1-\varphi(x)+\varphi(U(x,y)))). \tag{2.3.4}$$

进一步, 因为当 $y \geqslant e$ 时 $U(x,y) \geqslant x$; 当 $y \leqslant e$ 时 $U(x,y) \leqslant x$, 所以有

$$I_Q(x,y) = \begin{cases} 1, & y \geqslant e, \\ \varphi^{-1}(1-\varphi(x)+\varphi(U(x,y))), & y \leqslant e. \end{cases} \tag{2.3.5}$$

由式 (2.3.5) 可以看出 QL-算子由函数 φ 和一致模 U 决定. 因此用 $I^{\varphi,U}$ 来表示它. U 是三角模的情形已经研究了, 因此从现在开始假设 $0 < e < 1$.

命题 2.3.2 设 U 是合取一致模, $e \in (0,1)$ 是 U 的单位元, φ 是单调递增的双射, $I^{\varphi,U}$ 是模糊蕴涵. U 在 $(0,1)^2$ 上不连续, 因此 U 不是可表示的.

证明 假设 $I^{\varphi,U}$ 是模糊蕴涵. 若 U 在 $(0,1)^2$ 上连续, 则 U 有两种表达形式. 假设 U 有式 (1.2.33) 的形式, 取 x 使得 $u < x < e$, 此时 $U(x,x)$ 可通过可表示一致模 U_R 表示为

$$U(x,x) = u + (1-u)U_R\left(\frac{x-u}{1-u}, \frac{x-u}{1-u}\right) < u + (1-u)\frac{x-u}{1-u} = x, \tag{2.3.6}$$

所以 $I^{\varphi,U}(x,x) = \varphi^{-1}(1-\varphi(x)+\varphi(U(x,x))) < 1$.
另外

$$I^{\varphi,U}(1,x) = \varphi^{-1}(1-\varphi(1)+\varphi(U(1,x))) = U(1,x) = 1. \tag{2.3.7}$$

这与 $I^{\varphi,U}$ 关于第一变元单调递减矛盾.

假设 U 有式 (1.2.34) 的形式, 可通过类似 U 有式 (1.2.33) 的证明方法获得矛盾. 因此 U 在 $(0,1)^2$ 上不连续. 最后, 因为可表示一致模在 $[0,1]^2 \setminus \{(0,1),(1,0)\}$ 上连续, 所以推出 U 不是可表示的.

命题 2.3.3 设 U 是有单位元 $e \in (0,1)$ 的合取幂等一致模, $\varphi : [0,1] \to [0,1]$ 是单调递增双射. 则 $I^{\varphi,U}$ 是模糊蕴涵, 当且仅当 U 在 $U_{\min}$ 中, 即

$$U(x,y) = \begin{cases} \max(x,y), & \min(x,y) \geqslant e, \\ \min(x,y), & \text{其他}. \end{cases} \tag{2.3.8}$$

证明 若 $I^{\varphi,U}$ 是模糊蕴涵,g 是 U 的关联函数. 分下面几步来证明 U 在 $\mathcal{U}_{\min}$ 中.

首先证明 $g(1) = e$. 若不然, 即 $g(1) < e$, 取 y 使得 $g(1) < y < e$, 则 $U(1,y) = \max(1,y) = 1$. 因为 $y < e$, 所以有

$$I^{\varphi,U}(1,y) = (S_{\mathrm{LK}})_\varphi(N_\varphi(1), U(1,y)) = (S_{\mathrm{LK}})_\varphi(0,1) = 1. \tag{2.3.9}$$

另外

$$I^{\varphi,U}(e,y) = (S_{\mathrm{LK}})_\varphi(N_\varphi(e), U(e,y)) = (S_{\mathrm{LK}})_\varphi(e,y) < 1.$$

这与 $I^{\varphi,U}$ 关于第一变元单调递减矛盾, 因此 $g(1) = e$.

因为 g 是单调递减的, 所以对任意 $x \in [e,1]$ 有 $g(x) = e$, 同时可知对所有的 $x < g(1) = e$ 有 $g(x) = 1$. 因此幂等一致模只能在 $\mathcal{U}_{\min}$ 中.

反之, 若 U 是属于 $\mathcal{U}_{\min}$ 类中有单位元 e 的幂等一致模, 显然它的表达式如上述命题所示, 那么容易计算出

$$I^{\varphi,U}(x,y) = \begin{cases} 1, & y \geq e \text{ 或 } x \leq y, \\ \varphi^{-1}(1 - \varphi(x) + \varphi(y)), & \text{其他}. \end{cases} \tag{2.3.10}$$

显然该表达式满足模糊蕴涵的要求.

例 2.3.2 取 U 为命题 (2.3.3) 中的一致模, φ 是任意单调递增双射. 命题 (2.3.3) 表明 QL-蕴涵可表示为式 (2.3.10).

根据一致模的分类, 仅剩下 $\mathcal{U}_{\min}$ 类中的一致模没有讨论. 但是对于这种情况, 可以得到许多其他模糊蕴涵.

命题 2.3.4 若 $U = (e,T,S)$ 有单位元 $e \in (0,1)$ 且在 $\mathcal{U}_{\min}$ 类中, $\varphi : [0,1] \to [0,1]$ 是单调递增的双射, $\varphi_e : [0,e] \to [0,\varphi(e)]$ 是 φ 在 $[0,e]$ 上的限制. 则 $I^{\varphi,U}$ 是模糊蕴涵, 当且仅当 T 的 ψ-变换满足利普希茨条件, 其中 $\psi = p_e \circ (\varphi_e)^{-1}$. 此时

$$I^{\varphi,U}(x,y) = \begin{cases} 1, & y \geq e, \\ \varphi^{-1}(1 - \varphi(x) + \varphi(y)), & y < e \leq x, \\ A(x,y), & x, y \leq e. \end{cases} \tag{2.3.11}$$

其中, $A(x,y) = \varphi^{-1}\left(1 - \varphi(x) + \varphi\left(eT\left(\dfrac{x}{e}, \dfrac{y}{e}\right)\right)\right)$.

证明 首先假设 $I^{\varphi,U}$ 是模糊蕴涵, 取 $y \leq e$ 和 $x' \leq x \leq e$. 因为 $I^{\varphi,U}$ 关于第一变元单调递减, 所以由

$$I^{\varphi,U}(x,y) = \begin{cases} 1, & y \geq e, \\ \varphi^{-1}(1 - \varphi(x) + \varphi(U(x,y))), & y \leq e, \end{cases} \tag{2.3.12}$$

2.3 基于一致模的 QL-蕴涵和 D-蕴涵

有 $\varphi^{-1}(1-\varphi(x)+\varphi(U(x,y))) \leqslant \varphi^{-1}(1-\varphi(x')+\varphi(U(x',y)))$, 因此

$$\varphi\left(eT\left(\frac{x}{e},\frac{y}{e}\right)\right) - \varphi\left(eT\left(\frac{x'}{e},\frac{y}{e}\right)\right) \leqslant \varphi(x) - \varphi(x'). \tag{2.3.13}$$

事实上, 函数 φ 可以用 φ_e 代替, 因为它的值总是小于等于 e, 令 $a = \varphi_e(x)$, $a' = \varphi_e(x')$, $b = \varphi_e(y)$ 和 $\psi = p_e \circ (\varphi_e)^{-1}$, 那么对所有的 $a, a', b \in [0, \varphi(e)]$ 使得 $a' \leqslant a$ 有

$$\psi^{-1}T(\psi(a),\psi(b)) - \psi^{-1}T(\psi(a'),\psi(b)) \leqslant a - a', \tag{2.3.14}$$

即 T 的 ψ-变换 $T_\psi : [0, \varphi(e)] \to [0, \varphi(e)]$ 满足利普希茨条件.

反之, 为证明 QL-算子 $I^{\varphi, U}$ 是 QL-蕴涵, 那么仅需检验该算子关于第一变元是单调递减的. 另外, 因为对所有 $y \geqslant e$ 总有 $I^{\varphi, U}(x, y) = 1$, 所以只需考虑 $y < e$ 的情况. 因此需要讨论下面三种情况.

(1) 当 $x' \leqslant x \leqslant e$ 时, 通过倒推上面的证明, 容易获得 $I^{\varphi, U}(x', y) \geqslant I^{\varphi, U}(x, y)$.

(2) 当 $e \leqslant x' \leqslant x$ 时, 注意到 $U \in \mathcal{U}_{\min}$ 有 $U(x', y) = U(x, y) = y$, 因此 $I^{\varphi, U}(x', y) = \varphi^{-1}(1-\varphi(x')+\varphi(y)) \geqslant \varphi^{-1}(1-\varphi(x)+\varphi(y)) = I^{\varphi, U}(x, y)$.

(3) 当 $x' \leqslant e \leqslant x$ 时, 利用第一种情况可得 $I^{\varphi, U}(x', y) \geqslant I^{\varphi, U}(e, y)$, 因此 $I^{\varphi, U}(x', y) = \varphi^{-1}(1-\varphi(e)+\varphi(y)) \geqslant \varphi^{-1}(1-\varphi(x)+\varphi(y)) = I^{\varphi, U}(x, y)$. 最后, 通过简单的计算可给出 $I^{\varphi, U}$ 的表达式.

2.3.2 D-蕴涵

设 U 和 U' 分别是有单位元 e 和 e' 的合取一致模和析取一致模, N 是强否定. 用 I_D 表示对应的 D-算子, 即

$$I_D(x, y) = U'(U(N(x), N(y)), y), \quad x, y \in [0, 1]. \tag{2.3.15}$$

注意到 D-算子恰好是 QL-算子关于 N 的换置位, 即给定 U, U', N, 对 $x, y \in [0, 1]$ 有

$$I_D(x, y) = I_Q(N(y), N(x)). \tag{2.3.16}$$

与 2.3.1 节一样, 首先要研究何时 I_D 是模糊蕴涵. 注意到, 除了 (I2) 以外, I_D 满足所有模糊蕴涵的条件. 从研究 QL-蕴涵和 D-蕴涵间密切的关系开始.

命题 2.3.5 设 U 是合取一致模, U' 是析取一致模, N 是强否定. 那么对应的 D-算子 I_D 是模糊蕴涵, 当且仅当对应的 QL-算子也是模糊蕴涵.

证明 若 I_Q 是模糊蕴涵, 为证明 I_D 也是模糊蕴涵, 只需要证明 I_D 关于第二变元单调递增. 因此, 假设 $x, y, y' \in [0, 1]$ 使得 $y' \leqslant y$, 那么

$$I_D(x, y') = I_Q(N(y'), N(x)) \leqslant I_Q(N(y), N(x)) = I_D(x, y) \tag{2.3.17}$$

所以 I_D 是蕴涵函数. 反之同理可证.

下面的推论可直接由关于 QL-蕴涵的结论获得.

推论 2.3.1 设 U 是合取一致模, U' 是析取一致模, N 是强否定, 使得对应 D-算子 I_D 是模糊蕴涵. 则 U' 是三角余模且对任意 $x \in [0,1]$ 满足 $U'(x, N(x)) = 1$.

因此, 在连续的情况下, U' 必须是幂零的三角余模 $(S_{\mathrm{LK}})_\varphi$, 这里 $\varphi: [0,1] \to [0,1]$ 是单调递增的双射且满足 $N \geqslant N_\varphi$. 如 2.3.1 节一样, 只考虑特殊情况 $N = N_\varphi$. 在该情况下,

$$I_D(x,y) = \varphi^{-1}(\min(\varphi(U(N_\varphi(x), N_\varphi(y))) + \varphi(y), 1)), \quad x, y \in [0,1]. \tag{2.3.18}$$

注记 2.3.1 当 $x \leqslant N_\varphi(e)$ 时, 有 $N_\varphi(x) \geqslant e$. 在这种情况下, $U(N_\varphi(x), N_\varphi(y)) \geqslant N_\varphi(y)$, 因此当 $x \leqslant N_\varphi(e)$ 时, 总有 $I_D(x,y) = 1$. 另外, 从 I_D 的表达式可以发现 D-算子由函数 φ 和一致模 U 所决定. 因此用 $I_{\varphi,U}$ 来表示它.

注意到当 U 是三角模的情况, $I_{\varphi,U}$ 结构已经研究了, 所以从现在开始只考虑 $0 < e < 1$ 的情况. 在连续的情况下有下面的结论.

推论 2.3.2 设 U 是有单位元 $e \in (0,1)$ 的合取一致模, $\varphi: [0,1] \to [0,1]$ 是单调递增的双射, φ_e 是 φ 在 $[0,e]$ 上的限制.

(1) 若 $I_{\varphi,U}$ 是模糊蕴涵, 则 U 在 $(0,1)^2$ 不连续, 从而 U 不是可表示的一致模.

(2) 若 U 是幂等的, 则 $I_{\varphi,U}$ 是模糊蕴涵, 当且仅当 $U \in \mathcal{U}_{\min}$.

(3) 若 $U = (e, T, S) \in \mathcal{U}_{\min}$, 则 $I_{\varphi,U}$ 是模糊蕴涵, 当且仅当 T 的 ψ-变换满足利普希茨条件, 其中 $\psi = p_e \circ (\varphi_e)^{-1}$.

此外

$$I_{\varphi,U}(x,y) = \begin{cases} 1, & x \leqslant N_\varphi(e), \\ \varphi^{-1}(1 - \varphi(x) + \varphi(y)), & y \leqslant N_\varphi(e) < x, \\ A(x,y), & x, y \geqslant N_\varphi(e). \end{cases} \tag{2.3.19}$$

其中, $A(x,y) = \varphi^{-1}\left(\varphi\left(eT\left(\dfrac{N_\varphi(x)}{e}, \dfrac{N_\varphi(y)}{e}\right)\right) + \varphi(y)\right)$.

证明 推论 2.3.2 (1)~(3) 的证明直接由关于 QL-蕴涵的对应结论和命题 2.3.5 可得. 另外, 当 $U \in \mathcal{U}_{\min}$ 时, 通过简单的计算就可以证明 $I_{\varphi,U}$ 的表达式如式 (2.3.19) 所示.

注记 2.3.2 推论 2.3.2 (2) 的结论是推论 2.3.2 (3) 在 $T = T_M$ 时的特殊情况. 此时 $I_{\varphi,U}$ 的表达式变为

$$I_{\varphi,U}(x,y) = \begin{cases} 1, & x \leqslant N_\varphi(e) \text{ 或 } x \leqslant y, \\ \varphi^{-1}(1 - \varphi(x) + \varphi(y)), & \text{其他}. \end{cases} \tag{2.3.20}$$

2.3.3 QL-蕴涵和 D-蕴涵的一些性质

在这一小节中,研究这两类蕴涵的一些性质. 注意到由三角模和三角余模生成的 QL-蕴涵和 D-蕴涵有几个共同的性质,但由一致模生成时却没有. 例如,在很多情况下,由三角模和三角余模生成的 I_Q 和 I_D 都是边界蕴涵,即均满足 $I_Q(x,0) = I_D(x,0) = N(x)$. 在某些情况下,它们也同时满足关于 N 的换置位对称性和交换原则. 然而,在一致模的条件下,仅拥有下列结论.

命题 2.3.6 设 S、S' 是三角余模, N、N' 是强否定, U、U' 是分别以 $e \in (0,1)$ 和 $e' \in (0,1)$ 为单位元的合取一致模, I_Q 是由 S、N、U 生成的 QL-算子, I_D 是由 S'、N'、U' 生成的 D-算子, 则

(1) 对任意 $y \in [0,1]$, I_D 满足 $I_D(1,y) = y$, 但 I_Q 不满足.

(2) 对任意 $x \in [0,1]$, $I_Q(x,0) = N(x)$, 但 I_D 不满足.

(3) $I_Q \neq I_D$.

(4) I_Q、I_D 不满足关于任何强否定的换质位对称性.

(5) I_Q 不满足交换原则.

证明 (1) 对任意 $y \in [0,1]$ 有 $I_D(1,y) = S'(U'(N'(1), N'(y)), y) = S'(0,y) = y$. 另外, 当 $y \geq e$ 时, 有 $I_Q(1,y) = S(N(1), U(1,y)) = S(0,1) = 1$.

(2) 对所有 $x \in [0,1]$ 有 $I_Q(x,0) = S(N(x), U(x,0)) = N(x)$. 然而对 I_D 则不成立, 因为 $I_D(N'(e'), 0) = S'(U'(e', N'(0)), 0) = 1 \neq e'$.

(3) 显然由 (1) 可得.

(4) 假设 I_Q 满足关于强否定 N_1 的换质位对称性, 则由 $I_Q(1,y) = S(0, U(1,y)) = U(1,y)$ 和换质位对称性可得 $U(1,y) = I_Q(N_1(y), N_1(1)) = S(N(N_1(y)), U(N_1(y),0)) = N(N_1(y))$. 但是, 当 $y \geq e$ 时有 $U(1,y) = 1$, 从而 $N \circ N_1$ 不是单射, 故产生矛盾.

同样地, 若 I_D 满足关于强否定 N_1 的换质位对称性, 利用 (1) 可知对任意 $y \in [0,1]$ 有 $y = I_D(1,y) = I_D(N_1(y), 0) = S'(U'(N'(N_1(y)), 1), 0) = U'(N'(N_1(y)), 1)$. 因为当 $z \geq e'$ 时 $U'(z,1) = 1$, 但前面的表达式表明对所有 $y < 1$ 有 $N'(N_1(y)) < e'$, 这与 N 和 N' 是双射矛盾.

(5) 根据 (2), 一方面有 $I_Q(N(e), I_Q(1,0)) = I_Q(N(e), 0) = N(N(e)) = e$, 另一方面有 $I_Q(1, I_Q(N(e), 0)) = I_Q(1, N(N(e))) = I_Q(1,e) = 1$.

注意到在命题 2.3.6 中关于 QL-蕴涵 (5) 的证明是基于 (2) 的, 因此它对 D-蕴涵不适用. 事实上, 对 D-蕴涵, (5) 是不成立的. 例如, D-蕴涵在注记 2.3.2 中的表达式满足交换性质.

命题 2.3.7 设 $U = (e,T,S)$ 是在类 $\mathcal{U}_{\min}$ 中有单位元 $e \in (0,1)$ 的合取一致模, $\varphi : [0,1] \to [0,1]$ 是单调递增的双射, 且使得对应的 $I^{\varphi,U}$ 和 $I_{\varphi,U}$ 是模糊蕴涵,

则下面的描述等价:

(1) 对任意 $x \in [0,1]$, $I^{\varphi,U}(x,x) = 1$.
(2) 对任意 $x \in [0,1]$, $I_{\varphi,U}(x,x) = 1$.
(3) $T = T_M$.

其中

$$I^{\varphi,U} = \begin{cases} 1, & y \geqslant e \text{ 或 } x \leqslant y, \\ \varphi^{-1}(1 - \varphi(x) + \varphi(y)), & \text{其他}; \end{cases}$$

$$I_{\varphi,U}(x,y) = \begin{cases} 1, & x \leqslant N_\varphi(e) \text{ 或 } x \leqslant y \\ \varphi^{-1}(1 - \varphi(x) + \varphi(y)), & \text{其他}. \end{cases}$$

证明 从算子 I_Q 和 I_D 满足换质位对称性可得命题 2.3.7 (1) 和 (2) 等价, 因此只需证明命题 2.3.7 (1) 和 (3) 之间的等价. 首先假设对任意 $x \in [0,1]$, $I^{\varphi,U}(x,x) = 1$. 那么当 $x \leqslant e$ 时, 根据 $I^{\varphi,U}$ 的一般表达式有

$$\varphi^{-1}\left(1 - \varphi(x) + \varphi\left(eT\left(\frac{x}{e}, \frac{x}{e}\right)\right)\right) = 1 \tag{2.3.21}$$

且

$$T\left(\frac{x}{e}, \frac{x}{e}\right) = \frac{x}{e}, \quad x \in [0, e]. \tag{2.3.22}$$

即 T 是幂等的, 所以 $T = T_M$.

相反地, 若 $T = T_M$, 则 $I_Q = I^{\varphi,U}$, 所以它满足命题 2.3.7 (1).

注记 2.3.3 注意到上面命题中所给的性质与序性质不等价, 即

$$I(x,y) = 1 \Leftrightarrow x \leqslant y, \tag{2.3.23}$$

这与由三角模和三角余模生成的 QL-算子和 D-算子的情况一致.

2.3.4 幂零极大三角余模生成的蕴涵

注意到 QL-算子或 D-算子是模糊蕴涵的必要条件之一是 U' 必须是三角余模 S 且对任意 $x \in [0,1]$ 有 $S(x, N(x)) = 1$, 对任意强否定 N, 若 S 不连续, 对于 S 而言, 还有其他选择对象. 例如, S 可取幂零极大三角余模, 即

$$S(x,y) = \max_N(x,y) = \begin{cases} \max(x,y), & y < N(x), \\ 1, & \text{其他}. \end{cases} \tag{2.3.24}$$

接下来, 刻画一致模 U 和幂零极大三角余模生成 QL-蕴涵和 D-蕴涵的条件.

命题 2.3.8 设 N 是强否定, $\max_N$ 是幂零极大三角余模, U 是合取一致模, 生成的 I_Q 是 QL-蕴涵, U 在 $(0,1)^2$ 上不连续, 且若它是幂等的, 则 $U \in \mathcal{U}_{\min}$.

2.3 基于一致模的 QL-蕴涵和 D-蕴涵

证明 分两步进行证明. 首先证明 U 在 $(0,1)^2$ 上不连续. 假设 U 在 $(0,1)^2$ 上连续, 则此时 U 有两种形式, 鉴于这两种情况相似, 仅给出一种情况的证明. 即可以假设 $U = (T_1, \lambda, T_2, u, (R, e))$, 取 x 使得 $u < x < e$, 像命题 2.3.2 的证明一样, 有 $U(x,x) < x$ 且 $I_Q(x,x) = \max_N(N(x), U(x,x)) = \max_N(N(x), U(x,x)) < 1$.

另外, 对 $u < x < e$ 也有 $I_Q(1,x) = \max_N(0, U(1,x)) = \max_N(0,1) = 1$, 而 $I_Q(e,x) = \max_N(N(e), U(e,x)) = \max_N(N(e), x) = \max(N(e), x) < 1$, 这与蕴涵关于第一变元单调递减矛盾, 因此 $g(1) = e$. 与命题 2.3.3 的证明一样, 可表明 $U \in \mathcal{U}_{\min}$.

因此, 根据一致模的分类, 只需考虑 $U \in \mathcal{U}_{\min}$ 的情况.

命题 2.3.9 设 N 是有不动点 s 的强否定, $\max_N$ 是幂零极大三角余模, $U = (e, T, S) \in \mathcal{U}_{\min}$ 且 T 连续. 则 I_Q 是 QL-蕴涵, 当且仅当下列两种情况之一成立.

(1) $e \leqslant s$.

(2) $s < e$, 且对任意 $x \in [s, e]$ 有 $U(x,x) = x$.

另外, 情况 (1) 中

$$I_Q(x,y) = \begin{cases} 1, & y \geqslant e \text{ 或 } (x \leqslant y < e \text{ 且 } U(x,y) = x), \\ y, & N(x) \leqslant y < e, \\ N(x), & \text{其他}, \end{cases} \quad (2.3.25)$$

而情况 (2) 中

$$I_Q(x,y) = \begin{cases} 1, & y \geqslant e \text{ 或 } (x \leqslant y < e \text{ 且 } U(x,y) = x), \\ y, & N(x) \leqslant y < e, x, \\ N(x), & \text{其他}. \end{cases} \quad (2.3.26)$$

证明 首先假设 I_Q 是 QL-蕴涵且 $s < e$. 若存在 x_0 处满足 $s < x_0 < e$ 和 $U(x_0, x_0) < x_0$, 则

$$I_Q(x_0, x_0) = \max_N(N(x_0), U(x_0, x_0)) = \max(N(x_0), U(x_0, x_0)) < x_0. \quad (2.3.27)$$

而

$$I_Q(1, x_0) = \max_N(0, U(1, x_0)) = U(1, x_0) = x_0 \quad (2.3.28)$$

与 I_Q 关于第一变元单调递减矛盾. 因此, 证明了对任意 $x \in (s, e)$ 有 $U(x,x) = x$. 此外, 显然有 $U(e,e) = e$, 再由 T 的连续性有 $U(s,s) = s$. 反之, 情况 (1) 中 I_Q 的表达式表明 I_Q 在第一变元单调递减, 因此 I_Q 是模糊蕴涵.

类似地, 情况 (2) 中 I_Q 的表达式再次表明 I_Q 在情况 (2) 时也是模糊蕴涵.

由关于 QL-算子的结论以及命题 2.3.5，显然在考虑的几类一致模中，仅 $\mathcal{U}_{\min}$ 类中的一致模可生成 D-蕴涵. 进一步，关于这类一致模有下列推论.

推论 2.3.3　设 N 是有不动点 s 的强否定，$\max_N$ 是幂零极大三角余模，$U = (e, T, S) \in \mathcal{U}_{\min}$ 且 T 连续. 则 I_D 是 D-蕴涵，当且仅当下列两种情况之一成立.

(1) $e \leqslant s$.

(2) $s < e$，且对任意 $x \in [s, e]$ 有 $U(x, x) = x$.

情况 (1) 中

$$I_D(x, y) = \begin{cases} 1, & x \leqslant N(e) \text{ 或 } (N(e) < x \leqslant y \text{ 且 } U(N(x), N(y)) = N(y)), \\ N(x), & N(e) < x \leqslant N(y), \\ y, & \text{其他}. \end{cases}$$
(2.3.29)

而情况 (2) 中

$$I_D(x, y) = \begin{cases} 1, & x \leqslant N(e) \text{ 或 } (N(e) < x \leqslant y \text{ 且 } U(N(x), N(y)) = N(y)), \\ N(x), & N(e), y < x \leqslant N(y), \\ y, & \text{其他}. \end{cases}$$
(2.3.30)

证明　情况 (1) 和 (2) 从命题 2.3.5 和命题 2.3.9 可知. 另外，鉴于 I_D 与 I_Q 的换质位对称，所以 I_Q 的两种表达形式可以直接通过命题 2.3.9 得到.

第3章 分配性方程

3.1 基于幂等一致模与零模间的分配性

定义 3.1.1 令 $F, G : [0,1]^2 \to [0,1]$ 是两个二元函数，称

(1) F 关于 G 是左分配的，若对任意 $x, y, z \in [0,1]$，都满足

$$F(x, G(y, z)) = G(F(x, y), F(x, z)). \tag{3.1.1}$$

(2) F 关于 G 是右分配的，若对任意 $x, y, z \in [0,1]$，都满足

$$F(G(y, z), x) = G(F(y, x), F(z, x)). \tag{3.1.2}$$

若方程 (3.1.1) 和方程 (3.1.2) 同时被满足，则称 F 关于 G 是分配的.

本节主要研究基于幂等一致模和零模的分配性方程，考虑到幂等一致模和零模满足交换性，因此只需要考虑方程 (3.1.1)，即假定未知函数 F、G 分别是幂等一致模和 (或) 零模. 注意到当 F、G 都是零模，不涉及幂等一致模时，这种情况已经讨论了；当 F、G 都是幂等一致模时，这种情况也已经讨论了. 因此，只需讨论剩余两种情况：

(1) F 是零模，G 是幂等一致模.

(2) F 是幂等一致模，G 是零模.

3.1.1 F 是零模，G 是幂等一致模

令零模 $F = (k, S_F, T_F)$，幂等一致模 $U = (e, g)$，有下面的引理.

引理 3.1.1 令 $F = (k, S_F, T_F)$ 是零模，U 是一致模. 若 F 与 U 满足方程 (3.1.1)，则 U 是幂等的.

下面根据幂等一致模 U 是析取的还是合取的两种情况进行讨论. 首先，讨论幂等一致模 U 是析取的情况.

为了方便起见，首先考虑 $k = 0$ 的情况. 事实上，若 $k = 0$，即 F 是三角模，在方程 (3.1.1) 中，令 $x = e, y = 1, z = 0$，有 $F(e, U(1, 0)) = U(F(e, 0), F(e, 0))$. 由 F 是三角模和 U 是析取的一致模知 $e = 0$，即 U 是三角余模，进一步可知 $U = \max$. 注意到此时仅要求 F 是三角模.

基于上面的事实，只需考虑 $k \neq 0$ 的情况.

引理 3.1.2 设 F 是零模并且 $k \neq 0$, U 为析取的幂等一致模. 若 F 与 U 满足方程 (3.1.1), 则 $e \neq k$.

证明 假设 $e = k$. 在方程 (3.1.1) 中, 令 $y = 1$, $z = 0$, 则有

$$F(x, U(1,0)) = U(F(x,1), F(x,0)). \tag{3.1.3}$$

注意到 $U(1,0) = 1$, $F(x,1) = x \vee k$, $F(x,0) = x \wedge k$. 因此, 当 $x < k$ 时, 方程 (3.1.3) 的左边为 $F(x, U(1,0)) = F(x,1) = x \vee k = k$; 而方程 (3.1.3) 的右边为 $U(F(x,1), F(x,0)) = U(k, x) = U(e, x) = x$, 矛盾.

引理 3.1.3 设 F 是零模并且 $k \neq 0$, U 为析取的幂等一致模. 若 F 与 U 满足方程 (3.1.1), 则 $e < k$.

证明 由引理 3.1.3, 反设 $e > k$. 在方程 (3.1.1) 中, 令 $x = e$, $y = 1$, $z = 0$, 则有

$$F(e, U(1,0)) = U(F(e,1), F(e,0)). \tag{3.1.4}$$

注意到 $U(1,0) = 1$; $F(e,1) = e \vee k = e$; $F(e,0) = e \wedge k = k$. 因此方程 (3.1.4) 的左边为 $F(e, U(1,0)) = F(e,1) = e$, 而方程 (3.1.4) 的右边为 $U(F(e,1), F(e,0)) = U(e, k) = k$, 这样有 $e = k$, 矛盾.

引理 3.1.4 设 F 是零模并且 $k \neq 0$, U 为析取的幂等一致模. 若 F 与 U 满足方程 (3.1.1), 则 F 具有如下结构:

$$F(x,y) = \begin{cases} eS_1\left(\dfrac{x}{e}, \dfrac{y}{e}\right), & x \vee y \leqslant e, \\ e + (k-e)S_2\left(\dfrac{x-e}{k-e}, \dfrac{y-e}{k-e}\right), & e \leqslant x, y \leqslant k, \\ k + (1-k)T_F\left(\dfrac{x-k}{1-k}, \dfrac{y-k}{1-k}\right), & x, y \geqslant k, \\ k, & x \wedge y \leqslant k \leqslant x \vee y, \\ x \vee y, & \text{其他}. \end{cases} \tag{3.1.5}$$

证明 在方程 (3.1.1) 中令 $x = e$, $y = 0$, 则有

$$F(e, U(0, z)) = U(F(e, 0), F(e, z)). \tag{3.1.6}$$

注意到 $z \leqslant e$ 时, 有 $U(0, z) = 0$. 由引理 3.1.4 知 $e < k$, 因此 $F(e, 0) = e$. 这样由方程 (3.1.6) 有 $e = F(e, z)$, 即证明了当 $z \leqslant e$ 时有 $e = F(e, z)$.

另外, 在方程 (3.1.1) 中令 $y = e$, $z = 0$. 由 $U(e, 0) = 0$ 知

$$F(x, 0) = U(F(x, e), F(x, 0)). \tag{3.1.7}$$

当 $e \leqslant x \leqslant k$ 时,知 $F(x,0) = x$. 进一步,由方程 (3.1.7) 知

$$x = U(F(x,e),x). \tag{3.1.8}$$

由单调性知 $F(x,e) \geqslant e$, 这样 $g(F(x,e)) \leqslant e \leqslant x$. 因此由定理 1.2.12 知 $x = x \vee F(x,e)$. 这样有 $F(x,e) \leqslant x$. 另外, 由定理 1.3.14 容易看到 $F(x,e) \geqslant x$. 因此, 当 $e \leqslant x \leqslant k$ 时, 有 $F(x,e) = x$. 综上所述, 得到

$$F(x,e) = \begin{cases} e, & x \leqslant e, \\ x, & e \leqslant x \leqslant k. \end{cases} \tag{3.1.9}$$

任取 x、y 满足 $x \leqslant e \leqslant y \leqslant k$, 则由方程 (3.1.9) 知

$$F(x,y) = F(x,F(e,y)) = F(F(x,e),y) = F(e,y) = y. \tag{3.1.10}$$

这样就证明了当 $x \wedge y \leqslant e \leqslant x \vee y \leqslant k$ 时, 有 $F(x,y) = x \vee y$. 再由三角余模的序和定理以及零模的结构定理可知 F 的结构如式 (3.1.5) 所示.

引理 3.1.5 设 F 是零模并且 $k \neq 0$, U 为析取的幂等一致模. 若 F 与 U 满足方程 (3.1.1), 则有

(1) 若 $z \in [0,e]$, 则 $g(z) = e$.

(2) 若 $z \in (e,1]$, 则 $g(z) = 0$.

这样由 (1), (2) 和定理 1.2.12 知 $U = R^*$.

证明 (1) 若存在 $z_0 \in [0,e]$ 使得 $g(z_0) \neq e$, 注意到 $g(e) = e$, 所以必有 $z_0 < e$, 再由 g 是递减的知 $g(z_0) > e$, 取 y_0 满足

$$z_0 < e < y_0 < g(z_0). \tag{3.1.11}$$

在方程 (3.1.1) 中令 $x = e$, $y = y_0$, $z = z_0$, 由定理 1.2.12、方程 (3.1.9) 和 $e < k$ 知方程 (3.1.1) 的左边为 $F(e,U(y_0,z_0)) = F(e,y_0 \wedge z_0) = F(e,z_0) = e$, 而方程 (3.1.1) 的右边为 $U(F(e,y_0),F(e,z_0)) = U(F(e,y_0),e) = F(y_0,e) \geqslant k \wedge y_0 > e$, 矛盾.

(2) 若存在 $z_0 \in (e,1]$ 使得 $g(z_0) > 0$, 取 y_0 满足

$$0 < y_0 < g(z_0) \leqslant e < z_0 \leqslant 1. \tag{3.1.12}$$

在方程 (3.1.1) 中令 $x = e, y = y_0, z = z_0$, 由定理 1.2.12、方程 (3.1.9) 和 $e < k$ 知方程 (3.1.1) 的左边为 $F(e,U(y_0,z_0)) = F(e,y_0 \wedge z_0) = F(e,y_0) = e$, 而方程 (3.1.1) 的右边为 $U(F(e,y_0),F(e,z_0)) = U(e,F(e,z_0)) = F(z_0,e) \geqslant k \wedge z_0 > e$, 矛盾.

上面已经讨论了 U 是析取的幂等一致模. 对于 U 是合取的幂等一致模, 也有类似的结果. 由于证明类似, 所以仅罗列结果.

引理 3.1.6 设 F 是零模并且 $k \neq 1$, U 为合取的幂等一致模. 若 F 与 U 满足方程 (3.1.1), 则 $e > k$.

引理 3.1.7 设 F 是零模并且 $k \neq 1$, U 为合取的幂等一致模. 若 F 与 U 满足方程 (3.1.1), 则 F 具有如下结构:

$$F(x,y) = \begin{cases} kS_F\left(\dfrac{x}{k}, \dfrac{y}{k}\right), & x \vee y \leqslant k, \\ e + (e-k)T_1\left(\dfrac{x-k}{e-k}, \dfrac{y-k}{e-k}\right), & k \leqslant x, y \leqslant e, \\ e + (1-e)T_2\left(\dfrac{x-e}{1-e}, \dfrac{y-e}{1-e}\right), & x, y \geqslant e, \\ k, & x \wedge y \leqslant k \leqslant x \vee y, \\ x \wedge y, & \text{其他}. \end{cases} \quad (3.1.13)$$

引理 3.1.8 设 F 是零模并且 $k \neq 1$, U 为合取的幂等一致模. 若 F 与 U 满足方程 (3.1.1), 则有

(1) 若 $z \in [0, e]$, 则 $g(z) = 1$.

(2) 若 $z \in [e, 1]$, 则 $g(z) = e$.

这样由 (1), (2) 和定理 1.2.12 知 $U = R_*$.

根据前面的所有引理, 容易获得如下定理.

定理 3.1.1 设 F 是零模, U 为幂等一致模.

(1) 若 U 为析取的并且 $k = 0$, 则 F 与 U 满足方程 (3.1.1) 当且仅当 $U = \max$;

(2) 若 U 为析取的并且 $k \neq 0$, 则 F 与 U 满足方程 (3.1.1) 当且仅当 F 具有式 (3.1.5) 所示的结构, $U = R^*$ 并且 $e < k$;

(3) 若 U 为合取的并且 $k = 1$, 则 F 与 U 满足方程 (3.1.1) 当且仅当 $U = \min$;

(4) 若 U 为合取的并且 $k \neq 1$, 则 F 与 U 满足方程 (3.1.1) 当且仅当 F 具有式 (3.1.13) 所示的结构, $U = R_*$ 并且 $e > k$.

3.1.2 F 是幂等一致模, G 是零模

令幂等一致模 $F = U = (e, g)$, 零模 $F = (k, S_F, T_F)$, 此时方程 (3.1.1) 可改写为

$$U(x, F(y, z)) = F(U(x, y), U(x, z)). \quad (3.1.14)$$

下面仍然分幂等一致模 U 为析取的和合取的两种情况进行讨论. 首先讨论幂等一致模 U 是析取的情况.

引理 3.1.9 令 U 是幂等一致模, F 是三角模, 即 $k = 0$.

(1) 若 $F(e, e) = e$, 则 F 与 U 满足方程 (3.1.14) 当且仅当 $F = \min$.

(2) 若 $F(e, e) \neq e$, 即 $F(e, e) < e$, 则 F 与 U 满足方程 (3.1.14) 当且仅当

① F 具有如下之一结构, 即

$$F(x,y) = \begin{cases} a, & a < x, y \leqslant g(a), \\ x \wedge y, & \text{其他} \end{cases} \tag{3.1.15}$$

或

$$F(x,y) = \begin{cases} a, & a < x, y < g(a), \\ x \wedge y, & \text{其他}. \end{cases} \tag{3.1.16}$$

其中, $a = F(e,e)$.

② $U(a, g(a)) = F(g(a), g(a))$.

证明 在方程 (3.1.14) 中, 令 $y = z = e$, 则有

$$U(x, F(e,e)) = F(U(x,e), U(x,e)). \tag{3.1.17}$$

进一步, 由 e 是 U 的单位元有 $U(x,e) = x$, 因此方程 (3.1.17) 可以简化为

$$U(x, F(e,e)) = F(x,x). \tag{3.1.18}$$

再由假设 $F(e,e) = e$ 和方程 (3.1.18) 知

$$x = F(x,x). \tag{3.1.19}$$

这说明 F 是幂等三角模, 因此 $F = \min$.

反之, 若 $F = \min$, 由 U 的单调性可知, F 关于 U 是分配的.

若 $F(e,e) \neq e$, 记 $a = F(e,e)$, 则 $a < e$. 因此由 g 是递减的和 e 是 g 的不动点知 $g(a) \geqslant e > a$. 则

(1) 当 $x \leqslant a$ 时, 有 $x < g(a)$, 因此由定理 1.2.12 可知 $U(x,a) = x \wedge a = x$, 再由方程 (3.1.18) 可知有 $F(x,x) = U(x,a) = x$.

(2) 当 $a < x < g(a)$ 时, 仍有 $x < g(a)$, 因此由定理 1.2.12 可知 $U(x,a) = x \wedge a = a$, 再由方程 (3.1.18) 可知有 $F(x,x) = U(x,a) = a$.

(3) 当 $g(a) < x$ 时, 由定理 1.2.12 可知 $U(x,a) = x \vee a = x$, 再由方程 (3.1.18) 可知有 $F(x,x) = U(x,a) = x$.

(4) 当 $x = g(a)$ 时, 由定理 1.2.12 可知 $U(g(a),a) = a$ 或 $U(g(a),a) = g(a)$, 再由方程 (3.1.18) 可知 $F(g(a),g(a)) = a$ 或 $F(g(a),g(a)) = g(a)$.

综上所述, 由 F 是三角模可知, 这样的 F 必具有方程 (3.1.15) 或方程 (3.1.16) 的形式.

下面证明引理 3.1.9(2) 的充分性. 仅以 F 具有方程 (3.1.15) 的形式为例进行证明. 注意到 F 是单调的, 因此只需要验证当 $y, z \in (a, g(a)]$ 时, 方程 (3.1.14) 成立

即可. 事实上, 当 $y,z \in (a, g(a)]$ 时, 由 F 具有方程 (3.1.15) 的形式知 $F(y,z) = a$. 这样方程 (3.1.14) 的左边为 $U(x, F(y,z)) = U(x,a)$.

(1) 若 $x \leqslant a$, 则有 $x < g(a)$. 由定理 1.2.12 知方程 (3.1.14) 的左边等于 $U(x, F(y,z)) = U(x,a) = x$. 注意到 $x \leqslant a < y < g(a)$, 因此 $y \leqslant g(x)$. 若 $y < g(x)$, 则由定理 1.2.12 知 $U(x,y) = x \wedge y = x$. 若 $y = g(x)$, 那么 $y = g(x) = g(a)$ 且 $U(x,y) = U(x, g(a))$. 注意到 $U(a, g(a)) = F(g(a), g(a)) = a$, 因此从 $x \leqslant a$ 知 $U(x, g(a)) \leqslant U(a, g(a)) = a < g(a)$. 另外, 由 U 是幂等的可知 $U(x, g(a)) = x$. 总而言之, 证明了当 $y \leqslant g(x)$ 时有 $U(x,y) = x$. 类似可证 $U(x,z) = x$. 因此从方程 (3.1.15) 可知方程 (3.1.14) 的右边是 $F(U(x,y), U(x,z)) = F(x,x) = x$.

(2) 若 $a < x \leqslant g(a)$, 则有 $x \leqslant g(a)$, 由定理 1.2.12 知方程 (3.1.14) 的左边等于 $U(x, F(y,z)) = U(x,a) = a$. 注意到 $x \wedge y < U(x,y) < x \vee y$, 因此 $a < U(x,y) \leqslant g(a)$. 同理可得 $a < U(x,z) \leqslant g(a)$, 从而由 F 的结构知方程 (3.1.14) 的右边为 $F(U(x,y), U(x,z)) = a$, 因此方程 (3.1.14) 成立.

(3) 若 $x > g(a)$. 由定理 1.2.12 知方程 (3.1.14) 的左边等于 $U(x, F(y,z)) = U(x,a) = x \vee a = x$. 注意到 $a < y < g(a) < x$, 由 g 是递减函数可知 $g(y) \leqslant g(a) < x$. 这样由定理 1.2.12 知道 $U(x,y) = x \vee y = x$. 同理可得 $U(x,z) = x \vee z = x$. 从而由 F 的结构知方程 (3.1.14) 的右边为 $F(U(x,y), U(x,z)) = F(x,x) = x$, 因此方程 (3.1.14) 成立.

综上, 这样就完成了引理的证明.

基于上面的引理, 下面考虑 $1 > k > 0$ 的情况.

引理 3.1.10 令 U 是析取的幂等一致模, F 是零模并且 $1 > k > 0$. 若 F 与 U 满足方程 (3.1.14), 则 $e < k$.

证明 若不然, 即 $e \geqslant k$, 由假设可知 $k > 0$, 取 x_0 满足 $0 < x_0 < k \leqslant e$. 在方程 (3.1.14) 中令 $x = x_0, y = e, z = 1$, 则方程 (3.1.14) 的左边 $U(x_0, F(e,1)) = U(x_0, e \vee k) = U(x_0, e) = x_0$. 因为 U 是析取的, 所以有 $U(x_0, 1) = 1$. 因此方程 (3.1.14) 的右边 $F(U(x_0, e), U(x_0, 1)) = F(x_0, 1) = k$, 矛盾.

引理 3.1.11 令 U 是析取的幂等一致模, F 是零模并且 $1 > k > 0$. 若 F 与 U 满足方程 (3.1.14), 则对任意 $x \in [k, 1]$ 有 $g(x) = 0$, 这样可知当 $x \geqslant k$ 时有 $U(0, x) = x$.

证明 首先证明 $x > k$ 时有 $g(x) = 0$. 若不然, 注意到 U 是析取的, 这样有 $g(1) = 0$. 因此存在 $1 > x_0 > k$ 使得 $g(x_0) > 0$. 取 z_0、y_0 满足

$$0 < z_0 < g(x_0) \leqslant e < k < x_0 < y_0 < 1, \qquad (3.1.20)$$

在方程 (3.1.14) 中令 $x = x_0, y = y_0, z = z_0$, 由定理 1.2.12 知方程 (3.1.14) 的左边 $U(x_0, F(y_0, z_0)) = U(x_0, k) = x_0 \vee k = x_0$, 而方程 (3.1.14) 的右边 $F(U(x_0, y_0), U(x_0,$

3.1 基于幂等一致模与零模间的分配性

$z_0)) = F(y_0, z_0) = k$,矛盾.

现在证明 $g(k) = 0$. 取 x、y、z 满足 $x < z < e < k < y < 1$,由定理 1.3.14 和前面的结论知方程 (3.1.14) 的左边 $U(x, F(y,z)) = U(x,k)$,而方程 (3.1.14) 的右边 $F(U(x,y), U(x,z)) = F(y,x) = k$,因此有 $U(x,k) = k$,特别地有 $U(0,k) = k$,这样由定理 1.2.12 可知 $g(k) = 0$.

引理 3.1.12 令 U 是析取的幂等一致模,F 是零模并且 $1 > k > 0$. 若 $F(e,e) = e$,则 F 与 U 满足方程 (3.1.14) 当且仅当

(1) F 是幂等的且 $e < k$;

(2) $x \geqslant k$ 且有 $U(0,x) = x$.

证明 若 F 与 U 满足方程 (3.1.14) 且 $F(e,e) = e$,则从引理 3.1.10 和引理 3.1.11 知 $e < k$ 且引理 3.1.12(2) 成立. 进一步,在方程 (3.1.14) 中令 $y = z = e$,则有 $x = F(x,x)$,即 F 是幂等的. 反过来,证明若 F 是幂等的且 $e < k$,当 $x \geqslant k$ 时有 $U(0,x) = x$,则 F 与 U 满足方程 (3.1.14). 下面分三种情况讨论.

(1) 若 $y \wedge z \leqslant k \leqslant y \vee z$. 不妨设 $y \leqslant k \leqslant z$,则有 $F(y,z) = k$. 若 $x \geqslant k$,由定理 1.2.12 知方程 (3.1.14) 的左边 $U(x, F(y,z)) = U(x,k) = x \vee k = x$,而方程 (3.1.14) 的右边 $F(U(x,y), U(x,z)) = F(x \vee y, x \vee z) = F(x, x \vee z) = x \wedge (x \vee z) = x$. 若 $x < k$,同理可知方程 (3.1.14) 的左边 $U(x, F(y,z)) = U(x,k) = x \vee k = k$,而方程 (3.1.14) 的右边 $F(U(x,y), U(x,z)) = F(U(x,y), x \vee z) = F(U(x,y), z) = k$(因为 $U(x,y) \leqslant x \vee y \leqslant k$).

(2) 若 $y, z \geqslant k$. 不妨设 $y \leqslant z$,则有 $F(y,z) = y \wedge z = y$. 由定理 1.2.12 知方程 (3.1.14) 的左边 $U(x, F(y,z)) = U(x,y) = x \vee y$,方程 (3.1.14) 的右边 $F(U(x,y), U(x,z)) = F(x \vee y, x \vee z) = (x \vee y) \wedge (x \vee z) = (x \vee y)$.

(3) 若 $y, z \leqslant k$. 不妨设 $y \leqslant z$,则有 $F(y,z) = y \vee z = z$. 若 $x \geqslant k$,由定理 1.2.12 知方程 (3.1.14) 的左边 $U(x, F(y,z)) = U(x,z) = x$,方程 (3.1.14) 的右边 $F(U(x,y), U(x,z)) = F(x \vee y, x \vee z) = F(x,x) = x \wedge x = x$. 若 $x < k$,同理知方程 (3.1.14) 的左边 $U(x, F(y,z)) = U(x,z)$,而方程 (3.1.14) 的右边 $F(U(x,y), U(x,z)) = U(x,y) \vee U(x,z) = U(x,z)$.

这样结论成立.

例 3.1.1 定义 U 和 F 如下:

$$U(x,y) = \begin{cases} x \wedge y, & x, y \in \left[0, \dfrac{1}{4}\right], \\ x \vee y, & \text{其他}. \end{cases}$$

$$F(x,y) = \begin{cases} \left(x - \dfrac{1}{2}\right) \wedge \left(y - \dfrac{1}{2}\right) + \dfrac{1}{2}, & x,y \in \left[\dfrac{1}{2}, 1\right], \\ \dfrac{1}{2}[(2x+2y) \wedge 1], & x,y \in \left[0, \dfrac{1}{2}\right], \\ \dfrac{1}{2}, & \text{其他}. \end{cases}$$

容易验证 U 与 F 分别是幂等一致模和零模, 并且 $F\left(\dfrac{1}{4}, \dfrac{1}{4}\right) = \dfrac{1}{2} \neq \dfrac{1}{4}$, $U\left(\dfrac{1}{12}, F\left(\dfrac{1}{4}, \dfrac{1}{4}\right)\right) \neq F\left(U\left(\dfrac{1}{12}, \dfrac{1}{4}\right), U\left(\dfrac{1}{12}, \dfrac{1}{4}\right)\right)$, 即 U 关于 F 是不分配的. 这说明条件 $F(e,e) = e$ 不是多余的.

下面考虑 $F(e,e) \neq e$ 的情况.

引理 3.1.13 令 U 是幂等一致模, F 是零模并且 $1 > k > 0$, $F(e,e) \neq e$. 则 F 与 U 满足方程 (3.1.14) 当且仅当

(1) $e < k$ 且

$$F(x,y) = \begin{cases} x \wedge y, & x,y \geqslant k, \\ k, & x \wedge y \leqslant k \leqslant x \vee y, \\ a, & g(a) \leqslant x,\ y < a, \\ x \vee y, & \text{其他} \end{cases} \tag{3.1.21}$$

或

$$F(x,y) = \begin{cases} x \wedge y, & x,y \geqslant k, \\ k, & x \wedge y \leqslant k \leqslant x \vee y, \\ a, & g(a) < x,\ y < a, \\ x \vee y, & \text{其他}. \end{cases} \tag{3.1.22}$$

其中, $a = F(e,e)$.

(2) U 满足条件: 当 $x \geqslant k$ 时, 有 $U(x,0) = x$, 并且 $U(a, g(a)) = F(g(a), g(a))$.

证明 在方程 (3.1.14) 中令 $y = z = e$, 则有

$$U(x, F(e,e)) = F(U(x,e), U(x,e)). \tag{3.1.23}$$

注意到 e 是 U 的单位元, 从而有 $U(x,e) = x$, 这样式 (3.1.23) 可以进一步简化为

$$U(x, F(e,e)) = F(x,x). \tag{3.1.24}$$

令 $a = F(e,e)$, 由引理 3.1.10 知 $e < k$, 再由假设 $F(e,e) \neq e$ 有 $k \geqslant F(e,e) > e$, 即 $k \geqslant a > e$, 这样有 $g(a) \leqslant e < a$.

(1) 若 $x \geqslant a$, 则有 $g(a) < x$, 因此 $U(a,x) = a \vee x = x$, 由式 (3.1.24) 可知 $F(x,x) = U(x, F(e,e)) = U(x,a) = x$.

(2) 若 $x < g(a)$，由定理 1.2.12 可知 $U(a,x) = a \wedge x = x$，再由式 (3.1.24) 可知 $F(x,x) = U(x, F(e,e)) = U(x,a) = x$.

(3) 若 $g(a) < x < a$，则仍有 $g(a) < x$，因此由定理 1.2.12 可知 $U(a,x) = a \vee x = a$，再由式 (3.1.24) 可知 $F(x,x) = U(x, F(e,e)) = U(x,a) = a$.

(4) 若 $x = g(a)$，由 U 是幂等一致模知 $U(a, g(a)) = a$ 或 $U(a, g(a)) = g(a)$，即 $F(g(a), g(a)) = a$ 或 $F(g(a), g(a)) = g(a)$.

由上述四种情况可知，F 必有式 (3.1.21) 或式 (3.1.22) 的形式. 由引理 3.1.11 可知 U 满足引理 3.1.13 的条件 (2).

下面证明充分性. 仅以 F 具有式 (3.1.21) 的结构形式为例进行证明. 注意到 U 是单调的，为验证这样的 U 和 F 满足方程 (3.1.14)，只需考虑 $y \wedge z \leqslant k \leqslant y \vee z$ 和 $y, z \in [g(a), a)$ 两种情况即可.

(1) 若 $y \wedge z \leqslant k \leqslant y \vee z$，$U$ 和 F 具有对称性，因此不妨设 $y \leqslant k \leqslant z$，这样有 $F(y,z) = k$. 从而方程 (3.1.14) 的左边为 $U(x, F(y,z)) = U(x,k)$，由引理 3.1.11 和引理 3.1.13 的条件 (2) 可知 $g(k) = 0$，再根据定理 1.2.12 有 $U(x,k) = x \vee k$.

若 $x \geqslant k$，则方程 (3.1.14) 的左边为 $U(x, F(y,z)) = U(x,k) = x \vee k = x$. 由 g 是递减的和 $y \leqslant k \leqslant z$ 以及引理 3.1.13 的条件 (2) 知 $g(z) = 0$，这样根据定理 1.2.12 可知 $U(x,z) = x \vee z$. 再由引理 3.1.13 的条件 (2) 可知 $U(x,y) \geqslant U(x,0) = x$. 因此由 U 是幂等的可知 $U(x,y) = x$，但根据假设 F 具有式 (3.1.21) 的形式，方程 (3.1.14) 的右边 $F(U(x,y), U(x,z)) = F(x, x \vee z) = x \wedge (x \vee z) = x$.

若 $x \leqslant k$，由 U 是幂等的可知 $U(x,y) \leqslant x \vee y \leqslant k$. 另外，根据对 U 的假设，有 $U(x,z) = z \geqslant k$. 由 F 是满足式 (3.1.21) 的零模知，方程 (3.1.14) 的右边 $F(U(x,y), U(x,z)) = F(U(x,y), z) = k$，这样就证明了第一种情况. 下面证明第二种情况.

(2) 若 $y, z \in [g(a), a)$，由式 (3.1.21) 知 $F(y,z) = a$，这样方程 (3.1.14) 的右边等于 $U(x, F(y,z)) = U(x,a)$.

若 $x \geqslant a$，则 $x \geqslant a > g(a)$，再根据定理 1.2.12 有 $U(x,a) = x \vee a = x$. 另外，由 $y, z \in [g(a), a]$ 以及 g 是递减函数可知 $g(x) \leqslant g(a) \leqslant y, z$，若 $g(x) < y$，则从定理 1.2.12 知 $U(x,y) = x \vee y = x$. 若 $g(x) = y$，则 $g(x) = y = g(a)$. 注意到 $U(a, g(a)) = F(g(a), g(a)) = a$，因此 $U(x,y) = U(x, g(a)) \geqslant U(a, g(a)) = a > g(a)$. 另外，因为 U 是幂等的，所以有 $U(x, g(a)) = x$. 总而言之，证明了当 $g(x) \leqslant y$ 时有 $U(x,y) = x$，类似可证当 $g(x) \leqslant z$ 时有 $U(x,z) = x$. 这样由式 (3.1.21) 可知，定理 1.2.12 知方程 (3.1.14) 的右边为 $F(U(x,y), U(x,z)) = F(x,x) = x$.

若 $x < g(a)$，则有 $x < g(a) < a$，这样由定理 1.2.12 有 $U(x,a) = x \wedge a = x$. 注意到这时 $x < g(a) \leqslant y, z < a$，因此根据定理 1.2.12 有 $U(x,y) = x \wedge y = x$，$U(x,z) = x \wedge z = x$. 从而由式 (3.1.21) 可知方程 (3.1.14) 的右边为 $F(U(x,y), U(x,z)) = $

$F(x,x) = x \vee x = x$.

若 $x \in [g(a), a)$, 此时仍有 $g(a) \leqslant x$, 进一步有 $U(x,a) = a \vee x = a$. 由 U 是幂等一致模, 容易获得 $x \wedge y \leqslant U(x,y) \leqslant x \vee y$, 所以有 $g(a) \leqslant U(x,y) \leqslant a$. 同理有 $g(a) \leqslant U(x,z) \leqslant a$. 从而由式 (3.1.21) 知方程 (3.1.14) 的右边为 $F(U(x,y), U(x,z)) = a$.

这样就完成了引理的证明.

上面已经讨论了 U 是析取的幂等一致模的情况. 对于 U 是合取的幂等一致模的情况, 也有类似的结果. 由于证明完全类似, 所以仅罗列结果.

引理 3.1.14 令 U 是幂等一致模, F 是三角余模, 即 $k=1$.

(1) 若 $F(e,e) = e$, 则 F 与 U 满足方程 (3.1.14) 当且仅当 $F = \max$;

(2) 若 $F(e,e) \neq e$, 即 $F(e,e) > e$, 则 F 与 U 满足方程 (3.1.14) 当且仅当

① F 具有如下结构之一, 即

$$F(x,y) = \begin{cases} a, & g(a) \leqslant x, y < a, \\ x \vee y, & \text{其他} \end{cases} \tag{3.1.25}$$

或

$$F(x,y) = \begin{cases} a, & g(a) < x, y < a, \\ x \vee y, & \text{其他}. \end{cases} \tag{3.1.26}$$

其中, $a = F(e,e)$.

② $U(a, g(a)) = F(g(a), g(a))$.

引理 3.1.15 令 U 是合取幂等一致模, F 是零模并且 $0 < k < 1$, 若 F 与 U 满足方程 (3.1.14), 则 $e > k$.

引理 3.1.16 令 U 是合取幂等一致模, F 是零模并且 $0 < k < 1$, 若 F 与 U 满足方程 (3.1.14), 则对任意 $x \in [0, k]$ 有 $g(x) = 1$. 因此, 当 $x \leqslant k$ 时, 有 $U(x, 1) = 1$.

引理 3.1.17 令 $U = (e, g)$ 是合取幂等一致模, $F = (k, S_F, T_F)$ 是零模并且 $0 < k < 1$, 若 $F(e,e) = e$, 则 F 与 U 满足方程 (3.1.14) 当且仅当

(1) F 是幂等的且 $e > k$.

(2) 当 $x \leqslant k$ 时, 有 $U(x, 1) = 1$.

引理 3.1.18 令 U 是合取幂等一致模, F 是零模并且 $0 < k < 1$, $F(e,e) \neq e$. 则 F 与 U 满足方程 (3.1.14) 当且仅当

(1) F 满足 $e > k$ 且具有如下结构之一, 即

$$F(x,y) = \begin{cases} x \vee y, & x, y \leqslant k, \\ k, & x \wedge y \leqslant k \leqslant x \vee y, \\ a, & a < x, y \leqslant g(a), \\ x \wedge y, & \text{其他} \end{cases} \tag{3.1.27}$$

或

$$F(x,y) = \begin{cases} x \vee y, & x,y \leqslant k, \\ k, & x \wedge y \leqslant k \leqslant x \vee y, \\ a, & a < x, \ y < g(a), \\ x \wedge y, & 其他. \end{cases} \quad (3.1.28)$$

其中，$a = F(e,e)$.

(2) U 满足条件：当 $x \leqslant k$ 时，有 $U(x,1) = x$，并且 $U(a,g(a)) = F(g(a),g(a))$.
由上面的所有引理可得以下定理。

定理 3.1.2 令 U 是幂等一致模，F 是零模.

(1) 若 U 是析取的，

① $k = 0$ 并且 $F(e,e) = e$，则 F 与 U 满足方程 (3.1.14) 当且仅当 $F = \min$.

② $k = 0$ 并且 $F(e,e) \neq e$，即 $F(e,e) < e$，则 F 与 U 满足方程 (3.1.14) 当且仅当 F 具有式 (3.1.15) 或式 (3.1.16) 的形式之一，并且 $U(a,g(a)) = F(g(a),g(a))$.

③ $k \neq 0$ 并且 $F(e,e) = e$，则 F 与 U 满足方程 (3.1.14) 当且仅当 F 是幂等的且 $e < k$；U 满足：当 $x \geqslant k$ 时，$U(0,x) = x$.

④ $k \neq 0$ 并且 $F(e,e) \neq e$，则 F 与 U 满足方程 (3.1.14) 当且仅当 F 满足 $e < k$ 且具有式 (3.1.21) 或式 (3.1.22) 的结构；U 满足：当 $x \geqslant k$ 时，$U(x,0) = x$，并且 $U(a,g(a)) = F(g(a),g(a))$.

(2) 若 U 是合取的，

① $k = 1$ 并且 $F(e,e) = e$，则 F 与 U 满足方程 (3.1.14) 当且仅当 $F = \max$.

② $k = 1$ 并且 $F(e,e) \neq e$，即 $F(e,e) > e$，则 F 与 U 满足方程 (3.1.14) 当且仅当 F 具有式 (3.1.25) 或式 (3.1.26) 的形式之一，并且 $U(a,g(a)) = F(g(a),g(a))$.

③ $k \neq 1$ 并且 $F(e,e) = e$，则 F 与 U 满足方程 (3.1.14) 当且仅当 F 是幂等的且 $e > k$；U 满足：当 $x \leqslant k$ 时，$U(1,x) = x$.

④ $k \neq 0$ 并且 $F(e,e) \neq e$，则 F 与 U 满足方程 (3.1.14) 当且仅当 F 满足 $e > k$ 且具有式 (3.1.27) 或式 (3.1.28) 的结构；U 满足：当 $x \leqslant k$ 时，$U(x,1) = x$，并且 $U(a,g(a)) = F(g(a),g(a))$. 其中，$a = F(e,e)$.

3.2 基于半 t-算子与 Mayor 聚合算子的分配性方程

定义 3.2.1 二元算子 $T:[0,1]^2 \to [0,1]$ 称为半三角模，如果它是单调递增的且有单位元 1. 此外，若它同时还具有结合性和交换性，则此时的半三角模 T 被称为三角模.

在对偶情况下，一个二元算子 $S:[0,1]^2 \to [0,1]$ 称为半三角余模，如果它是递增的且有单位元 0. 此外，若它同时具有结合性和交换性，则此时的半三角余模 S

被称为三角余模.

例 3.2.1 (1) 设 $T_a(x,y) = \begin{cases} \min(x,y), & x+y > 1, \\ 0, & 0 \leqslant x, y \leqslant \dfrac{1}{2}, \\ \dfrac{1}{2}x, & 0 \leqslant x \leqslant \dfrac{1}{2}, \dfrac{1}{2} \leqslant y \leqslant 1-x, \\ \dfrac{1}{3}y, & \dfrac{1}{2} \leqslant x \leqslant 1, 0 \leqslant y \leqslant 1-x, \end{cases}$ 那么, T_a 是一个非结合、非交换的半三角模.

(2) 设 $T_b(x,y) = \begin{cases} \min(x,y), & x+y > 1, \\ xy, & x+y \leqslant 1, \end{cases}$ 那么, T_b 是一个交换但不结合的半三角模.

(3) 设 $T_c(x,y) = \begin{cases} 0, & (x,y) \in [0, 0.5] \times [0,1], \\ \min(x,y), & \text{其他}, \end{cases}$ 那么, T_c 是一个结合但不交换的半三角模.

(4) 设 $S_a(x,y) = \begin{cases} \max(x,y), & x+y \leqslant 1, \\ 1, & \dfrac{1}{2} \leqslant x, y \leqslant 1, \\ \min(1.01y, 1), & 0 \leqslant x \leqslant \dfrac{1}{2}, 1-x \leqslant y \leqslant 1, \\ \min(1.03x, 1), & \dfrac{1}{2} \leqslant x \leqslant 1, 1-x \leqslant y \leqslant \dfrac{1}{2}, \end{cases}$ 那么, S_a 是一个非结合、非交换的半三角余模.

(5) 设 $S_b(x,y) = \begin{cases} \max(x,y), & x+y \leqslant 1, \\ x+y-xy, & x+y > 1, \end{cases}$ 那么, S_b 是一个交换但不结合的半三角余模.

(6) 设 $S_c(x,y) = \begin{cases} 1, & (x,y) \in [0.5, 1] \times (0,1], \\ \max(x,y), & \text{其他}, \end{cases}$ 那么, S_c 是一个结合但不交换的半三角余模.

定义 3.2.2 一个二元算子 F 称为 GM 聚合算子, 如果它是交换的、递增的, 且对所有 $x \in [0,1]$ 满足下面的边界条件:

$$F(0,x) = F(0,1)x \text{ 且 } F(1,x) = (1-F(0,1))x + F(0,1). \tag{3.2.1}$$

用 $\mathbb{GM}$ 表示所有 GM 聚合算子所组成的集合, 一般 GM 聚合算子具有以下性质, 当然对开展下面研究而言, 这些性质也是不可或缺的.

3.2 基于半 t-算子与 Mayor 聚合算子的分配性方程

定理 3.2.1 设 F 是一个 GM 聚合算子, 那么下面的结果成立.

(1) F 是结合的当且仅当 F 是一个三角模或者是一个三角余模.

(2) $F = \min$ 或 $F = \max$ 当且仅当 $F(0,1) = 0$ 或 $F(0,1) = 1$ 且当 $x \in [0,1]$ 时, $F(x,x) = x$.

(3) F 是幂等的当且仅当 $\min \leqslant F \leqslant \max$.

定义 3.2.3 一个算子 $F: [0,1]^2 \to [0,1]$ 称为半 t-算子, 如果它是结合的、递增的, 且满足 $F(0,0) = 0$ 与 $F(1,1) = 1$ 并使得函数 F_0、F_1、F^0 与 F^1 都是连续的, 其中 $F_0(x) = F(0,x), F_1(x) = F(1,x), F^0(x) = F(x,0)$ 与 $F^1(x) = F(x,1)$.

用 $\mathbb{F}_{a,b}$ 表示所有满足 $F(0,1) = a$ 和 $F(1,0) = b$ 的半 t-算子族.

定理 3.2.2 设二元算子 $F: [0,1]^2 \to [0,1]$ 满足 $F(0,1) = a, F(1,0) = b$. 那么 $F \in \mathbb{F}_{a,b}$ 当且仅当存在结合的半三角模 T_F 与结合的半三角余模 S_F 使得

(1) 当 $a \leqslant b$ 时

$$F(x,y) = \begin{cases} aS_F\left(\dfrac{x}{a}, \dfrac{y}{a}\right), & (x,y) \in [0,a]^2, \\ b + (1-b)T_F\left(\dfrac{x-b}{1-b}, \dfrac{y-b}{1-b}\right), & (x,y) \in [b,1]^2, \\ a, & (x,y) \in [0,a] \times [a,1], \\ b, & (x,y) \in [b,1] \times [0,b], \\ x, & \text{其他}. \end{cases} \qquad (3.2.2)$$

(2) 当 $a \geqslant b$ 时

$$F(x,y) = \begin{cases} bS_F\left(\dfrac{x}{b}, \dfrac{y}{b}\right), & (x,y) \in [0,b]^2, \\ a + (1-a)T_F\left(\dfrac{x-a}{1-a}, \dfrac{y-a}{1-a}\right), & (x,y) \in [a,1]^2, \\ a, & (x,y) \in [0,a] \times [a,1], \\ b, & (x,y) \in [b,1] \times [0,b], \\ y, & \text{其他}. \end{cases} \qquad (3.2.3)$$

注记 3.2.1 显然, $\mathbb{F}_{z,z}$ 是所有带有零元 z 的结合半零模族. 然而, 这里不考虑这种情况, 因此, 总是假设对 $\mathbb{F}_{a,b}$ 中的任意元素都有 $a \neq b$.

注记 3.2.2 $s \in [0,1]$ 称为聚合算子 $G: [0,1]^2 \to [0,1]$ 的幂等元, 如果 $G(s,s) = s$. 进一步, G 称为幂等的, 如果 $[0,1]$ 中的所有元素是幂等的.

推论 3.2.1 设聚合算子 $F: [0,1]^2 \to [0,1]$ 满足 $F(0,1) = a, F(1,0) = b$. 幂等算子 $F \in \mathbb{F}_{a,b}$ 当且仅当

(1) 当 $a \leqslant b$ 时

$$F(x,y) = \begin{cases} \max(x,y), & (x,y) \in [0,a]^2, \\ \min(x,y), & (x,y) \in [b,1]^2, \\ a, & (x,y) \in [0,a] \times [a,1], \\ b, & (x,y) \in [b,1] \times [0,b], \\ x, & 其他. \end{cases} \qquad (3.2.4)$$

(2) 当 $a \geqslant b$ 时

$$F(x,y) = \begin{cases} \max(x,y), & (x,y) \in [0,b]^2, \\ \min(x,y), & (x,y) \in [a,1]^2, \\ a, & (x,y) \in [0,a] \times [a,1], \\ b, & (x,y) \in [b,1] \times [0,b], \\ y, & 其他. \end{cases} \qquad (3.2.5)$$

引理 3.2.1 若 $F: X^2 \to X$ 在子集 $\varnothing \neq Y \subset X$ 上有右（或左）单位元 e（即对任意 $x \in Y$ 满足 $F(x,e) = x$ $(F(e,x) = x)$）. 如果算子 F 在算子 $G: X^2 \to X$ 上是分配的且满足 $G(e,e) = e$, 那么 G 在 Y 上是幂等的.

推论 3.2.2 如果算子 $F: [0,1]^2 \to [0,1]$ 有单位元 $e \in [0,1]$, 且在算子 $G: [0,1]^2 \to [0,1]$ 上是分配的, 并满足 $G(e,e) = e$, 那么 G 是幂等的.

引理 3.2.2 每个递增算子 $F: [0,1]^2 \to [0,1]$ 在 $\max$ 与 $\min$ 上都是分配的.

3.2.1 $F \in \mathbb{F}_{a,b}$ 在 $G \in \mathbb{GM}$ 上的分配性

这一部分讨论 $F \in \mathbb{F}_{a,b}$ 在 $G \in \mathbb{GM}$ 上的分配性. 根据算子 F 的 a, b 之间的序关系和假设 $a \neq b$, 需要考虑两种可能的情况: ① $a < b$; ② $a > b$. 首先, 需要证明下面的引理, 其实它在本节中都是有用的.

引理 3.2.3 设 $a, b \in [0,1]$. 如果 $F \in \mathbb{F}_{a,b}$ 在 $G \in \mathbb{GM}$ 上左或右分配的, 那么 G 是幂等的.

证明 设 $a, b \in [0,1]$ 并注意到 $G(0,0) = 0$ 与 $G(1,1) = 1$. 如果 $a < b$, 那么 F 具有式 (3.2.2) 的形式, 其中 0 在集合 $[0,b]$ 上是右单位元, 1 在集合 $[a,1]$ 上是右单位元, 然后应用引理 3.2.1 可知算子 G 是幂等的. 类似地, 如果 $a > b$, 那么 F 具有式 (3.2.3) 的形式, 其中 0 在集合 $[0,a]$ 上是左单位元, 1 在集合 $[b,1]$ 上是左单位元, 再次应用引理 3.2.1 可知算子 G 是幂等的.

现在考虑情况 $a < b$.

命题 3.2.1　设 $a,b \in [0,1]$ 有 $a < b$, $F \in \mathbb{F}_{a,b}$ 和 $G \in \mathbb{GM}$ 使得 $G(0,1) = k$. 那么 F 在 G 上是左分配的当且仅当下列情况之一成立:

(1) 如果 $k \leqslant a$, 那么 $G = \min$.

(2) 如果 $k > a$ 且 $k = 1$, 那么 $G = \max$.

(3) 如果 $k > a$ 且 $k \neq 1$, 那么 G 是幂等的且对所有 $x,y \in [0,1]$ 有 $F(x,y) = x$.

证明　在方程 (3.1.1) 中令 $x = 0$, $y = 0$ 与 $z = 1$, 那么由定理 3.2.2 得

$$ka = G(0,a) = G(F(0,0), F(0,1)) = F(0, G(0,1)) = F(0,k). \tag{3.2.6}$$

假设 $k \leqslant a$, 由方程 (3.2.6) 可得 $ka = F(0,k) = k$, 这意味着要么 $k = 0$, 要么 $a = 1$. 注意到, 如果 $a = 1$, 这与假设 $a < b$ 矛盾. 因此只能是 $k = 0$. 由引理 3.2.3 和定理 3.2.1 得 $G = \min$.

假设 $k > a$, 由方程 (3.2.6) 可得 $ka = F(0,k) = a$, 这意味着要么 $k = 1$, 要么 $a = 0$.

如果 $k = 1$, 那么由引理 3.2.3 和定理 3.2.1 推出 $G = \max$.

如果 $k \neq 1$, 那么必有 $a = 0$, 这意味着 $0 < b$ 且 $k < 1$. 再在方程 (3.1.1) 中令 $x = 1$, $y = 0$ 和 $z = 1$, 由定理 3.2.2 可得

$$k + (1-k)b = G(b,1) = G(F(1,0), F(1,1)) = F(1, G(0,1)) = F(1,k). \tag{3.2.7}$$

假设 $k \leqslant b$, 由方程 (3.2.7) 可得 $k + (1-k)b = F(1,k) = b$, 这意味着要么 $k = 0$ 要么 $b = 1$. 注意到, 如果 $k = 0$, 这与假设 $k > a$ 矛盾. 因此只能是 $b = 1$. 从 $a = 0$ 和定理 3.2.2 可得对所有 $x,y \in [0,1]$ 有 $F(x,y) = x$. 假设 $k > b$, 由方程 (3.2.7) 可得 $k + (1-k)b = F(1,k) = k$, 这意味着要么 $k = 1$ 要么 $b = 0$. 然而这两种情况分别与假设 $k < 1$ 和 $0 < b$ 矛盾.

命题 3.2.2　设 $a,b \in [0,1]$ 且 $a < b$, $F \in \mathbb{F}_{a,b}$, $G \in \mathbb{GM}$ 使得 $G(0,1) = k$. 那么 F 在 G 上是右分配的当且仅当下列情况之一成立:

(1) 如果 $k \geqslant b$, 那么 $G = \max$.

(2) 如果 $k < b$ 且 $k = 0$, 那么 $G = \min$.

(3) 如果 $k < b$ 且 $k \neq 0$, 那么 G 是幂等的且对所有 $x,y \in [0,1]$ 有 $F(x,y) = x$.

证明　在方程

$$F(G(x,y), z) = G(F(x,z), F(y,z)) \tag{3.2.8}$$

中令 $x = 1$, $y = 0$ 和 $z = 0$, 那么由定理 3.2.2 可得

$$kb = G(b,0) = G(F(1,0), F(0,0)) = F(G(1,0), 0) = F(k,0). \tag{3.2.9}$$

假设 $k \geqslant b$. 由方程 (3.2.9) 得 $kb = F(k,0) = b$, 这意味着要么 $k = 1$, 要么 $b = 0$. 注意到如果 $b = 0$, 这与假设 $a < b$ 矛盾. 因此只可能是 $k = 1$. 由引理 3.2.3 和定理 3.2.1 推出 $G = \max$.

假设 $k < b$, 由方程 (3.2.9) 得 $kb = F(k,0) = k$, 这意味着要么 $k = 0$, 要么 $b = 1$.

如果 $k = 0$, 由引理 3.2.3 和定理 3.2.1 有 $G = \min$.

如果 $k \neq 0$, 必有 $b = 1$, $b > k > 0$ 和 $a < 1$. 进一步, 在方程 (3.2.8) 中令 $x = 1, y = 0, z = 1$, 由定理 3.2.2 有

$$k + (1-k)a = G(1,a) = G(F(1,1), F(0,1)) = F(G(1,0), 1) = F(k,1). \tag{3.2.10}$$

假设 $k \leqslant a$, 由方程 (3.2.10) 有 $k + (1-k)a = F(k,1) = a$, 这意味着要么 $k = 0$, 要么 $a = 1$. 然而这两种可能分别与假设 $k > 0$ 和 $a < 1$ 矛盾. 假设 $k > a$. 由方程 (3.2.10) 有 $k + (1-k)a = F(k,1) = k$, 这意味着要么 $k = 1$, 要么 $a = 0$. 如果 $k = 1$, 那么这与假设 $k < b$ 矛盾. 因此只可能是 $a = 0$. 由 $b = 1$ 和定理 3.2.2 可推出对所有 $x,y \in [0,1]$ 有 $F(x,y) = x$.

最后讨论 $a > b$ 的情况.

命题 3.2.3 设 $a, b \in [0,1]$ 且 $a > b$, $F \in \mathbb{F}_{a,b}$, $G \in \mathbb{GM}$ 使得 $G(0,1) = k$. 那么 F 在 G 上是左分配的当且仅当下列情况之一成立:

(1) 如果 $k \geqslant a$, 那么 $G = \max$.

(2) 如果 $k < a$ 且 $k = 0$, 那么 $G = \min$.

(3) 如果 $k < a$ 且 $k \neq 0$, 那么 G 是幂等的并且对所有 $x, y \in [0,1]$ 有 $F(x, y) = y$.

证明 在方程 (3.1.1) 中令 $x = 0$, $y = 0$ 和 $z = 1$, 由定理 3.2.2 得

$$ka = G(0,a) = G(F(0,0), F(0,1)) = F(0, G(0,1)) = F(0,k). \tag{3.2.11}$$

假设 $k \geqslant a$, 由方程 (3.2.11) 可得 $ka = F(0,k) = a$, 这意味着要么 $a = 0$, 要么 $k = 1$. 注意到如果 $a = 0$, 这与假设 $b < a$ 矛盾, 因此只可能是 $k = 1$. 由引理 3.2.3 和定理 3.2.1 可得 $G = \max$.

假设 $k < a$, 由方程 (3.2.11) 得 $ka = F(0,k) = k$, 这意味着要么 $k = 0$, 要么 $a = 1$.

假设 $k = 0$, 由引理 3.1.11 与定理 3.2.1 可得 $G = \min$.

假设 $k \neq 0$, 必有 $a = 1$, $0 < k < a$, $b < 1$. 进一步在方程 (3.1.1) 中令 $x = 1$, $y = 0$ 和 $z = 1$, 从定理 3.2.2 得

$$k + (1-k)b = G(b,1) = G(F(1,0), F(1,1)) = F(1, G(0,1)) = F(1,k). \tag{3.2.12}$$

如果 $k \leqslant b$, 由方程 (3.2.12) 得 $k+(1-k)b = F(1,k) = b$, 这意味着要么 $k=0$, 要么 $b=1$, 然而这两种情况分别与假设 $k>0$ 和 $b<1$ 矛盾. 如果 $k>b$, 由方程 (3.2.12) 得 $k+(1-k)b = F(1,k) = k$, 这意味着要么 $k=1$ 要么 $b=0$. 由于 $k=1$ 与假设 $k<a$ 矛盾, 因此只可能是 $b=0$. 再由 $a=1$ 和定理 3.2.2 可推出对所有 $x,y \in [0,1]$ 有 $F(x,y) = y$.

命题 3.2.4 设 $a, b \in [0,1]$ 且 $a>b$, $F \in \mathbb{F}_{a,b}$, $G \in \mathbb{GM}$ 使得 $G(0,1) = k$. 那么 F 在 G 上是右分配的当且仅当下列情况之一成立:

(1) 如果 $k \leqslant b$, 那么 $G = \min$.

(2) 如果 $k > b$ 且 $k = 1$, 那么 $G = \max$.

(3) 如果 $k > b$ 且 $k \neq 1$, 那么 G 是幂等的且对所有 $x,y \in [0,1]$ 有 $F(x,y) = y$.

证明 在方程 (3.2.8) 中令 $x=1$, $y=0$ 和 $z=0$, 由定理 3.2.2 可得

$$kb = G(b,0) = G(F(1,0), F(0,0)) = F(G(1,0), 0) = F(k,0). \tag{3.2.13}$$

假设 $k \leqslant b$, 由方程 (3.2.13) 可得 $kb = F(k,0) = k$, 这意味着要么 $k=0$, 要么 $b=1$. 注意到 $b=1$ 与假设 $b<a$ 是矛盾的, 因此只可能是 $k=0$, 再由引理 3.2.3 和定理 3.2.1 可知 $G = \min$.

假设 $k > b$, 由方程 (3.2.13) 可得 $kb = F(k,0) = b$, 这意味着要么 $k=1$, 要么 $b=0$.

如果 $k=1$, 由引理 3.2.3 和定理 3.2.1 可知 $G = \max$.

如果 $k \neq 1$, 那么必有 $b=0$, $b<k<1$, $a>0$. 进一步在方程 (3.2.8) 中令 $x=1$, $y=0$ 和 $z=1$, 由定理 3.2.2 可得

$$k+(1-k)a = G(1,a) = G(F(1,1), F(0,1)) = F(G(1,0), 1) = F(k,1). \tag{3.2.14}$$

假设 $k \leqslant a$, 由方程 (3.2.14) 得 $k+(1-k)a = F(k,1) = a$, 这意味着要么 $k=0$, 要么 $a=1$, 注意到 $k=0$ 与假设 $k>b$ 是矛盾的, 因此只可能是 $a=1$, 再由 $b=0$ 和定理 3.2.2 可知对所有 $x,y \in [0,1]$ 有 $F(x,y) = y$. 假设 $k>a$, 由方程 (3.2.14) 可知 $k+(1-k)a = F(k,1) = k$, 这意味着要么 $k=1$, 要么 $a=0$, 然而这两种情况分别与假设 $k<1$ 和 $a>0$ 矛盾.

注记 3.2.3 对于 $F \in \mathbb{F}_{a,b}$ 的情况, 由命题 3.2.1~命题 3.2.4 可知存在非平凡解 $F(x,y) = x$ 或 $F(x,y) = y$.

3.2.2 $F \in \mathbb{GM}$ 在 $G \in \mathbb{F}_{a,b}$ 上的分配性

这一部分将讨论 $F \in \mathbb{GM}$ 在 $G \in \mathbb{F}_{a,b}$ 上的分配性. 注意到算子 F 是交换的, 那么左分配性与右分配性是等价的, 因此只需要考虑左分配性. 根据算子 F 的 a 和 b 间的序关系和假设 $a \neq b$, 仍然存在两种情况需要考虑: ① $a<b$; ② $a>b$. 在

这里，仅仔细考虑情况①. 对于情况②，仅仅列出对应的结果，因为完全可以用类似于情况①的方式导出. 现在开始考虑情况①，即 $a < b$，为此需要以下引理.

引理 3.2.4 设 $a, b \in [0, 1]$, $G \in \mathbb{F}_{a,b}$, $F \in \mathbb{GM}$ 且 $F(0, 1) = k$. 如果 F 在 G 上是分配的，那么 $G(0, k) = ka$.

证明 在方程 (3.1.1) 中令 $x = 0$, $y = 0$ 和 $z = 1$，由定理 3.2.2 可得

$$G(0, k) = G(F(0, 0), F(0, 1)) = F(0, G(0, 1)) = F(0, a) = ka. \tag{3.2.15}$$

为计算引理 3.2.4 中 $G(0, k)$ 的值，根据定理 3.2.2，需要考虑情况 $k \leqslant a$ 和 $k > a$. 首先考虑情况 $k \leqslant a$.

命题 3.2.5 设 $a, b \in [0, 1]$ 且 $a < b$, $G \in \mathbb{F}_{a,b}$, $F \in \mathbb{GM}$ 且 $F(0, 1) = k \leqslant a$. 那么 F 在 G 上是分配的当且仅当 G 有式 (3.2.4) 的形式，F 是三个交换的半三角模序和，即存在三个交换半三角模 T_1、T_2 和 T_3 使得

$$F(x, y) = \begin{cases} aT_1\left(\dfrac{x}{a}, \dfrac{y}{a}\right), & (x, y) \in [0, a]^2, \\ a + (b-a)T_2\left(\dfrac{x-a}{b-a}, \dfrac{y-a}{b-a}\right), & (x, y) \in [a, b]^2, \\ b + (1-b)T_3\left(\dfrac{x-b}{1-b}, \dfrac{y-b}{1-b}\right), & (x, y) \in [b, 1]^2, \\ \min(x, y), & \text{其他}. \end{cases} \tag{3.2.16}$$

证明 由假设 $k \leqslant a$、引理 3.2.4 和定理 3.2.2 可知 $ka = G(0, k) = k$，这意味着要么 $k = 0$，要么 $a = 1$. 注意到 $a = 1$ 与假设 $a < b$ 矛盾，因此只可能是 $k = 0$. 由于 $F(x, 1) = F(1, x) = x$，所以 F 是交换的半三角模.

接下来证明 G 是幂等的. 事实上，由分配性可知，对任意 $x \in [0, 1]$ 有 $x = F(x, 1) = F(x, G(1, 1)) = G(F(x, 1), F(x, 1)) = G(x, x)$. 应用推论 3.2.1 可知 G 具有式 (3.2.4) 的形式. 进一步，在方程 (3.1.1) 中令 $y = 0$ 与 $z = 1$，那么有

$$F(x, a) = F(x, G(0, 1)) = G(F(x, 0), F(x, 1)) = G(0, x) = \begin{cases} x, & 0 \leqslant x \leqslant a, \\ a, & 1 \geqslant x \geqslant a. \end{cases} \tag{3.2.17}$$

特别地，有 $F(a, a) = a$. 最后，在方程 (3.1.1) 中令 $y = 1$ 与 $z = 0$，那么有

$$F(x, b) = F(x, G(1, 0)) = G(F(x, 1), F(x, 0)) = G(x, 0) = \begin{cases} x, & 0 \leqslant x \leqslant b, \\ b, & 1 \geqslant x \geqslant b. \end{cases} \tag{3.2.18}$$

特别地，有 $F(b, b) = b$.

根据式 (3.2.17) 与式 (3.2.18), 得到:

(1) 当 $x \in [0,a]$ 和 $y \in [a,1]$ 时, 有 $x = F(x,a) \leqslant F(x,y) \leqslant F(x,1) = x$, 这意味着 $F(x,y) = \min(x,y)$. 考虑到 F 的交换性得到, 当 $y \in [0,a]$ 和 $x \in [a,1]$ 时, 有 $F(x,y) = \min(x,y)$.

(2) 当 $x \in [a,b]$ 和 $y \in [b,1]$ 时, 有 $x = F(x,b) \leqslant F(x,y) \leqslant F(x,1) = x$, 这意味着 $F(x,y) = \min(x,y)$. 考虑到 F 的交换性得到, 当 $y \in [a,b]$ 和 $x \in [b,1]$ 时, 有 $F(x,y) = \min(x,y)$.

(3) 当 $x,y \in [0,a]$ 时, 有 $0 = F(0,0) \leqslant F(x,y) \leqslant F(a,a) = a$.

(4) 当 $x,y \in [a,b]$ 时, 有 $a = F(a,a) \leqslant F(x,y) \leqslant F(b,b) = b$.

(5) 当 $x,y \in [b,1]$ 时, 有 $b = F(b,b) \leqslant F(x,y) \leqslant F(1,1) = 1$.

综上, F 是三个交换半三角模的序和, 即存在三个交换的半三角模 T_1、T_2 和 T_3 使得 F 具有式 (3.2.16) 的形式.

反之, 设 F 有式 (3.2.16) 的形式, G 是有式 (3.2.4) 形式的幂等半 t-算子. 那么 $F \in \mathbb{GM}$ 且 $G \in \mathbb{F}_{a,b}$. 因为 F 是递增的, 由引理 3.2.2 可知: 当 $x \in [0,1]$ 和 $(y,z) \in [0,a]^2 \cup [b,1]^2$ 时, 方程 (3.1.1) 成立. 接下来考虑剩下的情况.

(1) 假设 $(y,z) \in [0,a] \times [a,1]$, 那么 $G(y,z) = a$.

如果 $x \in [0,a]$, 由式 (3.2.17) 和 F 的结构可知: $F(x,a) = x$, $F(x,y) \leqslant F(x,a) = x$ 和 $F(x,z) = x \wedge z = x$, 再由 G 的结构可得 $F(x,G(y,z)) = F(x,a) = x = F(x,y) \vee x = G(F(x,y),F(x,z))$.

如果 $x \in [a,1]$, 由式 (3.2.17) 和 F 的结构可知: $F(x,a) = a$, $F(x,y) = x \wedge y = y \leqslant a$ 和 $F(x,z) \geqslant F(x,a) = a$, 再由 G 的结构可得 $F(x,G(y,z)) = F(x,a) = a = G(F(x,y),F(x,z))$.

(2) 假设 $(y,z) \in [b,1] \times [0,b]$, 那么 $G(y,z) = b$.

如果 $x \in [0,a]$, 由式 (3.2.18) 和 F 的结构与单调性可知: $F(x,b) = x$, $F(x,y) = x \wedge y = x \leqslant a$ 和 $F(x,z) \leqslant F(x,b) = x \leqslant a$, 再由 G 的结构可得 $F(x,G(y,z)) = F(x,b) = x = x \vee F(x,z) = F(x,y) \vee F(x,z) = G(F(x,y),F(x,z))$.

如果 $x \in [a,b]$, 由式 (3.2.18) 和 F 的结构与单调性可知: $F(x,b) = x$, $F(x,y) = x \wedge y = x$ 和 $F(x,z) \leqslant F(x,b) = x \leqslant b$, 再由 G 的结构可得 $F(x,G(y,z)) = F(x,b) = x = G(x,F(x,z)) = G(F(x,y),F(x,z))$.

如果 $x \in [b,1]$, 由式 (3.2.18) 和 F 的结构可知: $F(x,b) = b$, $F(x,y) \geqslant F(x,b) = b$ 和 $F(x,z) \leqslant F(x,b) = b$, 再由 G 的结构可得 $F(x,G(y,z)) = F(x,b) = b = G(F(x,y),F(x,z))$.

(3) 假设 $(y,z) \in [a,b] \times [0,1]$, 那么 $G(y,z) = y$.

如果 $x \in [0,a]$, 由 F 的单调性可知 $F(x,y) = x \wedge y = x$, $F(x,z) \leqslant F(x,1) = x \leqslant a$, 再由 G 的结构可得 $F(x,G(y,z)) = F(x,y) = x = x \vee F(x,z) = G(F(x,y),F(x,z))$.

如果 $x \in [a,b]$, 由式 (3.2.17)、式 (3.2.18) 和 F 的结构可知 $a = F(a,a) \leqslant F(x,y) \leqslant F(b,b) = b$, 再由 G 的结构可得 $F(x, G(y,z)) = F(x,y) = G(F(x,y), F(x,z))$.

如果 $x \in [b,1]$, 由 F 的结构有 $F(x,y) = x \wedge y = y$, 再由 G 的结构可得 $F(x, G(y,z)) = F(x,y) = y = G(y, F(x,z)) = G(F(x,y), F(x,z))$.

例 3.2.2 令 $a = \dfrac{1}{4}$, $b = \dfrac{3}{4}$ 和 $T_1 = T_2 = T_3 = T_b$, 其中 T_b 为例 3.2.1 所定义, 那么由命题 3.2.5 可知

$$F(x,y) = \begin{cases} \dfrac{1}{4} T_b(4x, 4y), & (x,y) \in \left[0, \dfrac{1}{4}\right]^2, \\ \dfrac{1}{4} + \dfrac{1}{2} T_b\left(2x - \dfrac{1}{2}, 2y - \dfrac{1}{2}\right), & (x,y) \in \left[\dfrac{1}{4}, \dfrac{3}{4}\right]^2, \\ \dfrac{3}{4} + \dfrac{1}{4} T_b(4x-3, 4y-3), & (x,y) \in \left[\dfrac{3}{4}, 1\right]^2, \\ \min(x,y), & \text{其他} \end{cases}$$

在

$$G(x,y) = \begin{cases} \max(x,y), & (x,y) \in \left[0, \dfrac{1}{4}\right]^2, \\ \min(x,y), & (x,y) \in \left[\dfrac{3}{4}, 1\right]^2, \\ \dfrac{1}{4}, & (x,y) \in \left[0, \dfrac{1}{4}\right] \times \left[\dfrac{1}{4}, 1\right], \\ \dfrac{3}{4}, & (x,y) \in \left[\dfrac{3}{4}, 1\right] \times \left[0, \dfrac{3}{4}\right], \\ x, & \text{其他} \end{cases}$$

上是分配的.

接下来, 讨论 $k > a$ 的情况.

命题 3.2.6 设 $a, b \in [0,1]$ 且 $a < b$, $G \in \mathbb{F}_{a,b}$, $F \in \mathbb{GM}$ 且 $F(0,1) = k > a$. 那么, F 在 G 上是分配的当且仅当下面三种情况之一成立:

(1) 如果 $a = 0$ 且 $k \leqslant b$, 那么对所有 $x, y \in [0,1]$ 有 $G(x,y) = x$.

(2) 如果 $a = 0$ 且 $k > b$, 那么

$$G(x,y) = \begin{cases} \min(x,y), & (x,y) \in [b,1]^2, \\ b, & (x,y) \in [b,1] \times [0,b], \\ x, & \text{其他}, \end{cases} \quad (3.2.19)$$

且存在两个交换半三角余模 S_1 和 S_2 使得

$$F(x,y) = \begin{cases} bS_1\left(\dfrac{x}{b}, \dfrac{y}{b}\right), & (x,y) \in [0,b]^2, \\ b + (1-b)S_2\left(\dfrac{x-b}{1-b}, \dfrac{y-b}{1-b}\right), & (x,y) \in [b,1]^2, \\ \max(x,y), & 其他. \end{cases} \quad (3.2.20)$$

(3) 如果 $a \neq 0$, 那么 G 是幂等半 t-算子 (3.2.4) 且存在三个交换半三角余模 S_1、S_2 和 S_3 使得

$$F(x,y) = \begin{cases} aS_1\left(\dfrac{x}{a}, \dfrac{y}{a}\right), & (x,y) \in [0,a]^2, \\ a + (b-a)S_2\left(\dfrac{x-a}{b-a}, \dfrac{y-a}{b-a}\right), & (x,y) \in [a,b]^2, \\ b + (1-b)S_3\left(\dfrac{x-b}{1-b}, \dfrac{y-b}{1-b}\right), & (x,y) \in [b,1]^2, \\ \max(x,y), & 其他. \end{cases} \quad (3.2.21)$$

证明 由假设 $k > a$、引理 3.2.4 与定理 3.2.2 可知 $ka = G(0,k) = a$, 因此要么 $k = 1$, 要么 $a = 0$.

假设 $a = 0$, 在方程 (3.1.1) 中令 $x = 0$, $y = 1$ 和 $z = 0$, 再由定理 3.2.2 可得

$$kb = F(0,b) = F(0, G(1,0)) = G(F(0,1), F(0,0)) = G(k,0) = \begin{cases} k, & k \leqslant b, \\ b, & k > b. \end{cases} \quad (3.2.22)$$

假设 $k \leqslant b$, 由方程 (3.2.22) 得 $kb = k$, 这样要么 $k = 0$ 要么 $b = 1$. 注意到 $k = 0$ 与假设 $k > a$ 矛盾, 因此只可能是 $b = 1$. 再由假设 $a = 0$ 和定理 3.2.2 可知对任意 $x, y \in [0,1]$ 有 $G(x,y) = x$. 对于反过来的情况, 结论显然, 因此证明省略.

假设 $k > b$, 由方程 (3.2.22) 得 $kb = b$, 这样要么 $b = 0$ 要么 $k = 1$. 注意到 $b = 0$ 与假设 $a < b$ 矛盾, 因此只可能是 $k = 1$. 因为 $F(x,0) = F(0,x) = x$, 这意味着 F 是交换的半三角余模. 进一步, 对任意 $x \in [0,1]$ 有 $x = F(x,0) = F(x, G(0,0)) = G(F(x,0), F(x,0)) = G(x,x)$, 因此 G 是幂等的. 再应用推论 3.2.1 和假设 $a = 0$ 可知 G 具有式 (3.2.19) 的形式.

接下来证明 F 具有式 (3.2.20) 的形式. 为此在方程 (3.1.1) 中令 $y = 1$ 和 $z = 0$, 有

$$F(x,b) = F(x, G(1,0)) = G(F(x,1), F(x,0)) = G(1,x) = \begin{cases} b, & 0 \leqslant x \leqslant b, \\ x, & 1 \geqslant x \geqslant b, \end{cases} \quad (3.2.23)$$

特别地, 有 $F(b,b) = b$.

考虑式 (3.2.23)，可以得到:

(1) 对所有 $x \in [0,b]$ 和 $y \in [b,1]$ 有 $y = F(0,y) \leqslant F(x,y) \leqslant F(b,y) = y$，这意味着 $F(x,y) = \max(x,y)$，再由 F 的交换性可以获得对所有 $y \in [0,b]$ 和 $x \in [b,1]$ 有 $F(x,y) = \max(x,y)$.

(2) 对所有 $x,y \in [0,b]$ 有 $0 = F(0,0) \leqslant F(x,y) \leqslant F(b,b) = b$.

(3) 对所有 $x,y \in [b,1]$ 有 $b = F(b,b) \leqslant F(x,y) \leqslant F(1,1) = 1$.

综上，F 是两个交换半三角余模的序和，即存在两个交换半三角余模 S_1 和 S_2 使得 F 具有式 (3.2.20) 的形式.

反之，设 F 有式 (3.2.20) 的形式，G 是幂等的半 t-算子且有式 (3.2.19) 的形式，那么 $F \in \mathbb{GM}$ 和 $G \in \mathbb{F}_{a,b}$. 注意到 F 是递增的，由引理 3.2.2 可知，当 $x \in [0,1], (y,z) \in [b,1]^2$ 时，方程 (3.1.1) 成立. 接下来考虑剩下的情况.

(1) 假设 $(y,z) \in [b,1] \times [0,b]$，那么 $G(y,z) = b$.

如果 $x \in [0,b]$，由式 (3.2.23) 及 F 的结构与单调性可知 $F(x,b) = b$，$F(x,y) = x \vee y = y \geqslant b$ 和 $F(x,z) \leqslant F(b,b) = b$. 故由 G 的结构得 $F(x,G(y,z)) = F(x,b) = b = G(F(x,y),F(x,z))$.

如果 $x \in [b,1]$，由式 (3.2.23) 和 F 的结构可知 $F(x,b) = x$，$F(x,y) \geqslant F(x,b) = x \geqslant b$ 和 $F(x,z) = x \vee z = x \geqslant b$. 因此由 G 的结构得 $F(x,G(y,z)) = F(x,b) = x = x \wedge F(x,y) = G(F(x,y),F(x,z))$.

(2) 假设 $(y,z) \in [0,b] \times [0,1]$，那么 $G(y,z) = y$.

如果 $x \in [0,b]$，则由 F 的结构有 $0 \leqslant F(x,y) \leqslant F(x,b) = b$. 进一步由 G 的结构可得 $F(x,G(y,z)) = F(x,y) = G(F(x,y),F(x,z))$.

如果 $x \in [b,1]$，由式 (3.2.23)、F 的结构与单调性可知 $F(x,y) = x \vee y = x \geqslant b$ 和 $F(x,z) \geqslant F(x,0) = x \geqslant b$. 因此再由 G 的结构可得 $F(x,G(y,z)) = F(x,y) = x = x \wedge F(x,z) = G(F(x,y),F(x,z))$.

假设 $a \neq 0$，那么必须有 $a > 0$ 且 $k = 1$. 类似前面的证明可知 F 是交换的半三角余模且 G 是幂等半 t-算子 (3.2.4). 接下来证明 F 具有式 (3.2.21) 的形式. 为此在方程 (3.1.1) 中令 $y = 0$ 且 $z = 1$，那么有

$$F(x,a) = F(x,G(0,1)) = G(F(x,0),F(x,1)) = G(x,1) = \begin{cases} a, & 0 \leqslant x \leqslant a, \\ x, & 1 \geqslant x \geqslant a. \end{cases} \quad (3.2.24)$$

特别地，有 $F(a,a) = a$. 进一步，在方程 (3.1.1) 中令 $y = 1$ 和 $z = 0$. 那么有

$$F(x,b) = F(x,G(1,0)) = G(F(x,1),F(x,0)) = G(1,x) = \begin{cases} b, & 0 \leqslant x \leqslant b, \\ x, & 1 \geqslant x \geqslant b. \end{cases} \quad (3.2.25)$$

特别地, 有 $F(b,b) = b$.

由式 (3.2.24) 和式 (3.2.25), 得到:

(1) 对所有 $x \in [0,a], y \in [a,1]$ 有 $y = F(0,y) \leqslant F(x,y) \leqslant F(a,y) = y$, 因此 $F(x,y) = \max(x,y)$. 再由 F 的交换性可得对所有 $y \in [0,a], x \in [a,1]$ 有 $F(x,y) = \max(x,y)$.

(2) 对所有 $x \in [a,b], y \in [b,1]$ 有 $y = F(a,y) \leqslant F(x,y) \leqslant F(b,y) = y$, 因此 $F(x,y) = \max(x,y)$. 再由 F 的交换性可得对所有 $y \in [a,b], x \in [b,1]$ 有 $F(x,y) = \max(x,y)$.

(3) 对所有 $x,y \in [0,a]$ 有 $0 = F(0,0) \leqslant F(x,y) \leqslant F(a,a) = a$.

(4) 对所有 $x,y \in [a,b]$ 有 $a = F(a,a) \leqslant F(x,y) \leqslant F(b,b) = b$.

(5) 对所有 $x,y \in [b,1]$ 有 $b = F(b,b) \leqslant F(x,y) \leqslant F(1,1) = 1$.

综上, F 是三个交换半三角余模的序和, 即存在三个交换半三角余模 S_1、S_2 和 S_3 使得 F 具有式 (3.2.21) 的形式.

反之, 若 F 有式 (3.2.21) 的形式, G 是式 (3.2.4) 所定义的幂等的半 t-算子, 那么 $F \in \mathbb{GM}$ 与 $G \in \mathbb{F}_{a,b}$.

注意到 F 是递增的, 由引理 3.2.2 可知当 $x \in [0,1], (y,z) \in [0,a]^2 \cup [b,1]^2$ 时, 方程 (3.1.1) 成立. 接下来考虑剩下的情况.

(1) 假设 $(y,z) \in [0,a] \times [a,1]$, 那么 $G(y,z) = a$.

如果 $x \in [0,a]$, 由式 (3.2.24) 和 F 的结构可知 $F(x,a) = a$, $F(x,y) \leqslant F(x,a) = a$ 和 $F(x,z) = x \vee z = z \geqslant a$, 再由 G 的结构可得 $F(x,G(y,z)) = F(x,a) = a = G(F(x,y), F(x,z))$.

如果 $x \in [a,b]$, 由 F 的结构有 $F(x,y) = x \vee y = x$, 再由 G 的结构可得 $F(x,G(y,z)) = F(x,a) = x = G(F(x,y), F(x,z))$.

如果 $x \in [b,1]$, 由式 (3.2.24) 和 F 的结构知 $F(x,a) = x$, $F(x,y) = x \vee y = x \geqslant b$ 和 $F(x,z) \geqslant F(x,a) = x \geqslant b$, 再由 G 的结构可得 $F(x,G(y,z)) = F(x,a) = x = x \wedge F(x,z) = G(F(x,y), F(x,z))$.

(2) 假设 $(y,z) \in [b,1] \times [0,b]$, 那么 $G(y,z) = b$.

如果 $x \in [0,b]$, 由式 (3.2.25) 及 F 的结构与单调性可知 $F(x,b) = b$, $F(x,y) = x \vee y = y \geqslant b$ 和 $F(x,z) \leqslant F(x,b) = b$, 进一步由 G 的结构可得 $F(x,G(y,z)) = F(x,b) = b = G(F(x,y), F(x,z))$.

如果 $x \in [b,1]$, 由式 (3.2.25) 和 F 的结构可知 $F(x,b) = x$, $F(x,y) \geqslant F(x,b) = x$ 和 $F(x,z) = x \vee z = x \geqslant b$, 再由 G 的结构可得 $F(x,G(y,z)) = F(x,b) = x = x \wedge F(x,y) = G(F(x,y), F(x,z))$.

(3) 假设 $(y,z) \in [a,b] \times [0,1]$, 那么 $G(y,z) = y$.

如果 $x \in [0,a]$, 由 F 的结构可知 $F(x,y) = x \vee y = y$, 再由 G 的结构可得 $F(x, G(y,z)) = F(x,y) = y = G(F(x,y), F(x,z))$.

如果 $x \in [a,b]$, 由式 (3.2.24)、式 (3.2.25)、F 的结构与单调性可知 $a = F(a,a) \leqslant F(x,y) \leqslant F(b,b) = b$, 再由 G 的结构得 $F(x, G(y,z)) = F(x,y) = G(F(x,y), F(x,z))$.

如果 $x \in [b,1]$, 由式 (3.2.25)、F 的结构与单调性可知 $F(x,y) = x \vee y = x \geqslant b$ 和 $F(x,z) \geqslant F(x,0) = x \geqslant b$, 再由 G 的结构可知 $F(x, G(y,z)) = F(x,y) = x = x \wedge F(x,z) = G(F(x,y), F(x,z))$.

例 3.2.3 (1) 若 $F \in \mathbb{GM}$ 且 $F(0,1) = k \in [0,1]$, 令 $a = 0$ 和 $b = 1$, 即对任意 $x, y \in [0,1]$ 有 $G(x,y) = x$, 那么由命题 3.2.6(1) 知 F 在 G 上是分配的.

(2) 令 $a = 0$, $k = \dfrac{1}{2}$, $b = \dfrac{1}{4}$, $S_1 = S_2 = S_b$, 其中 S_b 为例 3.2.1 中所定义的, 那么由命题 3.2.6(2) 可得

$$F(x,y) = \begin{cases} \dfrac{1}{4} S_b(4x, 4y), & (x,y) \in \left[0, \dfrac{1}{4}\right]^2, \\ \dfrac{1}{4} + \dfrac{3}{4} S_b\left(\dfrac{4}{3}x - \dfrac{1}{3}, \dfrac{4}{3}y - \dfrac{1}{3}\right), & (x,y) \in \left[\dfrac{1}{4}, 1\right]^2, \\ \max(x,y), & 其他 \end{cases}$$

在

$$G(x,y) = \begin{cases} \min(x,y), & (x,y) \in \left[\dfrac{1}{4}, 1\right]^2, \\ \dfrac{1}{4}, & (x,y) \in \left[\dfrac{1}{4}, 1\right] \times \left[0, \dfrac{1}{4}\right], \\ x, & 其他 \end{cases}$$

上是分配的.

(3) 令 $a = \dfrac{1}{4}$, $b = \dfrac{3}{4}$, $S_1 = S_2 = S_3 = S_b$, 其中 S_b 为例 3.2.1 中所定义的, 那么由命题 3.2.6(3) 可得

$$F(x,y) = \begin{cases} \dfrac{1}{4} S_b(4x, 4y), & (x,y) \in \left[0, \dfrac{1}{4}\right]^2, \\ \dfrac{1}{4} + \dfrac{1}{2} S_b\left(2x - \dfrac{1}{2}, 2y - \dfrac{1}{2}\right), & (x,y) \in \left[\dfrac{1}{4}, \dfrac{3}{4}\right]^2, \\ \dfrac{3}{4} + \dfrac{1}{4} S_b(4x - 3, 4y - 3), & (x,y) \in \left[\dfrac{3}{4}, 1\right]^2, \\ \max(x,y), & 其他 \end{cases}$$

在
$$G(x,y) = \begin{cases} \max(x,y), & (x,y) \in \left[0, \frac{1}{4}\right]^2, \\ \min(x,y), & (x,y) \in \left[\frac{3}{4}, 1\right]^2, \\ \frac{1}{4}, & (x,y) \in \left[0, \frac{1}{4}\right] \times \left[\frac{1}{4}, 1\right], \\ \frac{3}{4}, & (x,y) \in \left[\frac{3}{4}, 1\right] \times \left[0, \frac{3}{4}\right], \\ x, & \text{其他} \end{cases}$$

上是分配的.

接下来列出 $a > b$ 情况的结果, 首先将需要下面的引理.

引理 3.2.5 设 $a, b \in [0,1]$, $G \in \mathbb{F}_{a,b}$, $F \in \mathbb{GM}$ 且 $F(0,1) = k$. 如果 F 在 G 上分配, 则 $G(k, 0) = kb$.

为计算引理 3.2.5 中 $G(k,0)$ 的值, 根据定理 3.2.2 仍然需考虑两种情况: $k \leqslant b$ 和 $k > b$. 现在列出 $k \leqslant b$ 情况的结果.

命题 3.2.7 设 $a, b \in [0,1]$ 且 $a > b$, $G \in \mathbb{F}_{a,b}$, $F \in \mathbb{GM}$ 且 $F(0,1) = k \leqslant b$. 那么 F 在 G 上分配当且仅当 G 是幂等半 t-算子 (3.2.5), 且存在三个交换半三角模 T_1、T_2 和 T_3 使得

$$F(x,y) = \begin{cases} bT_1\left(\frac{x}{b}, \frac{y}{b}\right), & (x,y) \in [0,b]^2, \\ b + (a-b)T_2\left(\frac{x-b}{a-b}, \frac{y-b}{a-b}\right), & (x,y) \in [b,a]^2, \\ a + (1-a)T_3\left(\frac{x-a}{1-a}, \frac{y-a}{1-a}\right), & (x,y) \in [a,1]^2, \\ \min(x,y), & \text{其他}. \end{cases} \quad (3.2.26)$$

接下来列出 $k > b$ 情况的结果.

命题 3.2.8 设 $a, b \in [0,1]$ 且 $a > b$, $G \in \mathbb{F}_{a,b}$, $F \in \mathbb{GM}$ 且 $F(0,1) = k > b$, 那么 F 在 G 上分配当且仅当下列三个命题之一成立:

(1) 如果 $b = 0$ 且 $k \leqslant a$, 那么对任意 $x, y \in [0,1]$ 有 $G(x,y) = y$.

(2) 如果 $b = 0$ 且 $k > a$, 那么

$$G(x,y) = \begin{cases} \min(x,y), & (x,y) \in [a,1]^2, \\ a, & (x,y) \in [0,a] \times [a,1], \\ y, & \text{其他}, \end{cases} \quad (3.2.27)$$

且存在两个交换半三角余模 S_1 和 S_2 使得

$$F(x,y) = \begin{cases} aS_1\left(\dfrac{x}{a}, \dfrac{y}{a}\right), & (x,y) \in [0,a]^2, \\ a + (1-a)S_2\left(\dfrac{x-a}{1-a}, \dfrac{y-a}{1-a}\right), & (x,y) \in [a,1]^2, \\ \max(x,y), & \text{其他}. \end{cases} \qquad (3.2.28)$$

(3) 如果 $b \neq 0$, 那么 G 是幂等半 t-算子 (3.2.5), 且存在三个交换半三角余模 S_1、S_2、S_3 使得

$$F(x,y) = \begin{cases} bS_1\left(\dfrac{x}{b}, \dfrac{y}{b}\right), & (x,y) \in [0,b]^2, \\ b + (a-b)S_2\left(\dfrac{x-b}{a-b}, \dfrac{y-b}{a-b}\right), & (x,y) \in [b,a]^2, \\ a + (1-a)S_3\left(\dfrac{x-a}{1-a}, \dfrac{y-a}{1-a}\right), & (x,y) \in [a,1]^2, \\ \max(x,y), & \text{其他}. \end{cases} \qquad (3.2.29)$$

注记 3.2.4 有人已经证明了下面的结果: 设 $F \in \mathbb{F}_{z,z}$, 即 F 是一个结合的半零模且 $0 < z < 1$, $G \in \mathbb{GM}$, 即 G 是一个 GM 聚合算子且 $G(0,1) = k$. 那么, G 在 F 上是分配的当且仅当 F 是一个幂等零模且

(1) 若 $k > s$, 则

$$G(x,y) = \begin{cases} A(x,y), & (x,y) \in [0,z]^2, \\ B(x,y), & (x,y) \in [z,1]^2, \\ \max(x,y), & \text{其他}. \end{cases}$$

其中, A 和 B 是交换的半三角余模.

(2) 若 $k < s$, 则

$$G(x,y) = \begin{cases} C(x,y), & (x,y) \in [0,z]^2, \\ D(x,y), & (x,y) \in [z,1]^2, \\ \min(x,y), & \text{其他}. \end{cases}$$

其中, C 和 D 是交换的半三角模.

然而, 当 $F \in \mathbb{F}_{a,b}$ 时, 由命题 3.2.5~命题 3.2.8 可知存在许多新解.

3.3 半零模 F 在半 t-算子 G 上的分配性方程

这一部分讨论半零模 F 在半 t-算子 G 上的分配性,即研究方程

$$F(x,G(y,w)) = G(F(x,y),F(x,w)).$$

根据算子 F 的 a 和 b 间的序关系与假设 $a \neq b$,需要考虑两种情况: ① $a < b$; ② $a > b$. 但是在这一部分,仅仅仔细讨论情况①. 对于情况②,可以通过 a 和 b 的互换及用式 (3.2.5) 替换式 (3.2.4) 得到,因此它的结果被省略. 在后面的证明中,以下两个引理都是有用的.

引理 3.3.1 如果半零模 F 有零元 z 且在半 t-算子 G 上是左或右分配的,那么 G 是幂等的.

证明 在这里仅考虑半零模 F 在半 t-算子 G 上的左分配性,因为对于右分配性类似讨论. 一方面,注意到 $G(0,0) = 0$ 和 $G(1,1) = 1$,另一方面,由 F 的结构知对任意 $x \in [0,z]$ 有 $F(x,0) = x$; 对任意 $x \in [z,1]$ 有 $F(x,1) = x$. 这样对任意 $x \leqslant z$ 有 $x = F(x,0) = F(x,G(0,0)) = G(F(x,0),F(x,0)) = G(x,x)$; 对任意 $x \geqslant z$ 有 $x = F(x,1) = F(x,G(1,1)) = G(F(x,1),F(x,1)) = G(x,x)$. 因此 G 是幂等的.

由推论 3.2.1 和引理 3.3.1 可得下面的引理.

引理 3.3.2 设 $a,b,z \in [0,1]$ 且 $a < b$,如果半零模 F 有零元 z 且在半 t-算子 G 上是左或右分配的,那么 G 是幂等半 t-算子 (3.2.4).

事实上,引理 3.3.2 表明半 t-算子 G 的结构是完全确定的,接下来只需要刻画半零模 F 的结构. 根据 a、b 和 z 间的序关系与假设 $a < b$,在这里需要考虑三种情况: ① $z < a < b$; ② $a \leqslant z \leqslant b$; ③ $a < b < z$. 首先考虑 $z < a < b$ 的情况.

3.3.1 情况: $z < a < b$

命题 3.3.1 设 $a,b,z \in [0,1]$ 且 $z < a < b$,半零模 F 有零元 z,它在半 t-算子 G 上是左分配的当且仅当 G 是幂等半 t-算子 (3.2.4),F 有如下形式:

$$F(x,y) = \begin{cases} zS_F\left(\dfrac{x}{z},\dfrac{y}{z}\right), & (x,y) \in [0,z]^2, \\ A_1(x,y), & (x,y) \in [z,a]^2, \\ A_2(x,y), & (x,y) \in [a,b]^2, \\ A_3(x,y), & (x,y) \in [b,1]^2, \\ A_4(x,y), & (x,y) \in [a,1] \times [z,a], \\ A_5(x,y), & (x,y) \in [b,1] \times [a,b], \\ \min(x,y), & (x,y) \in [z,a] \times [a,1] \cup [a,b] \times [b,1], \\ z, & \text{其他}, \end{cases} \qquad (3.3.1)$$

使得对任意 $x \in [0,1]$ 有 $F(x,z) = F(z,x) = z$, 对任意 $x \in [z,1]$ 有 $F(x,1) = F(1,x) = x$, 且

$$F(x,b) = \begin{cases} x, & z \leqslant x \leqslant b, \\ b, & 1 \geqslant x \geqslant b \end{cases} \tag{3.3.2}$$

和

$$F(x,a) = \begin{cases} x, & z \leqslant x \leqslant a, \\ a, & 1 \geqslant x \geqslant a, \end{cases} \tag{3.3.3}$$

其中, S_F 是半三角余模, $A_1 : [z,a]^2 \to [z,a]$, $A_2 : [a,b]^2 \to [a,b]$, $A_3 : [b,1]^2 \to [b,1]$, $A_4 : [a,1] \times [z,a] \to [z,a]$, $A_5 : [b,1] \times [a,b] \to [a,b]$, S_F、$A_1 \sim A_5$ 是递增算子且有共同的边界值.

证明 由引理 3.3.2 知 G 是幂等的半 t-算子 (3.2.4) 且 S_F 是半三角余模, 对任意 $x \in [0,1]$ 有 $F(x,z) = F(z,x) = z$, 对任意 $x \in [z,1]$ 有 $F(x,1) = F(1,x) = x$. 接下来证明式 (3.3.2), 为此在方程 (3.1.1) 中令 $y = 1$, $w = 0$, 那么由 F 和 G 的结构可得, 对所有 $x \in [z,1]$ 有

$$F(x,b) = F(x,G(1,0)) = G(F(x,1),F(x,0)) = G(x,z) = \begin{cases} x, & z \leqslant x \leqslant b, \\ b, & 1 \geqslant x \geqslant b, \end{cases} \tag{3.3.4}$$

特别地, 有 $F(b,b) = b$. 接下来验证式 (3.3.3), 为此在方程 (3.1.1) 中令 $y = 0$ 和 $w = 1$, 那么对所有 $x \in [z,1]$ 有

$$F(x,a) = F(x,G(0,1)) = G(F(x,0),F(x,1)) = G(z,x) = \begin{cases} x, & z \leqslant x \leqslant a, \\ a, & 1 \geqslant x \geqslant a, \end{cases} \tag{3.3.5}$$

特别地, 有 $F(a,a) = a$. 进一步由式 (3.3.4) 和式 (3.3.5) 可得:

(1) 对任意 $x \in [z,a], y \in [a,1]$ 有 $x = F(x,a) \leqslant F(x,y) \leqslant F(x,1) = x$, 这意味着 $F(x,y) = \min(x,y)$.

(2) 对任意 $x \in [a,b], y \in [b,1]$ 有 $x = F(x,b) \leqslant F(x,y) \leqslant F(x,1) = x$, 这意味着 $F(x,y) = \min(x,y)$.

(3) 对任意 $x,y \in [z,a]$ 有 $z = F(z,z) \leqslant F(x,y) \leqslant F(a,a) = a$.

(4) 对任意 $x,y \in [a,b]$ 有 $a = F(a,a) \leqslant F(x,y) \leqslant F(b,b) = b$.

(5) 对任意 $x,y \in [b,1]$ 有 $b = F(b,b) \leqslant F(x,y) \leqslant F(1,1) = 1$.

(6) 对任意 $x \in [a,1], y \in [z,a]$ 有 $z = F(a,z) \leqslant F(x,y) \leqslant F(1,a) = a$.

(7) 对任意 $x \in [b,1], y \in [a,b]$ 有 $a = F(b,a) \leqslant F(x,y) \leqslant F(1,b) = b$.

因此这些限制 $A_1 = F|_{[z,a]^2}$, $A_2 = F|_{[a,b]^2}$, $A_3 = F|_{[b,1]^2}$, $A_4 = F|_{[a,1]\times[z,a]}$, $A_5 = F|_{[b,1]\times[a,b]}$ 是具有所需性质的算子.

反之, 假设 F 由式 (3.3.1) 给出, G 是幂等半 t-算子且具有式 (3.2.4) 的形式. 观察到函数 (3.3.1) 在每个矩形区域内是递增的, 根据假设有公共的边界值, 因此 F 在整个正方形 $[0,1]^2$ 内是递增的. 再根据假设 z 是算子 F 的零元, S_F 是半三角余模且对任意 $x \in [z,1]$ 有 $F(x,1) = F(1,x) = x$, 所以 F 是半零模. 现在验证方程 (3.1.1) 成立. 注意到 F 是递增的, 由引理 3.2.2 可知当 $(y,w) \in [0,a]^2 \cup [b,1]^2$ 时, 方程 (3.1.1) 成立. 为完成证明, 还需要考虑剩下的三种情况.

(1) 假设 $(y,w) \in [0,a] \times [a,1]$, 那么 $G(y,w) = a$.

如果 $x \in [0,z]$, 那么由 F 的结构得 $F(x,a) = z$, $F(x,y) \leqslant F(x,a) = z < a$ 和 $F(x,w) = z < a$, 再由 G 的结构知 $F(x,G(y,w)) = F(x,a) = z = \max\{F(x,y),z\} = \max\{F(x,y),F(x,w)\} = G(F(x,y),F(x,w))$.

如果 $x \in [z,a]$, 那么由 F 的结构得 $F(x,a) = x$, $F(x,y) \leqslant F(x,a) = x$ 和 $F(x,w) = \min\{x,w\} = x$, 再由 G 的结构知 $F(x,G(y,w)) = F(x,a) = x = \max\{F(x,y),x\} = \max\{F(x,y),F(x,w)\} = G(F(x,y),F(x,w))$.

如果 $x \in [a,1]$, 那么由 F 的结构得 $F(x,a) = a$, $F(x,y) \leqslant F(x,a) = a$ 和 $F(x,w) \geqslant F(a,a) = a$, 由 G 的结构知 $F(x,G(y,w)) = F(x,a) = a = G(F(x,y),F(x,w))$.

(2) 假设 $(y,w) \in [b,1] \times [0,b]$, 那么 $G(y,w) = b$.

如果 $x \in [0,z]$, 应用 F 的结构有 $F(x,b) = z$, $F(x,y) = z$ 和 $F(x,w) \leqslant F(x,b) = z$, 再由 G 的结构可得 $F(x,G(y,w)) = F(x,b) = z = \max\{z,F(x,w)\} = \max\{F(x,y),F(x,w)\} = G(F(x,y),F(x,w))$.

如果 $x \in [z,b]$, 由 F 的结构得 $F(x,b) = x$, $F(x,y) = \min\{x,y\} = x$ 和 $F(x,w) \leqslant F(x,b) = x$, 再由 G 的结构知 $F(x,G(y,w)) = F(x,b) = x = F(x,y) = G(F(x,y),F(x,w))$.

如果 $x \in [b,1]$, 由 F 的结构可得 $F(x,b) = b$, $F(x,y) \geqslant F(b,b) = b$ 和 $F(x,w) \leqslant F(x,b) = b$, 再由 G 的结构知 $F(x,G(y,w)) = F(x,b) = b = G(F(x,y),F(x,w))$.

(3) 假设 $(y,w) \in [a,b] \times [0,1]$, 那么 $G(y,w) = y$.

如果 $x \in [0,z]$, 应用 F 的结构有 $F(x,y) = z$ 和 $F(x,w) \leqslant F(x,1) \leqslant z$, 再由 G 的结构知 $F(x,G(y,w)) = F(x,y) = z = \max\{z,F(x,w)\} = \max\{F(x,y),F(x,w)\} = G(F(x,y),F(x,w))$.

如果 $x \in [z,a]$, 应用 F 的结构有 $F(x,y) = x$ 和 $F(x,w) \leqslant F(x,1) = x$, 再由 G 的结构知 $F(x,G(y,w)) = F(x,y) = x = \max\{x,F(x,w)\} = \max\{F(x,y),F(x,w)\} = G(F(x,y),F(x,w))$.

如果 $x \in [a,1]$，由 F 的结构得有 $a = F(a,a) \leqslant F(x,y) \leqslant F(1,b) = b$，再由 G 的结构可得 $F(x, G(y,w)) = F(x,y) = G(F(x,y), F(x,w))$.

在命题 3.3.1 中，进一步限制 $a = b$，即 G 是一个结合的半零模，那么可得到下列推论.

推论 3.3.1 设 $z_1, z_2 \in [0,1]$ 且 $z_1 \leqslant z_2$，有零元 z_1 的半零模 F 在有零元 z_2 的结合半零模 G 上是分配的当且仅当 G 是幂等零模.

$$F(x,y) = \begin{cases} z_1 S_F\left(\dfrac{x}{z_1}, \dfrac{y}{z_1}\right), & (x,y) \in [0, z_1]^2, \\ A_1(x,y), & (x,y) \in [z_1, z_2]^2, \\ A_2(x,y), & (x,y) \in [z_2, 1]^2, \\ A_3(x,y), & (x,y) \in [z_2, 1] \times [z_1, z_2], \\ \min(x,y), & (x,y) \in [z_1, z_2] \times [z_2, 1], \\ z_1, & \text{其他}, \end{cases} \quad (3.3.6)$$

且当 $x \in [0,1]$ 时，有 $F(x, z_1) = F(z_1, x) = z_1$，当 $x \in [z_1, 1]$ 时，有 $F(x,1) = F(1,x) = x$，且

$$F(x, z_2) = \begin{cases} x, & z_1 \leqslant x \leqslant z_2, \\ z_2, & 1 \geqslant x \geqslant z_2. \end{cases} \quad (3.3.7)$$

其中，S_F 是半三角余模，$A_1 : [z_1, z_2]^2 \to [z_1, z_2]$，$A_2 : [z_2, 1]^2 \to [z_2, 1]$，$A_3 : [z_2, 1] \times [z_1, z_2] \to [z_1, z_2]$ 且 S_F、$A_1 \sim A_3$ 是有共同边界值的递增算子.

类似于命题 3.3.1，有下列命题成立.

命题 3.3.2 设 $a, b, z \in [0,1]$ 且 $z < a < b$，有零元 z 的半零模 F 在半 t-算子 G 上是右分配的当且仅当 G 是幂等半 t-算子 (3.2.4)，

$$F(x,y) = \begin{cases} z S_F\left(\dfrac{x}{z}, \dfrac{y}{z}\right), & (x,y) \in [0, z]^2, \\ A_1(x,y), & (x,y) \in [z, a]^2, \\ A_2(x,y), & (x,y) \in [a, b]^2, \\ A_3(x,y), & (x,y) \in [b, 1]^2, \\ A_4(x,y), & (x,y) \in [z, a] \times [a, 1], \\ A_5(x,y), & (x,y) \in [a, b] \times [b, 1], \\ \min(x,y), & (x,y) \in [a,1] \times [z,a] \cup [b,1] \times [a,b], \\ z, & \text{其他} \end{cases} \quad (3.3.8)$$

3.3 半零模 F 在半 t-算子 G 上的分配性方程

使得当 $x \in [0,1]$ 时, $F(x,z) = F(z,x) = z$, 当 $x \in [z,1]$ 时, $F(x,1) = F(1,x) = x$, 且

$$F(b,x) = \begin{cases} x, & z \leqslant x \leqslant b, \\ b, & 1 \geqslant x \geqslant b \end{cases} \tag{3.3.9}$$

和

$$F(a,x) = \begin{cases} x, & z \leqslant x \leqslant a, \\ a, & 1 \geqslant x \geqslant a. \end{cases} \tag{3.3.10}$$

其中, S_F 是半三角余模, $A_1 : [z,a]^2 \to [z,a]$, $A_2 : [a,b]^2 \to [a,b]$, $A_3 : [b,1]^2 \to [b,1]$, $A_4 : [z,a] \times [a,1] \to [z,a]$, $A_5 : [a,b] \times [b,1] \to [a,b]$ 以及 S_F、$A_1 \sim A_5$ 是有共同边界值的递增算子.

由命题 3.3.1 和命题 3.3.2 有下列定理.

定理 3.3.1 设 $a, b, z \in [0,1]$ 且 $z < a < b$, 有零元 z 的半零模 F 在半 t-算子 G 上是分配的当且仅当 G 是幂等半 t-算子 (3.2.4),

$$F(x,y) = \begin{cases} zS_F\left(\dfrac{x}{z}, \dfrac{y}{z}\right), & (x,y) \in [0,z]^2, \\ z + (a-z)T_1\left(\dfrac{x-z}{a-z}, \dfrac{y-z}{a-z}\right), & (x,y) \in [z,a]^2, \\ a + (b-a)T_2\left(\dfrac{x-a}{b-a}, \dfrac{y-a}{b-a}\right), & (x,y) \in [a,b]^2, \\ b + (1-b)T_3\left(\dfrac{x-b}{1-b}, \dfrac{y-b}{1-b}\right), & (x,y) \in [b,1]^2, \\ \min(x,y), & (x,y) \in [z,a] \times [a,1] \cup [a,1] \times [z,a] \\ & \cup [a,b] \times [b,1] \cup [b,1] \times [a,b], \\ z, & \text{其他}. \end{cases} \tag{3.3.11}$$

其中, S_F 是半三角余模; T_1、T_2、T_3 是三个半三角模.

在定理 3.3.1 中, 进一步假设 F 是结合的与交换的, G 是交换的, 即 F 和 G 是零模, 那么可以得到下列推论.

推论 3.3.2 设 $z_1, z_2 \in [0,1]$ 且 $z_1 \leqslant z_2$, 有零元 z_1 的零模 F 在有零元 z_2 的零模 G 上是分配的当且仅当 G 是幂等零模.

$$F(x,y) = \begin{cases} z_1 S_F\left(\dfrac{x}{z_1}, \dfrac{y}{z_1}\right), & (x,y) \in [0, z_1]^2, \\ z_1 + (z_2 - z_1)T_1\left(\dfrac{x - z_1}{z_2 - z_1}, \dfrac{y - z_1}{z_2 - z_1}\right), & (x,y) \in [z_1, z_2]^2, \\ z_2 + (1 - z_2)T_2\left(\dfrac{x - z_2}{1 - z_2}, \dfrac{y - z_2}{1 - z_2}\right), & (x,y) \in [z_2, 1]^2, \\ \min(x,y), & (x,y) \in [z_1, z_2] \times [z_2, 1] \cup [z_2, 1] \\ & \quad \times [z_1, z_2], \\ z_1, & \text{其他}. \end{cases}$$
(3.3.12)

其中, S_F 是三角余模; T_1、T_2 是两个三角模.

3.3.2 情况: $a \leqslant z \leqslant b$

命题 3.3.3 设 $a, b, z \in [0,1]$ 且 $a \leqslant z \leqslant b$, 有零元 z 的半零模 F 在半 t-算子 G 上是左分配的当且仅当 G 是幂等半 t-算子 (3.2.4).

$$F(x,y) = \begin{cases} A_1(x,y), & (x,y) \in [0, a]^2, \\ A_2(x,y), & (x,y) \in [a, z]^2, \\ A_3(x,y), & (x,y) \in [z, b]^2, \\ A_4(x,y), & (x,y) \in [b, 1]^2, \\ A_5(x,y), & (x,y) \in [0, a] \times [a, z], \\ A_6(x,y), & (x,y) \in [b, 1] \times [z, b], \\ \max(x,y), & (x,y) \in [a, z] \times [0, a], \\ \min(x,y), & (x,y) \in [z, b] \times [b, 1], \\ z, & \text{其他} \end{cases}$$
(3.3.13)

使得当 $x \in [0,1]$ 时, 有 $F(x,z) = F(z,x) = z$; 当 $x \in [0,z]$ 时, 有 $F(x,0) = F(0,x) = x$; 当 $x \in [z,1]$ 时, 有 $F(x,1) = F(1,x) = x$, 且

$$F(x,b) = \begin{cases} x, & z \leqslant x \leqslant b, \\ b, & 1 \geqslant x \geqslant b \end{cases}$$
(3.3.14)

和

$$F(x,a) = \begin{cases} a, & 0 \leqslant x \leqslant a, \\ x, & z \geqslant x \geqslant a. \end{cases}$$
(3.3.15)

其中，$A_1 : [0,a]^2 \to [0,a]$, $A_2 : [a,z]^2 \to [a,z]$, $A_3 : [z,b]^2 \to [z,b]$, $A_4 : [b,1]^2 \to [b,1]$, $A_5 : [0,a] \times [a,z] \to [a,z]$, $A_6 : [b,1] \times [z,b] \to [z,b]$ 以及 $A_1 \sim A_6$ 是有共同边界值的递增算子.

证明 与命题 3.3.1 的证明类似, 故证明略去.

与命题 3.3.3 类似, 有下列命题成立.

命题 3.3.4 设 $a,b,z \in [0,1]$ 且 $a \leqslant z \leqslant b$, 有零元 z 的半零模 F 在半 t-算子 G 上是右分配的当且仅当 G 是幂等半 t-算子 (3.2.4).

$$F(x,y) = \begin{cases} A_1(x,y), & (x,y) \in [0,a]^2, \\ A_2(x,y), & (x,y) \in [a,z]^2, \\ A_3(x,y), & (x,y) \in [z,b]^2, \\ A_4(x,y), & (x,y) \in [b,1]^2, \\ A_5(x,y), & (x,y) \in [a,z] \times [0,a], \\ A_6(x,y), & (x,y) \in [z,b] \times [b,1], \\ \max(x,y), & (x,y) \in [0,a] \times [a,z], \\ \min(x,y), & (x,y) \in [b,1] \times [z,b], \\ z, & \text{其他} \end{cases} \quad (3.3.16)$$

使得当 $x \in [0,1]$ 时, 有 $F(x,z) = F(z,x) = z$; 当 $x \in [0,z]$ 时, 有 $F(x,0) = F(0,x) = x$; 当 $x \in [z,1]$ 时, 有 $F(x,1) = F(1,x) = x$, 且

$$F(b,x) = \begin{cases} x, & z \leqslant x \leqslant b, \\ b, & 1 \geqslant x \geqslant b \end{cases} \quad (3.3.17)$$

和

$$F(a,x) = \begin{cases} a, & 0 \leqslant x \leqslant a, \\ x, & z \geqslant x \geqslant a. \end{cases} \quad (3.3.18)$$

其中，$A_1 : [0,a]^2 \to [0,a]$, $A_2 : [a,z]^2 \to [a,z]$, $A_3 : [z,b]^2 \to [z,b]$, $A_4 : [b,1]^2 \to [b,1]$, $A_5 : [a,z] \times [0,a] \to [a,z]$, $A_6 : [z,b] \times [b,1] \to [z,b]$ 以及 $A_1 \sim A_6$ 是有共同边界值的递增算子.

由命题 3.3.3 和命题 3.3.4 有如下定理.

定理 3.3.2 设 $a,b,z \in [0,1]$ 且 $a \leqslant z \leqslant b$, 有零元 z 的半零模 F 在半 t-算子

G 上是分配的当且仅当 G 是幂等半 t-算子 (3.2.4).

$$F(x,y) = \begin{cases} aS_1\left(\dfrac{x}{a}, \dfrac{y}{a}\right), & (x,y) \in [0,a]^2, \\ a + (z-a)S_2\left(\dfrac{x-a}{z-a}, \dfrac{y-a}{z-a}\right), & (x,y) \in [a,z]^2, \\ z + (b-z)T_1\left(\dfrac{x-z}{b-z}, \dfrac{y-z}{b-z}\right), & (x,y) \in [z,b]^2, \\ b + (1-b)T_2\left(\dfrac{x-b}{1-b}, \dfrac{y-b}{1-b}\right), & (x,y) \in [b,1]^2, \\ \max(x,y), & (x,y) \in [0,a] \times [a,z] \cup [a,z] \times [0,z], \\ \min(x,y), & (x,y) \in [b,1] \times [z,b] \cup [z,b] \times [b,1], \\ z, & \text{其他}. \end{cases}$$
(3.3.19)

其中, S_1 和 S_2 是两个半三角余模; T_1 和 T_2 是两个半三角模.

3.3.3 情况: $a < b < z$

命题 3.3.5 设 $a,b,z \in [0,1]$ 且 $a < b < z$, 有零元 z 的半零模 F 在半 t-算子 G 上是左分配的当且仅当 G 是幂等半 t-算子 (3.2.4).

$$F(x,y) = \begin{cases} z + (1-z)T_F\left(\dfrac{x-z}{1-z}, \dfrac{y-z}{1-z}\right), & (x,y) \in [z,1]^2, \\ A_1(x,y), & (x,y) \in [0,a]^2, \\ A_2(x,y), & (x,y) \in [a,b]^2, \\ A_3(x,y), & (x,y) \in [b,z]^2, \\ A_4(x,y), & (x,y) \in [0,a] \times [a,z], \\ A_5(x,y), & (x,y) \in [a,b] \times [b,z], \\ \max(x,y), & (x,y) \in [a,z] \times [0,a] \cup [b,z] \times [a,b], \\ z, & \text{其他} \end{cases}$$
(3.3.20)

使得当 $x \in [0,1]$ 时, 有 $F(x,z) = F(z,x) = z$; 当 $x \in [0,z]$ 时, 有 $F(x,0) = F(0,x) = x$, 且

$$F(x,b) = \begin{cases} b, & 0 \leqslant x \leqslant b, \\ x, & z \geqslant x \geqslant b \end{cases} \tag{3.3.21}$$

和
$$F(x,a) = \begin{cases} a, & 0 \leqslant x \leqslant a, \\ x, & z \geqslant x \geqslant a. \end{cases} \tag{3.3.22}$$

其中, T_F 是半三角模, $A_1: [0,a]^2 \to [0,a]$, $A_2: [a,b]^2 \to [a,b]$, $A_3: [b,z]^2 \to [b,z]$, $A_4: [0,a] \times [a,z] \to [a,z]$, $A_5: [a,b] \times [b,z] \to [b,z]$ 以及 T_F、$A_1 \sim A_5$ 是有共同边界值的递增算子.

证明 与命题 3.3.1 的证明类似, 故省略.

在命题 3.3.5 中, 进一步限制 $a = b$, 即 G 是一个结合的半零模, 那么获得如下推论.

推论 3.3.3 设 $z_1, z_2 \in [0,1]$ 且 $z_1 \geqslant z_2$, 有零元 z_1 的半零模 F 在有零元 z_2 的结合半零模 G 上是分配的当且仅当 G 是幂等零模.

$$F(x,y) = \begin{cases} z_1 + (1-z_1)T_F\left(\dfrac{x-z_1}{1-z_1}, \dfrac{y-z_1}{1-z_1}\right), & (x,y) \in [z_1, 1]^2, \\ A_1(x,y), & (x,y) \in [0, z_2]^2, \\ A_2(x,y), & (x,y) \in [z_2, z_1]^2, \\ A_3(x,y), & (x,y) \in [0, z_2] \times [z_2, z_1], \\ \max(x,y), & (x,y) \in [z_2, z_1] \times [0, z_2], \\ z_1, & 其他 \end{cases} \tag{3.3.23}$$

使得当 $x \in [0,1]$ 时, 有 $F(x, z_1) = F(z_1, x) = z_1$; 当 $x \in [0, z_1]$ 时, 有 $F(x, 0) = F(0, x) = x$, 且

$$F(x,a) = \begin{cases} z_2, & 0 \leqslant x \leqslant z_2, \\ x, & z_1 \geqslant x \geqslant z_2. \end{cases} \tag{3.3.24}$$

其中, T_F 是半三角模, $A_1: [0, z_2]^2 \to [0, z_2]$, $A_2: [z_2, z_1]^2 \to [z_2, z_1]$, $A_3: [0, z_2] \times [z_2, z_1] \to [z_2, z_1]$ 以及 T_F、$A_1 \sim A_3$ 是有共同边界值的递增算子.

与命题 3.3.5 类似, 有如下命题成立.

命题 3.3.6 设 $a, b, z \in [0,1]$ 且 $a < b < z$, 半零模 F 在半 t-算子 G 上是右分配的当且仅当 G 是幂等半 t-算子 (3.2.4).

$$F(x,y) = \begin{cases} z + (1-z)T_F\left(\dfrac{x-z}{1-z}, \dfrac{y-z}{1-z}\right), & (x,y) \in [z,1]^2, \\ A_1(x,y), & (x,y) \in [0,a]^2, \\ A_2(x,y), & (x,y) \in [a,b]^2, \\ A_3(x,y), & (x,y) \in [b,z]^2, \\ A_4(x,y), & (x,y) \in [a,z] \times [0,a], \\ A_5(x,y), & (x,y) \in [b,z] \times [a,b], \\ \max(x,y), & (x,y) \in [0,a] \times [a,z] \cup [a,b] \times [b,z], \\ z, & \text{其他}, \end{cases} \tag{3.3.25}$$

使得当 $x \in [0,1]$ 时, 有 $F(x,z) = F(z,x) = z$; 当 $x \in [0,z]$ 时, 有 $F(x,0) = F(0,x) = x$, 且

$$F(b,x) = \begin{cases} b, & 0 \leqslant x \leqslant b, \\ x, & z \geqslant x \geqslant b \end{cases} \tag{3.3.26}$$

和

$$F(a,x) = \begin{cases} a, & 0 \leqslant x \leqslant a, \\ x, & z \geqslant x \geqslant a. \end{cases} \tag{3.3.27}$$

其中, T_F 是半三角模, $A_1 : [0,a]^2 \to [0,a]$, $A_2 : [a,b]^2 \to [a,b]$, $A_3 : [b,z]^2 \to [b,z]$, $A_4 : [a,z] \times [0,a] \to [a,z]$, $A_5 : [b,z] \times [a,b] \to [b,z]$ 以及 T_F、$A_1 \sim A_5$ 是有共同边界值的递增算子.

由命题 3.3.5 和命题 3.3.6 知有如下定理.

定理 3.3.3 设 $a,b,z \in [0,1]$ 且 $a < b < z$, 有零元 z 的半零模 F 在半 t-算子 G 上是分配的当且仅当 G 是幂等半 t-算子 (3.2.4).

$$F(x,y) = \begin{cases} z + (1-z)T_F\left(\dfrac{x-z}{1-z}, \dfrac{y-z}{1-z}\right), & (x,y) \in [z,1]^2, \\ aS_1\left(\dfrac{x}{a}, \dfrac{y}{a}\right), & (x,y) \in [0,a]^2, \\ a + (b-a)S_2\left(\dfrac{x-a}{b-a}, \dfrac{y-a}{b-a}\right), & (x,y) \in [a,b]^2, \\ b + (z-b)S_3\left(\dfrac{x-b}{z-b}, \dfrac{y-b}{z-b}\right), & (x,y) \in [b,z]^2, \\ \max(x,y), & (x,y) \in [0,a] \times [a,z] \cup [a,b] \times [b,z] \\ & \cup [a,z] \times [0,a] \cup [b,z] \times [a,b], \\ z, & \text{其他}. \end{cases} \tag{3.3.28}$$

其中, S_1、S_2 和 S_3 是三个半三角余模; T_F 是半三角模.

在定理 3.3.3 中，当进一步要求 F 是结合的与交换的，G 是交换的，即 F 和 G 是零模时，那么可以得到如下推论.

推论 3.3.4 设 $z_1, z_2 \in [0,1]$ 且 $z_1 \geqslant z_2$，有零元 z_1 的零模 F 在有零元 z_2 的零模 G 上是分配的当且仅当 G 是幂等零模.

$$F(x,y) = \begin{cases} z_2 S_1\left(\dfrac{x}{z_2}, \dfrac{y}{z_2}\right), & (x,y) \in [0, z_2]^2, \\ z_2 + (z_1 - z_2) S_2\left(\dfrac{x - z_2}{z_1 - z_2}, \dfrac{y - z_2}{z_1 - z_2}\right), & (x,y) \in [z_2, z_1]^2, \\ z_1 + (1 - z_1) T_F\left(\dfrac{x - z_1}{1 - z_1}, \dfrac{y - z_1}{1 - z_1}\right), & (x,y) \in [z_1, 1]^2, \\ \max(x, y), & (x,y) \in [0, z_2] \times [z_2, z_1] \\ & \cup [z_2, z_1] \times [0, z_2], \\ z_1, & \text{其他}. \end{cases} \quad (3.3.29)$$

其中，T_F 是三角模；S_1、S_2 是两个三角余模.

3.4 关于拟算术平均算子的分配性方程

定义 3.4.1 二元算子 $M : [0,1]^2 \to [0,1]$ 被称为拟算术平均算子，若它具有下面的表示形式：

$$M(x, y) = f^{-1}(p \cdot f(x) + q \cdot f(y)), \quad (3.4.1)$$

其中，$f : [0,1] \to [m, n]$ 是连续严格递增的双射，$[m, n] \subseteq [-\infty, +\infty]$，$p, q \geqslant 0$ 且 $p + q = 1$. 函数 f 称为 M 的一个生成子，p 称为它的参数. 这样的拟算术平均算子 M 记为 $M(f, p)$. 进一步，若两个生成子 f 和 g，对所有的 $x \in [0,1]$ 和固定的 $c, d \in \mathbf{R}$ 满足 $g(x) = cf(x) + d$，则它们生成相同的拟算术平均算子.

例 3.4.1 下面是我们熟悉的拟算术平均算子.
(1) 几何平均数：$M(x,y) = \sqrt{xy}$ 且 $f(x) = \lg x$，$x > 0$ 和 $p = q$.
(2) 算数平均数：$M(x,y) = (x+y)/2$ 且 $f(x) = cx + d$，$c \neq 0$ 和 $p = q$.
(3) 调和平均值：$M(x,y) = 2xy/(x+y)$ 且 $f(x) = 1/x$，$x > 0$ 和 $p = q$.
(4) 幂平均值：$M(x,y) = \sqrt{(x^2 + y^2)/2}$ 且 $f(x) = x^2$ 和 $p = q$.

3.4.1 某些算子在拟算术平均算子的分配性

这部分将讨论一些二元算子在拟算术平均算子上的分配性. 首先，讨论零模在拟算术平均算子上的分配性方程. 然后借助这个结果，给出其他算子在拟算术平均算子上的分配性完全刻画. 因为零模是交换的，所以无须考虑左右分配性，只需要考虑分配性.

定理 3.4.1 设 G 是有零元 $c \in [0,1]$ 的零模，$M(f,p)$ 是拟算术平均算子，其中 $f: [0,1] \to [m,n]$. 则 G 在 $M(f,p)$ 上是分配的当且仅当以下两种情况之一成立:

(1) G 是一个三角模且

$$G(x,y) = f^{-1}\left(\frac{f(x)-m}{n-m}f(y) + m\frac{n-f(x)}{n-m}\right). \tag{3.4.2}$$

(2) G 是一个三角余模且

$$G(x,y) = f^{-1}\left(\frac{n-f(x)}{n-m}f(y) + n\frac{f(x)-m}{n-m}\right). \tag{3.4.3}$$

证明 注意到 $M(f,p)$ 的生成子 f 是连续严格单调的双射，那么有 $f(0) = m$ 和 $f(1) = n$. 由 $M(f,p)$ 的表示，记 $g_x(y) = G(x,y)$，从方程 (3.1.1) 可知

$$g_x \circ f^{-1}(pf(y) + qf(z)) = f^{-1}(pf \circ g_x(y) + qf \circ g_x(z)). \tag{3.4.4}$$

进一步，令 $u = f(y)$, $v = f(z)$ 和 $f \circ g_x \circ f^{-1} = h$ 可得

$$h(pu + qv) = ph(u) + qh(v). \tag{3.4.5}$$

易知方程 (3.4.5) 的解为: 对任意 $u \in [m,n]$,

$$h(u) = A(x)u + B(x). \tag{3.4.6}$$

这里 A 和 B 是从 $[0,1]$ 到实数子区间的两个单调函数. 进一步由方程 (3.4.6) 和 $g_x(y) = G(x,y)$，有

$$G(x,y) = f^{-1}(A(x)f(y) + B(x)). \tag{3.4.7}$$

再由方程 (3.4.7) 和 G 的结构可知，$0 = G(0,0) = f^{-1}(A(0)f(0) + B(0))$ 和 $c = G(0,1) = f^{-1}(A(0)f(1) + B(0))$，这样得到 $m = A(0)m + B(0)$ 和 $f(c) = A(0)n + B(0)$，进一步可得

$$A(0) = \frac{f(c)-m}{n-m} \text{ 和 } B(0) = m\frac{n-f(c)}{n-m}. \tag{3.4.8}$$

又由方程 (3.4.7) 和 G 的结构可知: $c = G(1,0) = f^{-1}(A(1)f(0) + B(1))$ 且 $1 = G(1,1) = f^{-1}(A(1)f(1) + B(1))$，即 $f(c) = A(1)m + B(1)$ 且 $n = A(1)n + B(1)$，进一步可得

$$A(1) = \frac{n-f(c)}{n-m} \text{ 且 } B(1) = n\frac{f(c)-m}{n-m}. \tag{3.4.9}$$

注意到 G 的交换性，在方程 (3.4.7) 中令 $y = 0$，那么有

$$f^{-1}(A(x)f(0) + B(x)) = G(x,0) = G(0,x) = f^{-1}(A(0)f(x) + B(0)). \tag{3.4.10}$$

因为 f 是一个严格单调递增双射，$f(0) = m$ 和 $f(1) = n$，由方程 (3.4.10) 知

$$A(x)m + B(x) = A(0)f(x) + B(0). \tag{3.4.11}$$

另外，在方程 (3.4.7) 中令 $y = 1$ 可得 $G(x,1) = f^{-1}(A(x)f(1) + B(x)) = f^{-1}(A(1) \cdot f(x) + B(1)) = G(1,x)$，进一步有

$$A(x)n + B(x) = A(1)f(x) + B(1). \tag{3.4.12}$$

因此，从方程 (3.4.8)、方程 (3.4.9)、方程 (3.4.11) 和方程 (3.4.12) 可得

$$A(x) = \frac{m + n - 2f(c)}{(n-m)^2} f(x) + \frac{(m+n)f(c) - 2mn}{(n-m)^2} \tag{3.4.13}$$

和

$$B(x) = \frac{(m+n)f(c) - 2mn}{(n-m)^2} f(x) + \frac{mn(m+n) - 2mnf(c)}{(n-m)^2}. \tag{3.4.14}$$

再一次由 G 的结构可知: 对任意 $x \in [0,1]$ 有 $G(x,c) = c$，这意味着

$$f(c) = A(x)f(c) + B(x). \tag{3.4.15}$$

将方程 (3.4.13) 和方程 (3.4.14) 代入方程 (3.4.15) 可得 $f(c) = m$ 或 $f(c) = n$.

(1) 若 $f(c) = m$，即 $c = 0$，则 G 是三角模且 $G(x,y) = f^{-1}\left(\dfrac{f(x) - m}{n - m} f(y) + m \dfrac{n - f(x)}{n - m}\right)$.

(2) 若 $f(c) = n$，即 $c = 1$，则 G 是三角余模且 $G(x,y) = f^{-1}\left(\dfrac{n - f(x)}{n - m} f(y) + n \dfrac{f(x) - m}{n - m}\right)$.

反之，显然也成立.

若在定理 3.4.1 中令 $m = 0$ 和 $n = 1$，则可以得到以下的结果.

推论 3.4.1 设 G 是有零元 $c \in [0,1]$ 的零模，$M(f,p)$ 是满足 $f(0) = 0$ 和 $f(1) = 1$ 的拟算术平均算子. 则 G 在 $M(f,p)$ 上是分配的当且仅当下面两种情况之一成立:

(1) G 是三角模且 $G(x,y) = f^{-1}(f(x)f(y))$.

(2) G 是三角余模且 $G(x,y) = f^{-1}(f(x) + f(y) - f(x)f(y))$.

假设定理 3.4.1 中的 G 是严格三角模，那么得到以下的结果.

推论 3.4.2 设 G 是严格三角模，$M(f,p)$ 是拟算术平均算子，其中 $f: [0,1] \to [m,n]$. 那么 G 在 $M(f,p)$ 上是分配的当且仅当 G 有方程 (3.4.2) 的形式，且对所有的 $x \in [0,1]$ 有 $f(x) = m + (n-m)\mathrm{e}^{c \cdot t(x)}$，其中 $c < 0$，t 是三角模 T 的生成子.

类似地，假设定理 3.4.1 中的 G 是严格三角余模，那么得到以下的结果.

推论 3.4.3 设 G 是严格的三角余模，$M(f,p)$ 是拟算术平均算子，其中 $f:[0,1]\to[m,n]$. 则 G 在 $M(f,p)$ 上是分配的当且仅当 G 有方程 (3.4.3) 的形式，$f(x)=n+(m-n)\mathrm{e}^{c\cdot s(x)}$，其中 $x\in[0,1]$，$c<0$，s 是三角余模 S 的生成子.

接下来，讨论半零模 G 在拟算术平均算子 $M(f,p)$ 上的分配性. 因为 G 不必具有交换性，所以需要讨论左分配性和右分配性.

定理 3.4.2 设 G 是有零元 $c\in[0,1]$ 的半零模，$M(f,p)$ 是拟算术平均算子，其中 $f:[0,1]\to[m,n]$. 则 G 在 $M(f,p)$ 上是左分配性的当且仅当以下两种情况之一成立：

(1) G 是一个半三角模且具有式 (3.4.2) 的形式.

(2) G 是一个半三角余模且具有式 (3.4.3) 的形式.

证明 类似定理 3.4.1 的证明，容易获得方程 (3.4.7). 首先求出方程 (3.4.7) 中的 $A(x)$ 和 $B(x)$. 注意到 $M(f,p)$ 的生成子 f 是连续严格单调的双射，因此有 $f(0)=m$ 和 $f(1)=n$.

(1) 假设 $x\leqslant c$，从 G 的结构和方程 (3.4.7) 可知 $x=G(x,0)=f^{-1}(A(x)f(0)+B(x))$，即

$$f(x)=A(x)m+B(x). \tag{3.4.16}$$

另外，$c=G(x,c)=f^{-1}(A(x)f(c)+B(x))$，即

$$f(c)=A(x)f(c)+B(x). \tag{3.4.17}$$

然后从方程 (3.4.16) 和方程 (3.4.17) 可得

$$A(x)(f(c)-m)=f(c)-f(x). \tag{3.4.18}$$

为了解决方程 (3.4.18) 中的 $A(x)$，需要考虑以下两种情况.

① 若 $f(c)-m=0$，即 $f(c)=m=f(0)$，则根据 f 的严格单调性有 $c=0$，因此 G 是半三角模 T^*. 进一步，从 G 的结构可知，对所有的 $x\in[0,1]$ 有 $0\leqslant G(x,0)=T^*(x,0)\leqslant T^*(1,0)=0$，即对所有的 $x\in[0,1]$ 有 $0=G(x,0)=f^{-1}(A(x)f(0)+B(x))$. 此外，有

$$m=A(x)m+B(x). \tag{3.4.19}$$

另外，类似地，有 $x=T^*(x,1)=G(x,1)=f^{-1}(A(x)f(1)+B(x))$，

$$f(x)=A(x)n+B(x). \tag{3.4.20}$$

因此由方程 (3.4.19) 和方程 (3.4.20) 可得

$$A(x) = \frac{f(x) - m}{n - m} \tag{3.4.21}$$

和

$$B(x) = m\frac{n - f(x)}{n - m}. \tag{3.4.22}$$

最后, 用方程 (3.4.21) 和方程 (3.4.22) 替换方程 (3.4.7) 中的 $A(x)$ 和 $B(x)$ 可得方程 (3.4.2).

② 若 $f(c) - m \neq 0$, 即 $c \neq 0$, 则可得 $A(x) = \dfrac{f(c) - f(x)}{f(c) - m}$ 和 $B(x) = f(c)\dfrac{f(x) - m}{f(c) - m}$. 另外, 从 G 的结构可知 $G(x, 1) = c$, 即有 $f(c) = A(x)f(1) + B(x) = \dfrac{f(c) - f(x)}{f(c) - m}n + f(c)\dfrac{f(x) - m}{f(c) - m}$, 从而可得 $f(x) = f(c)$, 但是这与 f 的严格单调性矛盾.

(2) 假设 $x \geqslant c$, 从 G 的结构和方程 (3.4.7) 可知 $x = G(x, 1) = f^{-1}(A(x)f(1) + B(x))$, 即

$$f(x) = A(x)n + B(x). \tag{3.4.23}$$

另外, $c = G(x, c) = f^{-1}(A(x)f(c) + B(x))$, 即

$$f(c) = A(x)f(c) + B(x). \tag{3.4.24}$$

然后从方程 (3.4.23) 和方程 (3.4.24) 可得

$$A(x)(n - f(c)) = f(x) - f(c). \tag{3.4.25}$$

为了求解方程 (3.4.25) 中的 $A(x)$, 考虑以下两种情况.

① 若 $n - f(c) = 0$, 即 $c = 1$, 则 G 是半三角余模 S^*. 进一步, 从 G 的结构可知: 对所有的 $x \in [0, 1]$ 有 $1 = S^*(0, 1) \leqslant S^*(x, 1) = G(x, 1) \leqslant G(1, 1) = 1$, 即对所有的 $x \in [0, 1]$ 有 $1 = G(x, 1) = f^{-1}(A(x)f(1) + B(x))$, 进一步可得

$$n = A(x)n + B(x). \tag{3.4.26}$$

另外, 类似可得 $x = S^*(x, 0) = G(x, 0) = f^{-1}(A(x)f(0) + B(x))$, 进一步有

$$f(x) = A(x)m + B(x). \tag{3.4.27}$$

因此由方程 (3.4.26) 和方程 (3.4.27) 可得

$$A(x) = \frac{n - f(x)}{n - m} \tag{3.4.28}$$

和
$$B(x) = n\frac{f(x) - m}{n - m}. \tag{3.4.29}$$

最后, 用方程 (3.4.28) 和方程 (3.4.29) 替换方程 (3.4.7) 中的 $A(x)$ 和 $B(x)$, 则可得方程 (3.4.3).

② 若 $n - f(c) \neq 0$, 即 $c \neq 1$, 则可得 $A(x) = \dfrac{f(x) - f(c)}{n - f(c)}$ 和 $B(x) = f(c)\dfrac{n - f(x)}{n - f(c)}$. 另外, 从 G 的结构可知 $G(x, 0) = c$, 即 $f(c) = A(x)f(0) + B(x) = \dfrac{f(x) - f(c)}{n - f(c)}m + f(c)\dfrac{n - f(x)}{n - f(c)}$, 从而可得 $f(x) = f(c)$, 这与 f 的严格单调性矛盾.

反之, 显然也成立.

对于右分配性, 与定理 3.4.2 类似, 有以下结果.

推论 3.4.4 设 G 是有零元 $c \in [0,1]$ 的半零模, $M(f,p)$ 是拟算术平均算子, 其中 $f: [0,1] \to [m,n]$. 则 G 在 $M(f,p)$ 上是右分配的当且仅当下面两种情况之一成立:

(1) G 是一个半三角模且有方程 (3.4.2) 的形式.

(2) G 是一个半三角余模且有方程 (3.4.3) 的形式.

在本小节的最后, 讨论半 t-算子 $G \in \mathbb{F}_{a,b}$ 在拟算术平均算子 $M(f,p)$ 上是左 (右) 分配的. 注意到当 $a = b$ 时, 半 t-算子 G 是半零模, 这种情况在定理 3.4.2 和推论 3.4.4 中已经讨论, 因此只需研究以下两种情况: ① $a < b$ 且 G 在拟算术平均算子 $M(f,p)$ 上是左 (右) 分配的; ② $a > b$ 且 G 在拟算术平均算子 $M(f,p)$ 上是左 (右) 分配的. 这里, 只详细考虑情况①, 对于情况②, 因为它的证明与情况①类似, 所以只列出结果.

定理 3.4.3 设 G 是半 t-算子且 $a < b$, $M(f,p)$ 是拟算术平均算子, 其中 $f: [0,1] \to [m,n]$. 则 G 在 $M(f,p)$ 上是左 (右) 分配的当且仅当对所有的 $x, y \in [0,1]$ 有 $G(x,y) = x$.

证明 因为对于右分配的证明是类似的, 所以这里只考虑 G 在 $M(f,p)$ 上是左分配的情况. 类似定理 3.4.1 的证明, 可得方程 (3.4.7). 现在求解方程中 $A(x)$ 和 $B(x)$. 注意到 $M(f,p)$ 的生成子 f 是连续的严格单调双射, 因此有 $f(0) = m$ 和 $f(1) = n$. 对所有的 $x \leqslant a$, 从 G 的结构可知 $G(x,0) = x$ 和 $G(x,a) = a$, 即 $f(x) = A(x)m + B(x)$ 和 $f(a) = A(x)f(a) + B(x)$, 进一步可得

$$f(a) - f(x) = A(x)(f(a) - m). \tag{3.4.30}$$

为了求出方程 (3.4.30) 中的 $A(x)$, 需要考虑以下两种情况.

(1) 若 $f(a) - m \neq 0$, 即 $a > 0$, 则有 $A(x) = \dfrac{f(a) - f(x)}{f(a) - m}$ 和 $B(x) =$

$f(a)\dfrac{f(x)-m}{f(a)-m}$. 再从 G 的结构可知: 对任意 $x \leqslant a$ 有 $G(x,1) = a$, 进一步有 $f(a) = \dfrac{f(a)-f(x)}{f(a)-m}f(1) + f(a)\dfrac{f(x)-m}{f(a)-m}$, 即 $f(1) = f(a)$ 或 $f(x) = f(a)$. 但这两种情况都与 f 的单调性和假设 $a < b \leqslant 1$ 矛盾.

(2) 若 $f(a) - m = 0$, 即 $a = 0$, 则此时 G 的结构退化为

$$G(x,y) = \begin{cases} b + (1-b)T\left(\dfrac{x-b}{1-b}, \dfrac{y-b}{1-b}\right), & x,y \in [b,1], \\ b, & y \leqslant b \leqslant x, \\ x, & \text{其他}. \end{cases} \quad (3.4.31)$$

从方程 (3.4.31) 可知, 当 $x \geqslant b$ 时, 有 $G(x,1) = x$ 和 $G(x,b) = b$, 即 $f(x) = A(x)n + B(x)$ 和 $f(b) = A(x)f(b) + B(x)$, 进一步可得

$$f(x) - f(b) = A(x)(n - f(b)). \quad (3.4.32)$$

为了求出方程 (3.4.32) 中的 $A(x)$, 需要考虑以下两种情况.

① 假设 $n - f(b) \neq 0$, 则可得 $A(x) = \dfrac{f(x)-f(b)}{n-f(b)}$ 和 $B(x) = f(b)\dfrac{n-f(x)}{n-f(b)}$; 另外, 从 G 的结构可知, 当 $x \geqslant b$ 时, 有 $G(x,0) = b$, 进一步可得 $f(b) = \dfrac{f(x)-f(b)}{n-f(b)}f(0) + f(b)\dfrac{n-f(x)}{n-f(b)}$, 这意味着 $f(0) = f(b)$ 或 $f(x) = f(b)$. 但这两种情况都与 f 的单调性和假设 $0 \leqslant a < b$ 矛盾.

② 假设 $n - f(b) = 0$, 即 $b = 1$, 则对所有的 $x,y \in [0,1]$ 有 $G(x,y) = x$.

反之, 显然也成立.

推论 3.4.5 设 G 是半 t-算子, $a > b$, $M(f,p)$ 是拟算术平均算子, 其中 $f:[0,1] \to [m,n]$. 则 G 在 $M(f,p)$ 是左 (右) 分配的当且仅当对所有的 $x,y \in [0,1]$ 有 $G(x,y) = y$.

3.4.2 拟算术平均算子 $M(f,p)$ 在某些算子上的分配性

这部分讨论拟算术平均算子 $M(f,p)$ 在半零模、零模和半 t-算子上的分配性方程. 首先考虑 $M(f,p)$ 在半零模上的分配性.

定理 3.4.4 设 G 是有零元 $c \in [0,1]$ 的半零模, $M(f,p)$ 是拟算术平均算子. 则 $M(f,p)$ 在 G 上是左分配的, 也就是说, 它们满足函数方程 (3.1.1) 当且仅当 $G = \max$ 或 $G = \min$.

证明 根据 M 的结构显然可知, 对所有 $x \in [0,1]$ 有 $M(x,x) = f^{-1}(pf(x) + qf(x)) = x$. 在方程 (3.1.1) 中令 $x = y = z$, 可得 $M(x,G(x,x)) = G(M(x,x), M(x,x)) = G(x,x)$, 然后应用 $M(f,p)$ 的结构, 有 $f(G(x,x)) = pf(x) + qf(G(x,x))$, 也

就是说，$pf(G(x,x)) = (1-q)f(G(x,x)) = pf(x)$. 注意到 f 是严格单调双射，因此有 $G(x,x) = x$，即 G 是幂等的. 从定理 1.3.11 可知 G 有方程 (1.3.15) 的形式.

接下来，在方程 (3.1.1) 中令 $x = 0$, $y = 0$, $z = 1$，那么有 $M(0, c) = M(0, G(0, 1)) = G(M(0, 0), M(0, 1)) = G(0, M(0, 1))$. 假设 $M(0, 1) \leqslant c$，则从 G 的结构有 $M(0, c) = G(0, M(0, 1)) = M(0, 1)$，即 $c = 1$，再从方程 (1.3.15) 可知 $G = \max$. 假设 $M(0, 1) > c$，则从 G 的结构有 $G(0, M(0, 1)) = c = M(0, c)$，即 $c = 0$，再一次从方程 (1.3.15) 可知 $G = \min$.

从引理 3.2.2 可知，反之，显然也成立.

对于右分配性，类似定理 3.4.4，有以下的结果.

推论 3.4.6 设 G 是有零元 $c \in [0, 1]$ 的半零模，$M(f, p)$ 是拟算术平均算子. 则 $M(f, p)$ 在 G 上是右分配的当且仅当 $G = \max$ 或 $G = \min$.

作为定理 3.4.4 的特殊情况——拟算术平均算子在零模上的分配性，有以下的结果.

推论 3.4.7 设 G 是有零元 $c \in [0, 1]$ 的零模，$M(f, p)$ 是拟算术平均算子，则 $M(f, p)$ 在 G 上是左 (右) 分配的当且仅当 $G = \max$ 或 $G = \min$.

最后，讨论拟算术平均算子 $M(f, p)$ 在半 t-算子上是左 (右) 分配的情况. 注意到当 $a = b$ 时，半 t-算子 G 是半零模，这种情况已经在定理 3.4.4 和推论 3.4.6 讨论了，因此仅研究以下两种情况：① $a < b$ 且拟算术平均算子 $M(f, p)$ 在 G 上是左 (右) 分配的；② $a > b$ 且拟算术平均算子 $M(f, p)$ 在 G 上是左 (右) 分配的. 这里只详细考虑情况①，对于情况②，因为它的证明与情况①类似，所以只列出结果.

定理 3.4.5 设 $G \in \mathbb{F}_{a,b}$ 是半 t-算子且 $a < b$, $M(f, p)$ 是拟算术平均算子，则 $M(f, p)$ 在 G 上是左 (右) 分配的，也就是说，它们满足函数方程 (3.1.1) 当且仅当 $G = \max$ 或 $G = \min$ 或对所有的 $x, y \in [0, 1]$ 有 $G(x, y) = x$.

证明 因为对于右分配的证明是类似的，所以这里只考虑 $M(f, p)$ 在 G 上是左分配的情况. 类似定理 3.4.4 的证明，在方程 (3.1.1) 中令 $x = y = z$，可得 $M(x, G(x, x)) = G(M(x, x), M(x, x)) = G(x, x)$，进一步有 $G(x, x) = x$，即 G 是幂等的. 接下来，在方程 (3.1.1) 中令 $x = 0$, $y = 0$, $z = 1$，则有 $M(0, a) = M(0, G(0, 1)) = G(M(0, 0), M(0, 1)) = G(0, M(0, 1))$.

(1) 若 $M(0, 1) \leqslant a$，则从 G 的结构有 $M(0, a) = G(0, M(0, 1)) = M(0, 1)$，即 $a = 1$. 进一步可知 $G = \max$.

(2) 若 $M(0, 1) > a$，则从 G 的结构有 $M(0, a) = G(0, M(0, 1)) = a$，即 $a = 0$. 在方程 (3.1.1) 中令 $x = 1$, $y = 1$, $z = 0$，然后应用 G 的结构有 $M(1, b) = M(1, G(1, 0)) = G(1, M(1, 0))$.

① 假设 $M(1, 0) \leqslant b$，则从 G 的结构有 $M(1, b) = G(1, M(1, 0)) = b = M(b, b)$，即 $b = 1$. 从推论 1.3.5 可知，对所有的 $x \in [0, 1]$ 有 $G(x, y) = x$.

② 假设 $M(1,0) > b$,则从 G 的结构有 $M(1,b) = G(1,M(1,0)) = M(1,0)$,即 $b = 0$. 从推论 1.3.5 可知 $G = \min$.

反之,显然也成立.

推论 3.4.8 设 $G \in \mathbb{F}_{a,b}$ 是半 t-算子且 $a > b$, $M(f,p)$ 是拟算术平均算子,则 $M(f,p)$ 在 G 上是左 (右) 分配的当且仅当 $G = \max$ 或 $G = \min$ 或对所有的 $x, y \in [0,1]$ 有 $G(x,y) = y$.

3.5　2-一致模在半一致模上的分配性

引理 3.5.1 设 $0 \leqslant e \leqslant k \leqslant f \leqslant 1$,若 2-一致模 G 在有单位元 $s \in [0,1]$ 的半一致模 F 上分配,则 $G(s,s) = s$.

证明　根据 s 和 k 之间的序关系,需要考虑两种情况:$s \leqslant k$ 和 $s \geqslant k$.

假设 $s \leqslant k$,在方程 (3.1.1) 中令 $x = s$, $y = e$ 和 $z = s$,从 G 的结构有

$$s = G(s,e) = G(s,F(e,s)) = F(G(s,e),G(s,s)) = F(s,G(s,s)) = G(s,s). \quad (3.5.1)$$

假设 $s \geqslant k$,在方程 (3.1.1) 中令 $x = s$, $y = f$ 和 $z = s$,从 G 的结构有

$$s = G(s,f) = G(s,F(f,s)) = F(G(s,f),G(s,s)) = F(s,G(s,s)) = G(s,s). \quad (3.5.2)$$

注记 3.5.1　因为 $s = 0$ 和 $s = 1$ 的情况是 F 是半三角余模或是半三角模,是一种退化情况. 不在讨论范围,即总假设半一致模 F 的单位元 $s \in (0,1)$.

为完整地刻画 2-一致模 G 在半一致模 F 上的分配性,根据 2-一致模的结构,需要考虑五种情况:① $G \in \boldsymbol{C}_k^0$;② $G \in \boldsymbol{C}_1^0$;③ $G \in \boldsymbol{C}_k^1$;④ $G \in \boldsymbol{C}_0^1$;⑤ $G \in \boldsymbol{C}^k$. 首先考虑情况① $G \in \boldsymbol{C}_k^0$.

3.5.1　$G \in \boldsymbol{C}_k^0$

引理 3.5.2 设 2-一致模 $G \in \boldsymbol{C}_k^0$ 且 $0 < e \leqslant k < f \leqslant 1$,半一致模 $F \in \boldsymbol{N}_s$ 有单位元 $s \in (0,1)$ 且基础算子半三角模 T_F 和半三角余模 S_F 都连续. 如果 G 在 F 上分配,则 F 是幂等的.

证明　首先证明 $F(e,e) = e$ 和 $F(f,f) = f$. 注意到假设 $0 < e \leqslant k < f \leqslant 1$ 以及 s 和 e、k、f 之间的序关系,那么需要考虑以下情况. 不妨设 $e \neq k$.

(1) 假设 $s < e$,那么从 F 的结构有 $F(e,e) \geqslant e$ 和 $F(f,f) \geqslant f$.

① 若 $F(e,e) > e$,由 S_F 的连续性和 $F(s,s) = s$ 可知,存在 $z_1 \in (s,e)$ 使得 $F(z_1,z_1) = e$. 对任意 $x \in (e,k]$,从方程 (3.1.1) 可知 $x = G(x,e) = G(x,F(z_1,z_1)) = F(G(x,z_1),G(x,z_1)) = F(z_1,z_1) = e$,矛盾,所以 $F(e,e) = e$.

② 若 $F(f,f) > f$，由 S_F 的连续性和 $F(e,e) = e$ 可知，存在 $z_2 \in (s,f)$ 使得 $F(z_2, z_2) = f$. 对任意 $x \in (f, 1]$，从方程 (3.1.1) 可知 $x = G(x, f) = G(x, F(z_2, z_2)) = F(G(x, z_2), G(x, z_2)) \in \{F(k, k), f\}$，矛盾，所以 $F(f, f) = f$.

(2) 假设 $e \leqslant s \leqslant f$，那么从 F 的结构可得 $F(e, e) \leqslant e$ 和 $F(f, f) \geqslant f$.

① 注意到 $F(e, e) \leqslant e$ 和 $F(s, s) = s$，从 T_F 的连续性可知，存在 $z_3 \in [e, s]$ 使得 $F(z_3, z_3) = e$. 对任意 $x \in [0, e)$，从方程 (3.1.1) 可知 $x = G(x, e) = G(x, F(z_3, z_3)) = F(G(x, z_3), G(x, z_3)) = F(x, x)$，进一步从 T_F 的连续性知 $F(e, e) = e$.

② 若 $F(f, f) > f$，由 S_F 的连续性和 $F(s, s) = s$ 可知，存在 $z_4 \in [s, f)$ 使得 $F(z_4, z_4) = f$. 对任意 $x \in (f, 1]$，从方程 (3.1.1) 可知 $x = G(x, f) = G(x, F(z_4, z_4)) = F(G(x, z_4), G(x, z_4)) \in \{F(k, k), f\}$，矛盾，所以 $F(f, f) = f$.

(3) 假设 $s > f$，从 F 的结构有 $F(e, e) \leqslant e$ 和 $F(f, f) \leqslant f$.

① 注意到 $F(e, e) \leqslant e$ 和 $F(s, s) = s$，从 T_F 的连续性可知，存在 $z_5 \in [e, s)$ 使得 $F(z_5, z_5) = e$. 对任意 $x \in [0, e)$，从方程 (3.1.1) 可知 $x = G(x, e) = G(x, F(z_5, z_5)) = F(G(x, z_5), G(x, z_5)) = F(x, x)$，进一步从 T_F 的连续性可知 $F(e, e) = e$.

② 注意到 $F(f, f) \leqslant f$ 和 $F(s, s) = s$，从 T_F 的连续性可知，存在 $z_6 \in [f, s)$ 使得 $F(z_6, z_6) = f$. 对任意 $x \in [k, f)$，从方程 (3.1.1) 可知 $x = G(x, f) = G(x, F(z_6, z_6)) = F(G(x, z_6), G(x, z_6)) = F(x, x)$，进一步从 T_F 的连续性知 $F(f, f) = f$.

总言之，已经证明了 $F(e, e) = e$ 和 $F(f, f) = f$，最后证明 F 是幂等的. 事实上，对所有 $x \leqslant k$ 有 $x = G(x, e) = G(x, F(e, e)) = F(G(x, e), G(x, e)) = F(x, x)$；对所有 $x \geqslant k$ 有 $x = G(x, f) = G(x, F(f, f)) = F(G(x, f), G(x, f)) = F(x, x)$，也就是说 F 是幂等的.

到目前为止，已经完全确定了 F 的结构. 接下来，刻画算子 G 的结构. 因为情况 $e = k$ 的证明是类似的且更简单，所以只考虑 $e < k$ 的情况. 注意到假设 $0 < e < k < f \leqslant 1$ 以及 s 和 e、k、f 之间的序关系，则存在四种情况需要考虑：① $s \in (0, e]$；② $s \in (e, k]$；③ $s \in (k, f]$；④ $s \in (f, 1)$. 下面引理表明情况② 和情况④ 不可能出现.

引理 3.5.3 设 2-一致模 $G \in C_k^0$ 且 $0 < e < k < f \leqslant 1$，半一致模 $F \in \boldsymbol{N}_s$ 有单位元 $s \in (0, 1)$，对任意 $x \in [0, s)$ 有 $F(1, x) = F(x, 1) = x$ 且基础算子半三角模 T_F 和半三角余模 S_F 都连续. 如果 G 在 F 上是分配的，那么 $s \in (0, e]$ 或 $s \in (k, f]$.

证明 从引理 3.5.2 可知 $F = U_s^{\min}$. 接下来证明 $s \in (0, e]$ 或 $s \in (k, f]$. 这样就证明了情况②和情况④不可能出现.

(1) 假设 $s > f$, 从引理 3.5.1 可知 G 有如下形式:

$$G(x,y) = \begin{cases} U^{c_1}(x,y), & (x,y) \in [0,k]^2, \\ T^{c_2}(x,y), & (x,y) \in [k,f]^2, \\ S_1^{c_2}(x,y), & (x,y) \in [f,s]^2, \\ S_2^{c_2}(x,y), & (x,y) \in [s,1]^2, \\ k, & (x,y) \in [e,k) \times (k,1] \cup (k,1] \times [e,k), \\ \max(x,y), & (x,y) \in [f,s) \times (s,1] \cup (s,1] \times [f,s), \\ \min(x,y), & \text{其他}. \end{cases} \quad (3.5.3)$$

在方程 (3.1.1) 中令 $x = x_0 \in (s,1)$, $y = y_0 \in [f,s)$ 和 $z = 1$, 则从 F 和 G 的结构可知 $G(x_0, F(y_0, 1)) = G(x_0, y_0) = x_0 \vee y_0 = x_0$. 另外, 有 $F(G(x_0, y_0), G(x_0, 1)) = F(x_0, 1) = 1$, 矛盾.

(2) 假设 $s = k$, 则 G 有式 (1.3.40) 的形式. 在方程 (3.1.1) 中令 $x = f$, $y = e$ 和 $z = f$, 则从 F 和 G 的结构可知 $G(f, F(e,f)) = G(f,e) = k$. 另外, 有 $F(G(f,e), G(f,f)) = F(k,f) = f$, 矛盾.

(3) 假设 $e < s < k$, 由引理 3.5.2 得 G 有如下形式:

$$G(x,y) = \begin{cases} T^{c_1}(x,y), & (x,y) \in [0,e]^2, \\ S_1^{c_1}(x,y), & (x,y) \in [e,s]^2, \\ S_2^{c_1}(x,y), & (x,y) \in [s,k]^2, \\ U^{c_2}(x,y), & (x,y) \in [k,1]^2, \\ k, & (x,y) \in [e,k) \times (k,1] \cup (k,1] \times [e,k), \\ \max(x,y), & (x,y) \in [e,s) \times (s,k] \cup (s,k] \times [e,s), \\ \min(x,y), & \text{其他}. \end{cases} \quad (3.5.4)$$

在方程 (3.1.1) 中令 $x = s$, $y = e$ 和 $z = k$, 从 F 和 G 的结构可知 $G(s, F(e,k)) = G(s,e) = s$; 另外, 有 $F(G(s,e), G(s,k)) = F(s,k) = k$, 矛盾.

定理 3.5.1 设 2-一致模 $G \in \mathcal{C}_k^0$ 且 $0 < e < k < f \leqslant 1$, 半一致模 $F \in \mathbf{N}_s$ 有单位元 $s \in (0,1)$, 对任意 $x \in [0,s)$ 有 $F(1,x) = F(x,1) = x$ 且基础算子半三角模 T_F 和半三角余模 S_F 都连续. 那么 G 在 F 上是分配的当且仅当 $F = U_s^{\min}$ 以及以下两种情况之一成立.

(1) $s \leqslant e$ 且 G 的结构为

$$G(x,y) = \begin{cases} T_1^{c_1}(x,y), & (x,y) \in [0,s]^2, \\ T_2^{c_1}(x,y), & (x,y) \in [s,e]^2, \\ S^{c_1}(x,y), & (x,y) \in [e,k]^2, \\ U^{c_2}(x,y), & (x,y) \in [k,1]^2, \\ k, & (x,y) \in [e,k) \times (k,1] \cup (k,1] \times [e,k), \\ \min(x,y), & \text{其他}. \end{cases} \quad (3.5.5)$$

其中, $T_1^{c_1}$ 和 $T_2^{c_1}$ 是三角模; S^{c_1} 是三角余模.

(2) $k < s \leqslant f$ 且 G 的结构为

$$G(x,y) = \begin{cases} U^{c_1}(x,y), & (x,y) \in [0,k]^2, \\ T_1^{c_2}(x,y), & (x,y) \in [k,s]^2, \\ T_2^{c_2}(x,y), & (x,y) \in [s,f]^2, \\ S^{c_2}(x,y), & (x,y) \in [f,1]^2, \\ k, & (x,y) \in [e,k) \times (k,1] \cup (k,1] \times [e,k), \\ \min(x,y), & \text{其他}. \end{cases} \quad (3.5.6)$$

其中, $T_1^{c_2}$ 和 $T_2^{c_2}$ 是三角模; S^{c_2} 是三角余模.

证明 从引理 3.5.1~引理 3.5.3, 获得定理 3.5.1(1) 和 (2). 现在考虑相反的情况.

(1) 假设 $s \leqslant e$, 也就是说 G 有式 (3.5.5) 的形式.

① 假设 $y, z \in [0, s]$, 根据 G 的交换性, 进一步假设 $y \leqslant z$.

若 $y \leqslant z \leqslant s$ 且 $x \leqslant s$, 从 G 的单调性可知 $G(x,y) \leqslant G(s,s) = s$ 和 $G(x,z) \leqslant G(s,s) = s$, 进一步, 从 F 的结构可知 $G(x, F(y,z)) = G(x, y \wedge z) = G(x,y) = G(x,y) \wedge G(x,z) = F(G(x,y), G(x,z))$.

若 $y \leqslant z \leqslant s$ 和 $x > s$, 从 G 的结构可知 $G(x,y) = x \wedge y = y$ 和 $G(x,z) = x \wedge z = z$, 进一步, 从 F 的结构有 $G(x, F(y,z)) = G(x, y \wedge z) = G(x,y) = y = y \wedge z = F(y,z) = F(G(x,y), G(x,z))$.

② 假设 $y, z \in [s, 1]$, 根据 G 的交换性, 可进一步假设 $y \geqslant z$.

若 $y \geqslant z \geqslant s$ 和 $x \geqslant s$, 从 G 的单调性有 $G(x,y) \geqslant G(s,s) = s$ 和 $G(x,z) \geqslant G(s,s) = s$, 进一步, 从 F 的结构有 $G(x, F(y,z)) = G(x, y \vee z) = G(x,y) = G(x,y) \vee G(x,z) = F(G(x,y), G(x,z))$.

若 $y \geqslant z \geqslant s$ 和 $x < s$, 从 G 的结构有 $G(x,y) = x \wedge y = x$ 和 $G(x,z) = x \wedge z = x$, 进一步, 从 F 的结构有 $G(x, F(y,z)) = G(x, y \vee z) = G(x,y) = x = F(x,x) = F(G(x,y), G(x,z))$.

③ 假设 $(y,z) \in [0,s) \times (s,1] \cup (s,1] \times [0,s)$, 根据 G 的交换性, 进一步假设 $y \leqslant z$.

若 $y < s$, $z > s$ 和 $x \leqslant s$, 从 G 的单调性和结构可知 $G(x,y) \leqslant \min(x,y) \leqslant s$ 和 $G(x,z) = x \wedge z = x \leqslant s$, 进一步, 从 F 的结构 $G(x, F(y,z)) = G(x, y \wedge z) = G(x,y) = G(x,y) \wedge x = G(x,y) \wedge G(x,z) = F(G(x,y), G(x,z))$.

若 $y < s$, $z > s$ 和 $x > s$, 从 G 的单调性可知 $G(x,y) = x \wedge y = y < s$ 和 $G(x,z) \geqslant G(s,s) = s$, 进一步, 从 F 的结构有 $G(x, F(y,z)) = G(x, y \wedge z) = G(x,y) = G(x,y) \wedge G(x,z) = F(G(x,y), G(x,z))$.

(2) 假设 $k < s \leqslant f$, 也就是说, G 有式 (3.5.6) 的形式.

① 假设 $y, z \in [0,s]$, 根据 G 的交换性, 进一步假设 $y \leqslant z$.

若 $y \leqslant z \leqslant s$ 和 $x \leqslant s$, 从 G 的单调性有 $G(x,y) \leqslant G(s,s) = s$ 和 $G(x,z) \leqslant G(s,s) = s$, 进一步, 从 F 的结构有 $G(x, F(y,z)) = G(x, y \wedge z) = G(x,y) = G(x,y) \wedge G(x,z) = F(G(x,y), G(x,z))$.

若 ($k \leqslant y \leqslant z \leqslant s$ 或 $y \leqslant z < e$ 或 $y < e$, $k \leqslant z \leqslant s$) 和 $x > s$, 从 G 的结构可知 $G(x,y) = x \wedge y = y$ 和 $G(x,z) = x \wedge z = z$, 进一步从 F 的结构有 $G(x, F(y,z)) = G(x, y \wedge z) = G(x,y) = y = y \wedge z = F(y,z) = F(G(x,y), G(x,z))$.

若 $y < e \leqslant z < k$ 和 $x > s$, 从 G 的结构可知 $G(x,y) = x \wedge y = y$ 和 $G(x,z) = k$, 进一步从 F 的结构有 $G(x, F(y,z)) = G(x, y \wedge z) = G(x,y) = y = y \wedge k = F(y,k) = F(G(x,y), G(x,z))$.

若 $e \leqslant y < k \leqslant z \leqslant s$ 和 $x > s$, 从 G 的结构有 $G(x,y) = k$ 和 $G(x,z) = x \wedge z = z$, 进一步从 F 的结构有 $G(x, F(y,z)) = G(x, y \wedge z) = G(x,y) = k = k \wedge z = F(k,z) = F(G(x,y), G(x,z))$.

若 $e \leqslant y \leqslant z \leqslant k$ 和 $x > s$, 从 G 的结构有 $G(x,y) = k$ 和 $G(x,z) = k$, 进一步从 F 的结构有 $G(x, F(y,z)) = k = F(k,k) = F(G(x,y), G(x,z))$.

② 假设 $y, z \in [s, 1]$, 根据 G 的交换性可进一步假设 $y \geqslant z$.

若 $y \geqslant z \geqslant s$ 和 $x \geqslant s$, 从 G 的单调性有 $G(x,y) \geqslant G(s,s) = s$ 和 $G(x,z) \geqslant G(s,s) = s$, 进一步从 F 的结构有 $G(x, F(y,z)) = G(x, y \vee z) = G(x,y) = G(x,y) \vee G(x,z) = F(G(x,y), G(x,z))$.

若 $y \geqslant z \geqslant s$ 和 $k \leqslant x < s$ 或 $x < e$, 从 G 的结构有 $G(x,y) = x \wedge y = x$ 和 $G(x,z) = x \wedge z = x$, 进一步从 F 的结构有 $G(x, F(y,z)) = G(x, y \vee z) = G(x,y) = x = F(x,x) = F(G(x,y), G(x,z))$.

若 $y \geqslant z \geqslant s$ 和 $e \leqslant x < k$, 从 G 的结构有 $G(x,y) = k$ 和 $G(x,z) = k$,

进一步从 F 的结构有 $G(x,F(y,z)) = G(x,y \vee z) = G(x,y) = k = F(k,k) = F(G(x,y),G(x,z))$.

③ 假设 $(y,z) \in [0,s) \times (s,1] \cup (s,1] \times [0,s)$, 根据 G 的交换性, 可以进一步假设 $y \leqslant z$.

若 $y < s$, $z > s$ 和 ($k \leqslant x \leqslant s$ 或 $x < e$), 从 G 的单调性和结构可知 $G(x,y) \leqslant G(s,s) = s$ 和 $G(x,z) = x \wedge z = x \leqslant s$, 进一步, 从 F 的结构有 $G(x,F(y,z)) = G(x, y \wedge z) = G(x,y) = G(x,y) \wedge x = G(x,y) \wedge G(x,z) = F(G(x,y),G(x,z))$.

若 $y < s$, $z > s$ 和 $e \leqslant x < k$, 从 G 的单调性与结构有 $G(x,y) \leqslant G(k,s) = k$ 和 $G(x,z) = k$, 进一步从 F 的结构有 $G(x,F(y,z)) = G(x, y \wedge z) = G(x,y) = G(x,y) \wedge k = G(x,y) \wedge G(x,z) = F(G(x,y),G(x,z))$.

若 ($k \leqslant y < s$ 或 $y < e$), $z > s$ 和 $x > s$, 从 G 的单调性和结构可知 $G(x,y) = x \wedge y = y < s$ 和 $G(x,z) \geqslant G(s,s) = s$, 进一步从 F 的结构有 $G(x,F(y,z)) = G(x, y \wedge z) = G(x,y) = G(x,y) \wedge G(x,z) = F(G(x,y),G(x,z))$.

若 $e \leqslant y < k$, $z > s$ 和 $x > s$, 从 G 的单调性以及结构有 $G(x,y) = k < s$ 和 $G(x,z) \geqslant G(s,s) = s$, 进一步从 F 的结构有 $G(x,F(y,z)) = G(x, y \wedge z) = G(x,y) = k = k \wedge G(x,z) = G(x,y) \wedge G(x,z) = F(G(x,y),G(x,z))$.

例 3.5.1 (1) 令 $F(x,y) = \begin{cases} \max(x,y), & x,y \in \left[\frac{1}{8},1\right], \\ \min(x,y), & \text{其他}, \end{cases}$ 那么 $F = U_{\frac{1}{8}}^{\min}$ 有单位元 $\frac{1}{8}$, 若 $e = \frac{1}{4}$, $k = \frac{1}{2}$, $f = \frac{3}{4}$ 以及

$$G(x,y) = \begin{cases} \max\left(x+y-\frac{1}{8}, 0\right), & (x,y) \in \left[0,\frac{1}{8}\right]^2, \\ \frac{1}{8} + \left(x-\frac{1}{8}\right)\left(y-\frac{1}{8}\right), & (x,y) \in \left[\frac{1}{8},\frac{1}{4}\right]^2, \\ x+y-\frac{1}{4} - \left(2x-\frac{1}{2}\right)\left(2y-\frac{1}{2}\right), & (x,y) \in \left[\frac{1}{4},\frac{1}{2}\right]^2, \\ \frac{1}{2} + (2x-1)(2y-1), & (x,y) \in \left[\frac{1}{2},\frac{3}{4}\right]^2, \\ x+y-\frac{3}{4} - \left(2x-\frac{3}{2}\right)\left(2y-\frac{3}{2}\right), & (x,y) \in \left[\frac{3}{4},1\right]^2, \\ \frac{1}{4}, & (x,y) \in \left[\frac{1}{8},\frac{1}{4}\right) \times \left(\frac{1}{4},1\right] \\ & \cup \left(\frac{1}{4},1\right] \times \left[\frac{1}{8},\frac{1}{4}\right), \\ \min(x,y), & \text{其他}. \end{cases} \quad (3.5.7)$$

从定理 3.5.1(1) 可知, G 在 F 上是分配的.

(2) 令 $F(x,y) = \begin{cases} \max(x,y), & x,y \in \left[\frac{1}{2},1\right], \\ \min(x,y), & \text{其他}, \end{cases}$ 则 $F = U_{\frac{1}{2}}^{\min}$ 有单位元 $\frac{1}{2}$, 若 $e = \frac{1}{8}$, $k = \frac{1}{4}$, $f = \frac{3}{4}$ 以及

$$G(x,y) = \begin{cases} 8xy, & (x,y) \in \left[0,\frac{1}{8}\right]^2, \\ x+y-\frac{1}{8}-\left(x-\frac{1}{8}\right)(8y-1), & (x,y) \in \left[\frac{1}{8},\frac{1}{4}\right]^2, \\ \frac{1}{4}+\left(2x-\frac{1}{2}\right)\left(2y-\frac{1}{2}\right), & (x,y) \in \left[\frac{1}{4},\frac{1}{2}\right]^2, \\ \frac{1}{2}+(2x-1)(2y-1), & (x,y) \in \left[\frac{1}{2},\frac{3}{4}\right]^2, \\ x+y-\frac{3}{4}-\left(2x-\frac{3}{2}\right)\left(2y-\frac{3}{2}\right), & (x,y) \in \left[\frac{3}{4},1\right]^2, \\ \frac{1}{2}, & (x,y) \in \left[\frac{1}{4},\frac{1}{2}\right) \times \left(\frac{1}{2},1\right] \\ & \cup \left(\frac{1}{2},1\right] \times \left[\frac{1}{4},\frac{1}{2}\right), \\ \min(x,y), & \text{其他}. \end{cases} \quad (3.5.8)$$

从定理 3.5.1(2) 可知, G 在 F 上是分配的.

定理 3.5.2 设 2-一致模 $G \in C_k^0$ 且 $0 < e \leqslant k < f \leqslant 1$, 半一致模 $F \in N_s$ 有单位元 $s \in (0,1)$, 对任意 $x \in (s,1]$ 有 $F(0,x) = F(x,0) = x$ 且基础算子半三角模 T_F 和半三角余模 S_F 都连续, 那么 G 在 F 上不是分配的.

证明 从引理 3.5.2 可知 $F = U_s^{\max}$, 不失一般性, 只考虑 $e < k$ 的情况. 注意到假设 $0 < e < k < f \leqslant 1$ 以及 s 和 e、k、f 之间的序关系, 需要考虑五种情况: ① $s \in (0,e]$; ② $s \in (e,k)$; ③ $s = k$; ④ $s \in (k,f]$; ⑤ $s \in (f,1)$. 以下结果表明所有情况都不可能.

(1) 假设 $s \leqslant e$, 从引理 3.5.1 可知 G 有式 (3.5.5) 的形式. 若 $y \leqslant s$, $z > s$ 和 $x < s$, 从 F 和 G 的结构有 $G(x,F(y,z)) = G(x,y \vee z) = G(x,z) = x \wedge z = x$. 另外, 从 G 的单调性可知 $G(x,y) \leqslant G(s,s) = s$, 进一步, 有 $F(G(x,y),G(x,z)) = G(x,y) \wedge G(x,z) = G(x,y)$, 因此最后可得 $G(x,y) = x$, 但这与 G 的交换性矛盾.

(2) 假设 $e < s < k$, 从引理 3.5.1 可知 G 有式 (3.5.3) 的形式. 若 $y < e$, $e \leqslant z < s$ 和 $x > k$, 从 F 和 G 的结构有 $G(x,F(y,z)) = G(x,y \wedge z) = G(x,y) = x \wedge y = y$.

另外，从 G 的结构有 $G(x,z) = k > s$，从而可得 $F(G(x,y), G(x,z)) = G(x,y) \vee G(x,z) = G(x,z) = k$，因此有 $y = k$，矛盾.

(3) 假设 $s = k$，则 G 有式 (1.3.40) 的形式. 若令 $x = e, y = e$ 和 $z = f$，从 F 和 G 的结构有 $G(e, F(e,f)) = G(e,f) = k$. 另外，从 F 的结构有 $F(G(e,e), G(e,f)) = F(e,k) = e$，因此可得 $e = k$，矛盾.

(4) 假设 $k < s \leqslant f$，从引理 3.5.1 可知 G 有式 (3.5.6) 的形式. 若 $y \leqslant s, z > s$ 和 $x < e$，从 F 和 G 的结构有 $G(x, F(y,z)) = G(x, y \vee z) = G(x,z) = x \wedge z = x$，另外，从 G 的单调性有 $G(x,y) \leqslant G(s,s) = s$，从而可得 $F(G(x,y), G(x,z)) = G(x,y) \wedge G(x,z) = G(x,y)$，因此得到 $G(x,y) = x$，但这与 G 的交换性矛盾.

(5) 假设 $s > f$，从引理 3.5.1 可知 G 有式 (3.5.3) 的形式. 若 $y \leqslant s, z > s$ 和 $x < e$，从 F 和 G 的结构有 $G(x, F(y,z)) = G(x, y \vee z) = G(x,z) = x \wedge z = x$. 另外，从 G 的单调性有 $G(x,y) \leqslant G(s,s) = s$，从而可得 $F(G(x,y), G(x,z)) = G(x,y) \wedge G(x,z) = G(x,y)$，因此最后可得 $G(x,y) = x$，但这与 G 的交换性矛盾.

总而言之，已经证明了 G 在 F 上不是分配的.

3.5.2 $G \in C_k^1$

引理 3.5.4 设 2-一致模 $G \in C_k^1$ 且 $0 \leqslant e < k \leqslant f < 1$，半一致模 $F \in N_s$ 有单位元 $s \in (0,1)$ 且基础算子半三角模 T_F 和半三角余模 S_F 都连续. 如果 G 在 F 上是分配的，则 F 是幂等的.

证明 证明与引理 3.5.2 的证明类似.

接下来，只考虑 $e < k$ 的情况，因为当 $e = k$ 时的证明是类似的而且更简单.

定理 3.5.3 设 2-一致模 $G \in C_k^1$ 且 $0 \leqslant e < k < f < 1$，半一致模 $F \in N_s$ 有单位元 $s \in (0,1)$，对任意 $x \in [0,s)$ 有 $F(1,x) = F(x,1) = x$ 且基础算子半三角模 T_F 和半三角余模 S_F 都连续. G 在 F 上不是分配的.

证明 证明与定理 3.5.2 的证明类似，这里省略.

引理 3.5.5 设 2-一致模 $G \in C_k^1$ 且 $0 \leqslant e < k < f < 1$，半一致模 $F \in N_s$ 有单位元 $s \in (0,1)$，对任意 $x \in (s,1]$ 有 $F(0,x) = F(x,0) = x$ 且基础算子半三角模 T_F 和半三角余模 S_F 都连续. 若 G 在 F 上是分配的，则 $s \in [e,k)$ 或 $s \in [f,1)$.

证明 证明与引理 3.5.3 的证明类似，这里省略.

定理 3.5.4 设 2-一致模 $G \in C_k^1$ 且 $0 \leqslant e < k < f < 1$，半一致模 $F \in N_s$ 有单位元 $s \in (0,1)$，对任意 $x \in (s,1]$ 有 $F(0,x) = F(x,0) = x$ 且基础算子半三角模 T_F 和半三角余模 S_F 都连续. 那么 G 在 F 上是分配的当且仅当 $F = U_s^{\max}$，且以下两种情况之一成立.

(1) $e \leqslant s < k$ 且 G 的结构为

$$G(x,y) = \begin{cases} T^{d_1}(x,y), & (x,y) \in [0,e]^2, \\ S_1^{d_1}(x,y), & (x,y) \in [e,s]^2, \\ S_2^{d_1}(x,y), & (x,y) \in [s,k]^2, \\ U^{d_2}(x,y), & (x,y) \in [k,1]^2, \\ k, & (x,y) \in [0,k) \times (k,f] \cup (k,f] \times [0,k), \\ \max(x,y), & \text{其他}. \end{cases} \quad (3.5.9)$$

其中, T^{d_1} 是三角模; $S_1^{d_1}$ 和 $S_2^{d_1}$ 是三角余模.

(2) $s \geqslant f$ 且 G 的结构为

$$G(x,y) = \begin{cases} U^{d_1}(x,y), & (x,y) \in [0,k]^2, \\ T^{d_2}(x,y), & (x,y) \in [k,f]^2, \\ S_1^{d_2}(x,y), & (x,y) \in [f,s]^2, \\ S_2^{d_2}(x,y), & (x,y) \in [s,1]^2, \\ k, & (x,y) \in [0,k) \times (k,f] \cup (k,f] \times [0,k), \\ \max(x,y), & \text{其他}. \end{cases} \quad (3.5.10)$$

其中, T^{d_2} 是三角模; $S_1^{d_2}$ 和 $S_2^{d_2}$ 是三角余模.

证明 证明与定理 3.5.1 的证明类似, 这里省略.

3.5.3 $G \in C_1^0$

引理 3.5.6 设 2-一致模 $G \in C_1^0$ 且 $0 < e \leqslant k \leqslant f < 1$, 半一致模 $F \in \mathbf{N}_s$ 有单位元 $s \in (0,1)$ 且基础算子半三角模 T_F 和半三角余模 S_F 都连续. 如果 G 在 F 上是分配的, 则 F 是幂等的.

证明 首先证明 $F(e,e) = e$ 和 $F(f,f) = f$. 注意到假设 $0 < e \leqslant k \leqslant f < 1$ 以及 s 和 e、k、f 之间的序关系, 则需要考虑以下的情况. 因为对于情况 $e = k$ 或 $k = f$ 结论是明显的, 所以进一步假设 $e < k < f$.

(1) 假设 $s < e$, 从 F 的结构有 $F(e,e) \geqslant e$ 和 $F(f,f) \geqslant f$.

① 若 $F(e,e) > e$, 从 S_F 的连续性可知, 存在 $z_1 \in (s,e)$ 使得 $F(z_1,z_1) = e$. 对任意 $x \in (e,k]$, 从方程 (3.1.1) 可知 $x = G(x,e) = G(x,F(z_1,z_1)) = F(G(x,z_1),G(x,z_1)) = F(z_1,z_1) = e$, 矛盾.

② 注意到 $F(f,f) \geqslant f$ 和 $F(s,s) = s$, 从 S_F 的连续性可知, 存在 $z_2 \in [e,f]$ 使得 $F(z_2,z_2) = f$. 对任意 $x \in (f,1]$, 从方程 (3.1.1) 知 $x = G(x,f) = G(x,F(z_2,z_2)) = F(G(x,z_2),G(x,z_2)) = F(x,x)$, 进一步从 S_F 的连续性得 $F(f,f) = f$.

(2) 假设 $e \leqslant s \leqslant f$, 从 F 的结构有 $F(e,e) \leqslant e$ 和 $F(f,f) \geqslant f$.

① 注意到 $F(e,e) \leqslant e$ 和 $F(s,s) = s$, 从 T_F 的连续性可知, 存在 $z_3 \in [e,s]$ 使得

$F(z_3, z_3) = e$. 对任意 $x \in [0, e)$, 从方程 (3.1.1) 可知 $x = G(x, e) = G(x, F(z_3, z_3)) = F(G(x, z_3), G(x, z_3)) = F(x, x)$, 再由 T_F 的连续性可得 $F(e, e) = e$.

② 注意到 $F(f, f) \geqslant f$ 和 $F(s, s) = s$, 从 S_F 的连续性知, 存在 $z_4 \in [s, f]$ 使得 $F(z_4, z_4) = f$. 对任意 $x \in (f, 1]$, 从方程 (3.1.1) 可知 $x = G(x, f) = G(x, F(z_4, z_4)) = F(G(x, z_4), G(x, z_4)) = F(x, x)$, 再由 S_F 的连续性可得 $F(f, f) = f$.

(3) 假设 $s > f$, 从 F 的结构有 $F(e, e) \leqslant e$ 和 $F(f, f) \leqslant f$.

① 注意到 $F(e, e) \leqslant e$ 和 $F(s, s) = s$, 从 T_F 的连续性可知, 存在 $z_5 \in [e, s]$ 使得 $F(z_5, z_5) = e$. 对任意 $x \in [0, e)$, 从方程 (3.1.1) 可知 $x = G(x, e) = G(x, F(z_3, z_3)) = F(G(x, z_3), G(x, z_3)) = F(x, x)$, 再使用 T_F 的连续性可得 $F(e, e) = e$.

② 若 $F(f, f) < f$, 从 T_F 的连续性可知, 存在 $z_6 \in (f, s)$ 使得 $F(z_6, z_6) = f$. 对任意 $x \in [e, f)$, 从方程 (3.1.1) 可知 $x = G(x, f) = G(x, F(z_6, z_6)) = F(G(x, z_6), G(x, z_6)) = F(z_6, z_6) = f$, 矛盾.

总之, 已经证明了 $F(e, e) = e$ 和 $F(f, f) = f$. 最后证明 F 是幂等的. 事实上, 对任意 $x \leqslant k$, 有 $x = G(x, e) = G(x, F(e, e)) = F(G(x, e), G(x, e)) = F(x, x)$; 对任意 $x \geqslant k$ 有 $x = G(x, f) = G(x, F(f, f)) = F(G(x, f), G(x, f)) = F(x, x)$, 即 F 是幂等的.

因为当 $e = k$ 或 $k = f$ 时证明是类似的, 接下来, 只考虑 $e < k < f$ 的情况. 注意到假设 $0 < e < k < f < 1$ 以及 s 和 e、k、f 之间的序关系, 存在四种情况需要考虑: ① $s \in (0, e]$; ② $s \in (e, k]$; ③ $s \in (k, f]$; ④ $s \in (f, 1)$.

引理 3.5.7 设 2-一致模 $G \in \boldsymbol{C}_1^0$ 且 $0 < e < k < f < 1$, 半一致模 $F \in \boldsymbol{N}_s$ 有单位元 $s \in (0, 1)$, 对任意 $x \in [0, s)$ 有 $F(1, x) = F(x, 1) = x$ 且基础算子半三角模 T_F 和半三角余模 S_F 都连续. 若 G 在 F 上分配, 则 $s \in (0, e]$.

证明 从引理 3.5.1 可知 $F = U_s^{\min}$. 接下来, 证明 $s \in (0, e]$.

(1) 假设 $s \geqslant f$, 则从引理 3.5.6 可知 G 的结构为

$$G(x, y) = \begin{cases} U^c(x, y), & (x, y) \in [0, k]^2, \\ T^d(x, y), & (x, y) \in [k, f]^2, \\ S_1^d(x, y), & (x, y) \in [f, s]^2, \\ S_2^d(x, y), & (x, y) \in [s, 1]^2, \\ k, & (x, y) \in [e, k] \times (k, f] \cup (k, f] \times [e, k) \\ \min(x, y), & (x, y) \in [0, e) \times (k, 1] \cup (k, 1] \times [0, e), \\ \max(x, y), & \text{其他}. \end{cases} \quad (3.5.11)$$

在方程 (3.1.1) 中令 $x = x_0 \in (s, 1)$, $y = y_0 \in [e, s)$ 和 $z = 1$, 从 F 和 G 的结构

可知 $G(x_0, F(y_0,1)) = G(x_0,y_0) = x_0 \vee y_0 = x_0$, 另外, 有 $F(G(x_0,y_0), G(x_0,1)) = F(x_0,1) = 1$, 矛盾.

(2) 假设 $k < s < f$, 从引理 3.5.1 可知 G 的结构为

$$G(x,y) = \begin{cases} U^c(x,y), & (x,y) \in [0,k]^2, \\ T_1^d(x,y), & (x,y) \in [k,s]^2, \\ T_2^d(x,y), & (x,y) \in [s,f]^2, \\ S^d(x,y), & (x,y) \in [f,1]^2, \\ k, & (x,y) \in [e,k) \times (k,f] \cup (k,f] \times [e,k) \\ \max(x,y), & (x,y) \in [e,f) \times (f,1] \cup (f,1] \times [e,f), \\ \min(x,y), & \text{其他}. \end{cases} \quad (3.5.12)$$

在方程 (3.1.1) 中令 $x = x_0 \in (f,1)$, $y = y_0 \in [e,s)$ 和 $z = 1$, 从 F 和 G 的结构可知 $G(x_0, F(y_0,1)) = G(x_0,y_0) = x_0 \vee y_0 = x_0$, 另外, 有 $F(G(x_0,y_0), G(x_0,1)) = F(x_0,1) = 1$, 矛盾.

(3) 假设 $s = k$, 则 G 有式 (1.3.42) 的形式. 在方程 (3.1.1) 中 $x = f$, $y = e$ 和 $z = f$, 由 F 和 G 的结构知 $G(f, F(e,f)) = G(f,e) = k$, 另外, 有 $F(G(f,e), G(f,f)) = F(k,f) = f$, 矛盾.

(4) 假设 $e < s < k$, 从引理 3.5.1 可知 G 的结构是

$$G(x,y) = \begin{cases} T^c(x,y), & (x,y) \in [0,e]^2, \\ S_1^c(x,y), & (x,y) \in [e,s]^2, \\ S_2^c(x,y), & (x,y) \in [s,k]^2, \\ U^d(x,y), & (x,y) \in [k,1]^2, \\ k, & (x,y) \in [e,k) \times (k,f] \cup (k,f] \times [e,k), \\ \min(x,y), & (x,y) \in [0,e) \times (e,1] \cup (e,1] \times [0,e), \\ \max(x,y), & \text{其他}. \end{cases} \quad (3.5.13)$$

在方程 (3.1.1) 中 $x = x_0 \in (f,1)$, $y = y_0 \in [e,s)$ 和 $z = 1$, 从 F 和 G 的结构可知 $G(x_0, F(y_0,1)) = G(x_0,y_0) = x_0 \vee y_0 = x_0$, 另外, 有 $F(G(x_0,y_0), G(x_0,1)) = F(x_0,1) = 1$, 矛盾.

定理 3.5.5 设 2-一致模 $G \in C_1^0$ 且 $0 < e < k < f < 1$, 半一致模 $F \in N_s$ 有单位元 $s \in (0,1)$, 对任意 $x \in [0,s]$ 有 $F(1,x) = F(x,1) = x$ 且基础算子半三角模 T_F 和半三角余模 S_F 都连续. 则 G 在 F 上是分配的当且仅当 $F = U^{\min}$ 且 G 的

结构为

$$G(x,y) = \begin{cases} T_1^c(x,y), & (x,y) \in [0,s]^2, \\ T_2^c(x,y), & (x,y) \in [s,e]^2, \\ S^c(x,y), & (x,y) \in [e,k]^2, \\ U^d(x,y), & (x,y) \in [k,1]^2, \\ k, & (x,y) \in [e,k] \times (k,f] \cup (k,f] \times [e,k], \\ \max(x,y), & (x,y) \in [e,k] \times (f,1] \cup (f,1] \times [e,k], \\ \min(x,y), & \text{其他}. \end{cases} \quad (3.5.14)$$

其中, $s \leqslant e$; T_1^c 和 T_2^c 是三角模; S^c 是三角余模.

证明 从引理 3.5.1、引理 3.5.6 可知必要性成立. 现在, 证明充分性.

(1) 若 $y \leqslant z \leqslant s$ 和 $x \leqslant s$, 从 G 的单调性可知 $G(x,y) \leqslant G(s,s) = s$ 和 $G(x,z) \leqslant G(s,s) = s$, 进一步, 从 F 的结构有 $G(x,F(y,z)) = G(x,y \wedge z) = G(x,y) = G(x,y) \wedge G(x,z) = F(G(x,y),G(x,z))$.

(2) 若 $y \leqslant z \leqslant s$ 和 $x > s$, 从 G 的结构有 $G(x,y) = x \wedge y = y$ 和 $G(x,z) = x \wedge z = z$, 进一步, 从 F 的结构有 $G(x,F(y,z)) = G(x,y \wedge z) = G(x,y) = y = y \wedge z = F(y,z) = F(G(x,y),G(x,z))$.

(3) 若 $y \geqslant z \geqslant s$ 和 $x \geqslant s$, 从 G 的单调性有 $G(x,y) \geqslant G(s,s) = s$ 和 $G(x,z) \geqslant G(s,s) = s$, 进一步, 从 F 的结构有 $G(x,F(y,z)) = G(x,y \vee z) = G(x,y) = G(x,y) \vee G(x,z) = F(G(x,y),G(x,z))$.

(4) 若 $y \geqslant z \geqslant s$ 和 $x < s$, 从 G 的结构有 $G(x,y) = x \wedge y = x$ 和 $G(x,z) = x \wedge z = x$, 进一步, 从 F 的结构有 $G(x,F(y,z)) = G(x,y \vee z) = G(x,y) = x = F(x,x) = F(G(x,y),G(x,z))$.

(5) 若 $y < s$, $z > s$ 和 $x \leqslant s$, 从 G 的单调性和结构有 $G(x,y) \leqslant G(s,s) = s$ 和 $G(x,z) = x \wedge z = x \leqslant s$, 进一步, 从 F 的结构有 $G(x,F(y,z)) = G(x,y \wedge z) = G(x,y) = G(x,y) \wedge x = G(x,y) \wedge G(x,z) = F(G(x,y),G(x,z))$.

(6) 若 $y < s$, $z > s$ 和 $x > s$, 从 G 的单调性和结构有 $G(x,y) = x \wedge y = y < s$ 和 $G(x,z) \geqslant G(s,s) = s$, 进一步, 从 F 的结构有 $G(x,F(y,z)) = G(x,y \wedge z) = G(x,y) = G(x,y) \wedge G(x,z) = F(G(x,y),G(x,z))$.

定理 3.5.6 设 2-一致模 $G \in \boldsymbol{C}_1^0$ 且 $0 < e < k < f < 1$, 半一致模 $F \in \boldsymbol{N}_s$ 有单位元 $s \in (0,1)$, 对任意 $x \in (s,1]$ 有 $F(0,x) = F(x,0) = x$ 且基础算子半三角模 T_F 和半三角余模 S_F 都连续. 则 G 在 F 上不是分配的.

证明 从引理 3.5.6 可知 $F = U_s^{\max}$. 注意到假设 $0 < e < k < f < 1$, 再根据 s 和 e、k、f 之间的序关系, 需要考虑五种情况: ① $s \in (0,e]$; ② $s \in (e,k)$; ③ $s = k$;

④ $s \in (k, f)$; ⑤ $s \in [f, 1)$. 下面的讨论表明所有情况都不可能.

(1) 假设 $s \leqslant e$, 从引理 3.5.1 可得 G 有式 (3.5.14) 的形式. 若 $y \leqslant s$, $z > s$ 和 $x < s$, 从 F 和 G 的结构有 $G(x, F(y, z)) = G(x, y \vee z) = G(x, z) = x \wedge z = x$. 另外, 从 G 的单调性有 $G(x, y) \leqslant G(s, s) = s$, 进一步有 $F(G(x, y), G(x, z)) = G(x, y) \wedge G(x, z) = G(x, y)$, 因此可得 $G(x, y) = x$, 这与 G 的交换性矛盾.

(2) 假设 $e < s < k$, 从引理 3.5.1 可得 G 有式 (3.5.13) 的形式. 若 $y < e$, $e \leqslant z \leqslant s$ 和 $k < x \leqslant f$, 从 F 和 G 的结构有 $G(x, F(y, z)) = G(x, y \wedge z) = G(x, y) = x \wedge y = y$. 另外, 从 G 的结构有 $G(x, z) = k > s$, 进一步有 $F(G(x, y), G(x, z)) = G(x, y) \vee G(x, z) = G(x, z) = k$, 因此可得 $y = k$, 矛盾.

(3) 假设 $s = k$, G 的有式 (1.3.42) 的形式. 令 $x = e$, $y = 0$ 和 $z = f$, 从 F 和 G 的结构有 $G(e, F(0, f)) = G(e, f) = k$. 另外, 从 F 的结构有 $F(G(e, 0), G(e, f)) = F(0, k) = 0$, 进一步, 从分配性方程可得 $k = 0$, 矛盾.

(4) 假设 $k < s < f$, 从引理 3.5.1 可得 G 有式 (3.5.12) 的形式. 若 $x = 1$, $y = 0$ 和 $e \leqslant z \leqslant s$, 从 F 和 G 的结构可知 $G(1, F(0, z)) = G(1, 0) = 0$. 另外, 从 F 的结构有 $F(G(1, 0), G(1, z)) = F(0, 1) = 1$, 再从分配性方程可得 $1 = 0$, 矛盾.

(5) 假设 $s \geqslant f$, 从引理 3.5.1 可得 G 有式 (3.5.11) 的形式. 若 $x = 1$, $y = 0$ 和 $e \leqslant z < s$, 则从 F 和 G 的结构有 $G(1, F(0, z)) = G(1, 0) = 0$. 另外, 从 F 的结构有 $F(G(1, 0), G(1, z)) = F(0, 1) = 1$, 再从分配性方程可得 $0 = 1$, 矛盾.

总而言之, 已经证明了 G 在 F 上不是分配的.

3.5.4 $G \in C_0^1$

引理 3.5.8 设 2-一致模 $G \in C_0^1$ 且 $0 < e \leqslant k \leqslant f < 1$, 半一致模 $F \in N_s$ 有单位元 $s \in (0, 1)$ 且基础算子半三角模 T_F 和半三角余模 S_F 都连续. 如果 G 在 F 上分配, 则 F 是幂等的.

证明 证明与引理 3.5.6 类似, 这里省略.

因为当 $e = k$ 或 $k = f$ 时, 证明是类似的, 所以接下来, 只考虑情况 $e < k < f$.

定理 3.5.7 设 2-一致模 $G \in C_0^1$ 且 $0 < e < k < f < 1$, 半一致模 $F \in N_s$ 有单位元 $s \in (0, 1)$, 对任意 $x \in [0, s)$ 有 $F(1, x) = F(x, 1) = x$, 且基础算子半三角模 T_F 和半三角余模 S_F 都连续. 则 G 在 F 上不是分配的.

证明 证明与定理 3.5.6 类似, 这里省略.

引理 3.5.9 设 2-一致模 $G \in C_0^1$ 且 $0 < e < k < f < 1$, 半一致模 $F \in N_s$ 有单位元 $s \in (0, 1)$, 对任意 $x \in (s, 1]$ 有 $F(0, x) = F(x, 0) = x$, 且基础算子半三角模 T_F 和半三角余模 S_F 都连续. 若 G 在 F 上是分配的, 则 $s \in [f, 1)$.

证明 证明与引理 3.5.7 类似, 这里省略.

定理 3.5.8 设 2-一致模 $G \in C_0^1$ 且 $0 < e < k < f < 1$, 半一致模 $F \in N_s$ 有

单位元 $s \in (0,1)$, 对任意 $x \in (s,1]$ 有 $F(0,x) = F(x,0) = x$, 且基础算子半三角模 T_F 和半三角余模 S_F 都连续. 则 G 在 F 上是分配的当且仅当 $F = U_s^{\max}$ 且 G 的结构为

$$G(x,y) = \begin{cases} U^c(x,y), & (x,y) \in [0,k]^2, \\ T^d(x,y), & (x,y) \in [k,f]^2, \\ S_1^d(x,y), & (x,y) \in [f,s]^2, \\ S_2^d(x,y), & (x,y) \in [s,1]^2, \\ k, & (x,y) \in [e,k] \times (k,f] \cup (k,f] \times [e,k), \\ \min(x,y), & (x,y) \in [0,e) \times (k,f] \cup (k,f] \times [0,e), \\ \max(x,y), & 其他. \end{cases} \quad (3.5.15)$$

其中, $s \geqslant f$ 和 T^d 是三角模; S_1^d 和 S_2^d 是三角余模.

证明 证明与定理 3.5.5 类似, 这里省略.

3.5.5 $G \in C^k$

引理 3.5.10 设 2-一致模 $G \in C^k$ 且 $0 < e \leqslant k < f \leqslant 1$, 半一致模 $F \in N_s$ 有单位元 $s \in (0,1)$ 且基础算子半三角模 T_F 和半三角余模 S_F 都连续. 若 G 在 F 上是分配的, 则 F 是幂等的.

证明 首先证明 $F(e,e) = e$ 和 $F(f,f) = f$. 注意到假设 $0 < e \leqslant k < f \leqslant 1$ 以及 s 和 e、k、f 之间的序关系, 则需要考虑如下情况. 因为情况 $e = k$ 是很明显的, 所以可以进一步假设 $e \neq k$.

(1) 假设 $s < e$, 从 F 的结构有 $F(e,e) \geqslant e$ 和 $F(f,f) \geqslant f$.

① 注意到 $F(e,e) \geqslant e$ 和 $F(s,s) = s$, 从 S_F 的连续性可知, 存在 $z_1 \in (s,e]$ 使得 $F(z_1,z_1) = e$. 对任意 $x \in (e,k]$, 从方程 (3.1.1) 可知 $x = G(x,e) = G(x,F(z_1,z_1)) = F(G(x,z_1),G(x,z_1)) = F(x,x)$, 进一步从 S_F 的连续性可得 $F(e,e) = e$.

② 若 $F(f,f) > f$, 从 S_F 的连续性可知, 存在 $z_2 \in [s,f)$ 使得 $F(z_2,z_2) = f$. 对任意 $x \in (f,1]$, 从方程 (3.1.1) 可知 $x = G(x,f) = G(x,F(z_2,z_2)) = F(G(x,z_2),G(x,z_2)) \in \{f, F(k,k)\}$, 矛盾.

(2) 假设 $e \leqslant s \leqslant f$, 从 F 的结构有 $F(e,e) \leqslant e$ 和 $F(f,f) \geqslant f$.

① 若 $F(e,e) < e$, 从 T_F 的连续性可知, 存在 $z_3 \in (e,s]$ 使得 $F(z_3,z_3) = e$. 对任意 $x \in [0,e)$, 从方程 (3.1.1) 可知 $x = G(x,e) = G(x,F(z_3,z_3)) = F(G(x,z_3),G(x,z_3)) \in \{e, F(k,k)\}$, 矛盾.

② 若 $F(f,f) > f$, 从 S_F 的连续性可知, 存在 $z_4 \in [s,f)$ 使得 $F(z_4,z_4) = f$. 对任意 $x \in (f,1]$, 从方程 (3.1.1) 可知 $x = G(x,f) = G(x,F(z_4,z_4)) = F(G(x,z_4),G(x,

3.5 2-一致模在半一致模上的分配性

$z_4)) \in \{f, F(k,k)\}$, 矛盾.

(3) 假设 $s > f$, 从 F 的结构有 $F(e,e) \leqslant e$ 和 $F(f,f) \leqslant f$.

① 若 $F(e,e) < e$, 从 T_F 的连续性可知, 存在 $z_5 \in (e,s)$ 使得 $F(z_5,z_5) = e$. 对任意 $x \in [0,e)$, 从方程 (3.1.1) 知 $x = G(x,e) = G(x,F(z_5,z_5)) = F(G(x,z_5), G(x,z_5)) \in \{e, F(k,k)\}$, 矛盾.

② 注意到 $F(f,f) \leqslant f$ 和 $F(s,s) = s$, 从 T_F 的连续性可知, 存在 $z_6 \in [f,s)$ 使得 $F(z_6,z_6) = f$. 对任意 $x \in (k,f)$, 从方程 (3.1.1) 可知 $x = G(x,e) = G(x,F(z_6,z_6)) = F(G(x,z_6), G(x,z_6)) = F(x,x)$, 再从 T_F 的连续性可得 $F(f,f) = f$.

这样, 已经证明了 $F(e,e) = e$ 和 $F(f,f) = f$. 最后证明 F 是幂等的. 事实上, 对任意 $x \leqslant k$ 有 $x = G(x,e) = G(x,F(e,e)) = F(G(x,e), G(x,e)) = F(x,x)$; 对任意 $x \geqslant k$, $x = G(x,f) = G(x,F(f,f)) = F(G(x,f), G(x,f)) = F(x,x)$, 即 F 是幂等的.

接下来, 不失一般性, 只考虑 $e < k$ 的情况.

引理 3.5.11 设 2-一致模 $G \in \mathbf{C}^k$ 且 $0 < e < k < f \leqslant 1$, 半一致模 $F \in \mathbf{N}_s$ 有单位元 $s \in (0,1)$, 对任意 $x \in [0,s)$ 有 $F(1,x) = F(x,1) = x$ 且基础算子半三角模 T_F 和半三角余模 S_F 都连续. 若 G 在 F 上分配, 则 $s \in (k,f]$.

证明 从引理 3.5.10 易知 $F = U_s^{\min}$. 接下来, 证明 $s \in (k,f]$.

(1) 假设 $s > f$, 从引理 3.5.1 可知 G 的结构是

$$G(x,y) = \begin{cases} U^d(x,y), & (x,y) \in [0,k]^2, \\ T^c(x,y), & (x,y) \in [k,f]^2, \\ S_1^c(x,y), & (x,y) \in [f,s]^2, \\ S_2^c(x,y), & (x,y) \in [s,1]^2, \\ k, & (x,y) \in [0,k) \times (k,1] \cup (k,1] \times [0,k), \\ \min(x,y), & (x,y) \in [k,f) \times (f,1] \cup (f,1] \times [k,f), \\ \max(x,y), & (x,y) \in [f,s) \times (s,1] \cup (s,1] \times [f,s). \end{cases} \quad (3.5.16)$$

在方程 (3.1.1) 中令 $x = x_0 \in (s,1)$, $y = y_0 \in [f,s)$ 和 $z = 1$, 从 F 和 G 的结构可知 $G(x_0, F(y_0,1)) = G(x_0, y_0) = x_0 \vee y_0 = x_0$. 另外, 有 $F(G(x_0,y_0), G(x_0,1)) = F(x_0, 1) = 1$, 矛盾.

(2) 假设 $s = k$, 则 G 有式 (1.3.38) 的形式. 在方程 (3.1.1) 中令 $x = f$, $y = e$ 和 $z = f$, 从 F 和 G 的结构有 $G(f, F(e,f)) = G(f,e) = k$. 另外, 从 F 的结构有 $F(G(f,e), G(f,f)) = F(k,f) = f$, 最后进一步可得 $f = k$, 矛盾.

(3) 假设 $e \leqslant s < k$, 从引理 3.5.1 可知 G 的结构是

$$G(x,y) = \begin{cases} T^d(x,y), & (x,y) \in [0,e]^2, \\ S_1^d(x,y), & (x,y) \in [e,s]^2, \\ S_2^d(x,y), & (x,y) \in [s,k]^2, \\ U^c(x,y), & (x,y) \in [k,1]^2, \\ k, & (x,y) \in [0,k) \times (k,1] \cup (k,1] \times [0,k), \\ \max(x,y), & \text{其他}. \end{cases} \quad (3.5.17)$$

在方程 (3.1.1) 中令 $x = s$, $y = 0$ 和 $z = 1$, 从 F 和 G 的结构可知 $G(s, F(0,1)) = G(s, 0) = s$. 另外, 有 $F(G(s, 0), G(s, 1)) = F(s, k) = k$, 矛盾.

(4) 假设 $s < e$, 从引理 3.5.1 可知 G 的结构是

$$G(x,y) = \begin{cases} T_1^d(x,y), & (x,y) \in [0,s]^2, \\ T_2^d(x,y), & (x,y) \in [s,e]^2, \\ S^d(x,y), & (x,y) \in [e,k]^2, \\ U^c(x,y), & (x,y) \in [k,1]^2, \\ k, & (x,y) \in [0,k) \times (k,1] \cup (k,1] \times [0,k), \\ \min(x,y), & (x,y) \in [0,s) \times (s,e] \cup (s,e] \times [0,s), \\ \max(x,y), & (x,y) \in [0,e) \times (e,k] \cup (e,k] \times [0,e). \end{cases} \quad (3.5.18)$$

在方程 (3.1.1) 中令 $x = 0$, $y = y_0 \in (k,1]$ 和 $z = z_0 \in (s,e]$, 从 F 和 G 的结构有 $G(0, F(y_0, z_0)) = G(0, y_0) = k$. 另外, 有 $F(G(0, y_0), G(0, z_0)) = F(k, 0) = 0$, 矛盾.

定理 3.5.9 设 2-一致模 $G \in \mathbf{C}^k$ 且 $0 < e < k < f \leqslant 1$, 半一致模 $F \in \mathbf{N}_s$ 有单位元 $s \in (0,1)$, 对任意 $x \in [0,s)$ 有 $F(1,x) = F(x,1) = x$ 且基础算子半三角模 T_F 和半三角余模 S_F 都连续. 则 G 在 F 上是分配的当且仅当 $F = U_s^{\min}$ 且 G 的结构为

$$G(x,y) = \begin{cases} U^d(x,y), & (x,y) \in [0,k]^2, \\ T_1^c(x,y), & (x,y) \in [k,s]^2, \\ T_2^c(x,y), & (x,y) \in [s,f]^2, \\ S^c(x,y), & (x,y) \in [f,1]^2, \\ k, & (x,y) \in [0,k) \times (k,1] \cup (k,1] \times [0,k), \\ \min(x,y), & \text{其他}. \end{cases} \quad (3.5.19)$$

3.5 2-一致模在半一致模上的分配性

其中, $k < s \leqslant f$; T_1^c 和 T_2^c 是三角模; S^c 是三角余模.

证明 从引理 3.5.1 和引理 3.5.10 可知, 必要性成立. 现证明充分性.

(1) 若 $y \leqslant z \leqslant s$ 和 $x \leqslant s$, 则从 G 的单调性有 $G(x,y) \leqslant G(s,s) = s$ 和 $G(x,z) \leqslant G(s,s) = s$, 进一步, 从 F 的结构有 $G(x,F(y,z)) = G(x,y \wedge z) = G(x,y) = G(x,y) \wedge G(x,z) = F(G(x,y),G(x,z))$.

(2) 若 $k \leqslant y \leqslant z \leqslant s$ 和 $x > s$, 则从 G 的结构有 $G(x,y) = x \wedge y = y$ 和 $G(x,z) = x \wedge z = z$, 进一步, 从 F 的结构有 $G(x,F(y,z)) = G(x,y \wedge z) = G(x,y) = y = y \wedge z = F(y,z) = F(G(x,y),G(x,z))$.

(3) 若 $y \leqslant z < k$ 和 $x > s$, 则从 G 的结构有 $G(x,y) = k$ 和 $G(x,z) = k$, 进一步, 从 F 的结构有 $G(x,F(y,z)) = G(x,y \wedge z) = G(x,y) = k = F(k,k) = F(G(x,y),G(x,z))$.

(4) 若 $y < k \leqslant z \leqslant s$ 和 $x > s$, 则从 G 的结构有 $G(x,y) = k$ 和 $G(x,z) = x \wedge z = z$. 进一步, 从 F 的结构有 $G(x,F(y,z)) = G(x,y \wedge z) = G(x,y) = k = k \wedge z = F(k,z) = F(G(x,y),G(x,z))$.

(5) 若 $y \geqslant z \geqslant s$ 和 $x \geqslant s$, 则从 G 的单调性有 $G(x,y) \geqslant G(s,s) = s$ 和 $G(x,z) \geqslant G(s,s) = s$, 进一步, 从 F 的结构有 $G(x,F(y,z)) = G(x,y \vee z) = G(x,y) = G(x,y) \vee G(x,z) = F(G(x,y),G(x,z))$.

(6) 若 $y \geqslant z \geqslant s$ 和 $k \leqslant x < s$, 则从 G 的结构有 $G(x,y) = x \wedge y = x$ 和 $G(x,z) = x \wedge z = x$, 进一步, 从 F 的结构有 $G(x,F(y,z)) = G(x,y \vee z) = G(x,y) = x = F(x,x) = F(G(x,y),G(x,z))$.

(7) 若 $y \geqslant z \geqslant s$ 和 $x < k$, 则从 G 的结构有 $G(x,y) = k$ 和 $G(x,z) = k$, 进一步, 从 F 的结构有 $G(x,F(y,z)) = G(x,y \vee z) = G(x,y) = k = F(k,k) = F(G(x,y),G(x,z))$.

(8) 若 $y < s$, $z > s$ 和 $k \leqslant x \leqslant s$, 则从 G 的单调性和结构有 $G(x,y) \leqslant G(s,s) = s$ 和 $G(x,z) = x \wedge z = x \leqslant s$, 进一步, 从 F 的结构有 $G(x,F(y,z)) = G(x,y \wedge z) = G(x,y) = G(x,y) \wedge x = G(x,y) \wedge G(x,z) = F(G(x,y),G(x,z))$.

(9) 若 $y < s$, $z > s$ 和 $x < k$, 则从 G 的单调性和结构有 $G(x,y) \leqslant G(k,s) = k$ 和 $G(x,z) = k$, 进一步, 从 F 的结构有 $G(x,F(y,z)) = G(x,y \wedge z) = G(x,y) = G(x,y) \wedge k = G(x,y) \wedge G(x,z) = F(G(x,y),G(x,z))$.

(10) 若 $k \leqslant y < s$, $z > s$ 和 $x > s$, 则从 G 的单调性和结构有 $G(x,y) = x \wedge y = y < s$ 和 $G(x,z) \geqslant G(s,s) = s$, 进一步, 从 F 的结构有 $G(x,F(y,z)) = G(x,y \wedge z) = G(x,y) = G(x,y) \wedge G(x,z) = F(G(x,y),G(x,z))$.

(11) 若 $y < k$, $z > s$ 和 $x > s$, 则从 G 的单调性和结构有 $G(x,y) = k < s$ 和 $G(x,z) \geqslant G(s,s) = s$, 进一步, 从 F 的结构有 $G(x,F(y,z)) = G(x,y \wedge z) = G(x,y) = k = k \wedge G(x,z) = G(x,y) \wedge G(x,z) = F(G(x,y),G(x,z))$.

引理 3.5.12 设 2-一致模 $G \in C^k$ 且 $0 < e < k < f \leqslant 1$, 半一致模 $F \in N_s$ 有单位元 $s \in (0,1)$, 对任意 $x \in (s,1]$ 有 $F(0,x) = F(x,0) = x$ 且基础算子半三角模 T_F 和半三角余模 S_F 都连续. 若 G 在 F 上是分配的, 则 $s \in [e,k)$.

证明 证明与引理 3.5.11 类似, 这里省略.

定理 3.5.10 设 2-一致模 $G \in C^k$ 且 $0 < e < k < f \leqslant 1$, 半一致模 $F \in N_s$ 有单位元 $s \in (0,1)$, 对任意 $x \in (s,1]$ 有 $F(0,x) = F(x,0) = x$ 且基础算子半三角模 T_F 和半三角余模 S_F 都连续. 则 G 在 F 上是分配的当且仅当 $F = U_s^{\max}$ 且 G 的结构是

$$G(x,y) = \begin{cases} T^d(x,y), & (x,y) \in [0,e]^2, \\ S_1^d(x,y), & (x,y) \in [e,s]^2, \\ S_2^d(x,y), & (x,y) \in [s,k]^2, \\ U^c(x,y), & (x,y) \in [k,1]^2, \\ k, & (x,y) \in [0,k) \times (k,1] \cup (k,1] \times [0,k), \\ \max(x,y), & 其他. \end{cases} \quad (3.5.20)$$

其中, $e \leqslant s < k$; T^d 是三角模; S_1^d 和 S_2^d 是三角余模.

证明 证明与定理 3.5.9 类似, 这里省略.

3.6 半一致模与半 t-算子之间的分配性

3.6.1 $F \in \mathbb{F}_{a,b}$ 在 $G \in \mathcal{N}_e^{\min} \cup \mathcal{N}_e^{\max}$ 上的分配性

这一节考虑半 t-算子 $F \in \mathbb{F}_{a,b}$ 在半一致模 $G \in \mathcal{N}_e^{\min} \cup \mathcal{N}_e^{\max}$ 上的分配性. 根据算子 F 中 a 和 b 的不等性, 假设 $a \neq b$, G 与 $\mathcal{N}_e^{\min} \cup \mathcal{N}_e^{\max}$ 之间的关系, 存在四种情况需要考虑: ① $a < b$ 且 $G \in \mathcal{N}_e^{\min}$; ② $a < b$ 且 $G \in \mathcal{N}_e^{\max}$; ③ $a > b$ 且 $G \in \mathcal{N}_e^{\min}$; ④ $a > b$ 且 $G \in \mathcal{N}_e^{\min}$. 在这里仅详细地研究情况①, 因为情况②的研究与情况①完全一样. 略去情况③和④的结论, 因为只需将情况①及情况②的结论做适当改变就可得到. 首先证明下面的两个引理, 因为它们在这一节都很重要.

定义 3.6.1 设 $F : [0,1]^2 \to [0,1]$, $F(0,1) = a$ 和 $F(1,0) = b$. 称 F 是一个拟 t-算子, 若存在半三角模 T_F 和半三角余模 S_F 使得当 $a \leqslant b$ 时 F 有式 (1.3.25) 的形式; 当 $b \leqslant a$ 时 F 有式 (1.3.26) 的形式.

所有使得 $F(0,1) = a$ 和 $F(1,0) = b$ 的拟 t-算子记为 $\mathcal{QF}_{a,b}$.

引理 3.6.1 设 $a,b,e \in [0,1]$. 如果 $F \in \mathcal{QF}_{a,b}$ 在 $G \in \mathcal{N}_e^{\min}$ 上是左或右分配, 那么 G 是幂等一致模 (1.3.22).

3.6 半一致模与半 t-算子之间的分配性

证明 设 $a,b,e \in [0,1]$, 则 $G(0,0)=0$ 且 $G(1,1)=1$. 若 $a<b$, 则 F 有式 (1.3.25) 的形式且 0 是 $[0,b]$ 上关于 F 的右单位元, 1 是 $[a,1]$ 上关于 F 的右单位元. 运用两次引理 3.2.1, 算子 G 是幂等一致模且由式 (1.3.22) 给出. 类似地, 若 $b<a$, 那么 F 具有式 (1.3.26) 的形式且 0 是 F 在 $[0,a]$ 上的左单位元, 1 是 F 在 $[b,1]$ 上的左单位元. 再次运用两次引理 3.2.1, 算子 G 仍是幂等一致模且由式 (1.3.22) 给出.

与引理 3.6.1 类似, 有如下引理.

引理 3.6.2 设 $a,b,e \in [0,1]$, 如果 $F \in \mathcal{QF}_{a,b}$ 在 $G \in \mathcal{N}_e^{\max}$ 上左或右分配, 则 G 是幂等一致模 (1.3.23).

引理 3.6.1 和引理 3.6.2 表明 $F \in \mathcal{QF}_{a,b}$ 在 $G \in \mathcal{N}_e^{\max} \cup \mathcal{N}_e^{\min}$ 上左或右分配, 则 G 退化成幂等一致模. 更重要的是, 不管 $F \in \mathcal{QF}_{a,b}$ 在 $G \in \mathcal{N}_e^{\max} \cup \mathcal{N}_e^{\min}$ 上是左分配还是右分配, G 总是幂等. 因此, 获得了 G 的结构, 接下来, 只需要刻画算子 F. 但是算子 F 的结构更为复杂, 因此必须考虑上面所提到的所有情况. 首先考虑情况①, 即 $a<b$ 且 $G \in \mathcal{N}_e^{\min}$.

1. $a<b$ 且 $G \in \mathcal{N}_e^{\min}$

引理 3.6.3 设 $a,b,e \in [0,1]$ 且 $a<b$. 若 $F \in \mathcal{QF}_{a,b}$ 在 $G \in \mathcal{N}_e^{\min}$ 上是左或右分配的, 则 $e \geqslant a$.

证明 因为右分配的情况讨论与左分配类似, 在这里, 仅考虑 $F \in \mathbb{F}_{a,b}$ 在 $G \in \mathcal{N}_e^{\min}$ 是左分配的. 反之, 假设 $e<a$, 则可得 $e = F(e,0) = F(e,G(1,0)) = G(F(e,1),F(e,0)) = G(F(e,1),e) = G(a,e) = a$, 矛盾. 因此 $e \geqslant a$.

根据引理 3.6.3, 假设 $a<b$ 及分配性可知, 只需要考虑如下的四种情况:

(1) $a \leqslant e \leqslant b$, F 在 G 上左分配;

(2) $a<b<e$, F 在 G 上左分配;

(3) $a \leqslant e \leqslant b$, F 在 G 上右分配;

(4) $a<b<e$, F 在 G 上右分配.

现在, 研究 $a \leqslant e \leqslant b$, F 在 G 上左分配的情况.

命题 3.6.1 设 $a,b,e \in [0,1]$ 且 $a \leqslant e \leqslant b$. 则 $F \in \mathcal{QF}_{a,b}$ 在 $G \in \mathcal{N}_e^{\min}$ 是左分配的当且仅当 G 是具有式 (1.3.22) 形式的幂等一致模且 $b=1$, 即

$$F(x,y) = \begin{cases} aS_F\left(\dfrac{x}{a},\dfrac{y}{a}\right), & (x,y) \in [0,a]^2, \\ a, & (x,y) \in [0,a] \times [a,1], \\ x, & \text{其他}. \end{cases} \tag{3.6.1}$$

其中, $S_F : [0,1]^2 \to [0,1]$ 是半三角余模.

证明 由引理 3.6.1 知 G 显然具有式 (1.3.22) 的形式. 接下来, 证明 $b = 1$, 为此取 $x = 1, y = 0, z = 1$ 代入式 (3.1.1), 有 $b = F(1,0) = F(1, G(0,1)) = G(F(1,0), F(1,1)) = G(b,1) = b \vee 1 = 1$, 即 F 具有式 (3.6.1) 的形式.

反之, 若 G 是具有式 (1.3.22) 形式的幂等一致模且 F 具有式 (3.6.1) 的形式, 那么需要验证等式 (3.1.1). 因此, 有如下两种情况需要讨论.

(1) 假设 $x \in [0, a]$. 若 $y \leqslant e$ 或 $z \leqslant e$, 则有 $G(y,z) = y \wedge z$. 根据运用 F 的结构两次, 可得 $F(x,y) \leqslant a \leqslant e$ 或者 $F(x,z) \leqslant a \leqslant e$. 因此, 由 F 的单调性、引理 3.2.2 和等式 (1.3.22) 知: $F(x, G(y,z)) = F(x, y \wedge z) = F(x,y) \wedge F(x,z) = G(F(x,y), F(x,z))$. 若 $y \geqslant e$ 且 $z \geqslant e$, 则 $G(y,z) = y \vee z \geqslant e$. 运用 F 的结构三次, 可以发现 $F(x,y) = a$, $F(x,z) = a$ 和 $F(x, G(y,z)) = a$. 因此, 由 G 的幂等性可知 $F(x, G(y,z)) = a = G(a,a) = G(F(x,y), F(x,z))$.

(2) 假设 $x \in (a, 1]$. 三次运用 F 的结构可得 $F(x,y) = x$, $F(x,z) = x$ 且 $F(x, G(y,z)) = x$. 因此, 由 G 的幂等性可得 $F(x, G(y,z)) = x = G(x,x) = G(F(x,y), F(x,z))$.

命题 3.6.1 表明当 $a \leqslant e \leqslant b$ 时, F 的结构是简单的, 然而命题 3.6.2 表明当 $a < b < e$ 时, F 的结构非常复杂. 现在, 讨论 $a < b < e$, F 在 G 上左分配的情况.

命题 3.6.2 设 $a, b, e \in [0,1]$ 且 $a < b < e$. $F \in \mathcal{QF}_{a,b}$ 在 $G \in \mathcal{N}_e^{\min}$ 是左分配的当且仅当 G 是具有式 (1.3.22) 形式的幂等一致模, 且 F 有如下形式:

$$F(x,y) = \begin{cases} aS_F\left(\dfrac{x}{a}, \dfrac{y}{a}\right), & (x,y) \in [0,a]^2, \\ A_1, & (x,y) \in [b,e]^2, \\ A_2, & (x,y) \in [e,1]^2, \\ A_3, & (x,y) \in [e,1] \times [b,e], \\ \min(x,y), & (x,y) \in [b,e] \times [e,1], \\ a, & (x,y) \in [0,a] \times [a,1], \\ b, & (x,y) \in [b,1] \times [0,b], \\ x, & \text{其他}, \end{cases} \tag{3.6.2}$$

使得 $F(x,1) = F(1,x) = x$ 和 $F(x,b) = F(b,x) = b$ 对所有 $x \in [b,1]$ 都成立, 其中 S_F 是半三角余模, $A_1: [b,e]^2 \to [b,e]$ 有右单位元 e, 且 $A_2: [e,1]^2 \to [e,1]$, $A_3: [e,1] \times [b,e] \to [b,e]$, $A_1 \sim A_3$ 是有共同边界值的递增算子.

证明 根据引理 3.6.1, 显然 G 具有式 (1.3.22) 的形式. 因此, 只需证明 F 具有式 (3.6.2) 的形式且满足所需的性质就够了. 首先, 从 $a < b < e$ 和 $F \in \mathcal{QF}_{a,b}$ 观察到 $F(x,1) = F(1,x) = x$ 且 $F(x,b) = F(b,x) = b$ 对所有 $x \in [b,1]$ 成立, S_F 是半三角余模.

下面证明 $F(e,e) = e$. 事实上, 取 $x = e, y = e$ 和 $z = 1$ 代入方程 (3.1.1), 那么由

F 的结构, 可得 $e = F(e,1) = F(e, G(e,1)) = G(F(e,e), F(e,1)) = G(F(e,e), e) = F(e,e)$. 进一步, 若 $x \in [b,e]$ 并且取 $y = e$, $z = 1$ 代入方程 (3.1.1), 则发现 $x = F(x,1) = F(x, G(e,1)) = G(F(x,e), F(x,1)) = G(F(x,e), x) = F(x,e) \wedge x$, 这意味着 $F(x,e) \geqslant x$. 另外, $F(x,e) \leqslant x$ 是很明显的, 因此 $F(x,e) = x$, 即 e 是 $A_1: [b,e]^2 \to [b,e]$ 的右单位元. 若 $b \leqslant x \leqslant e \leqslant y \leqslant 1$, 则 $x = F(x,e) \leqslant F(x,y) \leqslant F(x,1) = x$. 因此, 当 $b \leqslant x \leqslant e \leqslant y \leqslant 1$ 时, 有 $F(x,y) = \min(x,y)$ 成立, 且限制 $A_1 = F|_{[b,e]^2}, A_2 = F|_{[e,1]^2}, A_3 = F|_{[e,1] \times [b,e]}$ 是具有前面属性的算子.

反之, 假设 $x \in [0,a]$ 或 $x \in (a,b)$, 与命题 3.6.1 中情况的证明类似, 因此略去, 故只检查情况 $x \in [b,1]$ 就够了. 下面考虑该情况.

(1) 假设 $y \leqslant e$ 或 $z \leqslant e$, 则有 $G(y,z) = y \wedge z$. 根据两次应用 F 的结构有 $F(x,y) \leqslant F(1,e) = e$ 或 $F(x,z) \leqslant F(1,e) = e$. 再由 F 的单调性、引理 3.2.2 和方程 (1.3.22) 得 $F(x, G(y,z)) = F(x, y \wedge z) = F(x,y) \wedge F(x,z) = G(F(x,y), F(x,z))$.

(2) 假设 $y \geqslant e$ 且 $z \geqslant e$, 则有 $G(y,z) = y \vee z \geqslant e$. 若 $x \in [b,e]$, 应用 F 的结构三次可知 $F(x,y) = x$, $F(x,z) = x$ 和 $F(x, G(y,z)) = x$. 再由 G 的幂等性得 $F(x, G(y,z)) = x = G(x,x) = G(F(x,y), F(x,z))$. 若 $x \in [e,1]$, 两次应用 F 的结构有 $F(x,y) \geqslant F(e,e) = e$ 和 $F(x,z) \geqslant F(e,e) = e$, 再由 F 的单调性、引理 3.2.2 和方程 (1.3.22) 可得 $F(x, G(y,z)) = F(x, y \vee z) = F(x,y) \vee F(x,z) = G(F(x,y), F(x,z))$.

命题 3.6.1 和命题 3.6.2 表明: 当 $F \in \mathcal{QF}_{a,b}$ 在 $G \in \mathcal{N}_e^{\min}$ 上是左分配时, 已经完成了 F 的特征刻画. 接下来, 考虑 $F \in \mathcal{QF}_{a,b}$ 在 $G \in \mathcal{N}_e^{\min}$ 上是右分配的情况. 为此, 现在考虑 $a \leqslant e \leqslant b$, F 在 G 上右分配的情况.

命题 3.6.3 设 $a,b,e \in [0,1]$ 且 $a \leqslant e \leqslant b$. $F \in \mathcal{QF}_{a,b}$ 在 $G \in \mathcal{N}_e^{\min}$ 上是右分配的当且仅当 G 是具有式 (1.3.22) 形式的幂等一致模.

证明 根据引理 3.6.1, 则 G 显然具有式 (1.3.22) 的形式. 反之, 若 G 是具有式 (1.3.22) 形式的幂等一致模, 则只需要验证方程 (3.1.2) 成立即可. 为此, 需要考虑下列两种情况.

(1) 若 $y \leqslant e$ 或 $z \leqslant e$, 则有 $G(y,z) = y \wedge z$. 假设 $y \leqslant e$, 那么由 F 的结构有 $F(y,x) \leqslant a \leqslant e$ 或 $F(y,x) = y \leqslant e$. 因此, 当 $y \leqslant e$ 时有 $F(y,x) \leqslant e$. 类似地, 当 $z \leqslant e$ 时有 $F(z,x) \leqslant e$ 成立. 再由 F 和 G 的结构得 $F(G(y,z), x) = F(y \wedge z, x) = F(y,x) \wedge F(z,x) = G(F(y,x), F(z,x))$.

(2) 若 $y \geqslant e$ 且 $z \geqslant e$, 则有 $G(y,z) = y \vee z \geqslant e$. 假设 $y \geqslant e$, 那么由 F 的结构有 $F(y,x) \geqslant b \geqslant e$ 或 $F(y,x) = y \geqslant e$. 这样就证明了当 $y \geqslant e$ 时有 $F(y,x) \geqslant e$. 类似地, 当 $z \geqslant e$ 时有 $F(z,x) \geqslant e$. 再由 F 和 G 的结构可知 $F(G(y,z), x) = F(y \vee z, x) = F(y,x) \vee F(z,x) = G(F(y,x), F(z,x))$.

命题 3.6.3 表明: 任意 $F \in \mathcal{QF}_{a,b}$ 在具有式 (1.3.22) 形式的幂等一致模上是右分配的. 而对于这种类型的 F 没有限制, 这与命题 3.6.1 中左分配性不同. 因此,左分配和右分配不能完全对偶.

下面考虑 $a<b<e, F$ 在 G 上右分配的情况. 注意到这种情况与 $a<b<e, F$ 在 G 上左分配的情况类似, 所以它的证明略去.

命题 3.6.4 设 $a,b,e \in [0,1]$ 且 $a<b<e$. $F \in \mathcal{QF}_{a,b}$ 在 $G \in \mathcal{N}_e^{\min}$ 是右分配的当且仅当 G 是幂等一致模 (1.3.22), 且 F 有如下形式:

$$F(x,y) = \begin{cases} aS_F\left(\dfrac{x}{a}, \dfrac{y}{a}\right), & (x,y) \in [0,a]^2, \\ A_1, & (x,y) \in [b,e]^2, \\ A_2, & (x,y) \in [e,1]^2, \\ A_3, & (x,y) \in [b,e] \times [e,1], \\ \min(x,y), & (x,y) \in [e,1] \times [b,e], \\ a, & (x,y) \in [0,a] \times [a,1], \\ b, & (x,y) \in [b,1] \times [0,b], \\ x, & \text{其他}, \end{cases} \quad (3.6.3)$$

使得 $F(x,1) = F(1,x) = x$ 和 $F(x,b) = F(b,x) = b$ 对所有 $x \in [b,1]$ 成立, 其中 S_F 是半三角余模, $A_1: [b,e]^2 \to [b,e]$ 有左单位元 e, $A_2: [e,1]^2 \to [e,1]$, $A_3: [b,e] \times [e,1] \to [b,e]$, $A_1 \sim A_3$ 是有共同边界值的递增算子.

最后, 给出 $F \in \mathbb{F}_{a,b}$ (不是 $F \in \mathcal{QF}_{a,b}$) 在 $G \in \mathcal{N}_e^{\min}$ 上分配的充要条件.

定理 3.6.1 设 $a,b,e \in [0,1]$ 且 $a<b$. 则 $F \in \mathbb{F}_{a,b}$ 在 $G \in \mathcal{N}_e^{\min}$ 上是分配的当且仅当以下两种情况之一成立.

(1) 如果 $a \leqslant e \leqslant b$, 则 G 是幂等一致模 (1.3.22) 且 $b=1$, 即 F 具有式 (3.6.1) 的形式使得 S_F 是结合的半三角余模.

(2) 如果 $a<b<e$, 则 G 是幂等一致模 (1.3.22) 且

$$F(x,y) = \begin{cases} aS_F\left(\dfrac{x}{a}, \dfrac{y}{a}\right), & (x,y) \in [0,a]^2, \\ b+(e-b)T_1\left(\dfrac{x-b}{e-b}, \dfrac{y-b}{e-b}\right), & (x,y) \in [b,e]^2, \\ e+(1-e)T_2\left(\dfrac{x-e}{1-e}, \dfrac{y-e}{1-e}\right), & (x,y) \in [e,1]^2, \\ \min(x,y), & (x,y) \in [b,e] \times [e,1] \cup [e,1] \times [b,e], \\ a, & (x,y) \in [0,a] \times [a,1], \\ b, & (x,y) \in [b,1] \times [0,b], \\ x, & \text{其他}. \end{cases}$$

$$(3.6.4)$$

其中, S_F 是结合的半三角余模; T_1 和 T_2 是结合的半三角模.

证明 根据命题 3.6.1 和命题 3.6.3, 注意到 F 保证了半三角余模 S_F 的结合性, 所以获得定理 3.6.1(1). 由命题 3.6.2 和命题 3.6.4, 注意到半三角模 T_1 和 T_2 的结合性, 获得定理 3.6.1(2).

此外, 如果在定理 3.6.1(2) 中要求 F 是 t-算子并且 G 是一致模, 则获得如下推论.

推论 3.6.1 若 t-算子 F 在一致模 $G \in \mathcal{U}_e^{\min}$ 上是分配的当且仅当 $a \leqslant e$, G 是幂等一致模 (1.3.22).

$$F(x,y) = \begin{cases} aS_F\left(\dfrac{x}{a}, \dfrac{y}{a}\right), & (x,y) \in [0,a]^2, \\ a + (e-a)T_1\left(\dfrac{x-a}{e-a}, \dfrac{y-a}{e-a}\right), & (x,y) \in [a,e]^2, \\ e + (1-e)T_2\left(\dfrac{x-e}{1-e}, \dfrac{y-e}{1-e}\right), & (x,y) \in [e,1]^2, \\ \min(x,y), & (x,y) \in [a,e] \times [e,1] \cup [e,1] \times [a,e], \\ a, & (x,y) \in [0,a] \times [a,1] \cup [a,1] \times [0,a]. \end{cases} \quad (3.6.5)$$

其中, S_F 是三角余模; T_1 和 T_2 是三角模.

例 3.6.1 (1) 取 $a = \dfrac{1}{4}$, $e = \dfrac{1}{2}$, $b = 1$, $G(x,y) = \begin{cases} \max(x,y), & x,y \geqslant \dfrac{1}{2}, \\ \min(x,y), & \text{其他} \end{cases}$ 和

$$F(x,y) = \begin{cases} \dfrac{1}{4}S_c(4x, 4y), & (x,y) \in \left[0, \dfrac{1}{4}\right]^2, \\ \dfrac{1}{4}, & (x,y) \in \left[0, \dfrac{1}{4}\right] \times \left[\dfrac{1}{4}, 1\right], \\ x, & \text{其他}. \end{cases}$$

其中, S_c 源于例 3.2.1. 那么, 根据定理 3.6.1(1) 知 F 在 G 上是分配的.

(2) 取 $a = \dfrac{1}{4}$, $b = \dfrac{1}{2}$, $e = \dfrac{3}{4}$, $G(x,y) = \begin{cases} \max(x,y), & x,y \geqslant \dfrac{3}{4}, \\ \min(x,y), & \text{其他} \end{cases}$ 和

$$F(x,y) = \begin{cases} \dfrac{1}{4}S_c(4x, 4y), & (x,y) \in \left[0, \dfrac{1}{4}\right]^2, \\ \dfrac{1}{2} + \dfrac{1}{4}T_c(4x-2, 4y-2), & (x,y) \in \left[\dfrac{1}{2}, \dfrac{3}{4}\right]^2, \\ \dfrac{3}{4} + \dfrac{1}{4}T_c(4x-3, 4x-3), & (x,y) \in \left[\dfrac{3}{4}, 1\right]^2, \\ \min(x,y), & (x,y) \in \left[\dfrac{1}{2}, \dfrac{3}{4}\right] \times \left[\dfrac{3}{4}, 1\right] \cup \left[\dfrac{3}{4}, 1\right] \times \left[\dfrac{1}{2}, \dfrac{3}{4}\right], \\ \dfrac{1}{4}, & (x,y) \in \left[0, \dfrac{1}{4}\right] \times \left[\dfrac{1}{4}, 1\right], \\ \dfrac{1}{2}, & (x,y) \in \left[\dfrac{1}{2}, 1\right] \times \left[0, \dfrac{1}{2}\right], \\ x, & 其他. \end{cases}$$

其中，S_c 和 T_c 源于例 3.2.1. 那么，根据定理 3.6.1(2) 知 F 在 G 上是分配的.

2. $a < b$ 且 $G \in \mathcal{N}_e^{\max}$

在这一节仅仅列出 $a < b$ 且 $G \in \mathcal{N}_e^{\max}$ 的结果，因为它们的证明与 $a < b$ 且 $G \in \mathcal{N}_e^{\min}$ 中的类似.

引理 3.6.4 设 $a, b, e \in [0, 1]$ 且 $a < b$. 如果 $F \in \mathcal{QF}_{a,b}$ 在 $G \in \mathcal{N}_e^{\max}$ 上是左或右分配的，则 $e \leqslant b$.

根据引理 3.6.4，假设 $a < b$ 和分配性可知，只需要考虑下列四种情况：

(1) $a \leqslant e \leqslant b$, F 在 G 上是左分配的；

(2) $e < a < b$, F 在 G 上是左分配的；

(3) $a \leqslant e \leqslant b$, F 在 G 上是右分配的；

(4) $e < a < b$, F 在 G 上是右分配的.

首先，考虑 $a \leqslant e \leqslant b$, F 在 G 上是左分配的情况.

命题 3.6.5 设 $a, b, e \in [0, 1]$ 且 $a \leqslant e \leqslant b$. $F \in \mathcal{QF}_{a,b}$ 在 $G \in \mathcal{N}_e^{\max}$ 上是左分配当且仅当 G 是幂等一致模 (1.3.23) 和 $a = 0$, 即

$$F(x,y) = \begin{cases} b + (1-b)T_F\left(\dfrac{x-b}{1-b}, \dfrac{y-b}{1-b}\right), & (x,y) \in [b,1]^2, \\ b, & (x,y) \in [b,1] \times [0,b], \\ x, & 其他. \end{cases} \tag{3.6.6}$$

其中，$T_F : [0,1]^2 \to [0,1]$ 是半三角模.

与命题 3.6.1 相比，命题 3.6.5 表明 F 是从左边退化的. 此外，命题 3.6.5 表明当 $a \leqslant e \leqslant b$ 时，F 具有简单的结构，但命题 3.6.6 表明当 $e < a < b$ 时，F 的结构是非常复杂的. 现在，考虑 $e < a < b$, F 在 G 上是左分配的情况.

3.6 半一致模与半 t-算子之间的分配性

命题 3.6.6 设 $a,b,e \in [0,1]$ 且 $e < a < b$. $F \in \mathcal{QF}_{a,b}$ 在 $G \in \mathcal{N}_e^{\max}$ 上是左分配的当且仅当 G 是幂等一致模 (1.3.23) 并且 F 有如下形式:

$$F(x,y) = \begin{cases} b + (1-b)T_F\left(\dfrac{x-b}{1-b}, \dfrac{y-b}{1-b}\right), & (x,y) \in [b,1]^2, \\ A_1, & (x,y) \in [0,e]^2, \\ A_2, & (x,y) \in [e,a]^2, \\ A_3, & (x,y) \in [0,e] \times [e,a], \\ \max(x,y), & (x,y) \in [e,a] \times [0,e], \\ a, & (x,y) \in [0,a] \times [a,1], \\ b, & (x,y) \in [b,1] \times [0,b], \\ x, & \text{其他}, \end{cases} \quad (3.6.7)$$

使得 $F(x,0) = F(0,x) = x$ 和 $F(x,a) = F(a,x) = a$ 对所有 $x \in [0,a]$ 成立, 其中 T_F 是半三角模, $A_1 : [0,e]^2 \to [0,e]$, $A_2 : [e,a]^2 \to [e,a]$ 有右单位元 e, 且 $A_3 : [0,e] \times [e,a] \to [e,a]$, $A_1 \sim A_3$ 是有共同边界值的递增算子.

命题 3.6.5 和命题 3.6.6 表明当 $F \in \mathcal{QF}_{a,b}$ 在 $G \in \mathcal{N}_e^{\max}$ 上是左分配时, 完全刻画了 F 的结构. 接下来, 考虑 $F \in \mathcal{QF}_{a,b}$ 在 $G \in \mathcal{N}_e^{\max}$ 上是右分配的情况. 为此, 现在考虑 $a \leqslant e \leqslant b$, F 在 G 上是右分配的情况.

命题 3.6.7 设 $a,b,e \in [0,1]$ 且 $a \leqslant e \leqslant b$. $F \in \mathcal{QF}_{a,b}$ 在 $G \in \mathcal{N}_e^{\max}$ 上是右分配的当且仅当 G 是幂等一致模 (1.3.23).

命题 3.6.7 表明任意 $F \in \mathcal{QF}_{a,b}$ 在幂等一致模 (1.3.23) 上是右分配的, 即这种类型的右分配对 F 没有限制, 这不同于命题 3.6.5 中讨论的左分配性. 因此, 左分配性和右分配性不是完全对偶的. 接下来, 考虑 $e < a < b$, F 在 G 上是右分配的情况.

命题 3.6.8 设 $a,b,e \in [0,1]$ 且 $e < a < b$. $F \in \mathcal{QF}_{a,b}$ 在 $G \in \mathcal{N}_e^{\max}$ 上是右分配的当且仅当 G 是幂等一致模 (1.3.23) 且

$$F(x,y) = \begin{cases} b + (1-b)T_F\left(\dfrac{x-b}{1-b}, \dfrac{y-b}{1-b}\right), & (x,y) \in [b,1]^2, \\ A_1, & (x,y) \in [0,e]^2, \\ A_2, & (x,y) \in [e,a]^2, \\ A_3, & (x,y) \in [e,a] \times [0,e], \\ \max(x,y), & (x,y) \in [0,e] \times [e,a], \\ a, & (x,y) \in [0,a] \times [a,1], \\ b, & (x,y) \in [b,1] \times [0,b], \\ x, & \text{其他}, \end{cases} \quad (3.6.8)$$

使得 $F(x,0) = F(0,x) = x$ 和 $F(x,a) = F(a,x) = a$ 对所有 $x \in [0,a]$ 成立, 其中 T_F 是半三角模, $A_1 : [0,e]^2 \to [0,e]$, $A_2 : [e,a]^2 \to [e,a]$ 有右单位元 e, 且 $A_3 : [0,e] \times [e,a] \to [e,a]$, $A_1 \sim A_3$、T_F 是有共同边界值的递增算子.

最后, 给出 $F \in \mathbb{F}_{a,b}$(不是 $F \in \mathcal{QF}_{a,b}$) 在 $G \in \mathcal{N}_e^{\max}$ 上分配的充要条件.

定理 3.6.2 设 $a,b,e \in [0,1]$ 且 $a < b$. $F \in \mathbb{F}_{a,b}$ 在 $G \in \mathcal{N}_e^{\max}$ 上是分配的当且仅当两种结论之一成立.

(1) 若 $a \leqslant e \leqslant b$, 则 G 是幂等一致模 (1.3.23) 且 $a = 0$, 即 F 具有式 (3.6.6) 的形式使得 T_F 是结合的半三角模.

(2) 若 $e < a < b$, 则 G 是幂等一致模 (1.3.23) 且

$$F(x,y) = \begin{cases} eS_1\left(\dfrac{x}{e}, \dfrac{y}{e}\right), & (x,y) \in [0,e]^2, \\ e + (a-e)S_2\left(\dfrac{x-e}{a-e}, \dfrac{y-e}{a-e}\right), & (x,y) \in [e,a]^2, \\ \max(x,y), & (x,y) \in [0,e] \times [e,a] \cup [e,a] \times [0,e], \\ b + (1-b)T_F\left(\dfrac{x-b}{1-b}, \dfrac{y-b}{1-b}\right), & (x,y) \in [b,1]^2, \\ a, & (x,y) \in [0,a] \times [a,1], \\ b, & (x,y) \in [b,1] \times [0,b], \\ x, & \text{其他}. \end{cases} \quad (3.6.9)$$

其中, T_F 是结合的半三角模; S_1 和 S_2 是结合的半三角余模.

在定理 3.6.2(2) 中, 假设 F 是 t-算子且 G 是一致模, 则可得如下推论.

推论 3.6.2 若 t-算子 F 在一致模 $G \in \mathcal{U}_e^{\max}$ 上是分配的当且仅当 $e \leqslant a$, G 是幂等一致模 (1.3.23), 且

$$F(x,y) = \begin{cases} eS_1\left(\dfrac{x}{e}, \dfrac{y}{e}\right), & (x,y) \in [0,e]^2, \\ e + (a-e)S_2\left(\dfrac{x-e}{a-e}, \dfrac{y-e}{a-e}\right), & (x,y) \in [e,a]^2, \\ \max(x,y), & (x,y) \in [0,e] \times [e,a] \cup [e,a] \times [0,e], \\ a + (1-a)T_F\left(\dfrac{x-a}{1-a}, \dfrac{y-a}{1-a}\right), & (x,y) \in [a,1]^2, \\ a, & (x,y) \in [0,a] \times [a,1] \cup [a,1] \times [0,a]. \end{cases} \quad (3.6.10)$$

其中, T_F 是三角模; S_1 和 S_2 是三角余模.

例 3.6.2 (1) 取 $a=0$, $e=\dfrac{1}{4}$, $b=\dfrac{1}{2}$, $G(x,y)=\begin{cases}\min(x,y), & x,y\leqslant \dfrac{1}{4},\\ \max(x,y), & 其他\end{cases}$ 和

$$F(x,y)=\begin{cases}\dfrac{1}{2}+\dfrac{1}{2}T_c(2x-1,2y-1), & (x,y)\in\left[\dfrac{1}{2},1\right]^2,\\ \dfrac{1}{2}, & (x,y)\in\left[\dfrac{1}{2},1\right]\times\left[0,\dfrac{1}{2}\right],\\ x, & 其他.\end{cases}$$

其中, T_c 来于例 3.2.1. 因此, 由定理 3.6.2(1) 知 F 在 G 上是分配的.

(2) 取 $e=\dfrac{1}{4}$, $a=\dfrac{1}{2}$, $b=\dfrac{3}{4}$, $G(x,y)=\begin{cases}\min(x,y), & x,y\leqslant\dfrac{1}{4},\\ \max(x,y), & 其他\end{cases}$ 和

$$F(x,y)=\begin{cases}\dfrac{1}{4}S_c(4x,4y), & (x,y)\in\left[0,\dfrac{1}{4}\right]^2,\\ \dfrac{1}{4}+\dfrac{1}{4}S_c(4x-1,4y-1), & (x,y)\in\left[\dfrac{1}{4},\dfrac{1}{2}\right]^2,\\ \max(x,y), & (x,y)\in\left[0,\dfrac{1}{4}\right]\times\left[\dfrac{1}{4},\dfrac{1}{2}\right]\cup\left[\dfrac{1}{4},\dfrac{1}{2}\right]\times\left[0,\dfrac{1}{4}\right],\\ \dfrac{3}{4}+\dfrac{1}{4}T_F(4x-3,4y-3), & (x,y)\in\left[\dfrac{3}{4},1\right]^2,\\ \dfrac{1}{4}, & (x,y)\in\left[0,\dfrac{1}{4}\right]\times\left[\dfrac{1}{4},1\right],\\ \dfrac{3}{4}, & (x,y)\in\left[\dfrac{3}{4},1\right]\times\left[0,\dfrac{3}{4}\right],\\ x, & 其他,\end{cases}$$

其中, S_c 和 T_c 来于例 3.2.1. 那么, 由定理 3.6.2(2) 知 F 在 G 上是分配的.

3.6.2 $F\in\mathcal{N}_e^{\min}\cup\mathcal{N}_e^{\max}$ 在 $G\in\mathbb{F}_{a,b}$ 上的分配性

这一节讨论半一致模 $F\in\mathcal{N}_e^{\min}\cup\mathcal{N}_e^{\max}$ 在半 t-算子 $G\in\mathbb{F}_{a,b}$ 上的分配性. 根据算子 G 中 a 和 b 的不等性, 假设 $a\neq b$, F 和 $\mathcal{N}_e^{\min}\cup\mathcal{N}_e^{\max}$ 成员之间的关系存在四种情况需要考虑: ① $a<b$ 且 $F\in\mathcal{N}_e^{\max}$; ② $a<b$ 且 $F\in\mathcal{N}_e^{\min}$; ③ $a>b$ 且 $F\in\mathcal{N}_e^{\max}$; ④ $a>b$ 且 $F\in\mathcal{N}_e^{\min}$. 然而, 仅详细讨论情况①并简单列举情况②的结果, 因为情况②的证明方式与情况①类似. 对于情况③和④, 略去它们的结论, 因为它们可以适当修改情况①和②的结果得到. 首先考虑情况①.

1. $a<b$ 且 $F\in\mathcal{N}_e^{\max}$

引理 3.6.5 设 $a,b,e\in[0,1]$, $a<b$ 且 $e\leqslant b$. 若 $F\in\mathcal{N}_e^{\max}$ 在 $G\in\mathcal{QF}_{a,b}$ 上是左或右分配的, 则 G 是幂等半 t-算子 (1.3.27).

证明 首先证明 $G(e,e)=e$. 显然, 从 G 的结构可得当 $a\leqslant e\leqslant b$ 时有 $G(e,e)=e$; 当 $e<a$ 时, 有 $a\geqslant G(e,e)\geqslant G(e,0)=e$. 若 $G(e,e)>e$ 且 $e<a$, 则取 $x=0,y=z=e$ 并代入方程 (3.1.1) 可得 $G(e,e)=F(0,G(e,e))=G(F(0,e),F(0,e))=G(0,0)=0$, 矛盾. 这样就证明了: 当 $e\leqslant b$ 时, 有 $G(e,e)=e$. 最后, 取 $y=z=e$ 并代入方程 (3.1.1) 可得 $x=F(x,e)=F(x,G(e,e))=G(F(x,e),F(x,e))=G(x,x)$, 这意味着 G 是幂等半 t-算子 (1.3.27).

为刻画 $a<b$ 且 $F\in\mathcal{N}_e^{\max}$, 根据 a、b 和 e 之间的不等性和假设 $a<b$, 存在三种情况需要考虑: $e<a<b$; $a\leqslant e\leqslant b$; $a<b<e$. 注意到引理 3.6.5 表明 G 的结构已经被刻画, 因此只需要刻画 $e<a<b$ 和 $a\leqslant e\leqslant b$ 的情况中 F 的结构即可, 因为对于 $a<b<e$ 的情况无须额外要求. 首先考虑 $e<a<b$ 的情况.

命题 3.6.9 设 $a,b,e\in[0,1]$ 且 $e<a<b$. $F\in\mathcal{N}_e^{\max}$ 在 $G\in\mathcal{QF}_{a,b}$ 上是左分配的当且仅当 G 是幂等半 t-算子 (1.3.27) 以及 F 具有如下形式:

$$F(x,y)=\begin{cases} eT_F\left(\dfrac{x}{e},\dfrac{y}{e}\right), & (x,y)\in[0,e]^2,\\ A_1, & (x,y)\in[e,a]^2,\\ A_2, & (x,y)\in[a,b]^2,\\ A_3, & (x,y)\in[b,1]^2,\\ A_4, & (x,y)\in[e,a]\times[a,1],\\ A_5, & (x,y)\in[a,b]\times[b,1],\\ \max(x,y), & \text{其他}, \end{cases} \quad (3.6.11)$$

使得对任意 $x\in[0,1]$ 有 $F(x,e)=F(e,x)=e$,

$$F(x,b)=\begin{cases} b, & e\leqslant x\leqslant b,\\ x, & 1\geqslant x\geqslant b \end{cases} \quad (3.6.12)$$

和

$$F(x,a)=\begin{cases} a, & e\leqslant x\leqslant a,\\ x, & 1\geqslant x\geqslant a. \end{cases} \quad (3.6.13)$$

其中, T_F 是半三角模, $A_1:[e,a]^2\to[e,a]$, $A_2:[a,b]^2\to[a,b]$, $A_3:[b,1]^2\to[b,1]$, $A_4:[e,a]\times[a,1]\to[a,1]$, $A_5:[a,b]\times[b,1]\to[b,1]$, 以及 T_F、$A_1\sim A_5$ 是有共同边界值的递增算子.

3.6 半一致模与半 t-算子之间的分配性

证明 根据引理 3.6.5 知道 G 是幂等半 t-算子 (1.3.27)，T_F 是半三角模，且对任意 $x \in [0,1]$ 有 $F(x,e) = F(e,x) = e$. 接下来证明方程 (3.6.12). 取 $y=1, z=0$ 并代入方程 (3.1.1)，则有

$$F(x,b) = F(x, G(1,0)) = G(F(x,1), F(x,0)) = G(1,x) = \begin{cases} b, & e \leqslant x \leqslant b, \\ x, & 1 \geqslant x \geqslant b. \end{cases} \quad (3.6.14)$$

特别地，有 $F(b,b) = b$. 此外检查方程 (3.6.13)，取 $y=0, z=1$ 代入方程 (3.1.1)，则有

$$F(x,a) = F(x, G(0,1)) = G(F(x,0), F(x,1)) = G(x,1) = \begin{cases} a, & e \leqslant x \leqslant a, \\ x, & 1 \geqslant x \geqslant a. \end{cases} \quad (3.6.15)$$

特别地，有 $F(a,a) = a$. 进一步，从方程 (3.6.12) 和方程 (3.6.13) 得到:

(1) 对任意 $x \in [a,1], y \in [e,a]$ 有 $x = F(x,e) \leqslant F(x,y) \leqslant F(x,a) = x$，这意味着 $F(x,y) = \max(x,y)$;

(2) 对任意 $x \in [b,1], y \in [a,b]$ 有 $x = F(x,a) \leqslant F(x,y) \leqslant F(x,b) = x$，这意味着 $F(x,y) = \max(x,y)$;

(3) 对任意 $x,y \in [e,a]$ 有 $e = F(e,e) \leqslant F(x,y) \leqslant F(a,a) = a$;

(4) 对任意 $x,y \in [a,b]$ 有 $a = F(a,a) \leqslant F(x,y) \leqslant F(b,b) = b$;

(5) 对任意 $x,y \in [b,1]$ 有 $b = F(b,b) \leqslant F(x,y) \leqslant F(1,1) = 1$;

(6) 对任意 $e \leqslant x \leqslant a \leqslant y \leqslant 1$ 有 $a = F(e,a) \leqslant F(x,y) \leqslant F(a,1) = 1$;

(7) 对任意 $a \leqslant x \leqslant b \leqslant y \leqslant 1$ 有 $b = F(a,b) \leqslant F(x,y) \leqslant F(b,1) = 1$.

因此，限制 $A_1 = F|_{[e,a]^2}, A_2 = F|_{[a,b]^2}, A_3 = F|_{[b,1]^2}, A_4 = F|_{[e,a] \times [a,1]}, A_5 = F|_{[a,b] \times [b,1]}$ 是具有前面属性的算子.

反之，设 F 由方程 (3.6.11) 给出，G 是幂等半 t-算子 (1.3.27). 观察到函数方程 (3.6.11) 在适当的矩形领域内是递增的. 由于有共同的边界值，所以 F 在区域 $[0,1]^2$ 内都是递增的. 又根据假设易知 e 是算子 F 的单位元，进一步可知 $F \in \mathcal{N}_e^{\max}$. 因为 F 是递增的，从引理 3.2.2 可知: 当 $x \in [0,1]$ 和 $(y,z) \in [0,a]^2 \cup [b,1]^2$ 时，方程 (3.1.1) 成立. 接下来，验证剩下的情况.

(1) 假设 $(y,z) \in [0,a] \times [a,1]$，则 $G(y,z) = a$. 若 $x \in [0,a]$，应用方程 (3.6.13) 和 F 的结构有 $F(x,a) = a$, $F(x,y) \leqslant F(x,a) = a$ 以及 $F(x,z) \geqslant F(x,a) = a$. 进而从 G 的结构中可得 $F(x, G(y,z)) = F(x,a) = a = G(F(x,y), F(x,z))$. 若 $x \in [a,b]$，应用方程 (3.6.13) 和 F 的结构有 $F(x,a) = x$, $F(x,y) = x \vee y = x$. 因此从 G 的结构得 $F(x, G(y,z)) = F(x,a) = x = F(x,y) = G(F(x,y), F(x,z))$. 若 $x \in [b,1]$ 应用方程 (3.6.13) 和 F 的结构与单调性，有 $F(x,a) = x$, $F(x,y) = x \vee y = x$ 且

$F(x,z) \geqslant F(x,a) = x \geqslant b$. 因此从 G 的结构可得 $F(x, G(y,z)) = F(x,a) = x = x \wedge F(x,z) = G(x, F(x,z)) = G(F(x,y), F(x,z))$.

(2) 假设 $(y,z) \in [b,1] \times [0,b]$, 则 $G(y,z) = b$. 若 $x \in [0,b]$, 应用方程 (3.6.12) 和 F 的结构与单调性, 有 $F(x,b) = b$, $F(x,y) \geqslant F(x,b) = b$, $F(x,z) \leqslant F(x,b) = b$. 因此从 G 的结构得 $F(x, G(y,z)) = F(x,b) = b = G(F(x,y), F(x,z))$. 若 $x \in [b,1]$, 应用方程 (3.6.12) 和 F 的结构有 $F(x,b) = x$, $F(x,y) \geqslant F(x,b) = x$, $F(x,z) = x \vee z = x$. 进而从 G 的结构知 $F(x, G(y,z)) = F(x,b) = x = F(x,y) \wedge x = G(F(x,y), x) = G(F(x,y), F(x,z))$.

(3) 假设 $(y,z) \in [a,b] \times [0,1]$, 则 $G(y,z) = y$. 若 $x \in [0,b]$, 由方程 (3.6.12)、方程 (3.6.13) 和 F 的结构与单调性有 $a = F(0,a) \leqslant F(x,y) \leqslant F(x,b) = b$, 进而从 G 的结构知 $F(x, G(y,z)) = F(x,y) = G(F(x,y), F(x,z))$. 若 $x \in [b,1]$, 应用方程 (3.6.13) 和 F 的结构与单调性, 有 $F(x,y) = x \vee y = x$ 和 $F(x,z) \geqslant F(x,0) = x \geqslant b$. 因此从 G 的结构中可得 $F(x, G(y,z)) = F(x,y) = x = x \wedge F(x,z) = G(x, F(x,z)) = G(F(x,y), F(x,z))$.

事实上, 对于 $e < a < b$ 的情况, 命题 3.6.9 表明左分配性方程的解只与 F 的基础算子 S_F 有关而与 T_F 无关, 与命题 3.6.9 类似, 有如下命题.

命题 3.6.10 设 $a,b,e \in [0,1]$ 且 $e < a < b$. $F \in \mathcal{N}_e^{\max}$ 在 $G \in \mathcal{QF}_{a,b}$ 上是右分配的当且仅当 G 是幂等半 t-算子 (1.3.27) 且 F 具有如下形式:

$$F(x,y) = \begin{cases} eT_F\left(\dfrac{x}{e}, \dfrac{y}{e}\right), & (x,y) \in [0,e]^2, \\ A_1, & (x,y) \in [e,a]^2, \\ A_2, & (x,y) \in [a,b]^2, \\ A_3, & (x,y) \in [b,1]^2, \\ A_4, & (x,y) \in [a,1] \times [e,a], \\ A_5, & (x,y) \in [b,1] \times [a,b], \\ \max(x,y), & \text{其他}, \end{cases} \quad (3.6.16)$$

使得对任意 $x \in [0,1]$ 有 $F(x,e) = F(e,x) = e$,

$$F(b,x) = \begin{cases} b, & e \leqslant x \leqslant b, \\ x, & 1 \geqslant x \geqslant b \end{cases} \quad (3.6.17)$$

和

$$F(a,x) = \begin{cases} a, & e \leqslant x \leqslant a, \\ x, & 1 \geqslant x \geqslant a. \end{cases} \quad (3.6.18)$$

其中, T_F 是半三角模, $A_1 : [e,a]^2 \to [e,a]$, $A_2 : [a,b]^2 \to [a,b]$, $A_3 : [b,1]^2 \to [b,1]$, $A_4 : [a,1] \times [e,a] \to [a,1]$, $A_5 : [b,1] \times [a,b] \to [b,1]$, 以及 T_F、$A_1 \sim A_5$ 是有共同边界值的递增算子.

根据命题 3.6.9 和命题 3.6.10, 有如下定理. 事实上, 它给出了当 $e < a < b$ 时, $F \in \mathcal{N}_e^{\max}$ 在 $G \in \mathbb{F}_{a,b}$ 或 $G \in \mathcal{QF}_{a,b}$ 上是分配的充要条件.

定理 3.6.3 设 $a,b,e \in [0,1]$ 且 $e < a < b$. $F \in \mathcal{N}_e^{\max}$ 在 $G \in \mathbb{F}_{a,b}$ 上是分配的当且仅当 G 是幂等半 t-算子 (1.3.27) 且 F 具有如下形式:

$$F(x,y) = \begin{cases} eT_F\left(\dfrac{x}{e}, \dfrac{y}{e}\right), & (x,y) \in [0,e]^2, \\ e + (a-e)S_1\left(\dfrac{x-e}{a-e}, \dfrac{y-e}{a-e}\right), & (x,y) \in [e,a]^2, \\ a + (b-a)S_2\left(\dfrac{x-a}{b-a}, \dfrac{y-a}{b-a}\right), & (x,y) \in [a,b]^2, \\ b + (1-b)S_3\left(\dfrac{x-b}{1-b}, \dfrac{y-b}{1-b}\right), & (x,y) \in [b,1]^2, \\ \max(x,y), & 其他. \end{cases} \quad (3.6.19)$$

其中, T_F 是半三角模; $S_1 \sim S_3$ 是半三角余模.

在定理 3.6.3 中, 假设 F 是一致模, G 是 t-算子, 那么有如下推论.

推论 3.6.3 设 $e < a$, 则一致模 $F \in \mathbb{U}_e^{\max}$ 在 t-算子 G 上是分配的当且仅当 G 有式 (1.3.27) 的形式且 F 有如下形式:

$$F(x,y) = \begin{cases} eT_F\left(\dfrac{x}{e}, \dfrac{y}{e}\right), & (x,y) \in [0,e]^2, \\ e + (a-e)S_1\left(\dfrac{x-e}{a-e}, \dfrac{y-e}{a-e}\right), & (x,y) \in [e,a]^2, \\ a + (1-a)S_2\left(\dfrac{x-a}{1-a}, \dfrac{y-b}{1-a}\right), & (x,y) \in [a,1]^2, \\ \max(x,y), & 其他. \end{cases} \quad (3.6.20)$$

其中, T_F 是三角模; S_1 和 S_2 是三角余模.

例 3.6.3 取 $e = \dfrac{1}{4}$, $a = \dfrac{1}{2}$, $b = \dfrac{3}{4}$,

$$G(x,y) = \begin{cases} \max(x,y), & (x,y) \in \left[0, \dfrac{1}{2}\right]^2, \\ \min(x,y), & (x,y) \in \left[\dfrac{3}{4}, 1\right]^2, \\ \dfrac{1}{2}, & (x,y) \in \left[0, \dfrac{1}{2}\right] \times \left[\dfrac{1}{2}, 1\right], \\ \dfrac{3}{4}, & (x,y) \in \left[\dfrac{3}{4}, 1\right] \times \left[0, \dfrac{3}{4}\right], \\ x, & \text{其他} \end{cases}$$

和

$$F(x,y) = \begin{cases} \dfrac{1}{4}T_a(4x, 4y), & (x,y) \in \left[0, \dfrac{1}{4}\right]^2, \\ \dfrac{1}{4} + \dfrac{1}{4}S_a(4x-1, 4y-1), & (x,y) \in \left[\dfrac{1}{4}, \dfrac{1}{2}\right]^2, \\ \dfrac{1}{2} + \dfrac{1}{4}S_b(4x-2, 4y-2), & (x,y) \in \left[\dfrac{1}{2}, \dfrac{3}{4}\right]^2, \\ \dfrac{3}{4} + \dfrac{1}{4}S_c(4x-3, 4y-3), & (x,y) \in \left[\dfrac{3}{4}, 1\right]^2, \\ \max(x,y), & \text{其他}. \end{cases}$$

其中, S_a、S_b、S_c 和 T_a 源于例 3.2.2, 那么由定理 3.6.3 可得 F 在 G 上是分配的.

已经详细讨论了 $e < a < b$ 的情况. 与 $e < a < b$ 的情况的结果比较, $a \leqslant e \leqslant b$ 的情况的结果更简单. 现在考虑 $a \leqslant e \leqslant b$ 的情况.

命题 3.6.11 设 $a, b, e \in [0,1]$ 且 $a \leqslant e \leqslant b$. $F \in \mathcal{N}_e^{\max}$ 在 $G \in \mathcal{QF}_{a,b}$ 上是左分配的当且仅当 G 是幂等半 t-算子 (1.3.27) 有 $a = 0$, F 有如下形式:

$$F(x,y) = \begin{cases} eT_F\left(\dfrac{x}{e}, \dfrac{y}{e}\right), & (x,y) \in [0, e]^2, \\ A_1, & (x,y) \in [e, b]^2, \\ A_2, & (x,y) \in [b, 1]^2, \\ A_3, & (x,y) \in [e, b] \times [b, 1], \\ \max(x,y), & \text{其他}, \end{cases} \quad (3.6.21)$$

使得对任意 $x \in [0,1]$ 有 $F(x,e) = F(e,x) = e$ 和

$$F(x,b) = \begin{cases} b, & e \leqslant x \leqslant b, \\ x, & 1 \geqslant x \geqslant b. \end{cases} \quad (3.6.22)$$

其中, T_F 是半三角模, $A_1: [e,b]^2 \to [e,b]$, $A_2: [b,1]^2 \to [b,1]$, $A_3: [e,b] \times [b,1] \to [b,1]$, 以及 T_F、$A_1 \sim A_3$ 是有共同边界值的递增算子.

证明 根据引理 3.6.5 易知 G 是幂等半 t-算子 (1.3.27), T_F 是半三角模, 对任意 $x \in [0,1]$ 有 $F(x,e) = F(e,x) = e$. 下面证明方程 (3.6.22) 成立. 取 $y = 1, z = 0$ 并代入方程 (3.1.1), 则有

$$F(x,b) = F(x,G(1,0)) = G(F(x,1), F(x,0)) = G(1,x) = \begin{cases} b, & e \leqslant x \leqslant b, \\ x, & 1 \geqslant x \geqslant b. \end{cases} \quad (3.6.23)$$

特别地, 有 $F(b,b) = b$. 进一步证明 $a = 0$. 令 $x = 0, y = 0, z = 1$ 并代入方程 (3.1.1), 则有 $0 = F(0,a) = F(0,G(0,1)) = G(F(0,0), F(0,1)) = G(0,1) = a$, 因此 $a = 0$.

由方程 (3.6.23), 有:

(1) 对任意 $x \in [b,1], y \in [e,b]$, 有 $x = F(x,e) \leqslant F(x,y) \leqslant F(x,b) = x$, 这意味着 $F(x,y) = \max(x,y)$;

(2) 对任意 $x, y \in [e,b]$, 有 $e = F(e,e) \leqslant F(x,y) \leqslant F(b,b) = b$.

(3) 对任意 $x, y \in [b,1]$, 有 $b = F(b,b) \leqslant F(x,y) \leqslant F(1,1) = 1$.

(4) 对任意 $e \leqslant x \leqslant b \leqslant y \leqslant 1$, 有 $b = F(e,b) \leqslant F(x,y) \leqslant F(b,1) = 1$.

因此, 限制 $A_1 = F|_{[e,b]^2}, A_2 = F|_{[b,1]^2}, A_3 = F|_{[e,b] \times [b,1]}$ 是具有前面属性的算子.

反之, 设 F 由方程 (3.6.21) 给出且有前面的属性, G 是幂等半 t-算子 (1.3.27) 且满足 $a = 0$. 注意到函数 (3.6.21) 在适当的矩形区域内是递增的和假设有共同边界值, 因此 F 在 $[0,1]^2$ 的整个区域内都是递增的. 再由假设知 e 是算子 F 的单位元且 F 属于 $\mathcal{N}_e^{\max}$. 因为 F 是递增的, 所以由引理 3.2.2 知: 当 $x \in [0,1]$ 且 $(y,z) \in [b,1]^2$ 时, 方程 (3.1.1) 成立. 接下来考虑剩下的情况.

(1) 假设 $(y,z) \in [0,b] \times [0,1]$, 则 $G(y,z) = y$. 若 $x \in [0,b]$, 应用方程 (3.6.22) 以及 F 的单调性有 $0 \leqslant F(x,y) \leqslant F(x,b) = b$. 再从 G 的结构知 $F(x,G(y,z)) = F(x,y) = G(F(x,y), F(x,z))$. 若 $x \in [b,1]$, 应用方程 (3.6.22) 以及 F 的单调性可知 $F(x,y) = x \vee y = x$ 且 $F(x,z) \geqslant F(x,0) = x \geqslant b$. 因此从 G 的结构可知 $F(x,G(y,z)) = F(x,y) = x = x \wedge F(x,z) = G(x, F(x,z)) = G(F(x,y), F(x,z))$.

(2) 假设 $(y,z) \in [b,1] \times [0,b]$, 则 $G(y,z) = b$. 若 $x \in [0,b]$, 应用方程 (3.6.22) 以及 F 的单调性有 $F(x,b) = b, F(x,y) \geqslant F(x,b) = b, F(x,z) \leqslant F(x,b) = b$. 进一步从 G 的结构知 $F(x,G(y,z)) = F(x,b) = b = G(F(x,y), F(x,z))$. 若 $x \in [b,1]$, 应用方程 (3.6.22) 以及 F 的结构有 $F(x,b) = x, F(x,y) \geqslant F(x,b) = x, F(x,z) = x \vee z = x$. 因此从 G 的结构可知 $F(x,G(y,z)) = F(x,b) = x = F(x,y) \wedge x = G(F(x,y), x) = G(F(x,y), F(x,z))$.

与命题 3.6.11 类似, 有如下命题成立.

命题 3.6.12 设 $a,b,e \in [0,1]$ 且 $a \leqslant e \leqslant b$. $F \in \mathcal{N}_e^{\max}$ 在 $G \in \mathcal{QF}_{a,b}$ 上是右分配的当且仅当 G 是幂等半 t-算子 (1.3.27) 且满足 $a=0$, F 具有如下形式:

$$F(x,y) = \begin{cases} eT_F\left(\dfrac{x}{e}, \dfrac{y}{e}\right), & (x,y) \in [0,e]^2, \\ A_1, & (x,y) \in [e,b]^2, \\ A_2, & (x,y) \in [b,1]^2, \\ A_3, & (x,y) \in [b,1] \times [e,b], \\ \max(x,y), & \text{其他}, \end{cases} \tag{3.6.24}$$

使得对任意 $x \in [0,1]$ 有 $F(x,e) = F(e,x) = e$ 和

$$F(b,x) = \begin{cases} b, & e \leqslant x \leqslant b, \\ x, & 1 \geqslant x \geqslant b. \end{cases} \tag{3.6.25}$$

其中, T_F 是半三角模, $A_1 : [e,b]^2 \to [e,b]$, $A_2 : [b,1]^2 \to [b,1]$, $A_3 : [b,1] \times [e,b] \to [b,1]$, T_F、$A_1 \sim A_3$ 是有共同边界值的递增算子.

根据命题 3.6.11 和命题 3.6.12, 有如下定理. 它给出了当 $a \leqslant e \leqslant b$ 时, $F \in \mathcal{N}_e^{\max}$ 在 $G \in \mathbb{F}_{a,b}$ 或 $G \in \mathcal{QF}_{a,b}$ 上是分配的充要条件.

定理 3.6.4 设 $a,b,e \in [0,1]$ 且 $a \leqslant e \leqslant b$. $F \in \mathcal{N}_e^{\max}$ 在 $G \in \mathbb{F}_{a,b}$ 上是分配的当且仅当 G 是幂等半 t-算子 (1.3.27) 且满足 $a=0$, F 具有如下形式:

$$F(x,y) = \begin{cases} eT_F\left(\dfrac{x}{e}, \dfrac{y}{e}\right), & (x,y) \in [0,e]^2, \\ e + (b-e)S_1\left(\dfrac{x-e}{b-e}, \dfrac{y-e}{b-e}\right), & (x,y) \in [e,b]^2, \\ b + (1-b)S_2\left(\dfrac{x-b}{1-b}, \dfrac{y-b}{1-b}\right), & (x,y) \in [b,1]^2, \\ \max(x,y), & \text{其他}. \end{cases} \tag{3.6.26}$$

其中, T_F 是半三角模; S_1 和 S_2 是半三角余模.

例 3.6.4 取 $a=0$, $e=\dfrac{1}{4}$, $b=\dfrac{1}{2}$,

$$G(x,y) = \begin{cases} \min(x,y), & (x,y) \in \left[\dfrac{1}{2}, 1\right]^2, \\ \dfrac{1}{2}, & (x,y) \in \left[\dfrac{1}{2}, 1\right] \times \left[0, \dfrac{1}{2}\right], \\ x, & \text{其他} \end{cases}$$

和

$$F(x,y) = \begin{cases} \dfrac{1}{4}T_a(4x, 4y), & (x,y) \in \left[0, \dfrac{1}{4}\right]^2, \\ \dfrac{1}{4} + \dfrac{1}{4}S_a(4x-1, 4y-1), & (x,y) \in \left[\dfrac{1}{4}, \dfrac{1}{2}\right]^2, \\ \dfrac{1}{2} + \dfrac{1}{2}S_b(2x-1, 2y-1), & (x,y) \in \left[\dfrac{1}{2}, 1\right]^2, \\ \max(x,y), & 其他. \end{cases}$$

其中, S_a、S_b 和 T_a 源于例 3.2.2. 从定理 3.6.4 知 F 在 G 上是分配的.

最后, 考虑 $a<b<e$ 的情况. 注意到此时 G 的结构尚未确定, 因此下面的引理是必不可少的. 实际上, 对于这种情况, G 会退化成半三角模.

引理 3.6.6 设 $a,b,e \in [0,1]$ 且 $a<b<e$. 若 $F \in \mathcal{N}_e^{\max}$ 在 $G \in \mathbb{F}_{a,b}$ 上是左或右分配的, 则 $b=0$, 即 G 是半三角模且对所有 $x>e$ 有 $G(x,x)=x$.

证明 首先, 取 $x=0, y=e, z=1$ 并代入方程 (3.1.1). 那么可得 $0 = F(0,b) = F(0, G(1,0)) = G(F(0,1), F(0,0)) = G(1,0) = b$. 接下来, 令 $x>e$ 且 $y=z=0$. 根据方程 (3.1.1) 有 $x = F(x,0) = F(x, G(0,0)) = G(F(x,0), F(x,0)) = G(x,x)$. 以类似的方式, 可以考虑方程 (3.1.2) 的情况.

根据引理 3.6.6, 有如下定理.

定理 3.6.5 设 $a,b,e \in [0,1]$ 且 $a<b<e$. 若函数 $g(x) = G(x,x)$ 在点 $x=e$ 处是右连续的, 则 $F \in \mathcal{N}_e^{\max}$ 在 $G \in \mathbb{F}_{a,b}$ 上是分配的当且仅当 $G = \min$.

2. $a<b$ 且 $F \in \mathcal{N}_e^{\min}$

引理 3.6.7 设 $a,b,e \in [0,1]$, $a<b$ 且 $a \leqslant e$. 若 $F \in \mathcal{N}_e^{\min}$ 在 $G \in \mathbb{F}_{a,b}$ 上是左或右分配的, 那么 G 是幂等半 t-算子 (1.3.27).

为刻画 $a<b$ 且 $F \in \mathcal{N}_e^{\min}$ 的情况, 根据 a、b 和 e 之间的不等性和假设 $a<b$, 需要考虑三种情况: $a<b<e$, $a \leqslant e \leqslant b$ 和 $e<a<b$. 注意到引理 3.6.7 表明 G 的结构已经被刻画, 因此只需要刻画 $a<b<e$ 和 $a \leqslant e \leqslant b$ 时 F 的结构即可, 因为对于 $e<a<b$ 无须额外要求. 首先考虑情况 $a<b<e$.

命题 3.6.13 设 $a,b,e \in [0,1]$ 且 $a<b<e$. $F \in \mathcal{N}_e^{\min}$ 在 $G \in \mathcal{QF}_{a,b}$ 上是左分配的当且仅当 G 是幂等半 t-算子 (1.3.27) 且 F 具有如下形式:

$$F(x,y) = \begin{cases} e + (1-e)S_F\left(\dfrac{x-e}{1-e}, \dfrac{y-e}{1-e}\right), & (x,y) \in [e,1]^2, \\ A_1, & (x,y) \in [0,a]^2, \\ A_2, & (x,y) \in [a,b]^2, \\ A_3, & (x,y) \in [b,e]^2, \\ A_4, & (x,y) \in [a,e] \times [0,a], \\ A_5, & (x,y) \in [b,e] \times [a,b], \\ \min(x,y), & 其他, \end{cases} \quad (3.6.27)$$

使得对任意 $x \in [0,1]$ 有 $F(x,e) = F(e,x) = x$,

$$F(x,b) = \begin{cases} b, & e \geqslant x \geqslant b, \\ x, & 0 \leqslant x \leqslant b \end{cases} \quad (3.6.28)$$

和

$$F(x,a) = \begin{cases} a, & e \geqslant x \geqslant a, \\ x, & 0 \leqslant x \leqslant a. \end{cases} \quad (3.6.29)$$

其中, S_F 是半三角余模, $A_1: [0,a]^2 \to [0,a]$, $A_2: [a,b]^2 \to [a,b]$, $A_3: [b,e]^2 \to [b,e]$, $A_4: [a,e] \times [0,a] \to [0,a]$, $A_5: [b,e] \times [a,b] \to [a,b]$, S_F、$A_1 \sim A_5$ 是有共同边界值的递增算子.

事实上, 对于 $a < b < e$ 的情况, 命题 3.6.13 表明左分配方程的解仅与 F 的基础算子 T_F 有关, 与 S_F 无关. 与命题 3.6.13 类似, 有下列命题.

命题 3.6.14 设 $a, b, e \in [0,1]$ 且 $a < b < e$. $F \in \mathcal{N}_e^{\min}$ 在 $G \in \mathcal{QF}_{a,b}$ 上是右分配的当且仅当 G 是幂等半 t-算子 (1.3.27) 且 F 具有如下形式:

$$F(x,y) = \begin{cases} e + (1-e)S_F\left(\dfrac{x-e}{1-e}, \dfrac{y-e}{1-e}\right), & (x,y) \in [e,1]^2, \\ A_1, & (x,y) \in [0,a]^2, \\ A_2, & (x,y) \in [a,b]^2, \\ A_3, & (x,y) \in [b,e]^2, \\ A_4, & (x,y) \in [0,a] \times [a,e], \\ A_5, & (x,y) \in [a,b] \times [b,e], \\ \min(x,y), & \text{其他}, \end{cases} \quad (3.6.30)$$

使得对任意 $x \in [0,1]$ 有 $F(x,e) = F(e,x) = x$,

$$F(b,x) = \begin{cases} b, & e \geqslant x \geqslant b, \\ x, & 0 \leqslant x \leqslant b \end{cases} \quad (3.6.31)$$

和

$$F(a,x) = \begin{cases} a, & e \geqslant x \geqslant a, \\ x, & 0 \leqslant x \leqslant a. \end{cases} \quad (3.6.32)$$

其中, S_F 是半三角余模, $A_1: [0,a]^2 \to [0,a]$, $A_2: [a,b]^2 \to [a,b]$, $A_3: [b,e]^2 \to [b,e]$, $A_4: [0,a] \times [a,e] \to [0,a]$, $A_5: [a,b] \times [b,e] \to [a,b]$, S_F、$A_1 \sim A_5$ 是有共同边界值的递增算子.

3.6 半一致模与半 t-算子之间的分配性

根据命题 3.6.13 和命题 3.6.14, 有如下定理. 事实上, 它给出了当 $a < b < e$ 时, $F \in \mathcal{N}_e^{\min}$ 在 $G \in \mathbb{F}_{a,b}$ (或 $G \in \mathcal{QF}_{a,b}$) 上是分配的充要条件.

定理 3.6.6 设 $a, b, e \in [0, 1]$ 且 $a < b < e$. $F \in \mathcal{N}_e^{\min}$ 在 $G \in \mathbb{F}_{a,b}$ 上是分配的当且仅当 G 是幂等半 t-算子 (1.3.27) 且 F 具有如下形式:

$$F(x,y) = \begin{cases} aT_1\left(\dfrac{x}{a}, \dfrac{y}{a}\right), & (x,y) \in [0,a]^2, \\ a + (b-a)T_2\left(\dfrac{x-a}{b-a}, \dfrac{y-a}{b-a}\right), & (x,y) \in [a,b]^2, \\ b + (e-b)T_3\left(\dfrac{x-b}{e-b}, \dfrac{y-b}{e-b}\right), & (x,y) \in [b,e]^2, \\ e + (1-e)S_F\left(\dfrac{x-e}{1-e}, \dfrac{y-e}{1-e}\right), & (x,y) \in [e,1]^2, \\ \min(x,y), & 其他. \end{cases} \quad (3.6.33)$$

其中, S_F 是半三角余模; T_1、T_2 和 T_3 是半三角模.

在定理 3.6.6 中, 假设 F 是一致模, G 是 t-算子, 那么有如下推论.

推论 3.6.4 设 $a < e$, 一致模 $F \in \mathbb{U}_e^{\min}$ 在 t-算子 G 上是分配的当且仅当 G 具有式 (1.3.27) 的形式且 F 有如下形式:

$$F(x,y) = \begin{cases} aT_1\left(\dfrac{x}{a}, \dfrac{y}{a}\right), & (x,y) \in [0,a]^2, \\ a + (e-a)T_2\left(\dfrac{x-a}{e-a}, \dfrac{y-a}{e-a}\right), & (x,y) \in [a,e]^2, \\ e + (1-e)S_F\left(\dfrac{x-e}{1-e}, \dfrac{y-e}{1-e}\right), & (x,y) \in [e,1]^2, \\ \min(x,y), & 其他. \end{cases} \quad (3.6.34)$$

其中, S_F 是三角余模; T_1 和 T_2 是三角模.

例 3.6.5 取 $a = \dfrac{1}{4}$, $b = \dfrac{1}{2}$, $e = \dfrac{3}{4}$,

$$G(x,y) = \begin{cases} \max(x,y), & (x,y) \in \left[0, \dfrac{1}{4}\right]^2, \\ \min(x,y), & (x,y) \in \left[\dfrac{1}{2}, 1\right]^2, \\ \dfrac{1}{4}, & (x,y) \in \left[0, \dfrac{1}{4}\right] \times \left[\dfrac{1}{4}, 1\right], \\ \dfrac{1}{2}, & (x,y) \in \left[\dfrac{1}{2}, 1\right] \times \left[0, \dfrac{1}{2}\right], \\ x, & 其他 \end{cases}$$

和

$$F(x,y) = \begin{cases} \dfrac{1}{4}T_a(4x, 4y), & (x,y) \in \left[0, \dfrac{1}{4}\right]^2, \\ \dfrac{1}{4} + \dfrac{1}{4}T_b(4x-1, 4y-1), & (x,y) \in \left[\dfrac{1}{4}, \dfrac{1}{2}\right]^2, \\ \dfrac{1}{2} + \dfrac{1}{4}T_c(4x-2, 4y-2), & (x,y) \in \left[\dfrac{1}{2}, \dfrac{3}{4}\right]^2, \\ \dfrac{3}{4} + \dfrac{1}{4}S_a(4x-3, 4y-3), & (x,y) \in \left[\dfrac{3}{4}, 1\right]^2, \\ \min(x,y), & \text{其他}. \end{cases}$$

其中，T_a、T_b、T_c 和 S_a 源于例 3.2.2，从定理 3.6.6 可知 F 在 G 上是分配的.

已经详细地讨论了 $a < b < e$ 的情况. 与 $a < b < e$ 的情况的结果相比，$a \leqslant e \leqslant b$ 的结果是比较简单的. 现在考虑情况 $a \leqslant e \leqslant b$.

命题 3.6.15 设 $a, b, e \in [0,1]$ 且 $a \leqslant e \leqslant b$. $F \in \mathcal{N}_e^{\min}$ 在 $G \in \mathcal{QF}_{a,b}$ 上是左分配的当且仅当 G 是幂等半 t-算子 (1.3.27) 且有 $b = 1$，F 具有如下形式:

$$F(x,y) = \begin{cases} e + (1-e)S_F\left(\dfrac{x-e}{1-e}, \dfrac{y-e}{1-e}\right), & (x,y) \in [e,1]^2, \\ A_1, & (x,y) \in [0,a]^2, \\ A_2, & (x,y) \in [a,e]^2, \\ A_3, & (x,y) \in [a,e] \times [0,a], \\ \min(x,y), & \text{其他}, \end{cases} \quad (3.6.35)$$

使得对任意 $x \in [0,1]$ 有 $F(x,e) = F(e,x) = e$ 和

$$F(x,a) = \begin{cases} a, & e \geqslant x \geqslant a, \\ x, & 0 \leqslant x \leqslant a. \end{cases} \quad (3.6.36)$$

其中，S_F 是半三角余模，$A_1: [0,a]^2 \to [0,a]$，$A_2: [a,e]^2 \to [a,e]$，$A_3: [a,e] \times [0,a] \to [0,a]$，以及 S_F、$A_1 \sim A_3$ 是有共同边界值的递增算子.

命题 3.6.16 设 $a, b, e \in [0,1]$ 且 $a \leqslant e \leqslant b$. $F \in \mathcal{N}_e^{\min}$ 在 $G \in \mathcal{QF}_{a,b}$ 上是右分配的当且仅当 G 是幂等半 t-算子 (1.3.27) 且有 $b = 1$，F 具有如下形式:

3.6 半一致模与半 t-算子之间的分配性

$$F(x,y)=\begin{cases} e+(1-e)S_F\left(\dfrac{x-e}{1-e},\dfrac{y-e}{1-e}\right), & (x,y)\in[e,1]^2,\\ A_1, & (x,y)\in[0,a]^2,\\ A_2, & (x,y)\in[a,e]^2,\\ A_3, & (x,y)\in[0,a]\times[a,e],\\ \min(x,y), & \text{其他}, \end{cases} \tag{3.6.37}$$

使得对任意 $x\in[0,1]$ 有 $F(x,e)=F(e,x)=e$ 和

$$F(a,x)=\begin{cases} a, & e\geqslant x\geqslant a,\\ x, & 0\leqslant x\leqslant a. \end{cases} \tag{3.6.38}$$

其中, S_F 是半三角余模, $A_1:[0,a]^2\to[0,a]$, $A_2:[a,e]^2\to[a,e]$, $A_3:[0,a]\times[a,e]\to[0,a]$, 以及 S_F、$A_1\sim A_3$ 是有共同边界值的递增算子.

根据命题 3.6.15 和命题 3.6.16, 有下列定理. 它给出了 $F\in\mathcal{N}_e^{\min}$ 在 $G\in\mathbb{F}_{a,b}$(或 $G\in\mathcal{QF}_{a,b}$) 上是分配的充要条件.

定理 3.6.7 设 $a,b,e\in[0,1]$ 且 $a\leqslant e\leqslant b$. $F\in\mathcal{N}_e^{\min}$ 在 $G\in\mathbb{F}_{a,b}$ 上是分配的当且仅当 G 是幂等半 t-算子 (1.3.27) 且有 $b=1$, F 具有如下形式:

$$F(x,y)=\begin{cases} aT_1\left(\dfrac{x}{a},\dfrac{y}{a}\right), & (x,y)\in[0,a]^2,\\ a+(e-a)T_2\left(\dfrac{x-a}{e-a},\dfrac{y-a}{e-a}\right), & (x,y)\in[a,e]^2,\\ e+(1-e)S_F\left(\dfrac{x-e}{1-e},\dfrac{y-e}{1-e}\right), & (x,y)\in[e,1]^2,\\ \min(x,y), & \text{其他}. \end{cases} \tag{3.6.39}$$

其中, S_F 是半三角余模; T_1 和 T_2 是半三角模.

例 3.6.6 取 $a=\dfrac{1}{4}$, $e=\dfrac{1}{2}$, $b=1$,

$$G(x,y)=\begin{cases} \max(x,y), & (x,y)\in\left[0,\dfrac{1}{4}\right]^2,\\ \dfrac{1}{4}, & (x,y)\in\left[0,\dfrac{1}{4}\right]\times\left[\dfrac{1}{4},1\right],\\ x, & \text{其他} \end{cases}$$

和

$$F(x,y) = \begin{cases} \dfrac{1}{4}T_a(4x, 4y), & (x,y) \in \left[0, \dfrac{1}{4}\right]^2, \\ \dfrac{1}{4} + \dfrac{1}{4}T_b(4x-1, 4y-1), & (x,y) \in \left[\dfrac{1}{4}, \dfrac{1}{2}\right]^2, \\ \dfrac{1}{2} + \dfrac{1}{2}S_a(2x-1, 2y-1), & (x,y) \in \left[\dfrac{1}{2}, 1\right]^2, \\ \min(x,y), & \text{其他}. \end{cases}$$

其中，T_a、T_b 和 S_a 源于例 3.2.2，从定理 3.6.7 知 F 在 G 上是分配的.

最后，考虑情况 $e < a < b$. 注意到当 $e < a < b$ 时 G 的结构不确定，因此下面的引理是必要的. 结论表明 G 会变成半三角余模.

引理 3.6.8 设 $a, b, e \in [0, 1]$ 且 $e < a < b$. 若 $F \in \mathcal{N}_e^{\min}$ 在 $G \in \mathbb{F}_{a,b}$ 上是左或右分配的，则 $a = 1$，即 G 是半三角余模且对于所有 $x < e$ 有 $G(x, x) = x$.

根据引理 3.6.8，有如下定理.

定理 3.6.8 设 $a, b, e \in [0, 1]$ 且 $e < a < b$. 若函数 $g(x) = G(x, x)$ 在点 $x = e$ 处是左连续的，则 $F \in \mathcal{N}_e^{\min}$ 在 $G \in \mathbb{F}_{a,b}$ 上是分配的当且仅当 $G = \max$.

第4章 蕴涵分配性方程

4.1 基于连续三角模的蕴涵分配性方程

这一节研究基于连续三角模的蕴涵分配性方程,即

$$I(x, T_1(y,z)) = T_2(I(x,y), I(x,z)), \quad x,y,z \in [0,1]. \tag{4.1.1}$$

其中,T_1 是连续非阿基米德三角模;T_2 是连续阿基米德三角模;I 是未知函数.

4.1.1 预备知识

现在,让我们回顾若干类似于加法柯西函数方程

$$f(x+y) = f(x) + f(y) \tag{4.1.2}$$

的结果,因为它们对于本节主要定理的证明是至关重要的. 此外,为了方便起见,对每个 $x \in [0,1]$,将常值函数 $f(x) = a$ 记为 $f = a$.

命题 4.1.1 对于函数 $f: [0,\infty] \to [0,\infty]$ 而言,下列命题等价:

(1) f 满足函数方程 (4.1.2).

(2) $f = \infty$,或者 $f = 0$,或者 $f(x) = \begin{cases} 0, & x = 0, \\ \infty, & x > 0, \end{cases}$ 或者 $f(x) = \begin{cases} 0, & x < \infty, \\ \infty, & x = \infty, \end{cases}$

或者存在唯一确定的常数 $c \in (0,\infty)$ 使得对所有 $x \in [0,\infty]$ 有 $f(x) = cx$.

命题 4.1.2 固定实数 $a > 0$. 对于函数 $f: [0,a] \to [0,\infty]$ 而言,下列命题等价:

(1) f 满足函数方程 $f(\min(x+y, a)) = f(x) + f(y)$.

(2) $f = \infty$,或者 $f = 0$,或者 $f(x) = \begin{cases} 0, & x = 0, \\ \infty, & x > 0. \end{cases}$

命题 4.1.3 固定实数 $b > 0$. 对于函数 $f: [0,\infty] \to [0,b]$ 而言,下列命题等价:

(1) f 满足函数方程 $f(x+y) = \min(f(x)+f(y), b)$.

(2) $f = b$,或者 $f = 0$,或者 $f(x) = \begin{cases} 0, & x = 0, \\ b, & x > 0, \end{cases}$ 或者 $f(x) = \begin{cases} 0, & x < \infty, \\ b, & x = \infty, \end{cases}$ 或

者存在唯一确定的常数 $c \in (0,\infty)$ 使得对所有 $x \in [0,\infty]$ 有 $f(x) = \min(cx, b)$.

命题 4.1.4 固定实数 $a, b > 0$. 对于函数 $f: [0, a] \to [0, b]$ 而言，下列命题等价：

(1) f 满足函数方程 $f(\min(x+y, a)) = \min(f(x) + f(y), b)$.

(2) $f = b$，或者 $f = 0$，或者 $f(x) = \begin{cases} 0, & x = 0, \\ b, & x \in (0, a], \end{cases}$ 或者存在唯一确定的常数 $c \in \left[\dfrac{b}{a}, \infty\right)$ 使得对所有 $x \in [0, a]$ 有 $f(x) = \min(cx, b)$.

4.1.2 当 T_2 是连续的阿基米德三角模时，方程(4.1.1)的解

本节首先给出当 T_1 是连续三角模，T_2 是连续的阿基米德三角模时，方程 (4.1.1) 解的刻画.

引理 4.1.1 设 T_1 是连续的三角模，T_2 是连续的阿基米德三角模，$I: [0,1]^2 \to [0,1]$ 是二元函数. 对所有 $x, y, z \in [0, 1]$，若三元组 (T_1, T_2, I) 满足方程 (4.1.1)，则对任意 $x \in [0, 1]$ 以及 $y \notin \cup_{m \in A}(a_m, b_m)$，即 y 是 T_1 的幂等元，都有 $I(x, y) = 0$ 或者 $I(x, y) = 1$ 成立，这里 $m \in A$，(a_m, b_m) 是定理 1.1.3 中的符号.

证明 假设 $y \notin \cup_{m \in A}(a_m, b_m)$，即 y 是 T_1 的幂等元，那么可知 $T_1(y, y) = y$. 然后由方程 (4.1.1) 可得

$$I(x, y) = T_2(I(x, y), I(x, y)), \quad x \in [0, 1],$$

这意味着 $I(x, y)$ 也是 T_2 的幂等元. 注意到 T_2 是阿基米德的，即只有两个平凡的幂等元，因此对任意 $x \in [0, 1]$ 有 $I(x, y) = 0$ 或者 $I(x, y) = 1$ 成立.

注记 4.1.1 应该指出的是，当 y 是 T_1 的幂等元时，对每个 $x \in [0, 1]$ 都有 $I(x, y) = 0$ 或者 $I(x, y) = 1$ 成立，但这并不意味着当 y 是 T_1 的幂等元时，水平截线 $I(\cdot, y) = 0$ 或者 $I(\cdot, y) = 1$ 成立.

引理 4.1.2 设 T_1 是连续的三角模，T_2 是连续的阿基米德三角模，$I: [0,1]^2 \to [0,1]$ 是一个二元函数，y_0 是 T_1 的幂等元. 对所有 $x, y, z \in [0, 1]$，若三元组 (T_1, T_2, I) 满足方程 (4.1.1)，则有

(1) 若对某个 $y_0 \in [0, 1]$ 有 $I(x, y_0) = 0$，则对所有 $z \leqslant y_0$ 都有 $I(x, z) = 0$.

(2) 若对某个 $y_0 \in [0, 1]$ 有 $I(x, y_0) = 1$，则对所有 $z \geqslant y_0$ 都有 $I(x, z) = 1$.

证明 因为引理 4.1.2 (2) 类似可证，所以只证明引理 4.1.2 (1). 注意到 y_0 是 T_1 的幂等元，那么由 T_1 的连续性可知，对任意 $z \in [0, 1]$ 有 $T_1(y_0, z) = \min(y_0, z)$. 由于 $z \leqslant y_0$，通过方程 (4.1.1) 可知

$$I(x, z) = T_2(I(x, y_0), I(x, z)).$$

进一步，由假设 $I(x, y_0) = 0$ 可以获得对任意 $z \leqslant y_0$ 有 $I(x, z) = 0$.

注记 4.1.2 (1) 除非另外说明，总假设 T_1 是连续但非阿基米德的，这意味着 T_1 至少有一个非平凡幂等元.

(2) 对每个 $x \in [0,1]$，引理 4.1.2 (1) 在一定程度上从底部给出了截线 $I(x,\cdot)$ 的部分值，然而引理 4.1.2 (2) 在一定程度上从顶部给出了截线 $I(x,\cdot)$ 的部分值.

通过上述分析，有下列结果.

引理 4.1.3 设 T_1 是连续的三角模，T_2 是连续的阿基米德三角模，$I: [0,1]^2 \to [0,1]$ 是一个二元函数，y_1、y_2 是 T_1 的两个不同的幂等元，对所有 $x, y, z \in [0,1]$，三元组 (T_1, T_2, I) 满足方程 (4.1.1). 若对某个 $x \in [0,1]$ 同时有 $I(x, y_1) = 0$ 和 $I(x, y_2) = 1$，则有 $y_1 < y_2$.

证明 反证法. 假设 $y_1 > y_2$，取 $z \in (y_2, y_1)$. 一方面，由引理 4.1.2 (1) 可以得到 $I(x, z) = 0$. 另一方面，应用引理 4.1.2 (2) 可以得到 $I(x, z) = 1$，矛盾.

对任意给定的连续三角模 T_1 和二元函数 I，固定任意的 $x \in [0,1]$，定义

$$U_{(T_1, I, x)} = \{y \in [0,1] \mid I(x,y) = 0, y\text{是}T_1\text{的幂等元}\},$$
$$\mu_{(T_1, I, x)} = \sup U_{(T_1, I, x)}$$

和

$$V_{(T_1, I, x)} = \{y \in [0,1] \mid I(x,y) = 1, y\text{是}T_1\text{的幂等元}\},$$
$$\nu_{(T_1, I, x)} = \inf V_{(T_1, I, x)}.$$

为了更准确地陈述，必须强调 (T_1 和 I) 与 ($\mu_{(T_1, I, x)}$ 和 $\nu_{(T_1, I, x)}$) 之间的关系. 注意到 $U_{(T_1, I, x)}$ 和 $V_{(T_1, I, x)}$ 实际上是由 T_1、I 与 x 决定的. 当 T_1 或 I 不同时，$U_{(T_1, I, x)}$ 及 $V_{(T_1, I, x)}$ 可能是不同的. 这里约定 $\sup \phi = 0$ 和 $\inf \phi = 1$. 显然，在引理 4.1.1 的条件下，由引理 4.1.3 可知对任意 T_1、I 和 $x \in [0,1]$ 有 $\mu_{(T_1, I, x)} \leqslant \nu_{(T_1, I, x)}$. 因为 T_1 是连续且单调的，那么 $\mu_{(T_1, I, x)}$ 和 $\nu_{(T_1, I, x)}$ 也是 T_1 的幂等元. 再由 $\mu_{(T_1, I, x)}$ 和 $\nu_{(T_1, I, x)}$ 之间的序关系，需要考虑两种情况：$\mu_{(T_1, I, x)} = \nu_{(T_1, I, x)}$ 和 $\mu_{(T_1, I, x)} < \nu_{(T_1, I, x)}$.

定理 4.1.1 设 T_1 是连续的三角模，T_2 是连续的阿基米德三角模，$I: [0,1]^2 \to [0,1]$ 是一个二元函数，并且假设对某个固定的 $x \in [0,1]$ 有 $\mu_{(T_1, I, x)} = \nu_{(T_1, I, x)}$. 那么下列结论等价.

(1) 对任意 $y, z \in [0,1]$，三元组 $(T_1, T_2, I(x, \cdot))$ 满足方程 (4.1.1).

(2) 截线 $I(x, \cdot)$ 具有如下之一形式：

① 若 $\mu_{(T_1, I, x)} \in U_{(T_1, I, x)}$，则

$$I(x,y) = \begin{cases} 0, & y \leqslant \mu_{(T_1, I, x)}, \\ 1, & y > \mu_{(T_1, I, x)}, \end{cases} \quad y \in [0,1]. \tag{4.1.3}$$

② 若 $\nu_{(T_1,I,x)} \in V_{(T_1,I,x)}$,则

$$I(x,y) = \begin{cases} 0, & y < \nu_{(T_1,I,x)}, \\ 1, & y \geqslant \nu_{(T_1,I,x)}, \end{cases} \quad y \in [0,1]. \tag{4.1.4}$$

证明 (1)⇒(2) 注意到 $\mu_{(T_1,I,x)}$ 是 T_1 的幂等元,由引理 4.1.1 可知 $I(x,\mu_{(T_1,I,x)}) = 0$ 或者 $I(x,\mu_{(T_1,I,x)}) = 1$. 若 $I(x,\mu_{(T_1,I,x)}) = 0$,则有 $\mu_{(T_1,I,x)} \in U_{(T_1,I,x)}$ 并且由引理 4.1.2 可得,对上面所提到的 $x \in [0,1]$, 截线 $I(x,\cdot)$ 必须具有方程 (4.1.3) 的形式. 若 $I(x,\mu_{(T_1,I,x)}) = 1$, 由假设 $\mu_{(T_1,I,x)} = \nu_{(T_1,I,x)}$ 知 $I(x,\nu_{(T_1,I,x)}) = 1$. 因为 $\nu_{(T_1,I,x)} \in V_{(T_1,I,x)}$, 然后由引理 4.1.2 可知,对上面所提到的 $x \in [0,1]$, 截线 $I(x,\cdot)$ 具有方程 (4.1.4) 的形式.

(2)⇒(1) 当上面两种情况之一成立时,只需检测三元组 $(T_1, T_2, I(x,\cdot))$ 满足方程 (4.1.1). 为此,需要考虑下列两种情况.

(1) 假设 $\mu_{(T_1,I,x)} \in U_{(T_1,I,x)}$, 并且截线 $I(x,\cdot)$ 具有方程 (4.1.3) 的形式. 现固定任意的 $y,z \in [0,1]$. 若 $\min(y,z) \leqslant \mu_{(T_1,I,x)}$, 那么有 $T_1(y,z) \leqslant \min(y,z) \leqslant \mu_{(T_1,I,x)}$. 根据 $I(x,\cdot)$ 的结构, 方程 (4.1.1) 的左边是 $I(x,T_1(y,z)) = 0$; 因为从 $\min(y,z) \leqslant \mu_{(T_1,I,x)}$ 可知 $I(x,y) = 0$ 或者 $I(x,z) = 0$, 所以方程 (4.1.1) 的右边是 $T_2(I(x,y),I(x,z)) = 0$. 若 $\min(y,z) > \mu_{(T_1,I,x)}$. 那么, 由 $\nu_{(T_1,I,x)}$ 的定义, 从 $\mu_{(T_1,I,x)} = \nu_{(T_1,I,x)}$ 可知存在某个 $y_0 \in V_{(T_1,I,x)}$ 使得 $y,z > y_0 > \mu_{(T_1,I,x)}$. 进一步, 从 y_0 的幂等性以及 $T_1(y,z) \geqslant T_1(y_0,y_0) = y_0$ 可知 $T_1(y,z) > \mu_{(T_1,I,x)}$. 因此从 $I(x,\cdot)$ 的结构可知, 方程 (4.1.1) 的左边是 $I(x,T_1(y,z)) = 1$; 另外, 从 $\min(y,z) > \mu_{(T_1,I,x)}$ 可知 $I(x,y) = 1$ 和 $I(x,z) = 1$, 从而方程 (4.1.1) 的右边是 $T_2(I(x,y),I(x,z)) = T_2(1,1) = 1$.

(2) 假设 $\nu_{(T_1,I,x)} \in V_{(T_1,I,x)}$ 并且截线 $I(x,\cdot)$ 具有方程 (4.1.4) 的形式. 固定 $y,z \in [0,1]$, 若 $\min(y,z) < \nu_{(T_1,I,x)}$, 则 $T_1(y,z) \leqslant \min(y,z) < \nu_{(T_1,I,x)}$. 鉴于 $I(x,\cdot)$ 的结构可知方程 (4.1.1) 的左边是 $I(x,T_1(y,z)) = 0$; 另外, 从 $\min(y,z) < \nu_{(T_1,I,x)}$ 可知 $I(x,y) = 0$ 或者 $I(x,z) = 0$, 进一步, 方程 (4.1.1) 的右边 $T_2(I(x,y),I(x,z)) = 0$. 若 $\min(y,z) \geqslant \nu_{(T_1,I,x)}$, 则 $T_1(y,z) \geqslant T_1(\nu_{(T_1,I,x)},\nu_{(T_1,I,x)}) = \nu_{(T_1,I,x)}$, $T_1(y,z) \geqslant \nu_{(T_1,I,x)}$, 鉴于 $I(x,\cdot)$ 的结构知方程 (4.1.1) 的左边是 $I(x,T_1(y,z)) = 1$; 另外, 从 $\min(y,z) \geqslant \nu_{(T_1,I,x)}$ 可知 $I(x,y) = 1$ 和 $I(x,z) = 1$, 进一步有方程 (4.1.1) 的右边 $T_2(I(x,y),I(x,z)) = T_2(1,1) = 1$.

注记 4.1.3 注意到, 在定理 4.1.1 中, 若 $\mu_{(T_1,I,x)} = 0$, 那么意味着 $U_{(T_1,I,x)} = \{0\}$ 或者 $U_{(T_1,I,x)}$ 是空集. 若 $U_{(T_1,I,x)} = \{0\}$, 则 $I(x,y)$ 具有方程 (4.1.3) 的形式; 若 $U_{(T_1,I,x)}$ 是空集, 则 $I(x,0) = 1$ 和 $\nu_{(T_1,I,x)} = 0$, 即 $I(x,y)$ 具有方程 (4.1.4) 的形式, 即 $I(x,\cdot) = 1$. 对于情况 $\mu_{(T_1,I,x)} = 1$ 是类似的, 并且包含了解 $I(x,\cdot) = 0$.

例 4.1.1 假设 $T_1 = (\langle 0.1, 0.5, T_{\mathrm{P}}\rangle, \langle 0.7, 0.9, T_{\mathrm{LK}}\rangle)$,其中 $T_{\mathrm{P}}(x,y) = xy$, $T_{\mathrm{LK}}(x,y) = \max(x+y-1, 0)$,那么有

$$T_1(x,y) = \begin{cases} 0.1 + 2.5(x-0.1)(y-0.1), & x,y \in [0.1, 0.5], \\ 0.7 + \max(x+y-1.6, 0), & x,y \in [0.7, 0.9], \\ \min(x,y), & \text{其他}. \end{cases}$$

注意到 T_1 的幂等元集合是 $\mathrm{Idem}(T_1) = [0, 0.1] \cup [0.5, 0.7] \cup [0.9, 1]$,那么容易验证,对任意 $x, y, z \in [0, 1]$,下面的函数 I、T_1 以及任意连续阿基米德三角模 T_2 满足方程 (4.1.1).

(1) $I = 0$;此时对任意 $x \in [0,1]$ 有 $\mu_{(T_1, I, x)} = \nu_{(T_1, I, x)} = 1$,并且 I 具有式 (4.1.3) 的形式.

(2) $I = 1$;此时对任意 $x \in [0,1]$ 有 $\mu_{(T_1, I, x)} = \nu_{(T_1, I, x)} = 0$,并且 I 具有式 (4.1.4) 的形式.

(3) $I(x,y) = \begin{cases} 0, & y \leqslant 0.6, \\ 1, & y > 0.6, \end{cases}$ 此时对任意 $x \in [0,1]$ 有 $\mu_{(T_1, I, x)} = \nu_{(T_1, I, x)} = 0.6$,并且 I 具有式 (4.1.3) 的形式.

(4) $I(x,y) = \begin{cases} 0, & y < 0.6, \\ 1, & y \geqslant 0.6, \end{cases}$ 此时对任意 $x \in [0,1]$ 有 $\mu_{(T_1, I, x)} = \nu_{(T_1, I, x)} = 0.6$,并且 I 具有式 (4.1.4) 的形式.

推论 4.1.1 设 $T_1 = T_M$, T_2 是连续阿基米德三角模,$I: [0,1]^2 \to [0,1]$ 是一个二元函数. 那么下列结论等价:

(1) 三元组 (T_M, T_2, I) 满足方程 (4.1.1).

(2) 对任意 $x \in [0,1]$,都存在一个常数 $c_x \in [0,1]$ 使得截线 $I(x, \cdot)$ 具有下列形式之一.

$$I(x,y) = \begin{cases} 0, & y \leqslant c_x, \\ 1, & y > c_x, \end{cases} \quad y \in [0,1],$$

$$I(x,y) = \begin{cases} 0, & y < c_x, \\ 1, & y \geqslant c_x, \end{cases} \quad y \in [0,1].$$

证明 因为 T_M 是唯一的幂等三角模,由 $\mu_{(T_1, I, x)}$ 和 $\nu_{(T_1, I, x)}$ 的定义知,对任意 $x \in [0,1]$ 都有 $\mu_{(T_1, I, x)} = \nu_{(T_1, I, x)}$,最后由定理 4.1.1 可知结果显然成立.

现在,考虑 $\mu_{(T_1, I, x)} < \nu_{(T_1, I, x)}$.

引理 4.1.4 设 T_1 是连续的三角模, T_2 是连续的阿基米德三角模, $I\colon [0,1]^2 \to [0,1]$ 是一个二元函数, 固定 $x \in [0,1]$. 若 $\mu_{(T_1,I,x)} < \nu_{(T_1,I,x)}$ 且三元组 $(T_1,T_2,I(x,\cdot))$ 满足方程 (4.1.1), 则存在某个 $\alpha_0 \in A$ 使得 $[\mu_{(T_1,I,x)}, \nu_{(T_1,I,x)}] = [a_{\alpha_0}, b_{\alpha_0}]$, 其中 A 和 $[a_{\alpha_0}, b_{\alpha_0}]$ 分别是定理 1.1.3 中的指标集和子区间.

证明 若存在幂等元 c 使得 $c \in (\mu_{(T_1,I,x)}, \nu_{(T_1,I,x)})$, 那么由引理 4.1.1 得 $I(x,c) = 0$ 或者 $I(x,c) = 1$. 若 $I(x,c) = 0$, 则与 $\mu_{(T_1,I,x)}$ 的定义相矛盾. 若 $I(x,c) = 1$, 则与 $\nu_{(T_1,I,x)}$ 的定义相矛盾. 这意味着在 $\mu_{(T_1,I,x)}$ 和 $\nu_{(T_1,I,x)}$ 之间不存在幂等元. 注意到 $\mu_{(T_1,I,x)}$ 和 $\nu_{(T_1,I,x)}$ 自身是幂等的, 因此存在某个 $\alpha_0 \in A$ 使得 $[\mu_{(T_1,I,x)}, \nu_{(T_1,I,x)}] = [a_{\alpha_0}, b_{\alpha_0}]$.

注记 4.1.4 到目前为止, 已经证明了当 $\mu_{(T_1,I,x)} < \nu_{(T_1,I,x)}$ 时, 对任意 $x \in [0,1]$ 有

$$I(x,y) = \begin{cases} 0, & y < \mu_{(T_1,I,x)}, \\ 1, & y > \nu_{(T_1,I,x)}, \end{cases}$$

但是没有讨论当 $y \in [\mu_{(T_1,I,x)}, \nu_{(T_1,I,x)}]$ 时, $I(x,y)$ 的值. 在下面两节中, 根据三角模 T_2 的不同情况来讨论这个问题.

4.1.3 当 T_2 是严格三角模时, 满足方程(4.1.1)的解

在本节中, 首先给出当 T_1 是连续三角模, T_2 是严格三角模时, 函数 I 满足方程 (4.1.1) 的刻画.

定理 4.1.2 设 T_1 是连续的三角模, T_2 是严格三角模, $I\colon [0,1]^2 \to [0,1]$ 是一个二元函数, 固定 $x \in [0,1]$. 若 $\mu_{(T_1,I,x)} < \nu_{(T_1,I,x)}$, T_1 在生成子区间 $[\mu_{(T_1,I,x)}, \nu_{(T_1,I,x)}] = [a_{\alpha_0}, b_{\alpha_0}]$ 上对应的生成三角模 T_{α_0} 是严格的, 则下列结论等价:

(1) 三元组 $(T_1, T_2, I(x,\cdot))$ 满足方程 (4.1.1).

(2) T_1 可以表示成式 (1.1.9), 并且存在连续严格递减函数 $t_{\alpha_0}, t_2\colon [0,1] \to [0,\infty]$ 满足 $t_{\alpha_0}(1) = t_2(1) = 0$, $t_{\alpha_0}(0) = t_2(0) = \infty$, 使得 T_1 在生成子区间 $[a_{\alpha_0}, b_{\alpha_0}]$ 上对应的生成三角模 T_{α_0} 与 T_2 分别关于 t_{α_0}、t_2 均能表示成式 (1.1.5), 且在相差一个正常数倍外表示是唯一确定的; 对于上面所提到的 $x \in [0,1]$, 截线 $I(x,\cdot)$ 具有下列形式之一.

$$I(x,y) = \begin{cases} 0, & y \in [0, a_{\alpha_0}], \\ 1, & y \in (a_{\alpha_0}, 1], \end{cases} \tag{4.1.5}$$

$$I(x,y) = \begin{cases} 0, & y \in [0, b_{\alpha_0}), \\ 1, & y \in [b_{\alpha_0}, 1], \end{cases} \tag{4.1.6}$$

4.1 基于连续三角模的蕴涵分配性方程

$$I(x,y) = \begin{cases} 0, & y \in [0, a_{\alpha_0}], \\ t_2^{-1}\left(c_x t_{\alpha_0}\left(\dfrac{y - a_{\alpha_0}}{b_{\alpha_0} - a_{\alpha_0}}\right)\right), & y \in [a_{\alpha_0}, b_{\alpha_0}], \\ 1, & y \in [b_{\alpha_0}, 1]. \end{cases} \quad (4.1.7)$$

这里常数 $c_x \in (0, \infty)$ 由 t_{α_0} 和 t_2 的常数唯一确定, 即若存在 $a, b \in (0, \infty)$, 对任意 $y \in [0, 1]$ 使得 $t'_{\alpha_0}(y) = a t_{\alpha_0}(y)$ 和 $t'_2(y) = b t_2(y)$, 并且假设对任意 $y \in [a_{\alpha_0}, b_{\alpha_0}]$ 有 $t_2^{-1}\left(c_x t_{\alpha_0}\left(\dfrac{y - a_{\alpha_0}}{b_{\alpha_0} - a_{\alpha_0}}\right)\right) = t_2'^{-1}\left(c'_x t'_{\alpha_0}\left(\dfrac{y - a_{\alpha_0}}{b_{\alpha_0} - a_{\alpha_0}}\right)\right)$ 成立, 则有 $c'_x = \dfrac{b}{a} c_x$.

证明 (1)$\Rightarrow$(2) 假设函数 T_1、T_2 和 $I(x, \cdot)$ 是方程 (4.1.1) 的解. 从定理 1.1.1、定理 1.1.3 以及假设 T_1 在生成子区间 $[\mu_{(T_1, I, x)}, \nu_{(T_1, I, x)}] = [a_{\alpha_0}, b_{\alpha_0}]$ 上对应的生成三角模 T_{α_0} 是严格的可知 T_1 具有式 (1.1.9) 的形式, 并且存在连续严格递减函数 $t_{\alpha_0}, t_2 : [0, 1] \to [0, \infty]$ 满足 $t_{\alpha_0}(1) = t_2(1) = 0$, $t_{\alpha_0}(0) = t_2(0) = \infty$, 除相差一个正常数外, 它们的表示是唯一确定的, 使得 T_1 在生成子区间 $[a_{\alpha_0}, b_{\alpha_0}]$ 上对应的生成三角模 T_{α_0} 与 T_2 分别关于 t_{α_0}、t_2 均能表示成式 (1.1.5), 由注记 4.1.4 可知, 对上面所提到的 $x \in [0, 1]$, 只需考虑当 $y \in [a_{\alpha_0}, b_{\alpha_0}]$ 时的截线 $I(x, \cdot)$.

现在, 假设 $y, z \in [a_{\alpha_0}, b_{\alpha_0}]$, 那么从定理 1.1.3 得

$$T_1(y, z) = a_{\alpha_0} + (b_{\alpha_0} - a_{\alpha_0}) T_{\alpha_0}\left(\dfrac{y - a_{\alpha_0}}{b_{\alpha_0} - a_{\alpha_0}}, \dfrac{z - a_{\alpha_0}}{b_{\alpha_0} - a_{\alpha_0}}\right).$$

对所有 $x \in [a_{\alpha_0}, b_{\alpha_0}]$, 定义函数 $\varphi_{\alpha_0} : [a_{\alpha_0}, b_{\alpha_0}] \to [0, 1]$ 为 $\varphi_{\alpha_0}(x) = \dfrac{x - a_{\alpha_0}}{b_{\alpha_0} - a_{\alpha_0}}$. 一方面, 注意到 T_{α_0} 是严格的且 t_{α_0} 是它的加法生成子, 则有

$$\begin{aligned} T_1(y, z) &= (\varphi_{\alpha_0})^{-1}(T_{\alpha_0}(\varphi_{\alpha_0}(y), \varphi_{\alpha_0}(z))) \\ &= (\varphi_{\alpha_0})^{-1}((t_{\alpha_0})^{-1}(t_{\alpha_0}(\varphi_{\alpha_0}(y)) + t_{\alpha_0}(\varphi_{\alpha_0}(z)))) \\ &= (t_{\alpha_0} \circ \varphi_{\alpha_0})^{-1}((t_{\alpha_0} \circ \varphi_{\alpha_0})(y) + (t_{\alpha_0} \circ \varphi_{\alpha_0})(z)). \end{aligned}$$

另一方面, t_2 是 T_2 的加法生成子, 因此方程 (4.1.1) 可以改写为

$$I(x, (t_{\alpha_0} \circ \varphi_{\alpha_0})^{-1}((t_{\alpha_0} \circ \varphi_{\alpha_0})(y) + (t_{\alpha_0} \circ \varphi_{\alpha_0})(z)))$$
$$= t_2^{-1}(t_2(I(x, y)) + t_2(I(x, z))).$$

进一步, 也可改写为

$$t_2(I(x, (t_{\alpha_0} \circ \varphi_{\alpha_0})^{-1}((t_{\alpha_0} \circ \varphi_{\alpha_0})(y) + (t_{\alpha_0} \circ \varphi_{\alpha_0})(z))))$$
$$= t_2(I(x, y)) + t_2(I(x, z)). \quad (4.1.8)$$

对任意固定的 $x \in [0,1]$，定义函数 $I_x \colon [0,1] \to [0,1]$ 为

$$I_x(y) = I(x,y), \quad y \in [0,1].$$

对所有 $y, z \in [a_{\alpha_0}, b_{\alpha_0}]$ 做常规替换 $h_x = t_2 \circ I_x \circ (t_{\alpha_0} \circ \varphi_{\alpha_0})^{-1}$，$u = (t_{\alpha_0} \circ \varphi_{\alpha_0})(y)$ 并且 $v = (t_{\alpha_0} \circ \varphi_{\alpha_0})(z)$，从式 (4.1.8) 中获得加法柯西函数方程：

$$h_x(u+v) = h_x(u) + h_x(v), \quad u, v \in [0, \infty],$$

其中，$h_x \colon [0,\infty] \to [0,\infty]$ 是未知函数. 应用命题 4.1.1 得 $h_x = \infty$，或者 $h_x = 0$，或者 $h_x(u) = \begin{cases} 0, & u = 0, \\ \infty, & u \in (0, \infty], \end{cases}$ 或者 $h_x(u) = \begin{cases} 0, & u \in [0, \infty), \\ \infty, & u = \infty, \end{cases}$ 或者存在常数 $c_x \in (0, \infty)$ 使得 $h_x(u) = c_x u$. 由函数 h_x 的定义以及两个加法生成子的单调性可得 $I(x,y) = 0$，或者 $I(x,y) = 1$，或者 $I(x,y) = \begin{cases} 0, & y \in [a_{\alpha_0}, b_{\alpha_0}), \\ 1, & y = b_{\alpha_0}, \end{cases}$ 或者 $I(x,y) = \begin{cases} 0, & y = a_{\alpha_0}, \\ 1, & y \in (a_{\alpha_0}, b_{\alpha_0}], \end{cases}$ 或者对所有 $y \in [a_{\alpha_0}, b_{\alpha_0}]$ 有 $I(x,y) = t_2^{-1}\left(c_x t_{\alpha_0}\left(\dfrac{y - a_{\alpha_0}}{b_{\alpha_0} - a_{\alpha_0}}\right)\right)$，这里 $c_x \in (0, \infty)$. 注意到对任意 $y \in [a_{\alpha_0}, b_{\alpha_0}]$ 有 $I(x,y) = 0$ 和 $I(x,y) = 1$ 是不需要的，这是因为它们分别与 $I(x, b_{\alpha_0}) = 1$ 和 $I(x, a_{\alpha_0}) = 0$ 相矛盾. 这样就证明了对上面所提到的 $x \in [0,1]$，截线 $I(x, \cdot)$ 具有定理中的三种形式之一.

现在证明定理 4.1.2 (2) 中常数的唯一性. 假设对于上面所提到的 $x \in [0,1]$，截线由带有常数 c_x 的函数给出. 若存在 $a, b \in (0, \infty)$，对任意 $y \in [0,1]$ 有 $t'_{\alpha_0}(y) = a t_{\alpha_0}(y)$ 和 $t'_2(y) = b t_2(y)$ 成立，且若对任意的 $y \in [a_{\alpha_0}, b_{\alpha_0}]$ 都有

$$t_2^{-1}\left(c_x t_{\alpha_0}\left(\dfrac{y - a_{\alpha_0}}{b_{\alpha_0} - a_{\alpha_0}}\right)\right) = (t'_2)^{-1}\left(c'_x t'_{\alpha_0}\left(\dfrac{y - a_{\alpha_0}}{b_{\alpha_0} - a_{\alpha_0}}\right)\right),$$

那么，由假设 $t'_{\alpha_0} = a t_{\alpha_0}$ 和 $t'_2 = b t_2$ 可得

$$t_2^{-1}\left(c_x t_{\alpha_0}\left(\dfrac{y - a_{\alpha_0}}{b_{\alpha_0} - a_{\alpha_0}}\right)\right) = t_2^{-1}\left(\dfrac{c'_x t'_{\alpha_0}\left(\dfrac{y - a_{\alpha_0}}{b_{\alpha_0} - a_{\alpha_0}}\right)}{b}\right) = t_2^{-1}\left(\dfrac{a c'_x t_{\alpha_0}\left(\dfrac{y - a_{\alpha_0}}{b_{\alpha_0} - a_{\alpha_0}}\right)}{b}\right).$$

然后使用 t_2^{-1} 的严格单调性，有

$$c_x t_{\alpha_0}\left(\dfrac{y - a_{\alpha_0}}{b_{\alpha_0} - a_{\alpha_0}}\right) = \dfrac{a c'_x t_{\alpha_0}\left(\dfrac{y - a_{\alpha_0}}{b_{\alpha_0} - a_{\alpha_0}}\right)}{b}.$$

因此，固定对任意 $y \neq a_{\alpha_0}$，都有 $c_x = \dfrac{a c'_x}{b}$.

(2)⇒(1) 反之. 对上面所提到的 $x \in [0,1]$ 以及任意 $y, z \in [0,1]$, 现在验证三元组 $(T_1, T_2, I(x, \cdot))$ 满足方程 (4.1.1). 首先, 注意到当 $I(x,y)$ 具有式 (4.1.5) 或者式 (4.1.6) 的形式时, 与定理 4.1.1 中的证明类似, 因此省略. 这样只需考虑 $I(x, \cdot)$ 具有式 (4.1.7) 的形式的情形. 为此, 需要讨论下列情况.

(1) 若 $\min(y,z) \leqslant a_{\alpha_0}$, 那么有 $T_1(y,z) \leqslant \min(y,z) \leqslant a_{\alpha_0}$, 这样方程 (4.1.1) 的左边是 $I(x, T_1(y,z)) = 0$. 注意到 $I(x,y) = 0$ 或者 $I(x,z) = 0$, 那么方程 (4.1.1) 的右边是 $T_2(I(x,y), I(x,z)) = 0$. 因此, $I(x, T_1(y,z)) = T_2(I(x,y), I(x,z))$.

(2) 若 $\min(y,z) \geqslant b_{\alpha_0}$, 由 b_{α_0} 的幂等性可得 $T_1(y,z) \geqslant b_{\alpha_0}$, 这样方程 (4.1.1) 的左边是 $I(x, T_1(y,z)) = 1$. 而方程 (4.1.1) 的右边 $T_2(I(x,y), I(x,z)) = T_2(1,1) = 1$. 因此有 $I(x, T_1(y,z)) = T_2(I(x,y), I(x,z))$.

(3) 若 $\min(y,z) \leqslant b_{\alpha_0} \leqslant \max(y,z)$, 不妨设 $y \leqslant z$, 然后由 T_1 的结构可得 $T_1(y,z) = \min(y,z) = y$ 和 $I(x,z) = 1$, 这样可知方程 (4.1.1) 的左边是 $I(x, T_1(y,z)) = I(x,y)$, 而方程 (4.1.1) 的右边是 $T_2(I(x,y), I(x,z)) = T_2(I(x,y), 1) = I(x,y)$. 因此有 $I(x, T_1(y,z)) = T_2(I(x,y), I(x,z))$.

(4) 若 $a_{\alpha_0} \leqslant \min(y,z) \leqslant \max(y,z) \leqslant b_{\alpha_0}$, 则有 $a_{\alpha_0} \leqslant T_1(y,z) \leqslant b_{\alpha_0}$. 固定任意 $y, z \in [a_{\alpha_0}, b_{\alpha_0}]$, 那么方程 (4.1.1) 的左边

$$\begin{aligned}I(x, T_1(y,z)) &= I(x, (t_{\alpha_0} \circ \varphi_{\alpha_0})^{-1}((t_{\alpha_0} \circ \varphi_{\alpha_0})(y) + (t_{\alpha_0} \circ \varphi_{\alpha_0})(z))) \\ &= t_2^{-1}(c_x((t_{\alpha_0} \circ \varphi_{\alpha_0})(y) + (t_{\alpha_0} \circ \varphi_{\alpha_0})(z))).\end{aligned}$$

而方程 (4.1.1) 的右边

$$\begin{aligned}T_2(I(x,y), I(x,z)) &= T_2\left(t_2^{-1}\left(c_x t_{\alpha_0}\left(\frac{y - a_{\alpha_0}}{a_{\alpha_0} - a_{\alpha_0}}\right)\right), t_2^{-1}\left(c_x t_{\alpha_0}\left(\frac{z - a_{\alpha_0}}{b_{\alpha_0} - a\alpha_0}\right)\right)\right) \\ &= t_2^{-1}(c_x((t_{\alpha_0} \circ \varphi_{\alpha_0})(y) + (t_{\alpha_0} \circ \varphi_{\alpha_0})(z))).\end{aligned}$$

综上, 对所有 $y, z \in [0,1]$ 有 $I(x, T_1(y,z)) = T_2(I(x,y), I(x,z))$.

例 4.1.2 对于例 4.1.1 中的连续三角模 T_1:

$$T_1 = (\langle 0.1, 0.5, T_P \rangle, \langle 0.7, 0.9, T_{LK} \rangle).$$

若对任意 $x \in [0,1]$ 有 $\mu_{(T_1,I,x)} = 0.1$ 与 $\nu_{(T_1,I,x)} = 0.5$, 这意味着 $T_{\alpha_0} = T_P$ 是严格三角模且 $t_{\alpha_0}(x) = -\ln x$, 假设 $T_2 = T_P$, 即 $t_2(x) = -\ln x$, 则容易验证下面函数 I 与 T_1 和 T_2 满足方程 (4.1.1):

$$I(x,y) = \begin{cases} 0, & y \in [0, 0.1], \\ 1, & y \in (0.1, 1], \end{cases}$$

$$I(x,y) = \begin{cases} 0, & y \in [0, 0.5), \\ 1, & y \in [0.5, 1], \end{cases}$$

$$I(x,y) = \begin{cases} 0, & y \in [0, 0.1], \\ \dfrac{y - 0.1}{0.4}, & y \in [0.1, 0.5], \\ 1, & y \in [0.5, 1]. \end{cases}$$

另外, 在上述定理中, 幂等元是非常重要的. 如下面的函数

$$I(x,y) = \begin{cases} 0, & y \in [0, 0.3], \\ 1, & y \in (0.3, 1] \end{cases}$$

与上面的 T_1 和 T_2 并不满足方程 (4.1.1). 事实上, 对任意 $x \in [0,1]$, 分别有 $I(x, T_1(0.36, 0.36)) = I(x, 0.269) = 0$ 和 $T_2(I(x, 0.36), I(x, 0.36)) = T_2(1, 1) = 1$.

例 4.1.3 假设 $T_1 = (\langle 0.25, 0.75, T_{\mathrm{P}} \rangle, \langle 0.75, 1, T_{\mathrm{LK}} \rangle)$, 即

$$T_1(x,y) = \begin{cases} 0.25 + 2(x - 0.25)(y - 0.25), & x, y \in [0.25, 0.75], \\ 0.75 + \max(x + y - 1.75, 0), & x, y \in [0.75, 1], \\ \min(x, y), & \text{其他}, \end{cases}$$

则 T_1 的幂等元之集是 $\mathrm{Idem}(T_1) = [0, 0.25] \cup \{0.75, 1\}$. 假设对任意 $x \in [0,1]$ 都有 $\mu_{(T_1, I, x)} = 0.25$ 和 $\nu_{(T_1, I, x)} = 0.75$, 这意味着 $T_{\alpha_0} = T_{\mathrm{P}}$ 是严格三角模且 $t_{\alpha_0}(x) = -\ln x$, 则容易检查下面的函数 I 与 T_1 和 T_{P} 满足方程 (4.1.1).

$$I(x,y) = \begin{cases} 0, & y \in [0, 0.25], \\ 1, & y \in (0.25, 1], \end{cases}$$

$$I(x,y) = \begin{cases} 0, & y \in [0, 0.75), \\ 1, & y \in [0.75, 1], \end{cases}$$

$$I(x,y) = \begin{cases} 0, & y \in [0, 0.25], \\ \left(\dfrac{y - 0.25}{0.5}\right)^2, & y \in [0.25, 0.75], \\ 1, & y \in [0.75, 1]. \end{cases}$$

定理 4.1.3 设 T_1 是连续三角模, T_2 是严格三角模, $I: [0,1]^2 \to [0,1]$ 是一个二元函数, 固定 $x \in [0,1]$, 若 $\mu_{(T_1, I, x)} < \nu_{(T_1, I, x)}$, 且 T_1 在生成子区间

$[\mu_{(T_1,I,x)}, \nu_{(T_1,I,x)}] = [a_{\alpha_0}, b_{\alpha_0}]$ 上对应的生成三角模 T_{α_0} 是幂零的. 那么下列结论等价:

(1) 三元组 $(T_1, T_2, I(x, \cdot))$ 满足方程 (4.1.1).

(2) T_1 能够表示成式 (1.1.9) 的形式, 并且存在连续严格递减函数 $t_{\alpha_0}, t_2 : [0,1] \to [0,\infty]$ 满足 $t_{\alpha_0}(1) = t_2(1) = 0$, $t_{\alpha_0}(0) < \infty$, $t_2(0) = \infty$, 除相差正常数外, 它们的表示是唯一确定的, T_1 在生成子区间 $[a_{\alpha_0}, b_{\alpha_0}]$ 上对应的生成三角模 T_{α_0} 和 T_2 分别关于 t_{α_0}、t_2 能够表示成式 (1.1.5) 的形式, 对于上面所提到的 $x \in [0,1]$, 截线具有下列形式:

$$I(x,y) = \begin{cases} 0, & y \in [0, b_{\alpha_0}), \\ 1, & y \in [b_{\alpha_0}, 1]. \end{cases} \quad (4.1.9)$$

证明 (1)⇒(2) 假设函数 T_1、T_2 和 $I(x, \cdot)$ 是函数方程 (4.1.1) 的解, 则从定理 1.1.1 和定理 1.1.3 以及假设 T_1 在生成子区间 $[\mu_{(T_1,I,x)}, \nu_{(T_1,I,x)}] = [a_{\alpha_0}, b_{\alpha_0}]$ 上对应的生成三角模 T_{α_0} 是幂零的可知 T_1 具有表达式 (1.1.9), 并且存在连续严格递减函数 $t_{\alpha_0}, t_2 : [0,1] \to [0,\infty]$ 满足 $t_{\alpha_0}(1) = t_2(1) = 0$, $t_{\alpha_0}(0) < \infty$, $t_2(0) = \infty$, 除相差正常数外, 它们的表示是唯一确定的, T_1 在生成子区间 $[a_{\alpha_0}, b_{\alpha_0}]$ 上对应的生成三角模 T_{α_0} 和 T_2 分别关于 t_{α_0}、t_2 能够表示成式 (1.1.5) 的形式. 由注记 4.1.4 知, 对于上面所提到的 $x \in [0,1]$, 只需考虑当 $y \in [a_{\alpha_0}, b_{\alpha_0}]$ 时的截线 $I(x, \cdot)$.

假设 $y, z \in [a_{\alpha_0}, b_{\alpha_0}]$, 由定理 1.1.3 得

$$T_1(y, z) = a_{\alpha_0} + (b_{\alpha_0} - a_{\alpha_0}) T_{\alpha_0} \left(\frac{y - a_{\alpha_0}}{b_{\alpha_0} - a_{\alpha_0}}, \frac{x - a_{\alpha_0}}{b_{\alpha_0} - a_{\alpha_0}} \right).$$

对所有 $x \in [a_{\alpha_0}, b_{\alpha_0}]$, 定义函数 $\varphi_{\alpha_0} : [a_{\alpha_0}, b_{\alpha_0}] \to [0,1]$ 为 $\varphi_{\alpha_0}(x) = \dfrac{x - a_{\alpha_0}}{b_{\alpha_0} - a_{\alpha_0}}$. 一方面, 注意到 T_{α_0} 是幂零的且 t_{α_0} 是它的加法生成子, 则有

$$\begin{aligned} T_1(y,z) &= (\varphi_{\alpha_0})^{-1}(T_{\alpha_0}(\varphi_{\alpha_0}(y), \varphi_{\alpha_0}(z))) \\ &= (\varphi_{\alpha_0})^{-1}((t_{\alpha_0})^{-1}(\min(t_{\alpha_0}(\varphi_{\alpha_0}(y)) + t_{\alpha_0}(\varphi_{\alpha_0}(z)), t_{\alpha_0}(0)))) \\ &= (t_{\alpha_0} \circ \varphi_{\alpha_0})^{-1}(\min(t_{\alpha_0}(\varphi_{\alpha_0}(y)) + t_{\alpha_0}(\varphi_{\alpha_0}(z)), t_{\alpha_0}(0))) \\ &= (t_{\alpha_0} \circ \varphi_{\alpha_0})^{-1}(\min((t_{\alpha_0} \circ \varphi_{\alpha_0})(y) + (t_{\alpha_0} \circ \varphi_{\alpha_0})(z), t_{\alpha_0}(0))). \end{aligned}$$

另一方面, t_2 是 T_2 的加法生成子. 因此方程 (4.1.1) 可改写为

$$\begin{aligned} & I(x, (t_{\alpha_0} \circ \varphi_{\alpha_0})^{-1}(\min((t_{\alpha_0} \circ \varphi_{\alpha_0})(y) + (t_{\alpha_0} \circ \varphi_{\alpha_0})(z), t_{\alpha_0}(0)))) \\ &= t_2^{-1}(t_2(I(x,y)) + t_2(I(x,z))). \end{aligned}$$

进一步, 还能改写为

$$t_2(I(x, (t_{\alpha_0} \circ \varphi_{\alpha_0})^{-1}(\min((t_{\alpha_0} \circ \varphi_{\alpha_0})(y) + (t_{\alpha_0} \circ \varphi_{\alpha_0})(z), t_{\alpha_0}(0)))))$$

$$= t_2(I(x,y)) + t_2(I(x,z)). \tag{4.1.10}$$

对任意固定的 $x \in [0,1]$, 定义函数 $I_x \colon [0,1] \to [0,1]$ 为

$$I_x(y) = I(x,y), \quad y \in [0,1].$$

对所有 $y, z \in [a_{\alpha_0}, b_{\alpha_0}]$, 做常规替换可得 $h_x = t_2 \circ I_x \circ (t_{\alpha_0} \circ \varphi_{\alpha_0})^{-1}$, $u = (t_{\alpha_0} \circ \varphi_{\alpha_0})(y)$, $v = (t_{\alpha_0} \circ \varphi_{\alpha_0})(z)$, 并令 $a = t_{\alpha_0}(0)$, 则由方程 (4.1.10) 可得下列函数方程:

$$h_x(\min(u+v, a)) = h_x(u) + h_x(v), \quad u, v \in [0, a],$$

其中, $h_x \colon [0, a] \to [0, \infty]$ 是未知函数. 由命题 4.1.2 得 $h_x = \infty$, 或者 $h_x = 0$, 或者 $h_x(u) = \begin{cases} 0, & u = 0, \\ \infty, & u \in (0, a]. \end{cases}$ 再由函数 h_x 的定义和两个加法生成子的单调性可知 $I(x,y) = 0$, 或者 $I(x,y) = 1$, 或者 $I(x,y) = \begin{cases} 0, & y \in [a_{\alpha_0}, b_{\alpha_0}), \\ 1, & y = b_{\alpha_0}. \end{cases}$ 注意到对任意 $y \in [a_{\alpha_0}, b_{\alpha_0}]$, $I(x,y) = 0$ 和 $I(x,y) = 1$ 是不可能的, 这是因为它们分别与 $I(x, b_{\alpha_0}) = 1$ 和 $I(x, a_{\alpha_0}) = 0$ 相矛盾.

(2)⇒(1) 反之, 对于上面所提到的 $x \in [0,1]$, 只需要验证三元组 $(T_1, T_2, I(x,\cdot))$ 满足方程 (4.1.1). 注意到当 $I(x,y)$ 具有式 (4.1.9) 的形式时, 与定理 4.1.1 中的证明类似, 因此省略.

例 4.1.4 假设 $T_1 = (\langle 0.25, 0.75, T_{\mathrm{LK}} \rangle, \langle 0.75, 1, T_{\mathrm{LK}} \rangle)$, 即

$$T_1(x,y) = \begin{cases} 0.25 + \max(x+y-1, 0), & x, y \in [0.25, 0.75], \\ 0.75 + \max(x+y-1.75, 0), & x, y \in [0.75, 1], \\ \min(x,y), & \text{其他}, \end{cases}$$

则 T_1 的幂等元集合是 $\mathrm{Idem}(T_1) = [0, 0.25] \cup \{0.75, 1\}$. 假设对任意的 $x \in [0,1]$ 都有 $\mu_{(T_1, I, x)} = 0.25$ 和 $\nu_{(T_1, I, x)} = 0.75$, 这意味着 $T_{\alpha_0} = T_{\mathrm{LK}}$ 是幂零三角模, 则容易验证函数 I 与 T_1 和 T_P 满足方程 (4.1.1).

$$I(x,y) = \begin{cases} 0, & y \in [0, 0.75), \\ 1, & y \in [0.75, 1], \end{cases} \quad x, y \in [0,1].$$

接下来考虑方程 (4.1.1) 的连续解.

定理 4.1.4 设 T_1 是连续的三角模, T_2 是严格三角模, $I \colon [0,1]^2 \to [0,1]$ 是连续的二元函数. 那么下列结论等价:

(1) 三元组 (T_1, T_2, I) 满足方程 (4.1.1).

(2) T_1 具有表达式 (1.1.9) 的形式, 且存在两个常数 $a < b \in [0,1]$ 使得对所有 $x \in [0,1]$ 都有 $\mu_{(T_1,I,x)} = a$, $\nu_{(T_1,I,x)} = b$; 存在两个连续严格递减函数 $t_a, t_2 : [0,1] \to [0,\infty)$ 满足 $t_a(1) = t_2(1) = 0$, $t_a(0) = t_2(0) = \infty$, 除相差一正常数外, 它们的表示是唯一确定的, T_1 在生成子区间 $[a,b]$ 上对应的生成三角模 T_a 和 T_2 分别关于 t_a 和 t_2 具有表达式 (1.1.5), 并且 $I = 0$, 或者 $I = 1$, 或者存在一个连续函数 $c : [0,1] \to (0,\infty)$, 除相差一个正常数外是唯一确定的且该常数由 t_a 和 t_2 的常数所决定, 使得 I 具有形式

$$I(x,y) = \begin{cases} 0, & y \in [0,a], \\ t_2^{-1}\left(c(x) t_a\left(\dfrac{y-a}{b-a}\right)\right), & y \in [a,b], \\ 1, & y \in [b,1], \end{cases} \quad x,y \in [0,1]. \tag{4.1.11}$$

证明 由定理 4.1.1 和定理 4.1.2, 对于固定 $x \in [0,1]$, 我们知道它的截线情形. 因为 I 是连续的, 所以对每个 $x \in [0,1]$ 的截线也是连续的, 这样任意截线必须具有形式 $I(x,\cdot) = 0$, $I(x,\cdot) = 1$ 或者方程 (4.1.7) 的三者之一.

假设存在某个 $x_0 \in [0,1]$ 使得对任意 $y \in [0,1]$ 有 $I(x_0, y) = 0$. 特别地有 $I(x_0, 1) = 0$, 进一步对于其他截线总有 $I(x,1) = 1$, 因此在这种情况下, 唯一可能的解是 $I = 0$. 类似地, 假设存在某个 $x_0 \in [0,1]$ 使得对任意 $y \in [0,1]$ 有 $I(x_0, y) = 1$, 那么在这种情况下, 唯一可能的解是 $I = 1$.

最后, 对任意 $x \in [0,1]$, 假设截线 $I_x \neq 0$ 且 $I_x \neq 1$, 这意味着截线是方程 (4.1.7) 的形式. 进一步, 我们断言有两个不同的常数 $a, b \in [0,1]$ 使得对任意 $x \in [0,1]$ 有 $\mu_{(T_1,I,x)} = a$ 且 $\nu_{(T_1,I,x)} = b$, 这意味着 $\mu_{(T_1,I,x)}$ 和 $\nu_{(T_1,I,x)}$ 的值与 x 无关, 即 $\mu_{(T_1,I,x)}$ 和 $\nu_{(T_1,I,x)}$ 是常数. 实际上, 由前面的证明可知对任意 $x \in [0,1]$ 有 $I_x \neq 0$, $I_x \neq 1$. 注意到 I 是连续的和 $\mu_{(T_1,I,x)}, \nu_{(T_1,I,x)} \in [0,1]$, 定义函数 $a(x), b(x) : [0,1] \to [0,1]$ 分别为 $a(x) = \mu_{(T_1,I,x)}$ 和 $b(x) = \nu_{(T_1,I,x)}$, 则它们也是连续的, 并且对所有 $x \in [0,1]$ 有 $a(x) < b(x)$. 现在假设存在 $x_0 < x_1 \in [0,1]$ 使得 $a(x_0) \neq a(x_1)$, 不妨设 $a(x_0) < a(x_1)$, 应用 $a(x)$ 的连续性可知存在子区间 $[x_0', x_1'] \subset [x_0, x_1]$ 使得 $a(x)$ 在子区间 $[x_0', x_1']$ 上是严格的, 进一步假设 $a(x)$ 在子区间 $[x_0', x_1']$ 上是严格递减的. 这样得到 $\cup_{y \in [x_0', x_1']}[a(y), b(y)] \subset [b(x_0'), a(x_1')]$. 一方面, 集族 $\{(a(y), b(y)) | y \in [x_0', x_1']\}$ 是互不相交的, 因为它们是 T_1 的生成子区间且 $a(x)$ 是严格递减的. 这样 $\{(a(y), b(y)) | y \in [x_0', x_1']\}$ 的基数是不可数无限的. 另一方面, $\{(a(y), b(y)) | y \in [x_0', x_1']\}$ 的基数是至多可数无限的, 因为它们是互不相交的, 并且集族 $\{(a(y), b(y)) | y \in [x_0', x_1']\}$ 中的每个元素 $(a(x), b(x))$ 都包含至少一个有理数, 矛盾. 这样就证明了对所有 $x \in [0,1]$, $a(x)$ 是常数. 类似地, 也可以得到对所

有 $x \in [0,1]$, $b(x)$ 是常数. 因此, 存在函数 $c: [0,1] \to (0,\infty)$, 除相差一个正常数外是唯一确定的且该常数由 t_a 和 t_2 的常数所决定, 这使得 I 具有式 (4.1.11) 的形式. 函数 c 是连续的, 因为对任意固定的 $y \in (a,b)$, 它是连续函数的复合

$$c(x) = \frac{t_2(I(x,y))}{t_a\left(\dfrac{y-a}{b-a}\right)}, \quad x \in [0,1].$$

例 4.1.5 假设 $T_1 = (\langle 0.25, 0.75, T_P \rangle)$, 即

$$T_1(x,y) = \begin{cases} 0.25 + 2(x-0.25)(y-0.25), & x,y \in [0.25, 0.75], \\ \min(x,y), & \text{其他}, \end{cases}$$

则 T_1 的幂等元集合是 $\text{Idem}(T_1) = [0, 0.25] \cup [0.75, 1]$. 假设对任意 $x \in [0,1]$ 有 $\mu_{(T_1,I,x)} = 0.25$ 和 $\nu_{(T_1,I,x)} = 0.75$, 这意味着 $T_{\alpha_0} = T_P$ 是严格三角模且 $t_{\alpha_0}(x) = 1-x$. 容易验证连续函数 I 和 T_1 及 T_P 满足方程 (4.1.1):

$$I(x,y) = \begin{cases} 0, & y \in [0, 0.25], \\ (2(y-0.25))^{x+2}, & y \in [0.25, 0.75], \\ 1, & y \in [0.75, 1]. \end{cases}$$

推论 4.1.2 若 T_1 是连续三角模, T_2 是严格三角模, 那么方程 (4.1.1) 的连续解 I 不满足性质 (I3).

证明 设 I 是满足性质 (I3) 的连续二元函数. 由定理 4.1.4, I 必须具有式 (4.1.11) 的形式, 但是此时由 $a \geqslant 0$ 可知 $I(0,0) = 0$, 矛盾.

注记 4.1.5 从上述推论中可知, 需要寻找方程 (4.1.1) 的除了点 $(0,0)$ 外连续的解. 但是在方程 (4.1.1) 中令 $x = 0$ 和 $z = 0$ 可知, 对任意 $y \in [0,1]$ 有 $I(0, T_1(y,0)) = T_2(I(0,y), I(0,0))$, 即 $I(0,0) = T(I(0,y), 1)$, 这表明 $I(0,0) = I(0,y)$, 从而对任意 $y \in [0,1]$ 都有 $I(0,y) = 1$. 这样就证明了若满足性质 (I3) 的二元函数 I 是方程 (4.1.1) 的解, 则对任意 $y \in [0,1]$ 有 $I(0,y) = 1$. 另外, 除了截线 $I(0,y) = 1$ (对于 $y \in [0,a]$) 外, 连续解是唯一的.

定理 4.1.5 设 T_1 是连续三角模, T_2 是严格三角模, $I: [0,1]^2 \to [0,1]$ 是在除了截线 $I(0,y) = 1$ (对于 $y \in [0,a]$) 外的连续二元函数, 且满足性质 (I3). 则下列结论等价:

(1) 三元组 (T_1, T_2, I) 满足方程 (4.1.1).

(2) T_1 具有表达式 (1.1.9), 存在两个常数 $a < b \in [0,1]$ 使得对任意 $x \in [0,1]$ 有 $\mu_{(T_1,I,x)} = a$ 和 $\nu_{(T_1,I,x)} = b$; 存在连续严格递减函数 $t_a, t_2: [0,1] \to [0,\infty]$ 满足

$t_a(1) = t_2(1) = 0$, $t_a(0) = t_2(0) = \infty$, 除相差正常数外,它们的表示是唯一确定的, T_1 在生成子区间 $[a,b]$ 上对应的生成三角模 T_a 和 T_2 分别关于 t_a 和 t_2 具有表达式 (1.1.5), 并且存在一个连续函数 $c: (0,1] \to (0,\infty), c(0) = 0$, 除相差一个正常数外是唯一确定的, 且该常数由 t_a 和 t_2 的常数决定, 这使得 I 具有形式:

$$I(x,y) = \begin{cases} 1, & x = 0, y \in [0,a], \\ 0, & x \neq 0, y \in [0,a], \\ t_2^{-1}\left(c(x)t_a\left(\dfrac{y-a}{b-a}\right)\right), & x \in [0,1], y \in [a,b], \\ 1, & x \in [0,1], y \in [b,1]. \end{cases} \quad (4.1.12)$$

证明 类似于定理 4.1.4 的证明, 因此省略.

另外, 由连续生成子 t_2 和 t_a 的递减性, 得到 I 关于第二变量递增. 但是, 对于第一个变量, 没有讨论它的单调性. 为此, 需要下面的充要条件.

定理 4.1.6 设 T_1 是连续三角模, T_2 是严格三角模, $I: [0,1]^2 \to [0,1]$ 是除了截线 $I(0,y) = 1$ (对于 $y \in [0,a]$) 外的连续模糊蕴涵. 则下列结论等价:

(1) 三元组 (T_1, T_2, I) 满足方程 (4.1.1).

(2) T_1 具有表达式 (1.1.9), 存在两个常数 $a < b \in [0,1]$ 使得对任意 $x \in [0,1]$ 有 $\mu_{(T_1,I,x)} = a$ 和 $\nu_{(T_1,I,x)} = b$, 存在连续严格递减函数 $t_a, t_2: [0,1] \to [0,\infty]$ 满足 $t_a(1) = t_2(1) = 0$, $t_a(0) = t_2(0) = \infty$, 除相差正常数外, 它们的表示是唯一确定的, 使得 T_1 在生成子区间 $[a,b]$ 上对应的生成三角模 T_a 和 T_2 分别关于 t_a 和 t_2 具有表达式 (1.1.5), 并且存在连续的递增函数 $c: (0,1] \to (0,\infty), c(0) = 0$, 除相差一个正常数外是唯一确定的, 且该常数由 t_a 和 t_2 的常数决定, 这使得 I 具有式 (4.1.12) 的形式.

证明 类似于定理 4.1.4 的证明, 因此省略.

4.1.4 当 T_2 是幂零三角模时, 满足方程(4.1.1)的解

本节刻画当 T_1 是连续三角模, T_2 是幂零三角模时, 满足方程 (4.1.1) 的模糊蕴涵 I. 由引理 4.1.1 ~ 引理 4.1.4 和定理 4.1.1 可知, 只需考虑 $\mu_{(T_1,I,x)} < \nu_{(T_1,I,x)}$ 且 T_2 是幂零三角模的情况.

定理 4.1.7 设 T_1 是连续三角模, T_2 是幂零三角模, $I: [0,1]^2 \to [0,1]$ 是一个二元函数, 固定 $x \in [0,1]$. 若 $\mu_{(T_1,I,x)} < \nu_{(T_1,I,x)}$, T_1 在生成子区间 $[\mu_{(T_1,I,x)}, \nu_{(T_1,I,x)}] = [a_{\alpha_0}, b_{\alpha_0}]$ 上对应的生成三角模 T_{α_0} 是严格的. 则下列结论等价:

(1) 三元组 $(T_1, T_2, I(x,\cdot))$ 满足方程 (4.1.1).

(2) T_1 具有表达式 (1.1.9), 存在连续严格递减函数 $t_{\alpha_0}, t_2: [0,1] \to [0,\infty]$ 满足 $t_{\alpha_0}(1) = t_2(1) = 0$, $t_{\alpha_0}(0) = \infty, t_2(0) < \infty$, 使得 T_1 在生成子区间 $[a_{\alpha_0}, b_{\alpha_0}]$ 上对应

的生成三角模 T_{α_0} 和 T_2 分别关于 t_{α_0} 和 t_2 具有表达式 (1.1.5)，除相差正常数外，它们的表示是唯一确定的；对于上面所提到的 $x \in [0,1]$，截线 $I(x,\cdot)$ 具有下列形式之一：

$$I(x,y) = \begin{cases} 0, & y \in [0, a_{\alpha_0}], \\ 1, & y \in (a_{\alpha_0}, 1]. \end{cases} \tag{4.1.13}$$

$$I(x,y) = \begin{cases} 0, & y \in [0, b_{\alpha_0}), \\ 1, & y \in [b_{\alpha_0}, 1]. \end{cases} \tag{4.1.14}$$

$$I(x,y) = \begin{cases} 0, & y \in [0, a_{\alpha_0}], \\ t_2^{-1}\left(\min\left(c_x t_{\alpha_0}\left(\dfrac{y - a_{\alpha_0}}{b_{\alpha_0} - a_{\alpha_0}}\right), t_2(0)\right)\right), & y \in [a_{\alpha_0}, b_{\alpha_0}], \\ 1, & y \in [b_{\alpha_0}, 1]. \end{cases} \tag{4.1.15}$$

常数 $c_x \in (0, \infty)$，除相差一个正常数外是唯一确定的且该常数由 t_a 和 t_2 的常数所决定，即若对任意 $y \in [0,1]$ 以及 $a, b \in (0, \infty)$ 使得 $t'_{\alpha_0}(y) = a t_{\alpha_0}(y)$ 和 $t'_2(y) = b t_2(y)$，并假设当 $y \in [a_{\alpha_0}, b_{\alpha_0}]$ 时，有 $t_2^{-1}\left(\min\left(c_x t_{\alpha_0}\left(\dfrac{y - a_{\alpha_0}}{b_{\alpha_0} - a_{\alpha_0}}\right), t_2(0)\right)\right) = t_2'^{-1}\left(\min\left(c'_x t'_{\alpha_0}\left(\dfrac{y - a_{\alpha_0}}{b_{\alpha_0} - a_{\alpha_0}}\right), t'_2(0)\right)\right)$，则有 $c'_x = \dfrac{b}{a} c_x$.

证明 (1)$\Rightarrow$(2) 对某个固定 $x \in [0,1]$，假设函数 T_1、T_2 和 $I(x, \cdot)$ 是方程 (4.1.1) 的解，由定理 1.1.1、定理 1.1.3 和 T_1 在生成子区间 $[\mu_{(T_1, I, x)}, \nu_{(T_1, I, x)}] = [a_{\alpha_0}, b_{\alpha_0}]$ 上对应的生成三角模 T_{α_0} 是严格的可知 T_1 具有表达式 (1.1.9)，并且存在连续严格递减函数 $t_{\alpha_0}, t_2: [0,1] \to [0, \infty)$ 满足 $t_{\alpha_0}(1) = t_2(1) = 0$，$t_{\alpha_0}(0) = \infty, t_2(0) < \infty$，$T_1$ 在生成子区间 $[a_{\alpha_0}, b_{\alpha_0}]$ 上对应的生成三角模 T_{α_0} 和 T_2 分别关于 t_{α_0} 和 t_2 具有表达式 (1.1.5)，除相差正常数外，它们的表示是唯一确定的. 由注记 4.1.4 可知对上面所提到的 $x \in [0,1]$，只需考虑当 $y \in [a_{\alpha_0}, b_{\alpha_0}]$ 时的截线 $I(x, \cdot)$.

假设 $y, z \in [a_{\alpha_0}, b_{\alpha_0}]$，由定理 1.1.3 可得

$$T_1(y, z) = a_{\alpha_0} + (b_{\alpha_0} - a_{\alpha_0}) T_{\alpha_0}\left(\dfrac{y - a_{\alpha_0}}{b_{\alpha_0} - a_{\alpha_0}}, \dfrac{x - a_{\alpha_0}}{b_{\alpha_0} - a_{\alpha_0}}\right).$$

对任意 $x \in [a_{\alpha_0}, b_{\alpha_0}]$，定义函数 $\varphi_{\alpha_0}: [a_{\alpha_0}, b_{\alpha_0}] \to [0,1]$ 为 $\varphi_{\alpha_0}(x) = \dfrac{x - a_{\alpha_0}}{b_{\alpha_0} - a_{\alpha_0}}$. 一方面，注意到 T_{α_0} 是严格的，t_{α_0} 是它的加法生成子，则有

$$T_1(y, z) = (\varphi_{\alpha_0})^{-1}(T_{\alpha_0}(\varphi_{\alpha_0}(y), \varphi_{\alpha_0}(z)))$$
$$= (\varphi_{\alpha_0})^{-1}((t_{\alpha_0})^{-1}(t_{\alpha_0}(\varphi_{\alpha_0}(y)) + t_{\alpha_0}(\varphi_{\alpha_0}(z))))$$

4.1 基于连续三角模的蕴涵分配性方程

$$= (t_{\alpha_0} \circ \varphi_{\alpha_0})^{-1}((t_{\alpha_0} \circ \varphi_{\alpha_0})(y) + (t_{\alpha_0} \circ \varphi_{\alpha_0})(z)).$$

另一方面, t_2 是 T_2 的一个加法生成子, 这样方程 (4.1.1) 可以改写为

$$I(x, (t_{\alpha_0} \circ \varphi_{\alpha_0})^{-1}((t_{\alpha_0} \circ \varphi_{\alpha_0})(y) + (t_{\alpha_0} \circ \varphi_{\alpha_0})(z)))$$
$$= t_2^{-1}(\min(t_2(I(x,y)) + t_2(I(x,z)), t_2(0))).$$

进一步, 它也可改写为

$$t_2(I(x, (t_{\alpha_0} \circ \varphi_{\alpha_0})^{-1}((t_{\alpha_0} \circ \varphi_{\alpha_0})(y) + (t_{\alpha_0} \circ \varphi_{\alpha_0})(z))))$$
$$= \min(t_2(I(x,y)) + t_2(I(x,z)), t_2(0)). \tag{4.1.16}$$

任意固定 $x \in [0,1]$, 定义函数 $I_x: [0,1] \to [0,1]$ 为

$$I_x(y) = I(x,y), \quad y \in [0,1].$$

对任意 $y, z \in [a_{\alpha_0}, b_{\alpha_0}]$, 做常规替换 $h_x = t_2 \circ I_x \circ (t_{\alpha_0} \circ \varphi_{\alpha_0})^{-1}$, $u = (t_{\alpha_0} \circ \varphi_{\alpha_0})(y)$, $v = (t_{\alpha_0} \circ \varphi_{\alpha_0})(z)$, 并令 $b = t_2(0)$, 则从式 (4.1.16) 中可知下面函数方程

$$h_x(u+v) = \min(h_x(u) + h_x(v), b), \quad u, v \in [0, \infty],$$

其中, $h_x: [0, \infty] \to [0, b]$ 是未知函数. 应用命题 4.1.3 得到 $h_x = b$, 或者 $h_x = 0$, 或者

$$h_x(u) = \begin{cases} 0, & u = 0, \\ b, & u \in (0, \infty], \end{cases} \quad \text{或者 } h_x(u) = \begin{cases} 0, & u \in [0, \infty), \\ b, & u = \infty, \end{cases} \quad \text{或者存在常数 } c_x \in (0, \infty)$$

使得 $h_x(u) = \min(c_x u, b)$. 再由函数 h_x 的定义和两个加法生成子的单调性可知 $I(x,y) = 0$, 或者 $I(x,y) = 1$, 或者 $I(x,y) = \begin{cases} 0, & y \in [a_{\alpha_0}, b_{\alpha_0}), \\ 1, & y = b_{\alpha_0}, \end{cases}$ 或者 $I(x,y) =$

$\begin{cases} 0, & y = a_{\alpha_0}, \\ 1, & y \in (a_{\alpha_0}, b_{\alpha_0}], \end{cases}$ 或者存在 $c_x \in (0, \infty)$, 对任意 $y \in [a_{\alpha_0}, b_{\alpha_0}]$ 有 $I(x,y) =$

$t_2^{-1}\left(\min\left(c_x t_{\alpha_0}\left(\dfrac{y - a_{\alpha_0}}{b_{\alpha_0} - a_{\alpha_0}}\right), t_2(0)\right)\right)$. 注意到对任意 $y \in [a_{\alpha_0}, b_{\alpha_0}]$, $I(x,y) = 0$ 和 $I(x,y) = 1$ 是不可能的, 这是因为它们与 $I(x, b_{\alpha_0}) = 1$ 和 $I(x, a_{\alpha_0}) = 0$ 是矛盾的.

现在证明常数是唯一的. 假设对某个 $x \in [0,1]$, 带有常数 c_x 的截线被给出; 设存在 $a, b \in (0, \infty)$, 对任意 $y \in [0,1]$ 使得 $t'_{\alpha_0}(y) = a t_{\alpha_0}(y)$, $t'_2(y) = b t_2(y)$. 若对

任意 $y \in [a_{\alpha_0}, b_{\alpha_0}]$, 有

$$t_2^{-1}\left(\min\left(c_x t_{\alpha_0}\left(\frac{y - a_{\alpha_0}}{b_{\alpha_0} - a_{\alpha_0}}\right), t_2(0)\right)\right)$$
$$= t_2'^{-1}\left(\min\left(c_x' t_{\alpha_0}'\left(\frac{y - a_{\alpha_0}}{b_{\alpha_0} - a_{\alpha_0}}\right), t_2'(0)\right)\right),$$

应用假设 $t_{\alpha_0}' = a t_{\alpha_0}$ 和 $t_2' = b t_2$ 可知

$$t_2^{-1}\left(\min\left(c_x t_{\alpha_0}\left(\frac{y - a_{\alpha_0}}{b_{\alpha_0} - a_{\alpha_0}}\right), t_2(0)\right)\right)$$
$$= t_2^{-1}\left(\frac{\min\left(c_x' t_{\alpha_0}'\left(\frac{y - a_{\alpha_0}}{b_{\alpha_0} - a_{\alpha_0}}\right), t_2'(0)\right)}{b}\right)$$
$$= t_2^{-1}\left(\frac{\min\left(a c_x' t_{\alpha_0}\left(\frac{y - a_{\alpha_0}}{b_{\alpha_0} - a_{\alpha_0}}\right)\right)}{b}, t_2(0)\right),$$

因此有 $c_x = \dfrac{a c_x'}{b}$.

(2)⇒(1) 反之, 对上面所提到的 $x \in [0,1]$, 假设三元组 $(T_1, T_2, I(x, \cdot))$ 满足方程 (4.1.1). 首先注意到当 $I(x, y)$ 具有式 (4.1.13) 和式 (4.1.14) 的形式时, 与定理 4.1.1 的证明类似, 因此省略. 这样只需考虑 $I(x, \cdot)$ 具有式 (4.1.15) 的形式的情形. 但对于 $\min(y, z) \leqslant a_{\alpha_0}$, $\min(y, z) \geqslant b_{\alpha_0}$ 和 $\min(y, z) \leqslant b_{\alpha_0} \leqslant \max(y, z)$ 的情况, 分别与定理 4.1.2 中证明的情况 (1)∼(3) 完全类似, 因此省略. 这样只需考虑下面的子情况.

假设 $a_{\alpha_0} \leqslant \min(y, z) \leqslant \max(y, z) \leqslant b_{\alpha_0}$, 则有 $a_{\alpha_0} \leqslant T_1(y, z) \leqslant b_{\alpha_0}$. 若固定 $y, z \in [a_{\alpha_0}, b_{\alpha_0}]$, 那么方程 (4.1.1) 的左边

$$I(x, T_1(y, z)) = I(x, (t_{\alpha_0} \circ \varphi_{\alpha_0})^{-1}((t_{\alpha_0} \circ \varphi_{\alpha_0})(y) + (t_{\alpha_0} \circ \varphi_{\alpha_0})(z)))$$
$$= t_2^{-1}(\min(c_x((t_{\alpha_0} \circ \varphi_{\alpha_0})(y) + (t_{\alpha_0} \circ \varphi_{\alpha_0})(z)), t_2(0))).$$

而方程 (4.1.1) 的右边

$$T_2(I(x, y), I(x, z))$$
$$= T_2\left(t_2^{-1}\left(\min\left(c_x t_{\alpha_0}\left(\frac{y - a_{\alpha_0}}{b_{\alpha_0} - a_{\alpha_0}}\right), t_2(0)\right)\right), t_2^{-1}\left(\min\left(c_x t_{\alpha_0}\left(\frac{z - a_{\alpha_0}}{b_{\alpha_0} - a_{\alpha_0}}\right), t_2(0)\right)\right)\right)$$
$$= t_2^{-1}(\min(c_x((t_{\alpha_0} \circ \varphi_{\alpha_0})(y) + (t_{\alpha_0} \circ \varphi_{\alpha_0})(z)), t_2(0))),$$

因此, 对任意 $y, z \in [0, 1]$ 都有 $I(x, T_1(y, z)) = T_2(I(x, y), I(x, z))$.

4.1 基于连续三角模的蕴涵分配性方程

例 4.1.6 假设 $T_1 = (\langle 0.25, 0.75, T_{\mathrm{P}}\rangle, \langle 0.75, 1, T_{\mathrm{LK}}\rangle)$, 假设对任意 $x \in [0,1]$ 都有 $\mu_{(T_1,I,x)} = 0.25$ 和 $\nu_{(T_1,I,x)} = 0.75$, 这意味着 $T_{\alpha_0} = T_{\mathrm{P}}$ 是严格三角模且 $t_{\alpha_0}(x) = -\ln x$. 容易验证下列函数 I 与 T_1 和 T_{LK} 满足方程 (4.1.1).

$$I(x,y) = \begin{cases} 0, & y \in [0, 0.25], \\ 1, & y \in (0.25, 1], \end{cases}$$

$$I(x,y) = \begin{cases} 0, & y \in [0, 0.75), \\ 1, & y \in [0.75, 1], \end{cases}$$

$$I(x,y) = \begin{cases} 0, & y \in [0, 0.25], \\ \max\left(1 + \ln\left(\left(\dfrac{y - 0.25}{0.5}\right)^3\right), 0\right), & y \in [0.25, 0.75], \\ 1, & y \in [0.75, 1]. \end{cases}$$

定理 4.1.8 设 T_1 是连续三角模, T_2 是幂零三角模, $I: [0,1]^2 \to [0,1]$ 是一个二元函数, 固定 $x \in [0,1]$. 若 $\mu_{(T_1,I,x)} < \nu_{(T_1,I,x)}$, T_1 在生成子区间 $[\mu_{(T_1,I,x)}, \nu_{(T_1,I,x)}] = [a_{\alpha_0}, b_{\alpha_0}]$ 上对应的生成三角模 T_{α_0} 是幂零的. 那么下列结论等价:

(1) 三元组 $(T_1, T_2, I(x,\cdot))$ 满足方程 (4.1.1).

(2) T_1 具有表达式 (1.1.9), 且存在连续严格递减函数 $t_{\alpha_0}, t_2: [0,1] \to [0,\infty]$ 满足 $t_{\alpha_0}(1) = t_2(1) = 0$, $t_{\alpha_0}(0) < \infty$, $t_2(0) < \infty$, 使得 T_1 在生成子区间 $[a_{\alpha_0}, b_{\alpha_0}]$ 上对应的生成三角模 T_{α_0} 和 T_2 分别关于 t_{α_0} 和 t_2 具有表达式 (1.1.5), 除相差正常数外, 它们的表示是唯一确定的; 对上面所提到的 $x \in [0,1]$, 截线 $I(x,\cdot)$ 具有下列形式之一.

$$I(x,y) = \begin{cases} 0, & y \in [0, b_{\alpha_0}), \\ 1, & y \in [b_{\alpha_0}, 1]. \end{cases} \quad (4.1.17)$$

$$I(x,y) = \begin{cases} 0, & y \in [0, a_{\alpha_0}], \\ t_2^{-1}\left(\min\left(c_x t_{\alpha_0}\left(\dfrac{y - a_{\alpha_0}}{b_{\alpha_0} - a_{\alpha_0}}\right), t_2(0)\right)\right), & y \in [a_{\alpha_0}, b_{\alpha_0}], \\ 1, & y \in [b_{\alpha_0}, 1]. \end{cases} \quad (4.1.18)$$

常数 $c_x \in \left[\dfrac{t_2(0)}{t_\alpha(0)}, \infty\right)$, 除相差一个正常数外是唯一确定的且该常数由 t_a 和 t_2 的常数所决定, 即若对任意 $y \in [0,1]$ 和存在 $a, b \in (0, \infty)$ 使得 $t'_{\alpha_0}(y) = at_{\alpha_0}(y)$ 和 $t'_2(y) = bt_2(y)$, 且当 $y \in [a_{\alpha_0}, b_{\alpha_0}]$ 时, 有 $t_2^{-1}\left(\min\left(c_x t_{\alpha_0}\left(\dfrac{y - a_{\alpha_0}}{b_{\alpha_0} - a_{\alpha_0}}\right), t_2(0)\right)\right) =$

$$t_2'^{-1}\left(\min\left(c_x' t_{\alpha_0}'\left(\frac{y-a_{\alpha_0}}{b_{\alpha_0}-a_{\alpha_0}}\right), t_2'(0)\right)\right), \text{则有 } c_x' = \frac{b}{a}c_x.$$

证明 (1)⇒(2) 假设函数 T_1、T_2 和 $I(x,\cdot)$ 是方程 (4.1.1) 的解. 由定理 1.1.1, 以及 T_1 在生成子区间 $[\mu_{(T_1,I,x)}, \nu_{(T_1,I,x)}] = [a_{\alpha_0}, b_{\alpha_0}]$ 上对应的生成三角模 T_{α_0} 是幂零的可知 T_1 具有表达式 (1.1.9), 且存在连续严格递减函数 $t_{\alpha_0}, t_2: [0,1] \to [0,\infty]$ 满足 $t_{\alpha_0}(1) = t_2(1) = 0$, $t_{\alpha_0}(0) < \infty$, $t_2(0) < \infty$ 使得 T_1 在生成子区间 $[a_{\alpha_0}, b_{\alpha_0}]$ 上对应的生成三角模 T_{α_0} 和 T_2 分别关于 t_{α_0} 和 t_2 具有表达式 (1.1.5), 除相差正常数外, 它们的表示是唯一确定的. 由注记 4.1.4 知, 对上面所提到的 $x \in [0,1]$, 只需考虑当 $y \in [a_{\alpha_0}, b_{\alpha_0}]$ 时的截线 $I(x,\cdot)$.

假设 $y, z \in [a_{\alpha_0}, b_{\alpha_0}]$, 那么从定理 1.1.3 可得

$$T_1(y,z) = a_{\alpha_0} + (b_{\alpha_0} - a_{\alpha_0})T_{\alpha_0}\left(\frac{y - a_{\alpha_0}}{b_{\alpha_0} - a_{\alpha_0}}, \frac{z - a_{\alpha_0}}{b_{\alpha_0} - a_{\alpha_0}}\right).$$

对任意 $x \in [a_{\alpha_0}, b_{\alpha_0}]$, 定义函数 $\varphi_{\alpha_0}: [a_{\alpha_0}, b_{\alpha_0}] \to [0,1]$ 为 $\varphi_{\alpha_0}(x) = \dfrac{x - a_{\alpha_0}}{b_{\alpha_0} - a_{\alpha_0}}$. 一方面, 注意到 T_{α_0} 是幂零的, 且 t_{α_0} 是它的加法生成子, 则有

$$\begin{aligned}T_1(y,z) &= (\varphi_{\alpha_0})^{-1}(T_{\alpha_0}(\varphi_{\alpha_0}(y), \varphi_{\alpha_0}(z))) \\ &= (\varphi_{\alpha_0})^{-1}((t_{\alpha_0})^{-1}(\min(t_{\alpha_0}(\varphi_{\alpha_0}(y)) + t_{\alpha_0}(\varphi_{\alpha_0}(z)), t_{\alpha_0}(0)))) \\ &= (t_{\alpha_0} \circ \varphi_{\alpha_0})^{-1}(\min(t_{\alpha_0}(\varphi_{\alpha_0}(y)) + t_{\alpha_0}(\varphi_{\alpha_0}(z)), t_{\alpha_0}(0))) \\ &= (t_{\alpha_0} \circ \varphi_{\alpha_0})^{-1}(\min((t_{\alpha_0} \circ \varphi_{\alpha_0})(y) + (t_{\alpha_0} \circ \varphi_{\alpha_0})(z), t_{\alpha_0}(0))).\end{aligned}$$

另一方面, t_2 是 T_2 的加法生成子, 这样方程 (4.1.1) 可以改写为

$$\begin{aligned}&I(x, (t_{\alpha_0} \circ \varphi_{\alpha_0})^{-1}(\min((t_{\alpha_0} \circ \varphi_{\alpha_0})(y) + (t_{\alpha_0} \circ \varphi_{\alpha_0})(z), t_{\alpha_0}(0))) \\ &= t_2^{-1}(\min(t_2(I(x,y)) + t_2(I(x,z)), t_2(0))).\end{aligned}$$

进一步, 可以改写为

$$\begin{aligned}&t_2(I(x, (t_{\alpha_0} \circ \varphi_{\alpha_0})^{-1}(\min((t_{\alpha_0} \circ \varphi_{\alpha_0})(y) + (t_{\alpha_0} \circ \varphi_{\alpha_0})(z), t_{\alpha_0}(0))))) \\ &= \min(t_2(I(x,y)) + t_2(I(x,z)), t_2(0)).\end{aligned}$$

任意固定 $x \in [0,1]$, 定义函数 $I_x: [0,1] \to [0,1]$ 为

$$I_x(y) = I(x,y), \quad y \in [0,1].$$

对任意 $y, z \in [a_{\alpha_0}, b_{\alpha_0}]$, 做常规的替换 $h_x = t_2 \circ I_x \circ (t_{\alpha_0} \circ \varphi_{\alpha_0})^{-1}$, $u = (t_{\alpha_0} \circ \varphi_{\alpha_0})(y)$, $v = (t_{\alpha_0} \circ \varphi_{\alpha_0})(z)$, 且令 $a = t_{\alpha_0}(0)$, $b = t_2(0)$, 从上面方程可得下列函数方程

$$h_x(\min(u+v, a)) = \min(h_x(u) + h_x(v), b), \quad u, v \in [0, a].$$

4.1 基于连续三角模的蕴涵分配性方程

其中, $h_x: [0,a] \to [0,b]$ 是一个未知函数. 应用命题 4.1.4, 可得到 $h_x = b$, 或者 $h_x = 0$, 或者 $h_x(u) = \begin{cases} 0, & u = 0, \\ b, & u \in (0,a], \end{cases}$ 或者存在常数 $c_x \in \left[\dfrac{b}{a}, \infty\right)$ 使得 $h_x(u) = \min(c_x u, b)$. 由 h_x 的定义和两个加法生成子的单调性可得 $I(x,y) = 0$, 或者 $I(x,y) = 1$, 或者 $I(x,y) = \begin{cases} 0, & y \in [a_{\alpha_0}, b_{\alpha_0}), \\ 1, & y = b_{\alpha_0}, \end{cases}$ 或者对任意 $y \in [a_{\alpha_0}, b_{\alpha_0}]$ 有

$$I(x,y) = t_2^{-1}\left(\min\left(c_x t_{\alpha_0}\left(\frac{y - a_{\alpha_0}}{b_{\alpha_0} - a_{\alpha_0}}\right), t_2(0)\right)\right),$$

这里 $c_x \in \left[\dfrac{t_2(0)}{t_1(0)}, \infty\right)$. 注意到对任意 $y \in [a_{\alpha_0}, b_{\alpha_0}]$, $I(x,y) = 0$ 和 $I(x,y) = 1$ 是不可能的, 这是因为它们分别与 $I(x, b_{\alpha_0}) = 1$ 和 $I(x, a_{\alpha_0}) = 0$ 相矛盾.

现证明常数的唯一性. 假设对某个 $x \in [0,1]$, 带有常数 c_x 截线被给出, 存在 $a, b \in (0, \infty)$ 对任意 $y \in [0,1]$ 使得 $t'_{\alpha_0}(y) = a t_{\alpha_0}(y)$ 和 $t'_2(y) = b t_2(y)$, 若对任意 $y \in [a_{\alpha_0}, b_{\alpha_0}]$ 有

$$t_2^{-1}\left(\min\left(c_x t_{\alpha_0}\left(\frac{y - a_{\alpha_0}}{b_{\alpha_0} - a_{\alpha_0}}\right), t_2(0)\right)\right)$$
$$= t_2'^{-1}\left(\min\left(c'_x t'_{\alpha_0}\left(\frac{y - a_{\alpha_0}}{b_{\alpha_0} - a_{\alpha_0}}\right), t'_2(0)\right)\right),$$

那么, 应用假设 $t'_{\alpha_0} = a t_{\alpha_0}$ 和 $t'_2 = b t_2$, 得到

$$t_2^{-1}\left(\min\left(c_x t_{\alpha_0}\left(\frac{y - a_{\alpha_0}}{b_{\alpha_0} - a_{\alpha_0}}\right), t_2(0)\right)\right)$$
$$= t_2^{-1}\left(\frac{\min\left(c'_x t'_{\alpha_0}\left(\dfrac{y - a_{\alpha_0}}{b_{\alpha_0} - a_{\alpha_0}}\right), t'_2(0)\right)}{b}\right)$$
$$= t_2^{-1}\left(\min\left(\frac{a c'_x t_{\alpha_0}\left(\dfrac{y - a_{\alpha_0}}{b_{\alpha_0} - a_{\alpha_0}}\right)}{b}, t_2(0)\right)\right).$$

因此 $c_x = \dfrac{a c'_x}{b}$.

(2)⇒(1) 反之, 对上面所提到的 $x \in [0,1]$, 假设三元组 (T_1, T_2, I) 满足方程 (4.1.1). 首先, 注意到当 $I(x,y)$ 具有式 (4.1.17) 的形式时, 与定理 4.1.1 中的证明是类似的, 因此省略. 这样只需考虑 $I(x, \cdot)$ 具有式 (4.1.18) 的形式的情形. 但是对于情况 $\min(y,z) \leqslant a_{\alpha_0}$, $\min(y,z) \geqslant b_{\alpha_0}$ 和 $\min(y,z) \leqslant b_{\alpha_0} \leqslant \max(y,z)$, 分别与定理 4.1.2 中证明的情况 (1)~(3) 完全类似, 省略, 这样只需考虑下列子情况.

若 $a_{\alpha_0} \leqslant \min(y,z) \leqslant \max(y,z) \leqslant b_{\alpha_0}$, 则有 $a_{\alpha_0} \leqslant T_1(y,z) \leqslant b_{\alpha_0}$. 固定 $y,z \in [a_{\alpha_0}, b_{\alpha_0}]$, 那么方程 (4.1.1) 的左边

$$\begin{aligned}&I(x, T_1(y,z))\\&= I(x, (t_{\alpha_0} \circ \varphi_{\alpha_0})^{-1}((t_{\alpha_0} \circ \varphi_{\alpha_0})(y) + (t_{\alpha_0} \circ \varphi_{\alpha_0})(z)))\\&= t_2^{-1}(\min(c_x((t_{\alpha_0} \circ \varphi_{\alpha_0})(y) + (t_{\alpha_0} \circ \varphi_{\alpha_0})(z)), t_2(0))).\end{aligned}$$

而方程 (4.1.1) 的右边

$$\begin{aligned}&T_2(I(x,y), I(x,z))\\&= T_2\left(t_2^{-1}\left(\min\left(c_x t_{\alpha_0}\left(\frac{y-a_{\alpha_0}}{b_{\alpha_0}-a_{\alpha_0}}\right), t_2(0)\right)\right), t_2^{-1}\left(\min\left(c_x t_{\alpha_0}\left(\frac{z-a_{\alpha_0}}{b_{\alpha_0}-a_{\alpha_0}}\right)\right), t_2(0)\right)\right)\\&= t_2^{-1}(\min(c_x((t_{\alpha_0} \circ \varphi_{\alpha_0})(y) + (t_{\alpha_0} \circ \varphi_{\alpha_0})(z)), t_2(0))).\end{aligned}$$

因此, 对任意 $y,z \in [0,1]$ 都有 $I(x, T_1(y,z)) = T_2(I(x,y), I(x,z))$.

例 4.1.7 假设 $T_1 = (\langle 0.25, 0.75, T_{\text{LK}} \rangle, \langle 0.75, 1, T_{\text{LK}} \rangle)$, 即

$$T_1(x,y) = \begin{cases} 0.25 + \max(x+y-1, 0), & x,y \in [0.25, 0.75],\\ 0.75 + \max(x+y-1.75, 0), & x,y \in [0.75, 1],\\ \min(x,y), & \text{其他}, \end{cases}$$

则 T_1 的幂等元集合是 $\text{Idem}(T_1) = [0, 0.25] \cup \{0.75, 1\}$. 假设对任意的 $x \in [0,1]$ 都有 $\mu_{(T_1, I, x)} = 0.25$ 和 $\nu_{(T_1, I, x)} = 0.75$, 这意味着 $T_{\alpha_0} = T_{\text{LK}}$ 是幂零三角模且 $t_{\alpha_0}(x) = 1-x$. 容易验证下面的函数 I 与 T_1 和 Lukasiewicz 三角模 T_{LK} 满足方程 (4.1.1).

$$I(x,y) = \begin{cases} 0, & y \in [0, 0.75),\\ 1, & y \in [0.75, 1]. \end{cases}$$

$$I(x,y) = \begin{cases} 0, & y \in [0, 0.25],\\ \max\left(\dfrac{y-0.25}{0.5}, 0\right), & y \in [0.25, 0.75],\\ 1, & y \in [0.75, 1]. \end{cases}$$

接下来考虑方程 (4.1.1) 的连续解.

定理 4.1.9 设 T_1 是连续三角模, T_2 是幂零三角模, $I: [0,1]^2 \to [0,1]$ 是连续的二元函数, 则下列结论等价:

(1) 三元组 (T_1, T_2, I) 满足方程 (4.1.1).

(2) T_1 具有表达式 (1.1.9), 且存在连续严格递减函数 $t_2\colon [0,1] \to [0,\infty]$ 满足 $t_2(1) = 0$, $t_2(0) = \infty$, 使得 T_2 关于 t_2 具有表达式 (1.1.5), 除相差正常数外, 它的表示是唯一确定的; I 具有形式 $I = 0$, 或者 $I = 1$, 或者存在两个常数 $a < b \in [0,1]$ 使得对任意 $x \in [0,1]$ 有 $\mu_{(T_1,I,x)} = a, \nu_{(T_1,I,x)} = b$, 并且存在一个连续严格递减函数 $t_a\colon [0,1] \to [0,\infty]$ 满足 $t_a(1) = 0$, $t_a(0) = \infty$, 使得 T_1 在生成子区间 $[a,b]$ 上对应的生成三角模 T_a 关于 t_a 具有表达式 (1.1.5), 除相差正常数外, 它的表示是唯一确定的; 且存在一个连续函数 $c\colon [0,1] \to (0,\infty)$, 除相差一个正常数外, 是唯一确定的, 且该常数由 t_a 和 t_2 的常数所决定, 使得对任意 $x,y \in [0,1]$, I 具有形式

$$I(x,y) = \begin{cases} 0, & y \in [0,a], \\ t_2^{-1}\left(\min\left(c(x)t_a\left(\dfrac{y-a}{b-a}\right), t_2(0)\right)\right), & y \in [a,b], \\ 1, & y \in [b,1] \end{cases} \quad (4.1.19)$$

或者存在两个常数 $a < b \in [0,1]$ 使得对任意 $x \in [0,1]$ 有 $\mu_{(T_1,I,x)} = a, \nu_{(T_1,I,x)} = b$ 且存在一个连续严格递减函数 $t_a\colon [0,1] \to [0,\infty]$ 满足 $t_a(1) = 0$, $t_a(0) < \infty$, 使得 T_1 在生成子区间 $[a,b]$ 上对应的生成三角模 T_a 关于 t_a 有表达式 (1.1.5), 除相差正常数外, 它的表示是唯一确定的; 且存在一个连续函数 $c\colon [0,1] \to \left[\dfrac{t_2(0)}{t_a(0)},\infty\right)$, 除相差一个正常数外, 是唯一确定的, 且该常数由 t_a 和 t_2 的常数所决定, 使得 I 具有式 (4.1.19) 的形式.

证明 基于定理 4.1.7、定理 4.1.8 可知其证明与定理 4.1.4 的证明类似, 省略.

例 4.1.8 假设 $T_1 = (\langle 0.25, 0.75, T_P \rangle)$, 即

$$T_1(x,y) = \begin{cases} 0.25 + 2(x - 0.35)(y - 0.25), & x,y \in [0.25, 0.75], \\ \min(x,y), & \text{其他}, \end{cases}$$

则 T_1 的幂等元集合是 $\mathrm{Idem}(T_1) = [0, 0.25] \cup [0.75, 1]$. 假设对任意的 $x \in [0,1]$ 有 $\mu_{(T_1,I,x)} = 0.25$ 和 $\nu_{(T_1,I,x)} = 0.75$, 这意味着 $T_{\alpha_0} = T_P$ 是严格三角模且 $t_{\alpha_0}(x) = -\ln x$. 容易验证下面连续函数 I 与 T_1 和 Lukasiewicz 三角模 T_{LK} 满足方程 (4.1.1).

$$I(x,y) = \begin{cases} 0, & y \in [0, 0.25], \\ \max(1 + (x+2)\ln(2y - 0.5), 0), & y \in [0.25, 0.75], \\ 1, & y \in [0.75, 1]. \end{cases}$$

例 4.1.9 假设 $T_1 = (\langle 0.25, 0.75, T_{\mathrm{LK}} \rangle)$, 即

$$T_1(x,y) = \begin{cases} 0.25 + \max(x + y - 1, 0), & x,y \in [0.25, 0.75], \\ \min(x,y), & \text{否则}, \end{cases}$$

则 T_1 的幂等元集合是 $\mathrm{Idem}(T_1) = [0, 0.25] \cup [0.75, 1]$. 假设对任意的 $x \in [0,1]$ 有 $\mu_{(T_1,I,x)} = 0.25$ 和 $\nu_{(T_1,I,x)} = 0.75$, 这意味着 $T_{\alpha_0} = T_{\mathrm{LK}}$ 是幂零三角模且 $t_{\alpha_0}(x) = -\ln x$. 容易验证下面的连续函数 I 与 T_1 和 Łukasiewicz 三角模 T_{LK} 满足方程 (4.1.1).

$$I(x,y) = \begin{cases} 0, & y \in [0, 0.25], \\ \max(1 - (x+2)(1.5 - 2y), 0), & y \in [0.25, 0.75], \\ 1, & y \in [0.75, 1]. \end{cases}$$

推论 4.1.3 假设 T_1 是连续三角模, T_2 是幂零三角模, 那么不存在方程 (4.1.1) 的连续解满足性质 (I3).

证明 设 I 是满足性质 (I3) 的连续二元函数. 由定理 4.1.9 知 I 有式 (4.1.19) 的形式. 但是在这种情况下因为 $a \geqslant 0$, 所以 $I(0,0) = 0$, 矛盾.

很明显, 从上面的推论可知, 希望寻找除了点 $(0,0)$ 外是连续的方程 (4.1.1) 的解. 应用注记 4.1.5 可知, 除了截线 $I(0,y) = 1$(这里 $y \in [0,1]$) 外, I 必须具有式 (4.1.18) 的形式. 因此有下列定理.

定理 4.1.10 设 T_1 是连续三角模, T_2 是幂零三角模, $I: [0,1]^2 \to [0,1]$ 是除了截线 $I(0,y) = 1$(这里 $y \in [0,a]$) 外的连续二元函数, 且满足性质 (I3). 则下列结论等价:

(1) 三元组 (T_1, T_2, I) 满足方程 (4.1.1).

(2) T_1 具有表达式 (1.1.9), 且存在两个常数 $a < b \in [0,1]$ 使得对任意 $x \in [0,1]$, $\mu_{(T_1,I,x)} = a, \nu_{(T_1,I,x)} = b$, 以及存在连续严格递减函数 $t_a, t_2: [0,1] \to [0, \infty]$ 满足 $t_a(1) = t_2(1) = 0$, $t_a(0) = \infty, t_2(0) < \infty$, 使得 T_1 在生成子区间 $[a,b]$ 上对应的生成三角模 T_a 和 T_2 分别关于 t_a 和 t_2 具有表达式 (1.1.5), 除相差正常数外, 它的表示是唯一确定的, 且存在一个连续函数 $c: (0,1] \to (0, \infty), c(0) = 0$, 除相差一个正常数外是唯一确定的, 且该常数由 t_a 和 t_2 的常数所决定, 使得对任意 $x, y \in [0,1]$, I 具有形式

$$I(x,y) = \begin{cases} 1, & x = 0, y \in [0, a], \\ 0, & x \neq 0, y \in [0, a], \\ t_2^{-1}\left(\min\left(c(x) t_a \left(\dfrac{y-a}{b-a} \right), t_2(0) \right) \right), & x \in [0,1], y \in [a, b], \\ 1, & x \in [0,1], y \in [b, 1]. \end{cases} \quad (4.1.20)$$

证明 与定理 4.1.4 的证明类似, 因此省略.

定理 4.1.11 设 T_1 是连续三角模, T_2 是幂零三角模, $I:[0,1]^2 \to [0,1]$ 是除了截线 $I(0,y) = 1$ (这里 $y \in [0,b]$) 外的连续二元函数, 并且满足性质 (I3). 则下列结论等价:

(1) 三元组 (T_1, T_2, I) 满足方程 (4.1.1).

(2) T_1 具有表达式 (1.1.9), 且存在两个常数 $a < b \in [0,1]$ 使得对任意 $x \in [0,1]$ 有 $\mu_{(T_1,I,x)} = a, \nu_{(T_1,I,x)} = b$, 以及存在连续严格递减函数 $t_a, t_2: [0,1] \to [0,\infty]$ 满足 $t_a(1) = t_2(1) = 0, t_a(0) < \infty, t_2(0) < \infty$, 使得 T_1 在生成子区间 $[a,b]$ 上对应的生成三角模 T_a 和 T_2 分别关于 t_a 和 t_2 具有表达式 (1.1.5), 除相差正常数外, 它的表示是唯一确定的, 且存在一个连续函数 $c: (0,1] \to \left[\frac{t_2(0)}{t_a(0)}, \infty\right), c(0) = 0$, 除相差一个正常数外是唯一确定的, 且该常数由 t_a 和 t_2 的常数所决定, 使得 I 具有形式

$$I(x,y) = \begin{cases} 1, & x = 0, y \in [0,b], \\ 0, & x \neq 0, y \in [0,a], \\ t_2^{-1}\left(\min\left(c(x)t_a\left(\frac{y-a}{b-a}\right), t_2(0)\right)\right), & x \in (0,1], y \in [a,b], \\ 1, & x \in [0,1], y \in [b,1]. \end{cases} \quad (4.1.21)$$

证明 与定理 4.1.4 的证明类似, 因此省略.

另外, 由连续生成子 t_2 和 t_a 的递减性可知 I 关于第二变元是递增的. 但对于第一个变量, 没有讨论它的单调性. 为此, 需要下面的充要条件.

定理 4.1.12 设 T_1 是连续三角模, T_2 是严格三角模且 $I:[0,1]^2 \to [0,1]$ 是除了截线 $I(0,y) = 1$ (这里 $y \in [0,a]$) 外的连续模糊蕴涵, 并且满足性质 (I3). 则下列结论等价:

(1) 三元组 (T_1, T_2, I) 都满足方程 (4.1.1).

(2) T_1 具有表达式 (1.1.9), 且存在两个常数 $a < b \in [0,1]$ 使得对任意 $x \in [0,1]$ 有 $\mu_{(T_1,I,x)} = a, \nu_{(T_1,I,x)} = b$, 以及存在连续严格递减函数 $t_a, t_2: [0,1] \to [0,\infty]$ 满足 $t_a(1) = t_2(1) = 0$, $t_a(0) = \infty, t_2(0) < \infty$, 使得 T_1 在生成子区间 $[a,b]$ 上对应的生成三角模 T_a 和 T_2 分别关于 t_a 和 t_2 具有表达式 (1.1.5), 除相差正常数外, 它的表示是唯一确定的, 并且存在连续递增函数 $c: (0,1] \to (0,\infty), c(0) = 0$, 除相差一个正常数外是唯一确定的, 且该常数由 t_a 和 t_2 的常数所决定, 使得 I 具有式 (4.1.20) 的形式.

证明 与定理 4.1.4 的证明类似, 因此省略.

定理 4.1.13 设 T_1 是连续三角模, T_2 是严格三角模, $I:[0,1]^2 \to [0,1]$ 是除了截线 $I(0,y) = 1$ (这里 $y \in [0,b]$) 外的连续模糊蕴涵, 并且满足性质 (I3). 则下列结论等价:

(1) 三元组 (T_1, T_2, I) 都满足方程 (4.1.1).

(2) T_1 具有表达式 (1.1.9), 并且存在两个常数 $a < b \in [0,1]$ 使得对任意 $x \in [0,1]$ 有 $\mu_{(T_1,I,x)} = a, \nu_{(T_1,I,x)} = b$, 以及存在连续严格递减函数 $t_a, t_2: [0,1] \to [0,\infty]$ 满足 $t_a(1) = t_2(1) = 0, t_a(0) < \infty, t_2(0) < \infty$, 使得 T_1 在生成子区间 $[a,b]$ 上对应的生成三角模 T_a 和 T_2 分别关于 t_a 和 t_2 具有表达式 (1.1.5), 除相差正常数外, 它的表示是唯一确定的, 且存在连续递增函数 $c: (0,1] \to \left[\dfrac{t_2(0)}{t_a(0)}, \infty\right), c(0) = 0$, 除相差一个正常数外是唯一确定的, 且该常数由 t_a 和 t_2 的常数所决定, 使得 I 具有式 (4.1.21) 的形式.

证明 与定理 4.1.4 的证明类似, 因此省略.

4.2 基于连续三角余模的蕴涵分配性方程

这一节研究基于连续三角余模的蕴涵分配性方程, 即

$$I(x, S_1(y,z)) = S_2(I(x,y), I(x,z)), \quad x, y, z \in [0,1]. \tag{4.2.1}$$

其中, S_1 和 S_2 是连续的三角余模; I 是未知函数.

4.2.1 有关加法柯西函数方程的一些结论

现在, 回忆一些与加法柯西函数方程有关的结论.

推论 4.2.1 对于一个函数 $f: (0,\infty) \to [0,\infty]$, 如下的叙述是等价的:

(1) 对于所有 $x, y \in (0,\infty)$, f 满足方程 (4.1.2).

(2) $f = \infty$, 或者 $f = 0$, 或者存在唯一确定的常数 $c \in (0,\infty)$ 使得对任意 $x \in (0,\infty)$ 都有 $f(x) = cx$.

证明 对函数 $f: (0,\infty) \to [0,\infty]$, 定义函数 $f': [0,\infty] \to [0,\infty]$, 其中

$$f'(x) = \begin{cases} 0, & x = 0, \\ f(x), & x \in (0,\infty), \\ \infty, & x = \infty, \end{cases}$$

则对任意 $x, y \in (0,\infty)$, f 满足方程 (4.1.2) 当且仅当对于所有 $x, y \in [0,\infty]$, f' 满足方程 (4.1.2), 由命题 4.1.1 可知结论成立.

接下来三个推论的证明与推论 4.2.1 的证明类似, 故略去.

推论 4.2.2 对于任意实数 $b > 0$ 以及函数 $f: (0,\infty) \to [0,b]$, 如下的叙述是等价的:

(1) f 满足方程 $f(x+y) = \min(f(x) + f(y), b)$.

(2) $f = b$, 或者 $f = 0$, 或者存在唯一确定的常数 $c \in (0,\infty)$ 使得对任意 $x \in (0,\infty)$ 都有 $f(x) = \min(cx, b)$.

推论 4.2.3 对于任意实数 $a > 0$ 以及函数 $f: (0, a] \to [0, \infty]$,如下的叙述是等价的:

(1) f 满足方程 $f(\min(x+y, a)) = f(x) + f(y)$.

(2) $f = \infty$,或者 $f = 0$.

推论 4.2.4 对于任意实数 $a, b > 0$ 以及函数 $f: (0, a] \to [0, b]$,如下的叙述是等价的:

(1) f 满足方程 $f(\min(x+y, a)) = \min(f(x) + f(y), b)$.

(2) $f = b$,或者 $f = 0$,或者存在唯一确定的常数 $c \in \left[\dfrac{b}{a}, \infty\right)$ 使得对任意 $x \in (0, a)$ 有 $f(x) = \min(cx, b)$.

接下来讨论方程

$$I(x, S_1(y, z)) = S_2(I(x, y), I(x, z)), \quad x, y, z \in [0, 1] \tag{4.2.2}$$

的解.

4.2.2 方程(4.2.2)的解

这一节仅刻画二元函数 I 满足方程 (4.2.2),这里 S_1 和 S_2 是连续非阿基米德的情况,这意味着 S_1 和 S_2 至少有一个非平凡的幂等元. 为了完成其刻画,如下的引理是必要的.

引理 4.2.1 设 S_1、S_2 是连续非阿基米德的三角余模,$I: [0, 1]^2 \to [0, 1]$ 是一个二元函数. 对任意 $y, z \in [0, 1]$ 和固定的 $x \in [0, 1]$,若三元组 $(S_1, S_2, I(x, \cdot))$ 满足方程 (4.2.2),则 $I(x, \cdot)$ 是递增的.

证明 取 $y, z \in [0, 1]$ 使得 $y < z$. 由 $S_1(\cdot, y): [0, 1] \to [y, 1]$ 的连续性可知,存在 $y_0 \in [0, 1]$ 使得 $S_1(y_0, y) = z$. 由方程 (4.2.2) 可得 $I(x, z) = I(x, S_1(y_0, y)) = S_2(I(x, y_0), I(x, y)) \geqslant \max\{I(x, y_0), I(x, y)\} \geqslant I(x, y)$,因此 $I(x, \cdot)$ 是单调递增的.

引理 4.2.2 设 S_1、S_2 是连续非阿基米德的三角余模,$I: [0, 1]^2 \to [0, 1]$ 是一个二元函数. 对任意 $y, z \in [0, 1]$ 和固定的 $x \in [0, 1]$,若三元组 $(S_1, S_2, I(x, \cdot))$ 满足方程 (4.2.2),且 y 是 S_1 的幂等元,则 $I(x, y)$ 也是 S_2 的幂等元.

证明 设 y 是 S_1 的幂等元,则 $S_1(y, y) = y$. 由方程 (4.2.2) 可知

$$I(x, y) = I(x, S_1(y, y)) = S_2(I(x, y), I(x, y)), \tag{4.2.3}$$

这意味着 $I(x, y)$ 是 S_2 的幂等元.

事实上,引理 4.2.2 表明若 y 是 S_1 的幂等元,则 $I(x, y)$ 也是 S_2 的幂等元. 但是,若 y 不是 S_1 的幂等元,并没有对 $I(x, y)$ 的值进行分析. 为了对其进行刻画,把 S_1 的所有生成开区间记为 $\{(\alpha_m, \beta_m)\}_{m \in M}$ 及 S_2 的所有生成开区间记为

$\{(c_j, d_j)\}_{j \in J}$, 其中 M 和 J 是有限或可数无限的子标集. 对于每个 S_1 的开生成区间 (α_m, β_m), 记 $p_{(x,\alpha_m)} = I(x, \alpha_m)$ 及 $q_{(x,\beta_m)} = I(x, \beta_m)$. 由引理 4.2.2, 容易知道 $p_{(x,\alpha_m)}$ 和 $q_{(x,\beta_m)}$ 都是 S_2 的幂等元. 但是并不能确定开区间 $(p_{(x,\alpha_m)}, q_{(x,\beta_m)})$ 一定是 S_2 的一个开的生成区间.

引理 4.2.3 设 S_1、S_2 是连续非阿基米德的三角余模, $I : [0,1]^2 \to [0,1]$ 是一个二元的函数, 固定 $x \in [0,1]$, (α_m, β_m) 是 S_1 的一个开生成区间, $r \in [p_{(x,\alpha_m)}, q_{(x,\beta_m)}]$ 是 S_2 的幂等元. 对任意 $y, z \in [0,1]$, 若三元组 $(S_1, S_2, I(x, \cdot))$ 满足方程 (4.2.2), 且存在某个 $y_0 \in (\alpha_m, \beta_m)$ 使得 $I(x, y_0) = r$, 则对任意 $y \in [y_0, \beta_m)$ 都有 $I(x, y) = r$.

证明 令 $y = z = y_0$ 代入方程 (4.2.2), 有

$$I(x, S_1(y_0, y_0)) = S_2(I(x, y_0), I(x, y_0)). \tag{4.2.4}$$

注意到 $I(x, y_0) = r$ 且 r 是 S_2 的幂等元, 则方程 (4.2.4) 的右边为 $S_2(I(x, y_0), I(x, y_0)) = I(x, y_0)$. 进一步由方程 (4.2.4) 可得 $I(x, (y_0)_{S_1}^2) = I(x, S_1(y_0, y_0)) = I(x, y_0) = r$. 由递归算法可得对于任意 $n \in \mathbb{N}$ 都有 $I(x, (y_0)_{S_1}^n) = I(x, y_0) = r$. 注意到 $S_1|_{[\alpha_m, \beta_m]^2}$ 是阿基米德的, 因此对于任意 $y \in [y_0, \beta_m)$, 存在某个 $n_0 \in \mathbb{N}$ 使得 $(y_0)_{S_1}^{n_0} \geqslant y \geqslant y_0$. 进一步由引理 4.2.1 可知 $r = I(x, (y_0)_{S_1}^{n_0}) \geqslant I(x, y) \geqslant I(x, y_0) = r$. 这样证明了对任意 $y \in [y_0, \beta_m)$ 有 $I(x, y) = r$.

注记 4.2.1 (1) 由引理 4.2.3 易知若 S_1 限制到 $[\alpha_m, \beta_m]$ 是幂零的, 则对任意 $y \in [y_0, \beta_m]$ 有 $r = q_{(x,\beta_m)}$ 且 $I(x, y) = q_{(x,\beta_m)}$, 但是对于 S_1 限制到 $[\alpha_m, \beta_m]$ 是严格的情况没有进行讨论.

(2) 事实上, 若存在某个 $y_0 \in (\alpha_m, \beta_m)$ 使得 $I(x, y_0) = r$, 那么引理 4.2.3 表明 $I(x, \cdot) : [y_0, \beta_m] \to [p_{(x,\alpha_m)}, q_{(x,\beta_m)}]$ 的值域中至多只有两个元素, 其中 $r \in [p_{(x,\alpha_m)}, q_{(x,\beta_m)}]$ 是 S_2 的幂等元. 换句话说, 证明了

$$I(x, y) = \begin{cases} r, & y \in [y_0, \beta_m), \\ q_{(x,\beta_m)}, & y = \beta_m. \end{cases}$$

命题 4.2.1 设 S_1、S_2 是连续非阿基米德的三角余模, $I : [0,1]^2 \to [0,1]$ 是一个二元函数, 固定 $x \in [0,1]$, (α_m, β_m) 是 S_1 的一个生成开子区间, $r \in [p_{(x,\alpha_m)}, q_{(x,\beta_m)}]$ 是 S_2 的幂等元. 对任意 $y, z \in [0,1]$, 若三元组 $(S_1, S_2, I(x, \cdot))$ 满足方程 (4.2.2), 且对任意 $y \in (\alpha_m, \beta_m)$, $I(x, y)$ 是 S_2 的幂等元, 则 $I(x, \cdot) : (\alpha_m, \beta_m) \to [p_{(x,\alpha_m)}, q_{(x,\beta_m)}]$ 是一个常值函数, 记为 r.

证明 由引理 4.2.3 可知结论成立.

注记 4.2.2 事实上, 命题 4.2.1 表明对于任意固定的 $x \in [0,1]$, 若对任意 $y \in (\alpha_m, \beta_m)$, $I(x, y)$ 是 S_2 的幂等元, 则函数 $I(x, \cdot) : [\alpha_m, \beta_m] \to [p_{(x,\alpha_m)}, q_{(x,\beta_m)}]$

的值域至多有三个元素，换句话说

$$I(x,y) = \begin{cases} p_{(x,\alpha_m)}, & y = \alpha_m, \\ r, & y \in (\alpha_m, \beta_m), \\ q_{(x,\beta_m)}, & y = \beta_m. \end{cases} \quad (4.2.5)$$

其中, $r \in [p_{(x,\alpha_m)}, q_{(x,\beta_m)}]$.

接下来考虑剩下的情况，即至少存在某个 $y_0 \in (\alpha_m, \beta_m)$ 使得 $I(x, y_0)$ 不是 S_2 的幂等元，则一定有 S_2 的某个生成子区间 (c_j, d_j) 使得 $I(x, y_0) \in (c_j, d_j) \subseteq [p_{(x,\alpha_m)}, q_{(x,\beta_m)}]$，其中 $j \in J$，J 是 S_2 的指标集. 现在记

$$U = \{y \in (\alpha_m, \beta_m) | I(x,y) \geqslant c_j\}, \quad y_{01} = \inf U, \quad (4.2.6)$$

$$V = \{y \in (\alpha_m, \beta_m) | I(x,y) \leqslant d_j\}, \quad y_{02} = \sup V. \quad (4.2.7)$$

显然, $\alpha_m \leqslant y_{01} \leqslant y_0 \leqslant y_{02} \leqslant \beta_m$. 接下来将证明 $y_{01} = \alpha_m$, $y_{02} = \beta_m$.

引理 4.2.4 设 S_1、S_2 是连续非阿基米德的三角余模，$I : [0,1]^2 \to [0,1]$ 是一个二元函数，固定 $x \in [0,1]$，(α_m, β_m) 是 S_1 的一个开生成子区间，且存在 $y_0 \in (\alpha_m, \beta_m)$ 使得 $I(x, y_0)$ 不是 S_2 的幂等元. 对任意 $y, z \in [0,1]$，若三元组 $(S_1, S_2, I(x, \cdot))$ 满足方程 (4.2.2)，则 $y_{01} = \alpha_m$, $y_{02} = \beta_m$，其中 y_{01} 和 y_{02} 由方程 (4.2.6) 和方程 (4.2.7) 给出.

证明 反证法. 假设 $\beta_m \neq y_{02}$，这意味着 $\beta_m > y_{02}$，且有 $y_2 \in (y_{02}, \beta_m)$. 注意到 S_1 限制到 $[\alpha_m, \beta_m]$ 是阿基米德的，因此存在某个 $n_0 \in \mathbb{N}$ 使得 $(y_0)_{S_1}^{n_0} > y_2$，进一步由引理 4.2.1 以及 V 的定义可知 $I(x, (y_0)_{S_1}^{n_0}) \geqslant I(x, y_2) > d_j$. 另外，令 $y = y_0, z = y_0$ 代入方程 (4.2.2)，有

$$I(x, S_1(y_0, y_0)) = S_2(I(x, y_0), I(x, y_0)). \quad (4.2.8)$$

注意到 d_j 是 S_2 的幂等元且 $I(x, y_0) < d_j$，则方程 (4.2.8) 的右边 $S_2(I(x, y_0), I(x, y_0)) \leqslant d_j$. 因此，由方程 (4.2.8) 有 $I(x, S_1(y_0, y_0)) \leqslant d_j$. 由递归算法可得 $I(x, (y_0)_{S_1}^n) \leqslant d_j$ 对任意 $n \in \mathbb{N}$ 都是成立的，这与 $I(x, (y_0)_{S_1}^{n_0}) \geqslant I(x, y_2) > d_j$ 相矛盾. 即证明了 $\beta_m = y_{02}$.

类似地，假设 $\alpha_m \neq y_{01}$，这意味着 $\alpha_m < y_{01}$，且有 $y_1 \in (\alpha_m, y_{01})$. 注意到 S_1 限制到 $[\alpha_m, \beta_m]$ 是阿基米德的，则存在 $n_0 \in \mathbb{N}$ 使得 $(y_1)_{S_1}^{n_0} > y_0$，进一步由引理 4.2.1 可得 $I(x, (y_1)_{S_1}^{n_0}) \geqslant I(x, y_0) > c_j$. 另外，令 $y = y_1, z = y_1$，代入方程 (4.2.2) 可得

$$I(x, S_1(y_1, y_1)) = S_2(I(x, y_1), I(x, y_1)). \quad (4.2.9)$$

注意到 c_j 是 S_2 的幂等元且 $I(x,y_1) < c_j$, 故方程 (4.2.9) 的右边 $S_2(I(x,y_1), I(x, y_1)) \leq c_j$. 再由方程 (4.2.9) 有 $I(x, S_1(y_1,y_1)) \leq c_j$, 接着使用递归算法可得对任意 $n \in \mathbb{N}$ 有 $I(x, (y_1)_{S_1}^n) \leq c_j$, 这与 $I(x, (y_1)_{S_1}^{n_0}) \geq I(x,y_0) > c_j$ 相矛盾. 这样就证明了 $\alpha_m = y_{01}$.

注记 4.2.3 事实上, 引理 4.2.4 表明对任意固定的 $x \in [0,1]$, 若存在 $y_0 \in (\alpha_m, \beta_m)$ 使得 $I(x,y_0)$ 不是 S_2 的幂等元, 则函数 $I(x,\cdot): (\alpha_m, \beta_m) \to [p_{(x,\alpha_m)}, q_{(x,\beta_m)}]$ 值域中的所有元素一定只落在 S_2 的某个生成区间中. 换句话说, $\mathrm{Rang}(I(x, \cdot)) \subseteq [c_j, d_j]$, 其中 $\mathrm{Rang}(I(x,\cdot))$ 表示函数 $I(x,\cdot)$ 的值域, (α_m, β_m) 和 (c_j, d_j) 分别是 S_1 和 S_2 的生成开区间.

现在, 我们刻画方程 (4.2.2) 的所有解, 为此需要考虑四种情况, 每种情况都分别有命题 4.2.2 ~ 命题 4.2.5.

命题 4.2.2 设 S_1、S_2 是连续非阿基米德的三角余模, $I: [0,1]^2 \to [0,1]$ 是一个二元函数, S_1 和 S_2 分别在生成区间 $[\alpha_m, \beta_m]$ 和 $[c_j, d_j]$ 上是严格的, 固定 $x \in [0,1]$ 且存在 $y_0 \in (\alpha_m, \beta_m)$ 使得 $I(x,y_0) \in (c_j, d_j)$. 若对任意 $y, z \in (\alpha_m, \beta_m)$, 三元组 $(S_1, S_2, I(x,\cdot))$ 满足方程 (4.2.2), 则存在连续严格递增的函数 $s_m, s_j: [0,1] \to [0, \infty)$ 满足 $s_m(0) = s_j(0) = 0$, $s_m(1) = s_j(1) = \infty$, 使得 S_1 的对应的生成三角余模 S_m 在生成区间 $[\alpha_m, \beta_m]$ 上及 S_2 对应的生成三角余模 S_j 在其生成区间 $[c_j, d_j]$ 上分别关于 s_m、s_j 满足方程 (1.1.14), 除相差正常数外, 它的表示是唯一确定的; 对于以上固定的 $x \in [0,1]$, 存在 $c(x) \in (0, \infty)$ 使得垂直截线 $I(x,\cdot)$ 具有如下的形式:

$$I(x,y) = c_j + (d_j - c_j) s_j^{-1}\left(c(x) s_m \left(\frac{y - \alpha_m}{\beta_m - \alpha_m} \right) \right), \quad y \in (\alpha_m, \beta_m). \quad (4.2.10)$$

此外, 除相差一个正常数外, $c(x)$ 是唯一确定的, 且该常数由 t_a 和 t_2 的常数所决定, 即对任意 $y \in [0,1]$, $a, b \in (0, \infty)$ 使得 $s_m'(y) = a s_m(y)$, $s_j'(y) = b s_j(y)$, 假设 $I(x,y)$ 同时也由 s_m'、s_j' 和 $c'(x)$ 给定, 则 $c'(x) = \dfrac{b}{a} c(x)$.

证明 假设 S_1、S_2 及 $I(x,\cdot)$ 是方程 (4.2.2) 的解. 由定理 1.1.4、定理 1.1.6 和假设 S_1 对应的生成三角余模 S_m 在其生成区间 $[\alpha_m, \beta_m]$ 上和 S_2 对应的生成三角余模 S_j 在其生成区间 $[c_j, d_j]$ 上都是严格的可知存在某个连续严格递减的函数 $s_m, s_j: [0,1] \to [0, \infty)$ 满足 $s_m(0) = s_j(0) = 0$, $s_m(1) = s_j(1) = \infty$, 使得 S_1 的对应的生成三角余模 S_m 在生成区间 $[\alpha_m, \beta_m]$ 及 S_2 的对应的生成三角余模 S_j 在其生成区间 $[c_j, d_j]$ 上分别关于 s_m、s_j 满足方程 (1.1.14), 除相差正常数外, 它的表示是唯一确定的; 现在对于以上固定的 $x \in [0,1]$, 考虑当 $y \in (\alpha_m, \beta_m)$ 时垂直截线 $I(x, \cdot)$ 的表示形式.

假设 $y,z \in (\alpha_m, \beta_m)$, 由定理 1.1.6 可知

$$S_1(y,z) = \alpha_m + (\beta_m - \alpha_m) S_m \left(\frac{y - \alpha_m}{\beta_m - \alpha_m}, \frac{z - \alpha_m}{\beta_m - \alpha_m} \right). \tag{4.2.11}$$

对任意 $x \in (\alpha_m, \beta_m)$, 定义函数 $\varphi_m : (\alpha_m, \beta_m) \to [0,1]$ 为 $\varphi_m(x) = \dfrac{x - \alpha_m}{\beta_m - \alpha_m}$. 注意到 S_m 是严格的, s_m 是它的加法生成子, 则可得

$$\begin{aligned} S_1(y,z) &= (\varphi_m)^{-1} S_m(\varphi_m(y), \varphi_m(z)) \\ &= (\varphi_m)^{-1}(s_m)^{-1}(s_m(\varphi_m(y)) + s_m(\varphi_m(z))) \\ &= (s_m \circ \varphi_m)^{-1}((s_m \circ \varphi_m)(y) + (s_m \circ \varphi_m)(z)). \end{aligned}$$

类似地, 假设 $y,z \in (c_j, d_j)$, 则由定理 1.1.6 有

$$S_2(y,z) = c_j + (d_j - c_j) S_j \left(\frac{y - c_j}{d_j - c_j}, \frac{z - c_j}{d_j - c_j} \right). \tag{4.2.12}$$

对任意 $x \in (c_j, d_j)$, 定义函数 $\psi_j : (c_j, d_j) \to [0,1]$ 为 $\psi_j(x) = \dfrac{x - c_j}{d_j - c_j}$. 注意到 S_j 是严格的, s_j 是它的加法生成子, 则可得

$$\begin{aligned} S_2(y,z) &= (\psi_j)^{-1} S_j(\psi_j(y), \psi_j(z)) \\ &= (\psi_j)^{-1}(s_j)^{-1}(s_j(\psi_j(y)) + s_j(\psi_j(z))) \\ &= (s_j \circ \psi_j)^{-1}((s_j \circ \psi_j)(y) + (s_j \circ \psi_j)(z)). \end{aligned}$$

由注记 4.2.3 可知当 $y,z \in (\alpha_m, \beta_m)$ 时有 $I(x,y), I(x,z) \in [c_j, d_j]$. 这时方程 (4.2.2) 可以重写为

$$\begin{aligned} & I(x, (s_m \circ \varphi_m)^{-1}((s_m \circ \varphi_m)(y) + (s_m \circ \varphi_m)(z))) \\ &= (s_j \circ \psi_j)^{-1}((s_j \circ \psi_j)(I(x,y)) + (s_j \circ \psi_j)(I(x,z))). \end{aligned}$$

进一步, 上面的方程还可重写为

$$\begin{aligned} & (s_j \circ \psi_j)(I(x, (s_m \circ \varphi_m)^{-1}((s_m \circ \varphi_m)(y) + (s_m \circ \varphi_m)(z)))) \\ &= (s_j \circ \psi_j)(I(x,y)) + (s_j \circ \psi_j)(I(x,z)). \end{aligned}$$

对任意固定的 $x \in [0,1]$, 定义函数 $I_x : [0,1] \to [0,1]$ 为

$$I_x(y) = I(x,y), \quad y \in [0,1]. \tag{4.2.13}$$

对任意 $y, z \in (\alpha_m, \beta_m)$，做常规的替换 $h_x = (s_j \circ \psi_j) \circ I_x \circ (s_m \circ \varphi_m)^{-1}$，$u = (s_m \circ \varphi_m)(y)$，$v = (s_m \circ \varphi_m)(z)$ 由方程 (4.2.21) 可以得到加法柯西函数

$$h_x(u+v) = h_x(u) + h_x(v), \quad u, v \in (0, \infty), \tag{4.2.14}$$

其中，$h_x : (0, \infty) \to [0, \infty]$ 是一个未知函数. 根据推论 4.2.1 可得 $h_x = 0$，或者 $h_x = \infty$，或者存在一个常数 $c(x) \in (0, \infty)$ 使得 $h_x(u) = c(x)u$. 由 h_x 的定义及两个加法生成子的单调性有 $I(x, y) = c_j$，或者 $I(x, y) = d_j$，或者存在 $c(x) \in (0, \infty)$，对任意 $y \in (\alpha_m, \beta_m)$ 有

$$I(x, y) = c_j + (d_j - c_j) s_j^{-1} \left(c(x) s_m \left(\frac{y - \alpha_m}{\beta_m - \alpha_m} \right) \right). \tag{4.2.15}$$

由假设 $I(x, y_0)$ 不是幂等的，可知前面两种情况，即 $I(x, y) = c_j$ 和 $I(x, y) = d_j$ 是不可能的. 因此由命题 4.2.2 可知，方程 (4.2.2) 只有唯一的解并且具有方程 (4.2.15) 的形式.

现在证明常数的唯一性. 假设对上面固定的 $x \in [0, 1]$、带有常数 $c(x)$ 的垂直截线已给出. 设 $a, b \in (0, \infty)$，对任意 $y \in [0, 1]$ 有 $s'_m(y) = a s_m(y)$，$s'_j(y) = b s_j(y)$ 且对任意 $y \in (\alpha_m, \beta_m)$ 有

$$c_j + (d_j - c_j) s_j^{-1} \left(c(x) s_m \left(\frac{y - \alpha_m}{\beta_m - \alpha_m} \right) \right) = c_j + (d_j - c_j)(s'_j)^{-1} \left(c'(x) s'_m \left(\frac{y - \alpha_m}{\beta_m - \alpha_m} \right) \right),$$

这意味着

$$s_j^{-1} \left(c(x) s_m \left(\frac{y - \alpha_m}{\beta_m - \alpha_m} \right) \right) = (s'_j)^{-1} \left(c'(x) s'_m \left(\frac{y - \alpha_m}{\beta_m - \alpha_m} \right) \right). \tag{4.2.16}$$

再由假设 $s'_m = a s_m$ 及 $s'_j = b s_j$ 可得

$$(s'_j)^{-1} \left(c'(x) s'_m \left(\frac{y - \alpha_m}{\beta_m - \alpha_m} \right) \right) = s_j^{-1} \left(\frac{c'(x) s'_m \left(\frac{y - \alpha_m}{\beta_m - \alpha_m} \right)}{b} \right)$$

$$= s_j^{-1} \left(\frac{a c'(x) s_m \left(\frac{y - \alpha_m}{\beta_m - \alpha_m} \right)}{b} \right).$$

进一步，由 s_j^{-1} 的严格单调性有

$$c(x) s_m \left(\frac{y - \alpha_m}{\beta_m - \alpha_m} \right) = \frac{a c'(x)}{b} s_m \left(\frac{y - \alpha_m}{\beta_m - \alpha_m} \right).$$

注意到 $y \in (\alpha_m, \beta_m)$, 这样对于以上固定的 $x \in [0,1]$ 有 $c(x) = \dfrac{ac'(x)}{b}$.

命题 4.2.3 设 S_1、S_2 是连续非阿基米德的三角余模, $I:[0,1]^2 \to [0,1]$ 是一个二元函数, S_1 在生成子区间 $[\alpha_m, \beta_m]$ 上是严格的, S_2 在生成子区间 $[c_j, d_j]$ 上是幂零的, 固定 $x \in [0,1]$, 存在某个 $y_0 \in (\alpha_m, \beta_m)$ 使得 $I(x, y_0) \in (c_j, d_j)$. 若对任意 $y, z \in (\alpha_m, \beta_m)$, 三元组 $(S_1, S_2, I(x, \cdot))$ 满足方程 (4.2.2) 则存在一个连续严格递增的函数 $s_m, s_j : [0,1] \to [0, \infty)$ 满足 $s_m(0) = s_j(0) = 0$, $s_m(1) = \infty, s_j(1) < \infty$, 使得 S_1 的对应的生成三角余模 S_m 在生成区间 $[\alpha_m, \beta_m]$ 及 S_2 的对应的生成三角余模 S_j 在其生成区间 $[c_j, d_j]$ 上分别关于 s_m、s_j 满足方程 (1.1.14), 除相差正常数外, 它的表示是唯一确定的, 并且对以上固定的 $x \in [0,1]$, 垂直截线 $I(x, \cdot)$ 关于某个 $c(x) \in (0, \infty)$ 具有唯一的形式:

$$I(x,y) = c_j + (d_j - c_j) s_j^{-1} \left(\min \left(c(x) s_m \left(\frac{y - \alpha_m}{\beta_m - \alpha_m} \right), s_j(1) \right) \right), \quad y \in (\alpha_m, \beta_m),$$
(4.2.17)

此外, 除相差一个正常数外, $c(x)$ 是唯一确定的, 且该常数由 t_a 和 t_2 的常数所决定, 即对任意 $y \in [0,1]$, $a, b \in (0, \infty)$ 使得 $s'_m(y) = a s_m(y)$, $s'_j(y) = b s_j(y)$, 假设 $I(x,y)$ 同时也由 s'_m、s'_j 和 $c'(x)$ 给定, 则 $c'(x) = \dfrac{b}{a} c(x)$.

证明 假设函数 S_1、S_2 和 $I(x, \cdot)$ 是方程 (4.2.2) 的解. 由定理 1.1.4、定理 1.1.6 和假设 S_1 的生成三角余模 S_m 在生成子区间 $[\alpha_m, \beta_m]$ 上是严格的, S_2 的生成三角余模 S_j 在生成子区间 $[c_j, d_j]$ 上是幂零的可知存在连续严格递增的函数 $s_m, s_j : [0,1] \to [0, \infty)$ 满足 $s_m(0) = s_j(0) = 0, s_m(1) = \infty, s_j(1) < \infty$, 使得 S_1 的对应生成三角余模 S_m 在生成区间 $[\alpha_m, \beta_m]$ 及 S_2 的对应生成三角余模 S_j 在其生成区间 $[c_j, d_j]$ 上分别关于 s_m、s_j 满足方程 (1.1.14), 除相差正常数外, 它的表示是唯一确定的. 对以上提及的 $x \in [0,1]$, 现在考虑当 $y \in (\alpha_m, \beta_m)$ 时垂直截线 $I(x, \cdot)$ 的结构.

假设 $y, z \in (\alpha_m, \beta_m)$, 由定理 1.1.6 有

$$S_1(y, z) = \alpha_m + (\beta_m - \alpha_m) S_m \left(\frac{y - \alpha_m}{\beta_m - \alpha_m}, \frac{z - \alpha_m}{\beta_m - \alpha_m} \right).$$

对任意 $x \in [\alpha_m, \beta_m]$, 定义函数 $\varphi_m : (\alpha_m, \beta_m) \to [0,1]$ 为 $\varphi_m(x) = \dfrac{x - \alpha_m}{\beta_m - \alpha_m}$. 注意到 S_m 是严格的, s_m 是它的加法生成子, 则可得

$$\begin{aligned} S_1(y, z) &= (\varphi_m)^{-1} S_m(\varphi_m(y), \varphi_m(z)) \\ &= (\varphi_m)^{-1} (s_m)^{-1} (s_m(\varphi_m(y)) + s_m(\varphi_m(z))) \\ &= (s_m \circ \varphi_m)^{-1} ((s_m \circ \varphi_m)(y) + (s_m \circ \varphi_m)(z)). \end{aligned}$$

类似地，假设 $y, z \in (c_j, d_j)$，则由定理 1.1.6 有
$$S_2(y, z) = c_j + (d_j - c_j) S_j \left(\frac{y - c_j}{d_j - c_j}, \frac{z - c_j}{d_j - c_j} \right).$$

对任意 $x \in (c_j, d_j)$，定义函数 $\psi_j : (c_j, d_j) \to [0, 1]$ 为 $\psi_j(x) = \dfrac{x - c_j}{d_j - c_j}$. 注意到 S_j 是幂零的，s_j 是它的加法生成子，则可得

$$\begin{aligned}
S_2(y, z) &= (\psi_j)^{-1} S_j(\psi_j(y), \psi_j(z)) \\
&= (\psi_j)^{-1}(s_j)^{-1}(\min(s_j(\psi_j(y)) + s_j(\psi_j(z)), s_j(1))) \\
&= (s_j \circ \psi_j)^{-1}(\min((s_j \circ \psi_j)(y) + (s_j \circ \psi_j)(z), s_j(1))).
\end{aligned}$$

由注记 4.2.3 知，当 $y, z \in (\alpha_m, \beta_m)$ 时，有 $I(x, y), I(x, z) \in [c_j, d_j]$. 因此方程 (4.2.2) 可重写为

$$\begin{aligned}
&I(x, (s_m \circ \varphi_m)^{-1}((s_m \circ \varphi_m)(y) + (s_m \circ \varphi_m)(z))) \\
&= (s_j \circ \psi_j)^{-1}(\min((s_j \circ \psi_j)(I(x, y)) + (s_j \circ \psi_j)(I(x, z)), s_j(1))).
\end{aligned}$$

进一步，以上方程还可重写为

$$\begin{aligned}
&(s_j \circ \psi_j)(I(x, (s_m \circ \varphi_m)^{-1}((s_m \circ \varphi_m)(y) + (s_m \circ \varphi_m)(z)))) \\
&= \min((s_j \circ \psi_j)(I(x, y)) + (s_j \circ \psi_j)(I(x, z)), s_j(1)).
\end{aligned}$$

对任意固定的 $x \in [0, 1]$，定义函数 $I_x : [0, 1] \to [0, 1]$ 为

$$I_x(y) = I(x, y), \quad y \in [0, 1]. \tag{4.2.18}$$

对任意 $y, z \in (\alpha_m, \beta_m)$，做常规替换 $h_x = (s_j \circ \psi_j) \circ I_x \circ (s_m \circ \varphi_m)^{-1}$, $u = (s_m \circ \varphi_m)(y)$, $v = (s_m \circ \varphi_m)(z)$，可得加法柯西函数方程

$$h_x(u + v) = \min(h_x(u) + h_x(v), s_j(1)), \quad u, v \in (0, \infty). \tag{4.2.19}$$

其中，$h_x : (0, \infty) \to [0, s_j(1)]$ 是一个未知函数. 使用推论 4.2.2 可得 $h_x = 0$，或者 $h_x = s_j(1)$，或者存在一个常数 $c(x) \in (0, \infty)$ 使得 $h_x(u) = \min(c(x)u, s_j(1))$. 应用函数 h_x 的定义和两个加法生成子的单调性可得 $I(x, y) = c_j$，或者 $I(x, y) = d_j$，或者存在 $c(x) \in (0, \infty)$，对任意 $y \in (\alpha_m, \beta_m)$ 有

$$I(x, y) = c_j + (d_j - c_j) s_j^{-1} \left(\min \left(c(x) s_m \left(\frac{y - \alpha_m}{\beta_m - \alpha_m} \right), s_j(1) \right) \right). \tag{4.2.20}$$

注意到假设 $I(x, y_0)$ 不是幂等的，因此前面两种情况，即 $I(x, y) = c_j$ 和 $I(x, y) = d_j$ 是不可能的. 这样命题 4.2.3 中的方程 (4.2.2) 有唯一的解且具有方程 (4.2.20) 的形式.

现在证明常数的唯一性. 对以上固定的 $x \in [0,1]$, 假设带有常数 $c(x)$ 的垂直截线已给出. 若存在 $a, b \in (0, \infty)$, 对任意 $y \in [0,1]$ 满足 $s'_m(y) = as_m(y)$, $s'_j(y) = bs_j(y)$, 则对任意 $y \in (\alpha_m, \beta_m)$ 有

$$\frac{s_j^{-1}\left(\min\left(c(x)s_m\left(\frac{y-\alpha_m}{\beta_m-\alpha_m}\right), s_j(1)\right)\right) - c_j}{d_j - c_j}$$

$$= \frac{(s'_j)^{-1}\left(\min\left(c'(x)s'_m\left(\frac{y-\alpha_m}{\beta_m-\alpha_m}\right), s'_j(1)\right)\right) - c_j}{d_j - c_j},$$

这意味着有

$$s_j^{-1}\left(\min\left(c(x)s_m\left(\frac{y-\alpha_m}{\beta_m-\alpha_m}\right), s_j(1)\right)\right)$$
$$= (s'_j)^{-1}\left(\min\left(c'(x)s'_m\left(\frac{y-\alpha_m}{\beta_m-\alpha_m}\right), s'_j(1)\right)\right).$$

进一步, 应用假设 $s'_m = as_m$, $s'_j = bs_j$ 有

$$(s'_j)^{-1}\left(\min\left(c'(x)s'_m\left(\frac{y-\alpha_m}{\beta_m-\alpha_m}\right), s'_j(1)\right)\right)$$
$$= s_j^{-1}\left(\frac{\min\left(c'(x)s'_m\left(\frac{y-\alpha_m}{\beta_m-\alpha_m}\right), s_j(1)\right)}{b}\right)$$
$$= s_j^{-1}\left(\frac{\min\left(ac'(x)s_m\left(\frac{y-\alpha_m}{\beta_m-\alpha_m}\right), s_j(1)\right)}{b}\right).$$

再由 s_j^{-1} 的严格单调性有

$$\min\left(c(x)s_m\left(\frac{y-\alpha_m}{\beta_m-\alpha_m}\right), s_j(1)\right) = \min\left(ac'(x)s_m\left(\frac{y-\alpha_m}{\beta_m-\alpha_m}\right), s_j(1)\right).$$

取 $y \in (\alpha_m, \beta_m)$ 使得 $c(x)s_m\left(\frac{y-\alpha_m}{\beta_m-\alpha_m}\right) < s_j(1)$, 因此对以上提及的 $x \in [0,1]$ 有 $c(x) = \frac{ac'(x)}{b}$.

事实上, 可以将命题 4.2.2 与命题 4.2.3 统一, 得到如下的推论.

推论 4.2.5 设 S_1、S_2 是连续非阿基米德的三角余模, $I: [0,1]^2 \to [0,1]$ 是一个二元函数, S_1 在生成子区间 $[\alpha_m, \beta_m]$ 上是严格的且有加法生成子 s_m, S_2 在

生成子区间 $[c_j, d_j]$ 上有加法生成子 s_j,固定 $x \in [0,1]$ 且存在某个 $y_0 \in (\alpha_m, \beta_m)$ 使得 $I(x,y_0) \in (c_j, d_j)$. 若对任意 $y, z \in (\alpha_m, \beta_m)$,三元组 $(S_1, S_2, I(x, \cdot))$ 满足方程 (4.2.2),则垂直截线 $I(x, \cdot)$ 关于 $c(x) \in (0, \infty)$ 有如下唯一的形式:

$$I(x,y) = c_j + (d_j - c_j) s_j^{-1} \left(\min \left(c(x) s_m \left(\frac{y - \alpha_m}{\beta_m - \alpha_m} \right), s_j(1) \right) \right), \quad y \in (\alpha_m, \beta_m). \tag{4.2.21}$$

此外,除相差一个正常数外,$c(x)$ 是唯一确定的,且该常数由 t_a 和 t_2 的常数所决定,即对任意 $y \in [0,1]$, $a, b \in (0, \infty)$ 使得 $s'_m(y) = a s_m(y)$, $s'_j(y) = b s_j(y)$,假设 $I(x,y)$ 同时由 s'_m、s'_j 和 $c'(x)$ 给定,则 $c'(x) = \frac{b}{a} c(x)$.

例 4.2.1 考虑两个连续非阿基米德的三角余模,$S_1 = (<0.1, 0.2, S_\mathrm{P}>, <0.3, 0.4, S_\mathrm{P}>)$ 和 $S_2 = (<0.2, 0.3, S_\mathrm{P}>, <0.4, 0.5, S_\mathrm{L}>)$,即

$$S_1(x,y) = \begin{cases} 2(x+y) - 10xy - 0.2, & x, y \in [0.1, 0.2], \\ 4(x+y) - 10xy - 1.2, & x, y \in [0.3, 0.4], \\ \max(x,y), & \text{其他} \end{cases}$$

和

$$S_2(x,y) = \begin{cases} 3(x+y) - 10xy - 0.6, & x, y \in [0.2, 0.3], \\ 0.4 + \min(x+y-0.8, 0.1), & x, y \in [0.4, 0.5], \\ \max(x,y), & \text{其他}. \end{cases}$$

取 $f(x) = -\ln(1-x)$ 与 $g(x) = x$,显然它们分别是 S_P 与 S_L 的加法生成子,且它们的伪逆分别是 $f^{-1}(x) = 1 - e^{-x}$ 与 $g^{-1}(x) = \min(x, 1)$. 对于固定的 $x \in [0,1)$,取 $c(x) = x$,由命题 4.2.2 与命题 4.2.3 可知,当 $y \in (0.1, 0.2)$ 时,有 $I(x,y) = 0.3 - \frac{(2-10y)^x}{10}$;当 $y \in (0.3, 0.4)$ 时,有 $I(x,y) = 0.4 + \min\left(\frac{-x \ln(4-10y)}{10}, 0.1 \right)$.

现由推论 4.2.5 可知

$$I(x,y) = \begin{cases} 0, & y \in [0, 0.1], \\ 0.3 - \dfrac{(2-10y)^x}{10}, & y \in (0.1, 0.2), \\ 0.35, & y \in [0.2, 0.3], \\ 0.4 + \min\left(\dfrac{-x \ln(4-10y)}{10}, 0.1 \right), & y \in (0.3, 0.4), \\ 1, & y \in [0.4, 1] \end{cases}$$

与 S_1、S_2 满足方程 (4.2.2).

命题 4.2.4 设 S_1、S_2 是连续非阿基米德的三角余模, $I:[0,1]^2 \to [0,1]$ 是一个二元函数, S_1 在生成子区间 $[\alpha_m, \beta_m]$ 上是幂零的, S_2 在生成子区间 $[c_j, d_j]$ 上是严格的, 固定 $x \in [0,1]$ 且存在某个 $y_0 \in (\alpha_m, \beta_m)$ 使得 $I(x, y_0) \in (c_j, d_j)$. 当 $y, z \in (\alpha_m, \beta_m)$ 时, 三元组 $(S_1, S_2, I(x, \cdot))$ 不满足方程 (4.2.2).

证明 假设函数 S_1、S_2 和 $I(x, \cdot)$ 是方程 (4.2.2) 的解. 由定理 1.1.4、定理 1.1.6 和假设 S_1 的生成三角余模 S_m 在生成子区间 $[\alpha_m, \beta_m]$ 上是幂零的, S_2 的生成三角余模 S_j 在生成子区间 $[c_j, d_j]$ 上是严格的可知, 存在一个连续严格递增的函数 $s_m, s_j : [0,1] \to [0, \infty]$ 满足 $s_m(0) = s_j(0) = 0$, $s_m(1) = \infty$, $s_j(1) < \infty$, 使得 S_1 的对应生成三角余模 S_m 在生成区间 $[\alpha_m, \beta_m]$ 及 S_2 的对应生成三角余模 S_j 在其生成区间 $[c_j, d_j]$ 上分别关于 s_m、s_j 满足方程 (1.1.14), 除相差正常数外, 它的表示是唯一确定的. 对以上提及的 $x \in [0,1]$, 考虑当 $y \in (\alpha_m, \beta_m)$ 时, 垂直截线 $I(x, \cdot)$ 的情形.

假设 $y, z \in (\alpha_m, \beta_m)$, 则由定理 1.1.6 有

$$S_1(y, z) = \alpha_m + (\beta_m - \alpha_m) S_m\left(\frac{y - \alpha_m}{\beta_m - \alpha_m}, \frac{z - \alpha_m}{\beta_m - \alpha_m}\right).$$

定义函数 $\varphi_m : (\alpha_m, \beta_m) \to [0,1]$ 为 $\varphi_m(x) = \dfrac{x - \alpha_m}{\beta_m - \alpha_m}$. 注意到 S_m 是幂零的且 s_m 是它的加法生成子, 因此有

$$\begin{aligned} S_1(y, z) &= (\varphi_m)^{-1} S_m(\varphi_m(y), \varphi_m(z)) \\ &= (\varphi_m)^{-1} (s_m)^{-1} (\min(s_m(\varphi_m(y)) + s_m(\varphi_m(z)), s_m(1))) \\ &= (s_m \circ \varphi_m)^{-1} (\min((s_m \circ \varphi_m)(y) + (s_m \circ \varphi_m)(z), s_m(1))). \end{aligned}$$

类似地, 假设 $y, z \in (c_j, d_j)$, 由定理 1.1.6 有

$$S_2(y, z) = c_j + (d_j - c_j) S_j\left(\frac{y - c_j}{d_j - c_j}, \frac{z - c_j}{d_j - c_j}\right).$$

对任意 $x \in (c_j, d_j)$, 定义函数 $\psi_j : (c_j, d_j) \to [0,1]$ 为 $\psi_j(x) = \dfrac{x - c_j}{d_j - c_j}$. 注意到 S_j 是严格的且 s_j 是它的加法生成子, 则有

$$\begin{aligned} S_2(y, z) &= (\psi_j)^{-1} S_j(\psi_j(y), \psi_j(z)) \\ &= (\psi_j)^{-1} (s_j)^{-1} (s_j(\psi_j(y)) + s_j(\psi_j(z))) \\ &= (s_j \circ \psi_j)^{-1} ((s_j \circ \psi_j)(y) + (s_j \circ \psi_j)(z)). \end{aligned}$$

由注记 4.2.3 可知, 当 $y, z \in (\alpha_m, \beta_m)$ 时, 有 $I(x, y), I(x, z) \in [c_j, d_j]$. 这样方程 (4.2.2) 可以重写为

$$I(x, (s_m \circ \varphi_m)^{-1} (\min((s_m \circ \varphi_m)(y) + (s_m \circ \varphi_m)(z), s_m(1))))$$

$$= (s_j \circ \psi_j)^{-1}((s_j \circ \psi_j)(I(x,y)) + (s_j \circ \psi_j)(I(x,z))).$$

进一步, 以上方程也可重写为

$$(s_j \circ \psi_j)(I(x, (s_m \circ \varphi_m)^{-1}(\min((s_m \circ \varphi_m)(y) + (s_m \circ \varphi_m)(z), s_m(1)))))$$
$$= (s_j \circ \psi_j)(I(x,y)) + (s_j \circ \psi_j)(I(x,z)).$$

设 $x \in [0,1]$ 是任意固定的, 定义函数 $I_x : [0,1] \to [0,1]$ 为

$$I_x(y) = I(x,y), \quad y \in [0,1].$$

对任意 $y, z \in (\alpha_m, \beta_m)$, 做常规替换 $h_x = (s_j \circ \psi_j) \circ I_x \circ (s_m \circ \varphi_m)^{-1}$, $u = (s_m \circ \varphi_m)(y), v = (s_m \circ \varphi_m)(z)$ 可得加法柯西函数

$$h_x(\min(u+v, s_m(1))) = h_x(u) + h_x(v), \quad u, v \in (0, \infty). \tag{4.2.22}$$

其中, $h_x : (0, s_m(1)] \to [0, \infty]$ 是一个未知函数. 应用推论 4.2.3 可得 $h_x = 0$, 或者 $h_x = \infty$. 根据 h_x 的定义以及两个加法生成子的单调性可知 $I(x,y) = c_j$, 或者 $I(x,y) = d_j$. 注意到假设 $I(x,y_0)$ 不是幂等的, 那么 $I(x,y) = c_j$ 与 $I(x,y) = d_j$ 都是不可能的. 因此在命题 4.2.4 的条件下, 方程 (4.2.2) 无解.

命题 4.2.5 设 S_1、S_2 是连续非阿基米德的三角余模, $I : [0,1]^2 \to [0,1]$ 是一个二元函数, S_1 和 S_2 分别在生成区间 $[\alpha_m, \beta_m]$ 和 $[c_j, d_j]$ 上是幂零的, 固定 $x \in [0,1]$, 且存在某个 $y_0 \in (\alpha_m, \beta_m)$ 使得 $I(x,y_0) \in (c_j, d_j)$. 对任意 $y, z \in (\alpha_m, \beta_m)$, 若三元组 $(S_1, S_2, I(x, \cdot))$ 满足方程 (4.2.2), 则存在连续严格递增函数 $s_m, s_j : [0,1] \to [0,\infty]$ 满足 $s_m(0) = s_j(0) = 0$, $s_m(1) < \infty$, $s_j(1) < \infty$ 使得 S_1 的对应生成三角余模 S_m 在生成区间 $[\alpha_m, \beta_m]$ 及 S_2 的对应生成三角余模 S_j 在其生成区间上 $[c_j, d_j]$ 分别关于 s_m、s_j 满足方程 (1.1.14), 除相差正常数外, 它的表示是唯一确定的; 对固定的 $x \in [0,1]$, 垂直截线 $I(x, \cdot)$ 关于 $c(x) \in \left[\dfrac{s_j(1)}{s_m(1)}, \infty\right)$ 具有如下的形式:

$$I(x,y) = c_j + (d_j - c_j) s_j^{-1}\left(\min\left(c(x) s_m\left(\dfrac{y - \alpha_m}{\beta_m - \alpha_m}\right), s_j(1)\right)\right), \quad y \in (\alpha_m, \beta_m), \tag{4.2.23}$$

此外, 除相差一个正常数外, $c(x)$ 是唯一确定的且该常数由 t_a 和 t_2 的常数所决定, 即对任意 $y \in [0,1]$, $a, b \in (0, \infty)$ 使得 $s'_m(y) = a s_m(y)$, $s'_j(y) = b s_j(y)$, 假设 $I(x,y)$ 同时由 s'_m、s'_j 和 $c'(x)$ 给定, 则 $c'(x) = \dfrac{b}{a} c(x)$.

证明 假设函数 S_1、S_2 和 $I(x, \cdot)$ 是方程 (4.2.2) 的解. 由定理 1.1.4、定理 1.1.6 以及假设 S_1 的生成三角余模 S_m 在生成子区间 $[\alpha_m, \beta_m]$ 上与 S_2 的生成

三角余模 S_j 在生成子区间 $[c_j, d_j]$ 上是幂零的可知,存在一个连续严格递增的函数 $s_m, s_j: [0,1] \to [0,\infty]$ 满足 $s_m(0) = s_j(0) = 0$,$s_m(1) < \infty, s_j(1) = \infty$ 使得 S_1 的对应生成三角余模 S_m 在生成区间 $[\alpha_m, \beta_m]$ 及 S_2 的对应生成三角余模 S_j 在其生成区间 $[c_j, d_j]$ 上分别关于 s_m、s_j 满足方程 (1.1.14),除相差正常数外,它的表示是唯一确定的. 对以上提及的 $x \in [0,1]$,现在考虑当 $y \in (\alpha_m, \beta_m)$ 时垂直截线 $I(x, \cdot)$ 的情形.

假设 $y, z \in (\alpha_m, \beta_m)$,则由定理 1.1.6 可知

$$S_1(y, z) = \alpha_m + (\beta_m - \alpha_m) S_m\left(\frac{y - \alpha_m}{\beta_m - \alpha_m}, \frac{z - \alpha_m}{\beta_m - \alpha_m}\right).$$

对任意 $x \in [\alpha_m, \beta_m]$,定义函数 $\varphi_m : (\alpha_m, \beta_m) \to [0,1]$ 为 $\varphi_m(x) = \dfrac{x - \alpha_m}{\beta_m - \alpha_m}$. 注意到 S_m 是幂零的且 s_m 是其加法生成子,则有

$$\begin{aligned}S_1(y, z) &= (\varphi_m)^{-1} S_m(\varphi_m(y), \varphi_m(z))\\&= (\varphi_m)^{-1}(s_m)^{-1}(\min(s_m(\varphi_m(y)) + s_m(\varphi_m(z)), s_m(1)))\\&= (s_m \circ \varphi_m)^{-1}(\min((s_m \circ \varphi_m)(y) + (s_m \circ \varphi_m)(z), s_m(1))).\end{aligned}$$

类似地,假设 $y, z \in (c_j, d_j)$,则由定理 1.1.6 有

$$S_2(y, z) = c_j + (d_j - c_j) S_j\left(\frac{y - c_j}{d_j - c_j}, \frac{z - c_j}{d_j - c_j}\right).$$

对任意 $x \in (c_j, d_j)$,定义函数 $\psi_j : (c_j, d_j) \to [0,1]$ 为 $\psi_j(x) = \dfrac{x - c_j}{d_j - c_j}$. 注意到 S_j 是幂零的,s_j 是其加法生成子,则有

$$\begin{aligned}S_2(y, z) &= (\psi_j)^{-1} S_j(\psi_j(y), \psi_j(z))\\&= (\psi_j)^{-1}(s_j)^{-1}(\min(s_j(\psi_j(y)) + s_j(\psi_j(z)), s_j(1)))\\&= (s_j \circ \psi_j)^{-1}(\min((s_j \circ \psi_j)(y) + (s_j \circ \psi_j)(z), s_j(1))).\end{aligned}$$

由注记 4.2.3 可知,当 $y, z \in (\alpha_m, \beta_m)$ 时,有 $I(x, y), I(x, z) \in [c_j, d_j]$. 因此方程 (4.2.2) 可以重写为

$$\begin{aligned}&I(x, (s_m \circ \varphi_m)^{-1}(\min((s_m \circ \varphi_m)(y) + (s_m \circ \varphi_m)(z), s_m(1))))\\&= (s_j \circ \psi_j)^{-1}(\min((s_j \circ \psi_j)(I(x,y)) + (s_j \circ \psi_j)(I(x,z)), s_j(1))).\end{aligned}$$

进一步,以上方程也可以重写为

$$(s_j \circ \psi_j)(I(x, (s_m \circ \varphi_m)^{-1}(\min((s_m \circ \varphi_m)(y) + (s_m \circ \varphi_m)(z), s_m(1)))))$$

$$= \min((s_j \circ \psi_j)(I(x,y)) + (s_j \circ \psi_j)(I(x,z)), s_j(1)).$$

设 $x \in [0,1]$ 是任意固定的, 定义函数 $I_x : [0,1] \to [0,1]$ 为

$$I_x(y) = I(x,y), \quad y \in [0,1]. \tag{4.2.24}$$

对任意 $y,z \in (\alpha_m, \beta_m)$, 做常规替换 $h_x = (s_j \circ \psi_j) \circ I_x \circ (s_m \circ \varphi_m)^{-1}$, $u = (s_m \circ \varphi_m)(y)$, $v = (s_m \circ \varphi_m)(z)$ 可得加法柯西函数

$$h_x(\min(u+v, s_m(1))) = \min(h_x(u) + h_x(v), s_j(1)), \quad u,v \in (0,\infty), \tag{4.2.25}$$

其中, $h_x : (0, s_m(1)] \to [0, s_j(1)]$ 是一个未知函数, 运用推论 4.2.4 得 $h_x = 0$, 或者 $h_x = s_j(1)$, 或者存在常数 $c(x) \in \left[\dfrac{s_j(1)}{s_m(1)}, \infty\right)$ 使得 $h_x(u) = \min(c(x)u, s_j(1))$. 由函数 h_x 的定义与两个加法生成元的单调性可知 $I(x,y) = c_j$, 或者 $I(x,y) = d_j$, 或者存在 $c(x) \in \left[\dfrac{s_j(1)}{s_m(1)}, \infty\right)$, 对任意 $y \in (\alpha_m, \beta_m)$ 有

$$I(x,y) = c_j + (d_j - c_j)s_j^{-1}\left(\min\left(c(x)s_m\left(\frac{y-\alpha_m}{\beta_m-\alpha_m}\right), s_j(1)\right)\right). \tag{4.2.26}$$

现在证明常数的唯一性. 假设对以上固定的 $x \in [0,1]$, 带有常数 $c(x)$ 垂直截线已给出. 设存在 $a,b \in (0,\infty)$, 对任意 $y \in [0,1]$ 有 $s'_m(y) = as_m(y)$, $s'_j(y) = bs_j(y)$ 有

$$c_j + (d_j - c_j)s_j^{-1}\left(\min\left(c(x)s_m\left(\frac{y-\alpha_m}{\beta_m-\alpha_m}\right), s_j(1)\right)\right)$$
$$= c_j + (d_j - c_j)(s'_j)^{-1}\left(\min\left(c'(x)s'_m\left(\frac{y-\alpha_m}{\beta_m-\alpha_m}\right), s'_j(1)\right)\right),$$

这意味着

$$s_j^{-1}\left(\min\left(c(x)s_m\left(\frac{y-\alpha_m}{\beta_m-\alpha_m}\right), s_j(1)\right)\right)$$
$$= (s'_j)^{-1}\left(\min\left(c'(x)s'_m\left(\frac{y-\alpha_m}{\beta_m-\alpha_m}\right), s'_j(1)\right)\right).$$

进一步, 由假设 $s'_m = as_m$ 与 $s'_j = bs_j$ 有

$$(s'_j)^{-1}\left(\min\left(c'(x)s'_m\left(\frac{y-\alpha_m}{\beta_m-\alpha_m}\right), s'_j(1)\right)\right)$$
$$= s_j^{-1}\left(\frac{\min\left(c'(x)s'_m\left(\frac{y-\alpha_m}{\beta_m-\alpha_m}\right), s_j(1)\right)}{b}\right)$$

4.2 基于连续三角余模的蕴涵分配性方程

$$= s_j^{-1}\left(\frac{\min\left(ac'(x)s_m\left(\frac{y-\alpha_m}{\beta_m-\alpha_m}\right),s_j(1)\right)}{b}\right).$$

由 s_j^{-1} 的严格单调性有

$$\min\left(c(x)s_m\left(\frac{y-\alpha_m}{\beta_m-\alpha_m}\right),s_j(1)\right)=\min\left(ac'(x)s_m\left(\frac{y-\alpha_m}{\beta_m-\alpha_m}\right),s_j(1)\right).$$

取 $y\in(\alpha_m,\beta_m)$ 使得 $c(x)s_m\left(\frac{y-\alpha_m}{\beta_m-\alpha_m}\right)<s_j(1)$, 则对于前面提及的 $x\in[0,1]$ 有 $c(x)=\frac{ac'(x)}{b}$.

注记 4.2.4 事实上, 命题 4.2.4 与命题 4.2.5 表明, 除了对 S_2 的限制减弱外, 在命题 4.2.4 的假设下, 垂直截线 $I(x,\cdot)$ 有唯一解.

例 4.2.2 考虑两个连续非阿基米德的三角余模 $S_1=(<0.5,0.6,S_L>,<0.7,0.8,S_L>)$ 与 $S_2=(<0.6,0.7,S_P>,<0.8,0.9,S_L>)$, 即

$$S_1(x,y)=\begin{cases}0.5+\min(x+y-1,0.1), & x,y\in[0.5,0.6],\\ 0.7+\min(x+y-1.4,0.1), & x,y\in[0.7,0.8],\\ \max(x,y), & \text{其他}\end{cases}$$

与

$$S_2(x,y)=\begin{cases}7(x+y)-10xy-4.2, & x,y\in[0.6,0.7],\\ 0.8+\min(x+y-1.6,0.1), & x,y\in[0.8,0.9],\\ \max(x,y), & \text{其他}.\end{cases}$$

取函数 $g(x)=x$, 显然, 它是 S_L 的加法生成子, 其伪逆为 $g^{-1}(x)=\min(x,1)$. 对固定的 $x\in[0,1)$, 取 $c(x)=x+1$, 由命题 4.2.4 有, 当 $y\in(0.7,0.8)$ 时, $I(x,y)=0.8+\min\left(\frac{(x+1)(10y-7)}{10},0.1\right)$. 这样

$$I(x,y)=\begin{cases}0, & y\in[0,0.4],\\ 0.6, & y\in(0.4,0.7],\\ 0.8+\min\left(\frac{(x+1)(10y-7)}{10},0.1\right), & y\in(0.7,0.8),\\ 1, & y\in[0.8,1]\end{cases}$$

与 S_1 和 S_2 满足方程 (4.2.2).

现在, 推论 4.2.5 与注记 4.2.4 总结为如下的定理.

定理 4.2.1 设 S_1、S_2 是两个连续非阿基米德的三角余模, $I:[0,1]^2 \to [0,1]$ 是一个二元函数, 固定 $x \in [0,1]$. 对任意 $y,z \in [0,1]$, 三元组 $(S_1,S_2,I(x,\cdot))$ 满足方程 (4.2.2) 当且仅当 $I(x,\cdot)$ 是非减的, 保持幂等性, 对于 S_1 的每个生成子区间 (α_m, β_m),

(1) 若 S_1 限制到 (α_m, β_m) 是严格的, 则有
① $I(x,\cdot) = r$, 其中 r 是幂元且满足 $p_{(x,\alpha_m)} \leqslant r \leqslant q_{(x,\beta_m)}$.
② $I(x,\cdot)$ 具有方程 (4.2.21) 的形式.

(2) 若 S_1 限制到 (α_m, β_m) 是幂零的, 则有
① $I(x,\cdot) = q_{(x,\beta_m)}$.
② $I(x,\cdot)$ 具有方程 (4.2.23) 的形式.

其中, $p_{(x,\alpha_m)} = I(x,\alpha_m)$ 与 $q_{(x,\beta_m)} = I(x,\beta_m)$ 由注记 4.2.2 给出.

4.3 类柯西方程

4.3.1 预备知识

在这一节中, 将研究并刻画类柯西函数方程

$$f(U(x,y)) = U(f(x),f(y)). \tag{4.3.1}$$

其中, $f:[0,1] \to [0,1]$ 是一个未知函数但不必是单调的, U 是在 $(0,1)^2$ 上连续的一致模. 注意到, 蕴涵分配性也可以转化为方程 (4.3.1).

引理 4.3.1 若一致模 $U = (\lambda, u, e, T_1, T_2, h)$ 且 $e \in (0,1)$, 则对任意 $x_0 \in (u,1)$, 截线 $U(x_0,\cdot):[0,1] \to [0,1]$ 是连续的.

证明 因为一致模 $U \in \mathcal{CU}^{\min}$ 在 $(0,1)^2$ 是连续的, 所以只需证明, 对任意 $x_0 \in (u,1)$ 时, $U(x_0,y)$ 在点 $y = 0$ 和 $y = 1$ 上是连续的. 根据 U 的结构可知

$$\lim_{y \to 0} U(x_0,y) = \lim_{y \to 0} y = 0 = U(x_0,0),$$

$$\lim_{y \to 1} U(x_0,y) = \lim_{y \to 1} h^{-1}(h(x_0) + h(y)) = h^{-1}(h(x_0) + h(1)) = 1 = U(x_0,1).$$

与引理 4.3.1 类似, 有下面的注记.

注记 4.3.1 对任意的 $U \in \mathcal{CU}^{\max}$ 和 $x_0 \in (0,v)$, 截线 $U(x_0,\cdot):[0,1] \to [0,1]$ 是连续的.

4.3 类柯西方程

接下来,仅给出函数 $f\colon [0,1]\to [0,1]$ 在 $U\in \mathcal{CU}^{\min}$ 上分配的充要条件,换句话说,当 $U\in \mathcal{CU}^{\min}$ 时,要求解满足方程 (4.3.1) 的所有 f. 因为与 $U\in \mathcal{CU}^{\min}$ 的情况类似,所以对 $U\in \mathcal{CU}^{\max}$ 的情况,略去. 又对于每个 $U\in \mathcal{CU}^{\min}$, $U(\lambda,1)$ 的值等于 λ 或 1. 但在这部分,只要考虑第一种情况,即 $U(\lambda,1)=\lambda$, 因为第二种情况类似. 为方便起见,今后 f 的值域 f 和 f 在区间 $[a,b]$ 上的限制分别记为 $\mathrm{Ran}(f)$ 和 $f|_{[a,b]}$.

引理 4.3.2 考虑一致模 U 和二元函数 $f\colon [0,1]\to [0,1]$. 若 f 满足方程 (4.3.1), 则有下面的结果.

(1) 如果 $x\in \mathbf{Id}(U)$, 则 $f(x)\in \mathbf{Id}(U)$.

(2) 对任意的 $x\in [0,1]$ 有 $U(f(x),f(e))=f(x)$.

事实上,引理 4.3.2 表明 $f(e)$ 是幂等的且在 f 的值域内为 U 的单位元,所以它在下面研究中起着关键作用. 另外,由定理 1.2.8 可得当 $U\in \mathcal{CU}^{\min}$ 时, $\mathbf{Id}(U)\subseteq [0,\lambda]\cup (\lambda,u]\cup \{e,1\}$. 考虑到 $f(e)\in \mathbf{Id}(U)$ 的所有可能情况和 $f(e)\in (u,e)\cup (e,1)$ 的情况是不可能的,则需要研究下面四种情况: $f(e)\leqslant \lambda$; $\lambda < f(e)\leqslant u$; $f(e)=e$ 以及 $f(e)=1$. 首先,考虑 $f(e)\leqslant \lambda$.

4.3.2 情况: $f(e)\leqslant \lambda$

引理 4.3.3 考虑一致模 $U=(\lambda,u,e,T_1,T_2,h)$ 且 $U(1,\lambda)=\lambda$, 二元函数 $f\colon [0,1]\to [0,1]$ 且 $f(e)\leqslant \lambda$. 若 f 满足方程 (4.3.1), 则下面的陈述成立.

(1) $\mathrm{Ran}(f|_{[0,u]})\subseteq [0,f(e)]$.

(2) $f|_{(u,1)}=f(e)$.

(3) $\sup\{\mathrm{Ran}(f|_{[0,\lambda]})\}\leqslant f(1)\leqslant \inf\{\mathrm{Ran}(f|_{(\lambda,u]})\}$.

证明 首先证明引理 4.3.3 (1). 任取 $x\in [0,1]$, 由 U 的结构和方程 (4.3.1) 可得 $f(x)=f(U(x,e))=U(f(x),f(e))\leqslant \min(f(x),f(e))\leqslant f(e)$. 特别地,引理 4.3.3 (1) 成立.

接下来证明引理 4.3.3 (2). 令 $x,y\in (u,1)$ 和 $x<y$, 由引理 4.3.1 可知存在 $z\in (u,e)$ 使得 $x=U(y,z)$. 进一步,由方程 (4.3.1) 可得 $f(x)=f(U(y,z))=U(f(y),f(z))\leqslant \min\{f(y),f(z)\}\leqslant f(y)$. 另外,由引理 4.3.1 可知存在 $z'\in (e,1)$ 使得 $y=U(x,z')$, 类似可得 $f(y)\leqslant f(x)$. 综上可得对任意的 $x\in (u,1)$ 有 $f(x)=f(e)$.

最后证明引理 4.3.3 (3). 很明显,对任意的 $x\in [0,\lambda]$, 由 U 的结构可得 $x=U(x,1)$. 在方程 (4.3.1) 中令 $y=1$, 则由引理 4.3.3 (1) 可得 $f(x)=U(f(x),f(1))\leqslant \min\{f(x),f(1)\}\leqslant f(1)$. 类似地,对任意的 $x\in (\lambda,u]$, 由 U 的结构可得 $1=U(x,1)$. 再在方程 (4.3.1) 中令 $y=1$, 则从引理 4.3.3 (1) 可得 $f(1)=U(f(x),f(1))\leqslant \min\{f(x),f(1)\}\leqslant f(x)$. 这样就证明了 $\sup\{\mathrm{Ran}(f|_{[0,\lambda]})\}\leqslant f(1)\leqslant \inf\{\mathrm{Ran}(f|_{(\lambda,u]})\}$.

从引理 4.3.3 可知,尽管 f 的值域和 $f|_{(u,1)}$ 的值是已知的,但 f 在剩余定义

域中的值还没有描述，为了刻画它们，需要下面的解释.

假设 $x, y \in [0, u]$，分别定义两个函数 $\phi \colon [0, u] \to [0, 1]$ 和 $\varphi \colon [0, f(e)] \to [0, 1]$ 为 $\phi(x) = \dfrac{x}{u}$ 和 $\varphi(x) = \dfrac{x}{f(e)}$. 因此存在两个连续三角模 T_3 和 T_4 使得方程 (4.3.1) 中的两边可写成 $U(x, y) = \phi^{-1}T_3(\phi(x), \phi(y))$ 和 $U(f(x), f(y)) = \varphi^{-1}T_4(\varphi(f(x)), \varphi(f(y)))$. 这样对任意 $x, y \in [0, u]$，方程 (4.3.1) 可写成 $f(\phi^{-1}T_3(\phi(x), \phi(y))) = \varphi^{-1}T_4(\varphi(f(x)), \varphi(f(y)))$，进一步可得 $(\varphi \circ f \circ \phi^{-1})(T_3(\phi(x), \phi(y))) = T_4(\varphi(f(x)), \varphi(f(y)))$. 做常规替换 $g = \varphi \circ f \circ \phi^{-1}$, $a = \phi(x)$, $b = \phi(y)$，可得类柯西函数方程

$$g(T_3(a, b)) = T_4(g(a), g(b)), \quad a, b \in [0, 1]. \tag{4.3.2}$$

其中，$g \colon [0, 1] \to [0, 1]$ 是未知函数. 这就意味着当 $x, y \in [0, u]$ 时，求解方程 (4.3.1) 归结为刻画方程 (4.3.2) 的所有解决. 幸运地是，这种情况已经完整刻画.

定理 4.3.1 考虑一致模 $U = (\lambda, u, e, T_1, T_2, h)$ 且 $U(1, \lambda) = \lambda$，二元函数 $f \colon [0, 1] \to [0, 1]$ 满足 $f(e) \leqslant \lambda$，和上述定义的 g，则 f 满足方程 (4.3.1) 当且仅当下面所有结论都成立.

(1) 对任意 $x \in \mathbf{Id}(U)$ 有 $f(x) \in \mathbf{Id}(U)$.

(2) 对任意 $x \in [0, 1]$ 有 $U(f(x), f(e)) = f(x)$.

(3) $\mathrm{Ran}(f|_{[0,u]}) \subseteq [0, f(e)]$ 且 g 满足方程 (4.3.2).

(4) $f|_{(u, 1)} = f(e)$.

(5) $\sup\{\mathrm{Ran}(f|_{[0,\lambda]})\} \leqslant f(1) \leqslant \inf\{\mathrm{Ran}(f|_{(\lambda, u]})\}$.

证明 由引理 4.3.3 和上述分析，必要性显然. 接下来证明充分性. 很明显，由定理 4.3.1(1) 可得 $f(0)$、$f(e)$ 和 $f(1)$ 是 U 的幂等元. 为了完成证明，需要考虑以下几种情况.

(1) 假设 $x \in [0, u]$. 根据 y 的值域，考虑下面几种情况.

① 若 $y \in [0, u]$，因为 g 满足方程 (4.3.2)，所以方程 (4.3.1) 成立.

② 若 $y \in (u, 1)$，因为 u 是幂等的，由 $x \leqslant u < y$ 和定理 4.3.1 (3) 和 (4) 可得 $U(x, y) = x$ 和 $f(x) \leqslant f(e) = f(y)$. 因此方程 (4.3.1) 的左边是 $f(U(x, y)) = f(x)$，而由定理 4.3.1 (2) 可得方程 (4.3.1) 的右边是 $U(f(x), f(y)) = U(f(x), f(e)) = f(x)$.

③ 若 $y = 1$ 和 $x \in [0, \lambda]$，由定理 1.2.8 和假设 $U(\lambda, 1) = \lambda$ 可得 $U(x, 1) = x$. 因此方程 (4.3.1) 的左边是 $f(U(x, 1)) = f(x)$，而由定理 4.3.1 (5) 可得方程 (4.3.1) 的右边是 $U(f(x), f(1)) = \min(f(x), f(1)) = f(x)$.

④ 若 $y = 1$ 和 $x \in (\lambda, u]$，由定理 1.2.8 可得 $U(x, 1) = 1$. 因此方程 (4.3.1) 的左边是 $f(U(x, 1)) = f(1)$，再由定理 4.3.1 (5) 可得方程 (4.3.1) 的右边是 $U(f(x), f(1)) = \min(f(x), f(1)) = f(1)$.

(2) 假设 $x \in (u, 1)$. 根据 y 的值域，考虑下面几种情况.

① 若 $y \in [0, u]$, 由 $y \leqslant u < x$、U 的结构, 定理 4.3.1 (3) 和 (4) 可得 $U(x, y) = y$, $f(y) \leqslant f(x) = f(e)$. 因此方程 (4.3.1) 的左边是 $f(U(x, y)) = f(y)$, 而由定理 4.3.1 (2) 可得方程 (4.3.1) 的右边是 $U(f(x), f(y)) = U(f(e), f(y)) = f(y)$.

② 若 $y \in (u, 1)$, 由定理 4.3.1 (4) 可得 $u < U(x, y) < 1$, $f(x) = f(y) = f(U(x, y)) = f(e)$. 这样方程 (4.3.1) 的左边是 $f(U(x, y)) = f(e)$, 而方程 (4.3.1) 的右边是 $U(f(x), f(y)) = U(f(e), f(e)) = f(e)$.

③ 若 $y = 1$, 由定理 1.2.8 可得 $U(x, 1) = 1$. 因此方程 (4.3.1) 的左边是 $f(U(x, 1)) = f(1)$, 由定理 4.3.1 (5) 可得方程 (4.3.1) 的右边是 $U(f(x), f(1)) = \min(f(e), f(1)) = f(1)$.

(3) 假设 $x = 1$. 根据 y 的值域, 考虑下面几种情况.

① 若 $y \in [0, \lambda]$, 由定理 1.2.8 和假设 $U(\lambda, 1) = \lambda$ 可得 $U(y, 1) = y$. 因此方程 (4.3.1) 的左边是 $f(U(y, 1)) = f(y)$, 而由定理 4.3.1 (5) 可得方程 (4.3.1) 的右边是 $U(f(y), f(1)) = \min(f(y), f(1)) = f(y)$.

② 若 $y \in (\lambda, 1]$, 由定理 1.2.8 可得 $U(y, 1) = 1$. 因此方程 (4.3.1) 的左边是 $f(U(y, 1)) = f(1)$, 而由定理 4.3.1 (5) 可得方程 (4.3.1) 的右边是 $U(f(y), f(1)) = \min(f(y), f(1)) = f(1)$.

例 4.3.1 考虑一致模 $U = (\lambda, u, e, T_1, T_2, h)$ 满足 $\lambda = \dfrac{1}{4}, u = \dfrac{1}{3}, e = \dfrac{2}{3}, T_1 = \min(x, y), T_2 = xy$ 和 $h(x) = \ln \dfrac{x - \dfrac{1}{3}}{1 - x}$, 由定理 1.2.8 可得

$$U(x, y) = \begin{cases} \min(x, y), & (x, y) \in \left[0, \dfrac{1}{4}\right]^2, \\ \dfrac{1}{4} + 12\left(x - \dfrac{1}{4}\right)\left(y - \dfrac{1}{4}\right), & (x, y) \in \left[\dfrac{1}{4}, \dfrac{1}{3}\right]^2, \\ \dfrac{\left(x - \dfrac{1}{3}\right)\left(y - \dfrac{1}{3}\right) + \dfrac{1}{3}(1-x)(1-y)}{(1-x)(1-y) + \left(x - \dfrac{1}{3}\right)\left(y - \dfrac{1}{3}\right)}, & (x, y) \in \left(\dfrac{1}{3}, 1\right)^2, \\ \min(x, y), & (x, y) \in \left[0, \dfrac{1}{3}\right] \times \left(\dfrac{1}{3}, 1\right) \cup \left[0, \dfrac{1}{4}\right] \times \{1\} \\ & \cup \left(\dfrac{1}{3}, 1\right) \times \left[0, \dfrac{1}{3}\right] \cup \{1\} \times \left[0, \dfrac{1}{4}\right], \\ 1, & (x, y) \in \left(\dfrac{1}{4}, 1\right) \times \{1\} \cup \{1\} \times \left(\dfrac{1}{4}, 1\right). \end{cases}$$

再使用定理 4.3.1 可知

$$f(x) = \begin{cases} \dfrac{1}{20}(12x-3)^c + \dfrac{1}{5}, & x \in \left[0, \dfrac{1}{3}\right], \\ \dfrac{1}{4}, & x \in \left(\dfrac{1}{3}, 1\right), \\ \dfrac{1}{5}, & x = 1 \end{cases}$$

满足方程 (4.3.1), 其中 $c > 0$.

4.3.3 情况: $\lambda < f(e) \leqslant u$

引理 4.3.4 考虑一致模 $U = (\lambda, u, e, T_1, T_2, h)$ 且 $U(1, \lambda) = \lambda$, 二元函数 $f: [0,1] \to [0,1]$ 满足 $\lambda < f(e) \leqslant u$. 若 f 满足方程 (4.3.1), 则对所有 $x \in (u, 1)$ 有 $f(x) = f(e)$. 此外, 对任意 $x \in [0,1]$, 要么 $f(x) = 1$, 要么 $f(x) \leqslant f(e)$.

证明 首先证明对任意 $x \in (u, 1)$ 有 $\lambda < f(x) \leqslant u$. 若不然, 则存在 $x_0 \in (u, 1)$ 使 $f(x_0) \leqslant \lambda$, 然后由引理 4.3.1 可得存在 $x' \in (u, 1)$ 使得 $e = U(x', x_0)$, 再由方程 (4.3.1) 可得 $f(e) = f(U(x', x_0)) = U(f(x'), f(x_0)) \leqslant \min(f(x'), f(x_0)) \leqslant f(x_0) \leqslant \lambda$, 这与假设 $\lambda < f(e) \leqslant u$ 矛盾. 另外, 对任意 $x \in (u, 1)$ 有 $f(x) = f(U(x, e)) = U(f(x), f(e)) \leqslant \min(f(x), f(e)) \leqslant u$. 因此, 对任意 $x \in (u, 1)$ 有 $\lambda < f(x) \leqslant u$.

接下来, 令 $x, y \in (u, 1)$ 和 $x < y$, 则存在 $x' \in (u, 1)$ 使得 $x = U(x', y)$. 根据 U 的结构和方程 (4.3.1) 有 $f(x) = f(U(x', y)) = U(f(x'), f(y)) \leqslant \min(f(x), f(y)) \leqslant f(y)$. 类似地, 可以证明 $f(y) \leqslant f(x)$. 因此对任意的 $x \in (u, 1)$ 有 $f(x) = f(e)$.

最后, 显然对任意 $x \in [0, 1]$ 有 $x = U(x, e)$, 由方程 (4.3.1) 可得 $f(x) = f(U(x, e)) = U(f(e), f(x))$. 根据 U 的结构, 要么 $f(x) = 1$, 要么 $f(x) \leqslant f(e)$.

接下来, 确定 $f|_{[0,u]}$ 使得 $f(x) = 1$ 的定义域, 也就是说, $f|_{[0,u]}$ 使得 $f(x) = 1$ 的原象. 为此, 在引理 4.3.4 的条件下, 假设存在 $x_0, y_0 \in [0, u]$ 和 $x_0 < y_0$ 使得 $f(x_0) = f(y_0) = 1$, 但这不是关键的. 可以断言: 对任意 $x \in [x_0, y_0]$ 有 $f(x) = 1$. 事实上, 对任意 $x \in [x_0, y_0]$, 分别存在 $x_1, y_1 \in [0, u]$ 上使得 $x_0 = U(x_1, x)$ 和 $x = U(y_1, y_0)$. 再从方程 (4.3.1) 分别可得

$$1 = f(x_0) = f(U(x_1, x)) = U(f(x_1), f(x)) \tag{4.3.3}$$

和

$$f(x) = f(U(y_1, y_0)) = U(f(y_1), f(y_0)) = U(f(y_1), 1). \tag{4.3.4}$$

由 U 的结构、引理 4.3.4 和方程 (4.3.3) 可知, 要么 $f(e) \geqslant f(x) > \lambda$, 要么 $f(x) = 1$. 进一步由方程 (4.3.4) 可知, 要么 $f(x) \leqslant \lambda$, 要么 $f(x) = 1$. 因为方程 (4.3.3) 和方程 (4.3.4) 必须同时成立, 所以对任意 $x \in [x_0, y_0]$ 有 $f(x) = 1$.

基于以上分析, 记 $E = \{x \in [0, u] | f(x) = 1\}$ 并定义

$$m = \inf E \text{ 且 } n = \sup E,$$

则 m 和 n 都是幂等的, 即 $U(m, m) = m$ 和 $U(n, n) = n$. 首先证明 m 是幂等的. 不失一般性, 假设 $0 < m < n$. 任取 $x \in (m, n)$ 可知 $f(x) = 1$, 所以 $f(U(x, x)) = U(f(x), f(x)) = U(1, 1) = 1$. 再根据 m 的定义有 $U(x, x) \geqslant m$. 令 $x \to m$, 则有 $U(m, m) \geqslant m$; 另外, $m < e$ 时有 $U(m, m) \leqslant m$. 这样有 $U(m, m) = m$.

接下来证明 $U(n, n) = n$. 显然有 $n \leqslant u$. 若 $n = u$, 直接得到 $U(n, n) = n$. 现在考虑 $n < u$ 的情况. 取 $x \in (n, u)$, 由引理 4.3.4 和 n 的定义可得 $f(x) \leqslant f(e)$, 因此有 $f(U(x, x)) = U(f(x), f(x)) \in [0, f(e)]$. 再根据 m 和 n 的定义有, 要么 $U(x, x) \leqslant m$, 要么 $U(x, x) \geqslant n$. 现在证明第一种情况是不可能的. 若不然, 假设 $U(x, x) \leqslant m$, 注意到 m 是幂等元, 则从 $x > m$ 可得 $U(x, x) \geqslant m$. 因此有 $U(x, x) = m$ 和 $f(m) \neq 1$. 基于 U 的单调性可知, 对 $y \in [m, x]$ 有 $U(y, y) = m$. 另外, 考虑到 $x_0 \in (m, n)$, 则有 $f(m) = f(U(x_0, x_0)) = U(f(x_0), f(x_0)) = U(1, 1) = 1$, 这与 $f(m) \neq 1$ 矛盾. 这样对任意 $x \in (n, u)$ 有 $U(x, x) \geqslant n$, 因此 $U(n, n) = n$.

现在确定 $f|_{[0,u]}$ 的值域. 由 $f(m)$ 和 $f(n)$ 可能的值, 需要考虑下面的情况.

引理 4.3.5 考虑一致模 $U = (\lambda, u, e, T_1, T_2, h)$ 且 $U(1, \lambda) = \lambda$, 二元函数 $f: [0, 1] \to [0, 1]$ 满足 $\lambda < f(e) \leqslant u$ 和上面定义的 m 和 n. 若 f 满足方程 (4.3.1), 则下面四种情况之一成立.

(1) 若 $f(m) = 1$ 和 $f(n) = 1$, 则 $\text{Ran}(f|_{[0,m)}) \subseteq [0, \lambda]$, $f|_{[m,n]} = 1$, $\text{Ran}(f|_{(n,u]}) \subseteq (\lambda, f(e)]$.

(2) 若 $f(m) = 1$ 和 $f(n) \leqslant f(e)$, 则 $\text{Ran}(f|_{[0,m)}) \subseteq [0, \lambda]$, $f|_{[m,n)} = 1$, $\lambda < f(n) \leqslant f(e)$, $\text{Ran}(f|_{[n,u]}) \subseteq [f(n), f(e)]$.

(3) 若 $f(m) \leqslant f(e)$ 和 $f(n) = 1$, 则 $\text{Ran}(f|_{[0,m]}) \subseteq [0, f(m)]$, $f(m) \leqslant \lambda$, $f|_{(m,n]} = 1$, $\text{Ran}(f|_{(n,u]}) \subseteq (\lambda, f(e)]$.

(4) 若 $f(m) \leqslant f(e)$ 和 $f(n) \leqslant f(e)$, 则 $\text{Ran}(f|_{[0,m]}) \subseteq [0, f(m)]$, $f|_{(m,n)} = 1$, $f(m) \leqslant \lambda < f(n)$, $\text{Ran}(f|_{[n,u]}) \subseteq [f(n), f(e)]$.

证明 (1) 显然由 m 的定义和幂等性可知, 对任意 $x \in [0, m)$ 有 $f(x) \leqslant f(e)$ 和 $x = U(x, m)$. 再由方程 (4.3.1) 和假设 $f(m) = 1$ 有 $f(x) = f(U(x, m)) = U(f(m), f(x)) = U(1, f(x))$. 最后由 U 的结构知, 对任意 $x \in [0, m)$ 有 $f(x) \leqslant \lambda$.

令 $x \in (n, u]$, 由 n 的幂等性、方程 (4.3.1) 和 $f(n) = 1$ 可得 $n = U(x, n)$ 和 $1 = f(n) = U(f(n), f(x)) = U(1, f(x))$. 进一步, 由 U 的结构可得 $f(x) > \lambda$. 最后由引理 4.3.4 有 $\text{Ran}(f|_{(n,u]}) \subseteq (\lambda, f(e)]$.

注意到剩下的情况显而易见, 这样就证明了引理 4.3.5 (1).

(2) 根据引理 4.3.5 (1), 只需证明 $\lambda < f(n) \leqslant f(e)$ 和 $\text{Ran}(f|_{[n,u]}) \subseteq [f(n), f(e)]$.

由 $m = U(m,n)$ 和方程 (4.3.1) 可知 $1 = f(m) = f(U(m,n)) = U(f(m), f(n)) = U(1, f(n))$，因此有 $f(n) > \lambda$. 再从假设 $f(n) \leqslant f(e)$ 可得 $\lambda < f(n) \leqslant f(e)$.

注意到 $f(x) \leqslant f(e)$ 和 $n = U(x,n)$，对任意 $x \in [n,u]$，由方程 (4.3.1) 可知 $f(n) = f(U(x,n)) = U(f(x), f(n)) = \min(f(n), f(x)) \leqslant f(x)$. 最后由引理 4.3.4 可知 $\operatorname{Ran}(f|_{[n,u]}) \subseteq [f(n), f(e)]$.

(3) 显然，由 m 的幂等性可知，对任意 $x \in [0,m)$ 有 $f(x) \leqslant f(e)$ 和 $x = U(x,m)$. 再由方程 (4.3.1)、假设、$f(m) \leqslant f(e)$ 和 U 的结构可得 $f(x) = f(U(x,m)) = U(f(m), f(x)) \leqslant \min(f(m), f(x)) \leqslant f(m)$. 因为 $m = U(m,n)$ 和方程 (4.3.1)，所以有 $f(m) = f(U(m,n)) = U(f(m), f(n)) = U(1, f(m))$，进一步有 $f(m) \leqslant \lambda$. 另外，根据引理 4.3.5 (1) 的证明有 $\operatorname{Ran}(f|_{(n,u]}) \subseteq (\lambda, f(e)]$.

注意到剩下的情况显而易见，这样就证明了情况 (3).

(4) 根据 m 和 n 的定义和幂等性可知，对任意 $x_0 \in (m,n)$ 有 $m = U(m, x_0)$，再由方程 (4.3.1) 可得 $f(m) = f(U(m, x_0)) = U(f(m), f(x_0)) = U(1, f(m))$，由此推出 $f(m) \leqslant \lambda$. 同时也有 $x_0 = U(n, x_0)$，再由方程 (4.3.1) 可得 $1 = f(x_0) = f(U(n, x_0)) = U(f(n), 1)$，从而有 $f(n) > \lambda$.

注意到剩下的情况显而易见，这样就证明了引理 4.3.5 (4).

由引理 4.3.5 可知，尽管知道 $f|_{[0,u]}$ 的值域和 $f|_{(m,n)}$ 的值，但是对 f 剩余定义域上的值没有提及. 为了刻画它们，需要下面的解释.

假设 $x, y \in [0, m)$，两个函数 $\phi_1 \colon [0,m] \to [0,1]$ 和 $\varphi_1 \colon [0,\lambda] \to [0,1]$ 分别定义为 $\phi_1(x) = \dfrac{x}{m}$，$\varphi_1(x) = \dfrac{x}{\lambda}$. 这样存在连续三角模 T_5 使得方程 (4.3.1) 两边可以写成 $U(x,y) = \phi_1^{-1} T_5(\phi_1(x), \phi_1(y))$ 和 $U(f(x), f(y)) = \varphi_1^{-1} T_1(\varphi_1(f(x)), \varphi_1(f(y)))$. 因此，对任意 $x, y \in [0, m)$，方程 (4.3.1) 可写成 $f(\phi_1^{-1} T_5(\phi_1(x), \phi_1(y))) = \varphi_1^{-1} T_1(\varphi_1(f(x)), \varphi_1(f(y)))$，进一步有 $(\varphi_1 \circ f \circ \phi_1^{-1})(T_5(\phi_1(x), \phi_1(y))) = T_1(\varphi_1(f(x)), \varphi_1(f(y)))$. 做常规替换 $g_1 = \varphi_1 \circ f \circ \phi_1^{-1}$，$a_1 = \phi_1(x)$，$b_1 = \phi_1(y)$ 可得类柯西函数方程

$$g_1(T_5(a_1, b_1)) = T_1(g_1(a_1), g_1(b_1)), \quad a_1, b_1 \in [0,1). \tag{4.3.5}$$

其中，$g_1 \colon [0,1] \to [0,1]$ 是未知函数. 这意味着当 $x, y \in [0, m)$ 时，求解方程 (4.3.1) 可归结为刻画方程 (4.3.5) 的所有解. 幸运地是，这种情况已经完整刻画了.

设 $x, y \in (n, u]$，两个函数 $\phi_2 \colon [n, u] \to [0,1]$ 和 $\varphi_2 \colon [\lambda, f(e)] \to [0,1]$ 分别定义为 $\phi_2(x) = \dfrac{x-n}{u-n}$，$\varphi_2(x) = \dfrac{x-\lambda}{f(e)-\lambda}$. 这样存在两个连续的三角模 T_6 和 T_7 使得方程 (4.3.1) 的两边可以写成 $U(x,y) = \phi_2^{-1} T_6(\phi_2(x), \phi_2(y))$ 和 $U(f(x), f(y)) = \varphi_2^{-1} T_7(\varphi_2(f(x)), \varphi_2(f(y)))$. 故对任意 $x, y \in (n, u]$，方程 (4.3.1) 变为 $f(\phi_2^{-1} T_6(\phi_2(x), \phi_2(y))) = \varphi_2^{-1} T_7(\varphi_2(f(x)), \varphi_2(f(y)))$，从而有 $(\varphi_2 \circ f \circ \phi_2^{-1})(T_6(\phi_2(x), \phi_2(y))) =$

4.3 类柯西方程

$T_7(\varphi_2(f(x)), \varphi_2(f(y)))$. 做常规替换 $g_2 = \varphi_2 \circ f \circ \phi_2^{-1}$, $a_2 = \phi_2(x)$, $b_2 = \phi_2(y)$ 可得类柯西函数方程

$$g_2(T_6(a_2, b_2)) = T_7(g_2(a_2), g_2(b_2)), a_2, b_2 \in (0, 1]. \tag{4.3.6}$$

其中, $g_2: [0, 1] \to [0, 1]$ 是未知函数. 这意味着当 $x, y \in (n, u]$ 时, 求解方程 (4.3.1) 可归结为刻画方程 (4.3.6) 的所有解. 幸运地是, 这种情况已经完整刻画了.

设 $x, y \in [n, u]$, 两个函数 $\phi_3: [n, u] \to [0, 1]$ 和 $\varphi_3: [f(n), f(e)] \to [0, 1]$ 分别定义为 $\phi_3(x) = \dfrac{x - n}{u - n}$, $\varphi_3(x) = \dfrac{x - f(n)}{f(e) - f(n)}$. 这样存在两个连续三角模 T_8 和 T_9 使得方程 (4.3.1) 的两边可以写成 $U(x, y) = \phi_3^{-1} T_8(\phi_3(x), \phi_3(y))$ 和 $U(f(x), f(y)) = \varphi_3^{-1} T_9(\varphi_3(f(x)), \varphi_3(f(y)))$. 故对任意 $x, y \in [n, u]$, 方程 (4.3.1) 可写成 $f(\phi_3^{-1} T_8(\phi_3(x), \phi_3(y))) = \varphi_3^{-1} T_9(\varphi_3(f(x)), \varphi_3(f(y)))$, 从而有 $(\varphi_3 \circ f \circ \phi_3^{-1})(T_8(\phi_3(x), \phi_3(y))) = T_9(\varphi_3(f(x)), \varphi_3(f(y)))$. 做常规替换 $g_3 = \varphi_3 \circ f \circ \phi_3^{-1}$, $a_3 = \phi_3(x)$, $b_3 = \phi_3(y)$ 可得类柯西函数方程

$$g_3(T_8(a_3, b_3)) = T_9(g_3(a_3), g_3(b_3)), \quad a_3, b_3 \in [0, 1]. \tag{4.3.7}$$

其中, $g_3: [0, 1] \to [0, 1]$ 是未知函数. 这意味着当 $x, y \in [n, u]$ 时, 求解方程 (4.3.1) 可归结为刻画方程 (4.3.7) 的所有解. 幸运地是, 这种情况已经完整刻画了.

设 $x, y \in [0, m]$, 两个函数 $\phi_4: [0, m] \to [0, 1]$ 和 $\varphi_4: [0, f(m)] \to [0, 1]$ 分别定义为 $\phi_4(x) = \dfrac{x}{m}$, $\varphi_4(x) = \dfrac{x}{f(m)}$. 这样存在两个连续三角模 T_{10} 和 T_{11} 使得方程 (4.3.1) 的两边可以写成 $U(x, y) = \phi_4^{-1} T_{10}(\phi_4(x), \phi_4(y))$ 和 $U(f(x), f(y)) = \varphi_4^{-1} T_{11}(\varphi_4(f(x)), \varphi_4(f(y)))$. 故对任意 $x, y \in [0, m]$, 方程 (4.3.1) 可写成 $f(\phi_4^{-1} T_{10}(\phi_4(x), \phi_4(y))) = \varphi_4^{-1} T_{11}(\varphi_4(f(x)), \varphi_4(f(y)))$, 从而有 $(\varphi_4 \circ f \circ \phi_4^{-1})(T_{10}(\phi_4(x), \phi_4(y))) = T_{11}(\varphi_4(f(x)), \varphi_4(f(y)))$. 做常规替换 $g_4 = \varphi_4 \circ f \circ \phi_4^{-1}$, $a_4 = \phi_4(x)$, $b_4 = \phi_4(y)$ 可得类柯西函数方程

$$g_4(T_{10}(a_4, b_4)) = T_{11}(g_4(a_4), g_4(b_4)), \quad a_4, b_4 \in [0, 1]. \tag{4.3.8}$$

其中, $g_4: [0, 1] \to [0, 1]$ 是未知函数. 这意味着当 $x, y \in [0, m]$ 时, 求解方程 (4.3.1) 归结为刻画方程 (4.3.8) 的所有解. 幸运地是, 这种情况已经完整刻画了.

总而言之, 有下面的定理.

定理 4.3.2 考虑一致模 $U = (\lambda, u, e, T_1, T_2, h)$ 且 $U(1, \lambda) = \lambda$, 二元函数 $f: [0, 1] \to [0, 1]$ 满足 $\lambda < f(e) \leqslant u$, 及上面定义的 m、n、g_1、g_2、g_3 和 g_4, 则 f 满足方程 (4.3.1) 当且仅当下面四种情况之一成立.

(1) 若 $f(m) = 1$ 和 $f(n) = 1$, 则

① 对任意的 $x \in \mathbf{Id}(U)$ 有 $f(x) \in \mathbf{Id}(U)$.
② 对任意的 $x \in [0,1]$ 有 $U(f(x), f(e)) = f(x)$.
③ $\mathrm{Ran}(f|_{[0,m)}) \subseteq [0, \lambda]$, g_1 满足方程 (4.3.5).
④ $f|_{[m,n]} = 1$.
⑤ $\mathrm{Ran}(f|_{(n,u)}) \subseteq (\lambda, f(e)]$, g_2 满足方程 (4.3.6).
⑥ $f|_{(u,1)} = f(e)$.
⑦ 对任意 $x \in [0, \lambda]$ 有 $U(f(x), f(1)) = f(x)$; 对任意 $x \in (\lambda, 1]$ 有 $U(f(x), f(1)) = f(1)$.

(2) 若 $f(m) = 1$ 和 $f(n) \leqslant f(e)$, 则
① 对任意 $x \in \mathbf{Id}(U)$ 有 $f(x) \in \mathbf{Id}(U)$.
② 对任意 $x \in [0,1]$ 有 $U(f(x), f(e)) = f(x)$.
③ $\mathrm{Ran}(f|_{[0,m)}) \subseteq [0, \lambda]$, g_1 满足方程 (4.3.5).
④ $f|_{[m,n)} = 1$.
⑤ $\lambda < f(n) \leqslant f(e)$.
⑥ $\mathrm{Ran}(f|_{[n,u]}) \subseteq [f(n), f(e)]$, g_3 满足方程 (4.3.7).
⑦ $f|_{(u,1)} = f(e)$.
⑧ 对任意 $x \in [0, \lambda]$ 有 $U(f(x), f(1)) = f(x)$; 对任意 $x \in (\lambda, 1]$ 有 $U(f(x), f(1)) = f(1)$.

(3) 若 $f(m) \leqslant f(e)$ 和 $f(n) = 1$, 则
① 对任意 $x \in \mathbf{Id}(U)$ 有 $f(x) \in \mathbf{Id}(U)$.
② 对任意 $x \in [0,1]$ 有 $U(f(x), f(e)) = f(x)$.
③ $\mathrm{Ran}(f|_{[0,m]}) \subseteq [0, f(m)]$, g_4 满足方程 (4.3.8).
④ $f(m) \leqslant \lambda$.
⑤ $f|_{(m,n]} = 1$.
⑥ $\mathrm{Ran}(f|_{(n,u]}) \subseteq (\lambda, f(e)]$, g_2 满足方程 (4.3.6).
⑦ $f|_{(u,1)} = f(e)$.
⑧ 对任意 $x \in [0, \lambda]$ 有 $U(f(x), f(1)) = f(x)$; 对任意 $x \in (\lambda, 1]$ 有 $U(f(x), f(1)) = f(1)$.

(4) 若 $f(m) \leqslant f(e)$ 和 $f(n) \leqslant f(e)$, 则
① 对任意 $x \in \mathbf{Id}(U)$ 有 $f(x) \in \mathbf{Id}(U)$.
② 对任意 $x \in [0,1]$ 有 $U(f(x), f(e)) = f(x)$.
③ $\mathrm{Ran}(f|_{[0,m]}) \subseteq [0, f(m)]$, g_4 满足方程 (4.3.8).
④ $f|_{(m,n)} = 1$.
⑤ $f(m) \leqslant \lambda < f(n) \leqslant f(e)$.
⑥ $\mathrm{Ran}(f|_{[n,u]}) \subseteq [f(n), f(e)]$, g_3 满足方程 (4.3.7).

⑦ $f|_{(u,1)} = f(e)$.

⑧ 对任意 $x \in [0,\lambda]$ 有 $U(f(x), f(1)) = f(x)$; 对任意 $x \in (\lambda, 1]$ 有 $U(f(x), f(1)) = f(1)$.

证明 因为其他三种情况的证明是类似的, 所以只证明定理 4.3.2 情况 (1). 由引理 4.3.4、引理 4.3.5 和以上的分析, 必要性显然. 接下来证明充分性. 由定理 4.3.2 的情况 (1) ① 明显可得 $f(0)$、$f(e)$、$f(m)$、$f(n)$ 和 $f(1)$ 都是 U 的幂等元. 为了完成证明, 需要考虑下面几种情况.

(1) 假设 $x \in [0, m]$. 根据 y 的值域, 考虑下面的情况.

① 如果 $y \in [0, m)$, 由 g_1 满足方程 (4.3.5) 可知方程 (4.3.1) 成立.

② 如果 $y \in [m, 1)$, 由 $x < y$、U 的结构、定理 4.3.2 的情况 (1) ③ $\sim$ ⑥ 可得 $U(x, y) = x$ 和 $f(x) \leqslant \lambda < f(y)$. 因此方程 (4.3.1) 的左边是 $f(U(x, y)) = f(x)$, 而方程 (4.3.1) 的右边是 $U(f(x), f(y)) = \min(f(x), f(y)) = f(x)$.

③ 如果 $y = 1$, 由定理 4.3.2 的情况 (1) ⑦可知结论成立.

(2) 设 $x \in [m, n]$, 则有 $f(x) = 1$. 根据 y 的值, 考虑下面的情况.

① 如果 $y \in [0, m)$, 由 $y < x$、U 的结构和定理 4.3.2 的情况 (1) ③可得 $U(x, y) = y$ 和 $f(y) \leqslant \lambda$. 因此方程 (4.3.1) 的左边是 $f(U(x, y)) = f(y)$, 而方程 (4.3.1) 的右边是 $U(f(x), f(y)) = U(f(y), 1) = f(y)$.

② 如果 $y \in [m, n]$, 由 U 的结构可得 $m \leqslant U(x, y) \leqslant n$ 和 $f(U(x, y)) = 1$. 因此方程 (4.3.1) 的左边 $f(U(x, y)) = 1$, 而方程 (4.3.1) 的右边 $U(f(x), f(y)) = U(1, 1) = 1$.

③ 如果 $y \in (n, 1)$, 由 $x < y$、U 的结构和定理 4.3.1 的情况 (1) 可得 $U(x, y) = x$ 和 $f(y) \in (\lambda, f(e)]$. 因此方程 (4.3.1) 的左边是 $f(U(x, y)) = f(x) = 1$, 而方程 (4.3.1) 的右边是 $U(f(x), f(y)) = U(f(y), 1) = 1$.

④如果 $y = 1$, 由定理 4.3.2 的情况 (1) ⑦得结论成立.

(3) 设 $x \in (n, u]$, 则有 $f(x) \in (\lambda, f(e)]$. 根据 y 的值, 需要考虑下面的情况.

① 如果 $y \in [0, m)$, 由 $y < x$、U 的结构和定理 4.3.2 的情况 (1) 可得 $U(x, y) = y$ 和 $f(y) \leqslant \lambda$. 因此方程 (4.3.1) 的左边是 $f(U(x, y)) = f(y)$, 而方程 (4.3.1) 的右边是 $U(f(x), f(y)) = \min(f(x), f(y)) = f(y)$.

② 如果 $y \in [m, n]$, 由 $y < x$、n 的幂等性和定理 4.3.2 的情况 (1) 可得 $U(x, y) = y$ 和 $f(y) = 1$. 因此方程 (4.3.1) 的左边是 $f(U(x, y)) = f(y) = 1$, 而由 U 的结构可得方程 (4.3.1) 的右边是 $U(f(x), f(y)) = U(f(x), 1) = 1$.

③ 如果 $y \in (n, u]$, 由 g_2 满足方程 (4.3.6) 知方程 (4.3.1) 成立.

④ 如果 $y \in (u, 1)$, 由 $x < y$, U 的结构和定理 4.3.2 的情况 (1) 可得 $U(x, y) = x$ 和 $f(y) = f(e)$. 因此方程 (4.3.1) 的左边是 $f(U(x, y)) = f(x)$, 而由定理 4.3.2 的情况 (1) ② 可得方程 (4.3.1) 的右边是 $U(f(x), f(y)) = U(f(x), f(e)) = f(x)$.

⑤ 如果 $y = 1$，则由定理 4.3.2 的情况 (1) ⑦可得结论成立.

(4) 设 $x \in (u, 1)$，则有 $f(x) = f(e)$. 根据 y 的值，需要考虑下面情况.

① 如果 $y \in [0, u]$，由 $y < x$、U 的结构和定理 4.3.2 的情况 (1) 可得 $U(x, y) = y$. 因此方程 (4.3.1) 的左边是 $f(U(x, y)) = f(y)$，而由定理 4.3.2 的情况 (1) ②可得方程 (4.3.1) 的右边是 $U(f(x), f(y)) = U(f(e), f(y)) = f(y)$.

② 如果 $y \in (u, 1)$，由 U 的结构和定理 4.3.2 的情况 (1) 可得 $u < U(x, y) < 1$，$f(U(x, y)) = f(e)$ 和 $f(x) = f(y) = f(e)$. 因此方程 (4.3.1) 的左边是 $f(U(x, y)) = f(e)$，而方程 (4.3.1) 的右边是 $U(f(x), f(y)) = U(f(e), f(e)) = f(e)$.

③ 如果 $y = 1$，由定理 4.3.2 的情况 (1) ⑦可知结论成立.

(5) 设 $x = 1$，由定理 4.3.2 的情况 (1) ⑦可知结论成立.

注记 4.3.2 到目前为止，定理 4.3.2 没有明确确定 $f(1)$ 的值. 但是我们不会继续研究它，因为对我们的研究来说，它既不困难也不重要.

例 4.3.2 考虑例 4.3.1 中的 U，根据定理 4.3.2 可知

$$f_1(x) = \begin{cases} 1, & x \in \left[0, \dfrac{1}{3}\right], \\ \dfrac{1}{3}, & x \in \left(\dfrac{1}{3}, 1\right), \\ \dfrac{1}{4}, & x = 1 \end{cases}$$

和

$$f_2(x) = \begin{cases} \dfrac{(12x - 3)^c}{12} + \dfrac{1}{4}, & x \in \left[0, \dfrac{1}{4}\right], \\ \dfrac{1}{3}, & x \in \left(\dfrac{1}{4}, 1\right), \\ 1, & x = 1 \end{cases}$$

都满足方程 (4.3.1)，其中 $c > 0$.

4.3.4 情况：$f(e) = e$

引理 4.3.6 考虑一致模 $U = (\lambda, u, e, T_1, T_2, h)$ 且 $U(\lambda, 1) = \lambda$，二元函数 $f: [0, 1] \to [0, 1]$ 满足 $f(e) = e$. 若 f 满足方程 (4.3.1)，则对任意 $x \in (u, 1)$ 有 $u < f(x) < 1$.

证明 首先证明 $f(x) \neq 1$, $x \in (u, 1)$. 若不然，则存在 $x_0 \in (u, 1)$ 使得 $f(x_0) = 1$，由引理 4.3.1 可得一定存在 $x' \in (u, 1)$ 使得 $e = U(x', x_0)$，进一步可得 $f(e) = f(U(x', x_0)) = U(f(x'), f(x_0)) = U(f(x'), 1)$. 再由定理 1.2.8 可得 $f(e) = 1$ 或 $f(e) \in [0, \lambda]$. 但这与假设 $\lambda < f(e) = e < 1$ 矛盾，这样就证明了对任意的 $x \in (u, 1)$ 有 $f(x) \neq 1$.

4.3 类柯西方程

接下来证明, 对任意 $x \in (u,1)$ 有 $u < f(x)$. 若不然, 假设存在 $x_0 \in (u,1)$ 使得 $f(x_0) \leqslant u$, 则必有 $x' \in (u,1)$ 使得 $e = U(x',x_0)$. 由方程 (4.3.1) 和 U 的结构有 $f(e) = f(U(x',x_0)) = U(f(x'),f(x_0)) \leqslant \min(f(x'),f(x_0)) \leqslant f(x_0) \leqslant u < e$, 这与假设 $f(e) = e$ 矛盾.

引理 4.3.6 仅表明当 $x \in (u,1)$ 有 $f(x) \in (u,1)$, 但这并不意味着当 $x \in [0,u]$ 有 $f(x) \notin (u,1)$. 如果存在 $x \in [0,u]$ 使得 $f(x) \in (u,1)$, 情况又将怎样呢? 下面考虑这种情况.

引理 4.3.7 考虑一致模 $U = (\lambda, u, e, T_1, T_2, h)$ 且 $U(\lambda,1) = \lambda$, 二元函数 $f: [0,1] \to [0,1]$ 满足 $f(e) = e$. 进一步, 假设存在 $x_0 \in [0,u]$ 使得 $f(x_0) \in (u,1)$, 即 $\mathrm{Ran}(f|_{[0,u]}) \cap (u,1) \neq \varnothing$. 若 f 满足方程 (4.3.1), 则对任意 $x \in (u,1)$ 都有 $f(x) = e$.

证明 对任意 $x \in (u,1)$ 和上面给定的 $x_0 \in [0,u]$, 由 U 的结构可知 $x_0 = U(x,x_0)$. 再由方程 (4.3.1) 有 $f(x_0) = f(U(x,x_0)) = U(f(x),f(x_0))$, 接着应用 U 的结构有

$$h(f(x_0)) = h(f(x)) + h(f(x_0)). \tag{4.3.9}$$

现在由引理 4.3.6 和假设 $f(x_0)$ 可得 $f(x) \in (u,1)$, 这意味着 $h(f(x_0)), h(f(x)) \in (-\infty, \infty)$. 最后从方程 (4.3.9) 可知, 对任意 $x \in (u,1)$ 有 $h(f(x)) = 0$, 即 $f(x) = e$.

引理 4.3.7 只表明当 $\mathrm{Ran}(f|_{[0,u]}) \cap (u,1) \neq \varnothing$ 时, 有 $f|_{(u,1)} = e$, 但没有讨论 $f|_{[0,u]}$ 的值. 为继续研究, 接下来假设存在 $x_0 \in [0,u]$ 使得 $f(x_0) \in (u,1)$. 则可断言: 对任意 $x \in [x_0, u]$ 有 $f(x) \in (u,1)$. 事实上, 对任意 $x \in (x_0, u]$, 存在 $x' \in [0,u]$ 使得 $x_0 = U(x,x')$, 从方程 (4.3.1) 可得 $f(x_0) = U(f(x), f(x'))$, 最后从 U 的结构和引理 4.3.6 可得 $f(x) \in (u,1)$.

基于以上分析, 记 $F = \{x \in [0,u] | f(x) \in (u,1)\}$ 且规定

$$l = \inf F,$$

则 l 是幂等的, 即 $U(l,l) = l$. 事实上, 显然有 $l \leqslant u$. 若 $l = u$, 则直接得到 $U(l,l) = l$. 若 $l < u$, 任取 $x \in (l,u]$, 由 l 的定义可得 $f(x) \in (u,1)$, 再由方程 (4.3.1) 和 U 的结构有 $f(U(x,x)) = U(f(x), f(x)) \in (u,1)$. 继续使用 l 的定义有 $U(x,x) \geqslant l$. 令 $x \to l$, 则由 U 是连续的可得 $U(l,l) \geqslant l$. 同时有 $l < e$, 这意味着 $U(l,l) \leqslant l$. 因此有 $U(l,l) = l$.

虽然情况 $l = u$ 包括了对任意 $x \in [0,u]$ 有 $f(x) \notin (u,1)$ 的情况, 但是必须单独研究它, 这是因为不能使用引理 4.3.7, 所以不能确定 f 在区间 (u,l) 上的值. 故根据 $\mathrm{Ran}(f|_{[0,u]})$ 和 $(u,1)$ 的关系, 需要考虑下面两种子情况: $\mathrm{Ran}(f|_{[0,u]}) \cap (u,1) \neq \varnothing$ 和 $\mathrm{Ran}(f|_{[0,u]}) \cap (u,1) = \varnothing$.

首先, 考虑 $\mathrm{Ran}(f|_{[0,u]}) \cap (u,1) \neq \varnothing$ 的情况.

1. 子情况: $\mathrm{Ran}(f|_{[0,u]}) \cap (u,1) \neq \varnothing$

引理 4.3.8 考虑一致模 $U = (\lambda, u, e, T_1, T_2, h)$ 且 $U(1,\lambda) = \lambda$, 二元函数 $f: [0,1] \to [0,1]$ 满足 $f(e) = e$, $\mathrm{Ran}(f|_{[0,u]}) \cap (u,1) \neq \varnothing$ 和上面定义的 l. 若 f 满足方程 (4.3.1), 则下面结论成立.

(1) $\mathrm{Ran}(f|_{(l,u]}) \subseteq (u,1)$.

(2) 对任意 $x \in [0,l)$, 要么 $f(x) \in [0,u]$, 要么 $f(x) = 1$.

(3) 若 $f(l) \in (u,1)$, 则 $f|_{[l,u]} = e$.

证明 根据 l 的定义, 引理 4.3.8 (1) 和 (2) 显然成立. 因此只需证明当 $f(l) \in (u,1)$ 有 $f|_{[l,u]} = e$. 显然, 由 U 的结构和 l 的幂等性可知, 对任意 $x \in [l,u]$ 有 $l = U(x,l)$. 再由方程 (4.3.1) 可得 $f(l) = f(U(x,l)) = U(f(x), f(l))$. 最后由引理 4.3.8 (1) 和引理 4.3.7 的证明有 $f|_{[l,u]} = e$.

从引理 4.3.8(3) 可知, $f(l)$ 对于判断 f 在区间 $[l,1)$ 上的值是至关重要的, 以及 $\mathrm{Ran}(f|_{[0,u]}) \cap (u,1) \neq \varnothing$ 不能确保 $f(l) \in (u,1)$. 为讨论引理 4.3.8 $\mathrm{Ran}(f|_{[0,u]}) \cap (u,1) \neq \varnothing$, 还需要研究 $f(l) \in (u,1)$ 和 $f(l) \notin (u,1)$ 两种子情况.

首先讨论 $f(l) \notin (u,1)$ 和 $\mathrm{Ran}(f|_{[0,u]}) \cap (u,1) \neq \varnothing$ 的情况. 由引理 4.3.8 可知, 对任意 $x \in [0,l)$, $f(x) \in [0,u]$ 或 $f(x) = 1$. 除了满足引理 4.3.8 的要求外, 还假设存在 $x_0, y_0 \in [0,l]$ 和 $x_0 < y_0$ 使得 $f(x_0) = f(y_0) = 1$, 但这不是关键的. 则可断言: 对任意 $x \in [x_0, y_0]$ 有 $f(x) = 1$. 事实上, 对任意 $x \in [x_0, y_0]$, 存在 $x_1, y_1 \in [0,l]$ 使得 $x_0 = U(x_1, x)$ 和 $x = U(y_1, y_0)$. 从方程 (4.3.1) 分别可得

$$1 = f(x_0) = f(U(x_1, x)) = U(f(x_1), f(x)) \tag{4.3.10}$$

和

$$f(x) = f(U(y_1, y_0)) = U(f(y_1), f(y_0)) = U(f(y_1), 1). \tag{4.3.11}$$

借助 U 的结构和引理 4.3.8, 从方程 (4.3.10) 可得 $u \geqslant f(x) > \lambda$ 或 $f(x) = 1$, 从方程 (4.3.11) 可得 $f(x) \leqslant \lambda$ 或 $f(x) = 1$. 因为方程 (4.3.10) 和方程 (4.3.11) 必须同时成立, 所以对任意 $x \in [x_0, y_0]$ 有 $f(x) = 1$,

基于以上的分析, 记 $E_1 = \{x \in [0,l] | f(x) = 1\}$ 并规定

$$m_1 = \inf E_1 \text{ 且 } n_1 = \sup E_1,$$

那么断言: m_1 和 n_1 都是幂等的, 即 $U(m_1, m_1) = m_1$ 和 $U(n_1, n_1) = n_1$. 首先证明 $U(m_1, m_1) = m_1$. 不失一般性, 假设 $0 < m_1 < n_1$, 任取 $x \in (m_1, n_1)$, 则有 $f(x) = 1$, 进一步可得 $f(U(x,x)) = U(f(x), f(x)) = U(1,1) = 1$. 根据 m_1 的定义有 $U(x,x) \geqslant m_1$. 令 $x \to m_1$, 则有 $U(m_1, m_1) \geqslant m_1$. 同时由 $m_1 < e$ 有 $U(m_1, m_1) \leqslant m_1$, 因此 $U(m_1, m_1) = m_1$.

接下来证明 $U(n_1,n_1)=n_1$. 显然有 $n_1 \leqslant l$. 若 $n_1=l$, 直接得到 $U(n_1,n_1)=n_1$. 现在考虑 $n_1<l$ 的情况. 令 $x\in(n_1,l)$, 由引理 4.3.8 和 n_1 的定义可知 $f(x)\leqslant u$, 进而有 $f(U(x,x))=U(f(x),f(x))\in[0,u]$. 根据 m_1 和 n_1 的定义有 $U(x,x)\leqslant m_1$ 或 $U(x,x)\geqslant n_1$. 现在断言第一种情况不可能. 若不然, 假设 $U(x,x)\leqslant m_1$ 且注意到 m_1 是幂等的, 由 $x>m_1$ 可得 $U(x,x)\geqslant m_1$, 因此有 $U(x,x)=m_1$ 和 $f(m_1)\neq 1$. 基于 U 的单调性对任意 $y\in[m_1,x]$ 有 $U(y,y)=m_1$. 另外, 考虑到 $x_0\in(m_1,n_1)$, 则有 $f(m_1)=f(U(x_0,x_0))=U(f(x_0),f(x_0))=U(1,1)=1$, 这与 $f(m_1)\neq 1$ 矛盾. 因此对任意 $x\in(n_1,l]$ 有 $U(x,x)\geqslant n_1$, 这样有 $U(n_1,n_1)=n_1$.

现在确定 $f|_{[0,l]}$ 的值. 由 $f(m_1)$ 和 $f(n_1)$ 可能的值, 需要考虑下面情况.

引理 4.3.9 考虑一致模 $U=(\lambda,u,e,T_1,T_2,h)$ 且 $U(1,\lambda)=\lambda$, m_1、n_1、l 定义如上, 二元函数 $f:[0,1]\to[0,1]$ 满足 $f(e)=e$, $f(l)\notin(u,1)$ 和 $\mathrm{Ran}(f|_{[0,u]})\cap(u,1)\neq\varnothing$. 若 f 满足方程 (4.3.1), 则下面四种情况之一成立.

(1) 若 $f(m_1)=1$ 且 $f(n_1)=1$, 则 $\mathrm{Ran}(f|_{[0,m_1)})\subseteq[0,\lambda]$, $f|_{[m_1,n_1]}=1$, $\mathrm{Ran}(f|_{(n_1,l]})\subseteq(\lambda,u]$.

(2) 若 $f(m_1)=1$, $f(n_1)\leqslant u$, 则 $\mathrm{Ran}(f|_{[0,m_1)})\subseteq[0,\lambda]$, $f|_{[m_1,n_1)}=1$, $\lambda<f(n_1)\leqslant u$, $\mathrm{Ran}(f|_{[n_1,l]})\subseteq[f(n_1),u]$.

(3) 若 $f(m_1)\leqslant u$, $f(n_1)=1$, 则 $\mathrm{Ran}(f|_{[0,m_1]})\subseteq[0,f(m_1)]$, $f(m_1)\leqslant\lambda$, $f|_{(m_1,n_1]}=1$, $\mathrm{Ran}(f|_{(n_1,l]})\subseteq(\lambda,u]$.

(4) 若 $f(m_1)\leqslant u$, $f(n_1)\leqslant u$, 则 $\mathrm{Ran}(f|_{[0,m_1]})\subseteq[0,f(m_1)]$, $f|_{(m_1,n_1)}=1$, $f(m_1)\leqslant\lambda<f(n_1)$, $\mathrm{Ran}(f|_{[n_1,l]})\subseteq[f(n_1),u]$.

证明 (1) 显然, 由 m_1 的定义和 U 的结构可得对任意 $x\in[0,m_1)$ 有 $f(x)\leqslant u$ 和 $x=U(x,m_1)$. 再由方程 (4.3.1) 和假设 $f(m_1)=1$ 有 $f(x)=f(U(x,m_1))=U(f(m_1),f(x))=U(1,f(x))$. 最后使用 U 的结构可知, 对任意 $x\in[0,m_1)$ 有 $f(x)\leqslant\lambda$.

令 $x\in(n_1,l]$, 由 n_1 的定义和 U 的结构可得 $n_1=U(x,n_1)$, 再由方程 (4.3.1) 可得 $f(n_1)=U(f(n_1),f(x))$, 注意到 $f(n_1)=1$, 从而有 $f(x)>\lambda$. 最后由引理 4.3.8 和 l 的定义可得 $\mathrm{Ran}(f|_{(n_1,l]})\subseteq(\lambda,u]$.

注意到剩下的情况是显然的, 这样就完成了引理 4.3.9 (1) 的证明.

(2) 根据引理 4.3.9 (1), 只需证明 $\lambda<f(n_1)\leqslant u$ 和 $\mathrm{Ran}(f|_{[n_1,l]})\subseteq[f(n_1),u]$. 首先证明 $\lambda<f(n_1)\leqslant u$. 注意到 $m_1=U(m_1,n_1)$, 由方程 (4.3.1) 可得 $1=f(m_1)=f(U(m_1,n_1))=U(f(m_1),f(n_1))=U(1,f(n_1))$, 从而有 $f(n_1)>\lambda$. 最后由假设 $f(n_1)\leqslant u$ 可得 $\lambda<f(n_1)\leqslant u$.

对任意 $x\in[n_1,l]$, 显然有 $f(x)\leqslant u$ 和 $n_1=U(x,n_1)$. 由方程 (4.3.1) 可知 $f(n_1)=f(U(x,n_1))=U(f(x),f(n_1))=\min(f(n_1),f(x))\leqslant f(x)$. 最后由引理 4.3.8 可得 $\mathrm{Ran}(f|_{[n_1,l]})\subseteq[f(n_1),u]$.

(3) 对任意 $x \in [0, m_1)$, 由 m_1 的定义和 U 的结构得 $f(x) \leqslant u$ 和 $x = U(x, m_1)$. 再由方程 (4.3.1) 和假设 $f(m_1) \leqslant u$ 可得 $f(x) = f(U(x, m_1)) = U(f(m_1), f(x)) \leqslant \min(f(m_1), f(x)) \leqslant f(m_1)$. 注意到 $m_1 = U(m_1, n_1)$, 则由方程 (4.3.1) 和 $f(n_1) = 1$ 可得 $f(m_1) = f(U(m_1, n_1)) = U(f(m_1), f(n_1)) = U(1, f(m_1))$, 从而有 $f(m_1) \leqslant \lambda$.

对任意 $x \in (n_1, l)$, 由 $n_1 = U(x, n_1)$ 和 $f(n_1) = 1$ 可得 $1 = f(n_1) = f(U(x, n_1)) = U(f(x), f(n_1)) = U(1, f(x))$, 这意味着 $f(x) > \lambda$. 最后由引理 4.3.8 得 $\mathrm{Ran}(f|_{(n_1, l)]}) \subseteq (\lambda, u]$.

注意到剩下的情况是显而易见的, 这样就完成了引理 4.3.9 (3) 的证明.

(4) 由 m_1 和 n_1 的定义可知, 对任意 $x_0 \in (m_1, n_1)$ 有 $m_1 = U(m_1, x_0)$, 再由方程 (4.3.1) 可得 $f(m_1) = f(U(m_1, x_0)) = U(f(m_1), f(x_0)) = U(1, f(m_1))$, 从而有 $f(m_1) \leqslant \lambda$. 类似地有 $x_0 = U(n_1, x_0)$ 和 $1 = f(x_0) = f(U(n_1, x_0)) = U(f(n_1), 1))$, 从而有 $f(n_1) > \lambda$.

注意到剩下的情况是显而易见的, 这样就完成了引理 4.3.9 (4) 的证明.

尽管从引理 4.3.9 可知 $f|_{[0,u]}$ 的值域和函数 $f|_{(m_1, n_1)}$ 的所有值, 但是 f 在剩下定义域的值还没有确定. 为了刻画它们, 需要下面的解释.

设 $x, y \in [0, m_1)$, 定义两个函数 $\phi_5 \colon [0, m_1] \to [0, 1]$ 和 $\varphi_5 \colon [0, \lambda] \to [0, 1]$ 分别为 $\phi_5(x) = \dfrac{x}{m_1}$ 和 $\varphi_5(x) = \dfrac{x}{\lambda}$. 这样存在连续三角模 T_{12} 使得方程 (4.3.1) 的两边可以写成 $U(x, y) = \phi_5^{-1} T_{12}(\phi_5(x), \phi_5(y))$ 和 $U(f(x), f(y)) = \varphi_5^{-1} T_1(\varphi_5(f(x)), \varphi_5(f(y)))$. 故对任意 $x, y \in [0, m_1)$, 方程 (4.3.1) 变为 $f(\phi_5^{-1} T_{12}(\phi_5(x), \phi_5(y))) = \varphi_5^{-1} T_1(\varphi_5(f(x)), \varphi_5(f(y)))$, 从而有 $(\varphi_5 \circ f \circ \phi_5^{-1})(T_{12}(\phi_5(x), \phi_5(y))) = T_1(\varphi_5(f(x)), \varphi_5(f(y)))$. 做常规替换 $g_5 = \varphi_5 \circ f \circ \phi_5^{-1}$, $a_5 = \phi_5(x)$, $b_5 = \phi_5(y)$, 可得类柯西函数方程

$$g_5(T_{12}(a_5, b_5)) = T_1(g_5(a_5), g_5(b_5)), \quad a_5, b_5 \in [0, 1). \tag{4.3.12}$$

其中, $g_5 \colon [0, 1] \to [0, 1]$ 是未知函数. 这意味着当 $x, y \in [0, m_1)$ 时求解方程 (4.3.1) 归结为刻画方程 (4.3.12) 的所有解. 幸运地是, 这种情况已经完整刻画了.

设 $x, y \in (n_1, l]$, 定义两个函数 $\phi_6 \colon [n_1, l] \to [0, 1]$ 和 $\varphi_6 \colon [\lambda, u] \to [0, 1]$ 分别为 $\phi_6(x) = \dfrac{x - n_1}{l - n_1}$ 和 $\varphi_6(x) = \dfrac{x - \lambda}{u - \lambda}$. 这样存在连续三角模 T_{13} 使得方程 (4.3.1) 两边可写成 $U(x, y) = \phi_6^{-1} T_{13}(\phi_6(x), \phi_6(y))$ 和 $U(f(x), f(y)) = \varphi_6^{-1} T_2(\varphi_6(f(x)), \varphi_6(f(y)))$. 故对任意 $x, y \in (n_1, l]$, 方程 (4.3.1) 变为 $f(\phi_6^{-1} T_{13}(\phi_6(x), \phi_6(y))) = \varphi_6^{-1} T_2(\varphi_6(f(x)), \varphi_6(f(y)))$, 从而有 $(\varphi_6 \circ f \circ \phi_6^{-1})(T_{13}(\phi_6(x), \phi_6(y))) = T_2(\varphi_6(f(x)), \varphi_6(f(y)))$. 做常规替换 $g_6 = \varphi_6 \circ f \circ \phi_6^{-1}$, $a_6 = \phi_6(x)$, $b_6 = \phi_6(y)$, 可得类柯西函数方程

$$g_6(T_{13}(a_6, b_6)) = T_2(g_6(a_6), g_6(b_6)), \quad a_6, b_6 \in (0, 1]. \tag{4.3.13}$$

4.3 类柯西方程

其中, $g_6\colon [0,1]\to [0,1]$ 是未知函数. 这意味着当 $x,y\in (n_1,l)$ 时, 求解方程 (4.3.1) 归结为刻画方程 (4.3.13) 的所有解. 幸运地是, 这种情况已经完整刻画了.

设 $x,y\in [n_1,l]$, 定义两个函数 $\phi_7\colon [n_1,l]\to [0,1]$ 和 $\varphi_7\colon [f(n_1),u]\to [0,1]$ 分别为 $\phi_7(x)=\dfrac{x-n_1}{l-n_1}$ 和 $\varphi_7(x)=\dfrac{x-f(n_1)}{u-f(n_1)}$. 这样存在两个连续三角模 T_{14} 和 T_{15} 使得方程 (4.3.1) 的两边可以写成 $U(x,y)=\phi_7^{-1}T_{14}(\phi_7(x),\phi_7(y))$ 和 $U(f(x),f(y))=\varphi_7^{-1}T_{15}(\varphi_7(f(x)),\varphi_7(f(y)))$. 故对任意 $x,y\in [n_1,l]$, 方程 (4.3.1) 变为 $f(\phi_7^{-1}T_{14}(\phi_7(x),\phi_7(y)))=\varphi_7^{-1}T_{15}(\varphi_7(f(x)),\varphi_7(f(y)))$, 从而有 $(\varphi_7\circ f\circ \phi_7^{-1})(T_{14}(\phi_7(x),\phi_7(y)))=T_{15}(\varphi_7(f(x)),\varphi_7(f(y)))$. 做常规替换 $g_7=\varphi_7\circ f\circ \phi_7^{-1}$, $a_7=\phi_7(x)$, $b_7=\phi_7(y)$, 可得类柯西函数方程

$$g_7(T_{14}(a_7,b_7))=T_{15}(g_7(a_7),g_7(b_7)),\quad a_7,\ b_7\in [0,1]. \tag{4.3.14}$$

其中, $g_7\colon [0,1]\to [0,1]$ 是未知函数. 这意味着当 $x,y\in [n_1,l]$ 时求解方程 (4.3.1) 归结为刻画方程 (4.3.14) 的所有解. 幸运地是, 这种情况已经完整刻画了.

设 $x,y\in [0,m_1]$, 定义两个函数 $\phi_8\colon [0,m_1]\to [0,1]$ 和 $\varphi_8\colon [0,f(m_1)]\to [0,1]$ 分别为 $\phi_8(x)=\dfrac{x}{m_1}$ 和 $\varphi_8(x)=\dfrac{x}{f(m_1)}$. 这样存在两个连续三角模 T_{16} 和 T_{17} 使得方程 (4.3.1) 的两边可以分别写成 $U(x,y)=\phi_8^{-1}T_{16}(\phi_8(x),\phi_8(y))$ 和 $U(f(x),f(y))=\varphi_8^{-1}T_{17}(\varphi_8(f(x)),\varphi_8(f(y)))$. 因此对任意 $x,y\in [0,m_1]$, 方程 (4.3.1) 可以进一步写成 $f(\phi_8^{-1}T_{16}(\phi_8(x),\phi_8(y)))=\varphi_8^{-1}T_{17}(\varphi_8(f(x)),\varphi_8(f(y)))$, 故有 $(\varphi_8\circ f\circ \phi_8^{-1})(T_{16}(\phi_8(x),\phi_8(y)))=T_{17}(\varphi_8(f(x)),\varphi_8(f(y)))$. 做常规替换 $g_8=\varphi_8\circ f\circ \phi_8^{-1}$, $a_8=\phi_8(x)$, $b_8=\phi_8(y)$, 可得类柯西函数方程

$$g_8(T_{16}(a_8,b_8))=T_{17}(g_8(a_8),g_8(b_8)),\quad a_8,\ b_8\in [0,1]. \tag{4.3.15}$$

其中, $g_8\colon [0,1]\to [0,1]$ 是未知函数. 这意味着当 $x,y\in [0,m_1]$ 时求解方程 (4.3.1) 归结为刻画方程 (4.3.15) 的所有解. 幸运地是, 这种情况已经完整刻画了.

设 $x,y\in (l,u)$, 定义两个函数 $\phi_9\colon [l,u]\to [0,1]$ 和 $\varphi_9\colon [u,1]\to [0,1]$ 分别为 $\phi_9(x)=\dfrac{x-l}{u-l}$ 和 $\varphi_9(x)=\dfrac{x-u}{1-u}$. 这样存在连续三角模 T_{18} 和可表示的一致模 U_R 使得方程 (4.3.1) 的两边可以写成 $U(x,y)=\phi_9^{-1}T_{18}(\phi_9(x),\phi_9(y))$ 和 $U(f(x),f(y))=\varphi_9^{-1}U_R(\varphi_9(f(x)),\varphi_9(f(y)))$. 因此对任意 $x,y\in (l,u)$, 方程 (4.3.1) 为 $f(\phi_9^{-1}T_{18}(\phi_9(x),\phi_9(y)))=\varphi_9^{-1}U_R(\varphi_9(f(x)),\varphi_9(f(y)))$, 从而有 $(\varphi_9\circ f\circ \phi_9^{-1})(T_{18}(\phi_9(x),\phi_9(y)))=U_R(\varphi_9(f(x)),\varphi_9(f(y)))$. 做常规替换 $g_9=\varphi_9\circ f\circ \phi_9^{-1}$, $a_9=\phi_9(x)$, $b_9=\phi_9(y)$, 可得类柯西函数方程

$$g_9(T_{18}(a_9,b_9))=U_R(g_9(a_9),g_9(b_9)),\quad a_9,\ b_9\in (0,1). \tag{4.3.16}$$

其中, $g_9: [0,1] \to [0,1]$ 是未知函数. 这意味着当 $x, y \in (l, u]$ 时求解方程 (4.3.1) 归结为刻画方程 (4.3.16) 的所有解. 幸运地是, 这种情况已经完整刻画了.

定理 4.3.3 考虑一致模 $U = (\lambda, u, e, T_1, T_2, h)$ 且 $U(1, \lambda) = \lambda$, m_1、n_1、l、g_5、g_6、g_7、g_8、g_9 定义如上, 二元函数 $f: [0,1] \to [0,1]$ 满足 $f(e) = e$, $f(l) \notin (u, 1)$, $\operatorname{Ran}(f|_{[0,u]}) \cap (u, 1) \neq \varnothing$. 则 f 满足方程 (4.3.1) 当且仅当下面四种情况之一成立.

(1) 若 $f(m_1) = 1$ 且 $f(n_1) = 1$, 则

① 对任意 $x \in \mathbf{Id}(U)$ 有 $f(x) \in \mathbf{Id}(U)$.

② 对任意 $x \in [0, 1]$ 有 $U(f(x), f(e)) = f(x)$.

③ $\operatorname{Ran}(f|_{[0, m_1)}) \subseteq [0, \lambda]$, g_5 满足方程 (4.3.12).

④ $f|_{[m_1, n_1]} = 1$.

⑤ $\operatorname{Ran}(f|_{(n_1, l)}) \subseteq (\lambda, u]$, g_6 满足方程 (4.3.13).

⑥ $\operatorname{Ran}(f|_{(l, u]}) \subseteq (u, 1)$, g_9 满足方程 (4.3.16).

⑦ $f|_{(u, 1)} = e$.

⑧ 对任意 $x \in [0, \lambda]$ 有 $U(f(x), f(1)) = f(x)$; 对任意 $x \in (\lambda, 1]$ 有 $U(f(x), f(1)) = f(1)$.

(2) 若 $f(m_1) = 1$ 且 $f(n_1) \leqslant u$, 则

① 对任意 $x \in \mathbf{Id}(U)$ 有 $f(x) \in \mathbf{Id}(U)$.

② 对任意 $x \in [0, 1]$ 有 $U(f(x), f(e)) = f(x)$.

③ $\operatorname{Ran}(f|_{[0, m_1)}) \subseteq [0, \lambda]$, g_5 满足方程 (4.3.12).

④ $f|_{[m_1, n_1)} = 1$.

⑤ $\lambda < f(n_1) \leqslant u$.

⑥ $\operatorname{Ran}(f|_{[n_1, l]}) \subseteq [f(n_1), u]$, g_7 满足方程 (4.3.14).

⑦ $\operatorname{Ran}(f|_{(l, u]}) \subseteq (u, 1)$, g_9 满足方程 (4.3.16).

⑧ $f|_{(u, 1)} = e$.

⑨ 对任意 $x \in [0, \lambda]$ 有 $U(f(x), f(1)) = f(x)$; 对任意 $x \in (\lambda, 1]$ 有 $U(f(x), f(1)) = f(1)$.

(3) 若 $f(m_1) \leqslant u$ 且 $f(n_1) = 1$, 则

① 对任意 $x \in \mathbf{Id}(U)$ 有 $f(x) \in \mathbf{Id}(U)$.

② 对任意 $x \in [0, 1]$ 有 $U(f(x), f(e)) = f(x)$.

③ $\operatorname{Ran}(f|_{[0, m_1]}) \subseteq [0, f(m_1)]$, g_8 满足方程 (4.3.15).

④ $f(m_1) \leqslant \lambda$.

⑤ $f|_{(m_1, n_1]} = 1$.

⑥ $\operatorname{Ran}(f|_{(n_1, l]}) \subseteq (\lambda, u]$, g_6 满足方程 (4.3.13).

⑦ $\operatorname{Ran}(f|_{(l, u]}) \subseteq (u, 1]$, g_9 满足方程 (4.3.16).

⑧ $f|_{(u,1)} = e$.

⑨ 对任意 $x \in [0,\lambda]$ 有 $U(f(x), f(1)) = f(x)$；对任意 $x \in (\lambda,1]$ 有 $U(f(x), f(1)) = f(1)$.

(4) 若 $f(m_1) \leqslant u$ 且 $f(n_1) \leqslant u$，则

① 对任意 $x \in \mathbf{Id}(U)$ 有 $f(x) \in \mathbf{Id}(U)$.

② 对任意 $x \in [0,1]$ 有 $U(f(x), f(e)) = f(x)$.

③ $\mathrm{Ran}(f|_{[0,m_1]}) \subseteq [0, f(m_1)]$，$g_8$ 满足方程 (4.3.15).

④ $f|_{(m_1,n_1)} = 1$.

⑤ $f(m_1) \leqslant \lambda < f(n_1) \leqslant u$.

⑥ $\mathrm{Ran}(f|_{[n_1,l]}) \subseteq [f(n_1), u]$，$g_7$ 满足方程 (4.3.14).

⑦ $\mathrm{Ran}(f|_{(l,u]}) \subseteq (u, 1]$，$g_9$ 满足方程 (4.3.16).

⑧ $f|_{(u,1)} = e$.

⑨ 对任意 $x \in [0,\lambda]$ 有 $U(f(x), f(1)) = f(x)$；对任意 $x \in (\lambda,1]$ 有 $U(f(x), f(1)) = f(1)$.

证明 因为其他三种情况的证明是类似的，所以只证明定理 4.3.3 (1). 由引理 4.3.6 ∼ 引理 4.3.9 以及以上面的分析，必要性是显然的. 接下来证明充分性. 显然，由定理 4.3.3 的情况 (1)①可得 $f(0)$、$f(e)$、$f(m_1)$、$f(n_1)$、$f(l)$、$f(u)$ 和 $f(1)$ 是 U 的幂等元. 为了完成证明，需要考虑下面几种情况.

(1) 设 $x \in [0, m_1)$. 根据 y 的值，考虑下面的情况.

① 若 $y \in [0, m_1)$，由 g_5 满足方程 (4.3.12)，则方程 (4.3.1) 成立.

② 若 $y \in [m_1, 1)$，由 $x < y$，m_1 的定义和定理 4.3.3 的情况 (1) 可得 $U(x,y) = x$ 和 $f(x) \leqslant \lambda < f(y)$. 因此方程 (4.3.1) 的左边是 $f(U(x,y)) = f(x)$，而方程 (4.3.1) 的右边是 $U(f(x), f(y)) = \min(f(x), f(y)) = f(x)$.

③ 若 $y = 1$，由定理 4.3.3 的情况 (1)⑧ 可知结论成立.

(2) 设 $x \in [m_1, n_1]$，则有 $f(x) = 1$. 根据 y 的值，考虑下面的情况.

① 若 $y \in [0, m_1)$，由 $y < x$，m_1 的定义和定理 4.3.3 的情况 (1) 可得 $U(x,y) = y$ 和 $f(y) \leqslant \lambda$. 因此方程 (4.3.1) 的左边是 $f(U(x,y)) = f(y)$，而方程 (4.3.1) 的右边是 $U(f(x), f(y)) = U(f(y), 1) = f(y)$.

② 若 $y \in [m_1, n_1]$，由 m_1 和 n_1 的定义可得 $m_1 \leqslant U(x,y) \leqslant n_1$ 和 $f(U(x,y)) = 1$. 故方程 (4.3.1) 的左边是 $f(U(x,y)) = 1$，而方程 (4.3.1) 的右边是 $U(f(x), f(y)) = U(1,1) = 1$.

③ 若 $y \in (n_1, 1)$，由 $x < y$，n_1 的定义和定理 4.3.3 的情况 (1) 可得 $U(x,y) = x$ 和 $f(y) > \lambda$. 因此由 U 的结构可得方程 (4.3.1) 的左边是 $f(U(x,y)) = f(x) = 1$，而方程 (4.3.1) 的右边是 $U(f(x), f(y)) = U(f(y), 1) = 1$.

④ 若 $y = 1$，由定理 4.3.3 的情况 (1)⑧可知结论成立.

(3) 设 $x \in (n_1, l]$，则可得 $f(x) \in (\lambda, u]$. 根据 y 的值，考虑如下情况.

① 若 $y \in [0, m_1)$，由 $y < x$，m_1 的定义和定理 4.3.3 的情况 (1) 可得 $U(x, y) = y$ 和 $f(y) \leqslant \lambda$. 因此方程 (4.3.1) 的左边是 $f(U(x, y)) = f(y)$，而方程 (4.3.1) 的右边是 $U(f(x), f(y)) = \min(f(x), f(y)) = f(y)$.

② 若 $y \in [m_1, n_1]$，由 $y < x$，n_1 的定义和定理 4.3.3 的情况 (1) 可得 $U(x, y) = y$ 和 $f(y) = 1$. 因此方程 (4.3.1) 的左边是 $f(U(x, y)) = f(y) = 1$，而由 U 的结构可得方程 (4.3.1) 的右边是 $U(f(x), f(y)) = U(f(x), 1) = 1$.

③ 若 $y \in (n_1, l]$，因为 g_6 满足方程 (4.3.13)，则方程 (4.3.1) 成立.

④ 若 $y \in (l, 1)$，由 $x < y$，l 的定义和定理 4.3.3 的情况 (1) 可得 $U(x, y) = x$ 和 $u < f(y) < 1$. 因此方程 (4.3.1) 的左边是 $f(U(x, y)) = f(x)$，而方程 (4.3.1) 的右边是 $U(f(x), f(y)) = \min(f(x), f(y)) = f(x)$.

⑤ 若 $y = 1$，由定理 4.3.3 的情况 (1)⑧可知结论成立.

(4) 设 $x \in (l, u]$，则可得 $f(x) \in (u, 1)$. 根据 y 的值，考虑下面的情况.

① 若 $y \in [0, l]$，由 $y < x$，l 的定义和定理 4.3.3 的情况 (1) 可得 $U(x, y) = y$ 和 $f(y) \leqslant u$ 或 $f(y) = 1$. 因此方程 (4.3.1) 的左边是 $f(U(x, y)) = f(y)$，而由 U 的结构可得方程 (4.3.1) 的右边是 $U(f(x), f(y)) = f(y)$.

② 若 $y \in (l, u]$，因为 g_9 满足方程 (4.3.16)，所以方程 (4.3.1) 成立.

③ 若 $y \in (u, 1)$，由 $x < y$，u 的定义和定理 4.3.3 的情况 (1) 可得 $U(x, y) = x$ 和 $f(y) = e$. 因此方程 (4.3.1) 的左边是 $f(U(x, y)) = f(x)$，而方程 (4.3.1) 的右边是 $U(f(x), f(y)) = U(f(x), e) = f(x)$.

④ 若 $y = 1$，由定理 4.3.3 的情况 (1)⑧可知结论成立.

(5) 设 $x \in (u, 1)$，则可得 $f(x) = e$. 根据 y 的值，考虑下面的情况.

① 若 $y \in [0, u]$，由 $y < x$，u 的定义和定理 4.3.3 的情况 (1) 可得 $U(x, y) = y$. 因此方程 (4.3.1) 的左边是 $f(U(x, y)) = f(y)$，方程 (4.3.1) 的右边是 $U(f(x), f(y)) = U(e, f(y)) = f(y)$.

② 若 $y \in (u, 1)$，由 u 的定义和定理 4.3.3 的情况 (1) 可得 $u < U(x, y) < 1$，$f(U(x, y)) = e$ 和 $f(y) = e$. 因此方程 (4.3.1) 的左边是 $f(U(x, y)) = e$，而方程 (4.3.1) 的右边是 $U(f(x), f(y)) = U(e, e) = e$.

③ 若 $y = 1$，由定理 4.3.3 的情况 (1)⑧可知结论成立.

(6) 设 $x = 1$，由定理 4.3.3 的情况 (1)⑧可知结论成立.

现在考虑子情况 $\mathrm{Ran}(f|_{[0,u]}) \cap (u, 1) \neq \varnothing$，$f(l) \in (u, 1)$. 首先注意到条件 $f(l) \in (u, 1)$ 意味着 $\mathrm{Ran}(f|_{[0,u]}) \cap (u, 1) \neq \varnothing$. 因此在下面的定理 4.3.4 可以省略多余的条件 $\mathrm{Ran}(f|_{[0,u]}) \cap (u, 1) \neq \varnothing$. 然后注意到定理 4.3.3 中 $f|_{(l,u)} \subseteq (u, 1]$ 包括定理 4.3.4 中的 $f|_{(l,u)} = e$，这样定理 4.3.4 可以看成定理 4.3.3 的退化. 所以在这里省略定理 4.3.4 的证明只列出它的结果.

4.3 类柯西方程

定理 4.3.4 考虑一致模 $U = (\lambda, u, e, T_1, T_2, h)$ 且 $U(1, \lambda) = \lambda$,m_1、n_1、l、g_5、g_6、g_7、g_8 定义如上,二元函数 $f : [0,1] \to [0,1]$ 满足 $f(e) = e$ 和 $f(l) \in (u, 1)$. 则 f 满足方程 (4.3.1) 当且仅当下面四种情况之一成立.

(1) 若 $f(m_1) = 1$ 且 $f(n_1) = 1$,则

① 对任意 $x \in \mathbf{Id}(U)$ 有 $f(x) \in \mathbf{Id}(U)$.
② 对任意 $x \in [0,1]$ 有 $U(f(x), f(e)) = f(x)$.
③ $\text{Ran}(f|_{[0,m_1]}) \subseteq [0, \lambda]$, g_5 满足方程 (4.3.12).
④ $f|_{[m_1, n_1]} = 1$.
⑤ $\text{Ran}(f|_{(n_1, l)}) \subseteq (\lambda, u]$, g_6 满足方程 (4.3.13).
⑥ $f|_{[l,1)} = e$.
⑦ 对任意 $x \in [0, \lambda]$ 有 $U(f(x), f(1)) = f(x)$;对任意 $x \in (\lambda, 1]$ 有 $U(f(x), f(1)) = f(1)$.

(2) 若 $f(m_1) = 1$ 且 $f(n_1) \leqslant u$,则

① 对任意 $x \in \mathbf{Id}(U)$ 有 $f(x) \in \mathbf{Id}(U)$.
② 对任意 $x \in [0,1]$ 有 $U(f(x), f(e)) = f(x)$.
③ $\text{Ran}(f|_{[0,m_1]}) \subseteq [0, \lambda]$, g_5 满足方程 (4.3.12).
④ $f|_{[m_1, n_1)} = 1$.
⑤ $\lambda < f(n_1) \leqslant u$.
⑥ $\text{Ran}(f|_{[n_1, l)}) \subseteq (f(n_1), u]$, g_7 满足方程 (4.3.14).
⑦ $f|_{[l,1)} = e$.
⑧ 对任意 $x \in [0, \lambda]$ 有 $U(f(x), f(1)) = f(x)$;对任意 $x \in (\lambda, 1]$ 有 $U(f(x), f(1)) = f(1)$.

(3) 若 $f(m_1) \leqslant u$ 和 $f(n_1) = 1$,则

① 对任意 $x \in \mathbf{Id}(U)$ 有 $f(x) \in \mathbf{Id}(U)$.
② 对任意 $x \in [0,1]$ 有 $U(f(x), f(e)) = f(x)$.
③ $\text{Ran}(f|_{[0,m_1]}) \subseteq [0, f(m_1)]$, g_8 满足方程 (4.3.15).
④ $f(m_1) \leqslant \lambda$.
⑤ $f|_{(m_1, n_1]}) = 1$.
⑥ $\text{Ran}(f|_{(n_1, l)}) \subseteq (\lambda, u]$, g_6 满足方程 (4.3.13).
⑦ $f|_{[l,1)} = e$.
⑧ 对任意 $x \in [0, \lambda]$ 有 $U(f(x), f(1)) = f(x)$;对任意 $x \in (\lambda, 1]$ 有 $U(f(x), f(1)) = f(1)$.

(4) 若 $f(m_1) \leqslant u$ 和 $f(n_1) \leqslant u$,则

① 对任意 $x \in \mathbf{Id}(U)$ 有 $f(x) \in \mathbf{Id}(U)$.
② 对任意 $x \in [0,1]$ 有 $U(f(x), f(e)) = f(x)$.

③ $\mathrm{Ran}(f|_{[0,m_1]}) \subseteq [0, f(m_1)]$, g_8 满足方程 (4.3.15).
④ $f|_{(m_1,n_1)} = 1$.
⑤ $f(m_1) \leqslant \lambda < f(n_1)$.
⑥ $\mathrm{Ran}(f|_{[n_1,l]}) \subseteq [f(n_1), u]$, g_7 满足方程 (4.3.14).
⑦ $f|_{[l,1)} = e$.
⑧ 对任意 $x \in [0, \lambda]$ 有 $U(f(x), f(1)) = f(x)$; 对任意 $x \in (\lambda, 1]$ 有 $U(f(x), f(1)) = f(1)$.

例 4.3.3 考虑 $U = (\lambda, u, e, T_1, T_2, h)$ 其中 $\lambda = \dfrac{1}{4}$, $u = \dfrac{1}{2}$, $e = \dfrac{3}{4}$, $T_1 = xy$, $T_2 = \min(x,y)$, $h(x) = \ln \dfrac{x - \dfrac{1}{2}}{1 - x}$, 则

$$U(x,y) = \begin{cases} 4xy, & x, y \in \left[0, \dfrac{1}{4}\right], \\ \min(x,y), & x, y \in \left[\dfrac{1}{4}, \dfrac{1}{2}\right], \\ \dfrac{\left(x - \dfrac{1}{2}\right)\left(y - \dfrac{1}{2}\right) + \dfrac{1}{2}(1-x)(1-y)}{(1-x)(1-y) + \left(x - \dfrac{1}{2}\right)\left(y - \dfrac{1}{2}\right)}, & x, y \in \left(\dfrac{1}{2}, 1\right), \\ x, & x \in \left[0, \dfrac{1}{2}\right], y \in \left(\dfrac{1}{2}, 1\right) \\ & \text{或 } x \in \left[0, \dfrac{1}{4}\right], y = 1, \\ 1, & x \in \left(\dfrac{1}{4}, 1\right), y = 1. \end{cases}$$

根据定理 4.3.3, 可知

$$f_1(x) = \begin{cases} \dfrac{1}{4}(4x)^c, & x \in \left[0, \dfrac{1}{2}\right], \\ \dfrac{3}{4}, & x \in \left(\dfrac{1}{2}, 1\right), \\ 1, & x = 1 \end{cases}$$

和

$$f_2(x) = \begin{cases} \dfrac{(2x)^c}{4}, & x \in \left[0, \dfrac{1}{2}\right], \\ \dfrac{3}{4}, & x \in \left(\dfrac{1}{2}, 1\right] \end{cases}$$

都满足方程 (4.3.1), 其中 $c>0$.

2. 子情况: $\mathrm{Ran}(f|_{[0,u]}) \cap (u,1) = \varnothing$

前面讨论了存在 $x_0 \in [0,u]$ 使得 $f(x_0) \in (u,1)$ 的情况, 即 $\mathrm{Ran}(f|_{[0,u]})\cap(u,1) \neq \varnothing$. 接下来考虑对任意 $x \in [0,u]$ 有 $f(x) \in [0,u]$ 的情况, 即 $\mathrm{Ran}(f|_{[0,u]})\cap(u,1) = \varnothing$. 事实上, 如前面指出的, 这种情况不能看成定理 4.3.3 或定理 4.3.4 在假设 $l=u$ 下的退化. 虽然在定理 4.3.3 或定理 4.3.4 中有 $f|_{(u,1)} = e$, 但是当 $\mathrm{Ran}(f|_{[0,u]})\cap(u,1) = \varnothing$ 时 $f|_{(u,1)}$ 的值是确定的. $f|_{[0,u]}$ 的值的确定, 与定理 4.3.3 或定理 4.3.4 的类似. 因此在这里只列出结果. 接下来为了刻画 $f|_{(u,1)}$, 需要下面的解释.

设 $x,y \in (u,1)$, 定义函数 $\phi_{10}\colon [u,1] \to [0,1]$ 为 $\phi_{10}(x) = \dfrac{x-u}{1-u}$. 这样存在可表示一致模 U_S 使得方程 (4.3.1) 的两边可以写成 $U(x,y) = \phi_{10}^{-1} U_S(\phi_{10}(x), \phi_{10}(y))$ 和 $U(f(x), f(y)) = \phi_{10}^{-1} U_S(\phi_{10}(f(x)), \phi_{10}(f(y)))$. 因此对任意 $x,y \in (u,1)$, 方程 (4.3.1) 可以写成 $f(\phi_{10}^{-1} U_S(\phi_{10}(x), \phi_{10}(y))) = \phi_{10}^{-1} U_S(\phi_{10}(f(x)), \phi_{10}(f(y)))$, 从而有 $(\phi_{10} \circ f \circ \phi_{10}^{-1})(U_S(\phi_{10}(x), \phi_{10}(y))) = U_S(\phi_{10}(f(x)), \phi_{10}(f(y)))$. 做常规替换 $g_{10} = \phi_{10} \circ f \circ \phi_{10}^{-1}$, $a_{10} = \phi_{10}(x)$, $b_{10} = \phi_{10}(y)$, 可得类柯西函数方程

$$g_{10}(U_S(a_{10}, b_{10})) = U_S(g_{10}(a_{10}), g_{10}(b_{10})), \quad a_{10}, b_{10} \in (0,1). \tag{4.3.17}$$

其中, $g_{10}\colon [0,1] \to [0,1]$ 是未知函数. 这意味着当 $x,y \in (u,1)$ 时, 求解方程 (4.3.1) 归结为刻画方程 (4.3.17) 的所有解. 幸运地是, 这种情况已经完整刻画了.

定理 4.3.5 考虑一致模 $U = (\lambda, u, e, T_1, T_2, h)$ 且 $U(1,\lambda) = \lambda$, 二元函数 $f\colon [0,1] \to [0,1]$ 满足 $f(e) = e$ 和 $\mathrm{Ran}(f|_{[0,u]}) \cap (u,1) = \varnothing$, 以及上述定义的 m_1、n_1、g_5、g_6、g_7、g_8、g_{10}, 则 f 满足方程 (4.3.1) 当且仅当以下四种情况之一成立.

(1) 若 $f(m_1) = 1$ 和 $f(n_1) = 1$, 则

① 对任意 $x \in \mathbf{Id}(U)$ 有 $f(x) \in \mathbf{Id}(U)$.

② 对任意 $x \in [0,1]$ 有 $U(f(x), f(e)) = f(x)$.

③ $\mathrm{Ran}(f|_{[0,m_1]}) \subseteq [0,\lambda]$, g_5 满足方程 (4.3.12).

④ $f|_{[m_1,n_1]} = 1$.

⑤ $\mathrm{Ran}(f|_{(n_1,u]}) \subseteq (\lambda, u]$, g_6 满足方程 (4.3.13).

⑥ $\mathrm{Ran}(f|_{(u,1)}) \subseteq (u,1)$, g_{10} 满足方程 (4.3.17).

⑦ 对任意 $x \in [0,\lambda]$ 有 $U(f(x), f(1)) = f(x)$; 对任意 $x \in (\lambda, 1]$ 有 $U(f(x), f(1)) = f(1)$.

(2) 若 $f(m_1) = 1$ 和 $f(n_1) \leqslant u$, 则

① 对任意 $x \in \mathbf{Id}(U)$ 有 $f(x) \in \mathbf{Id}(U)$.

② 对任意 $x \in [0,1]$ 有 $U(f(x), f(e)) = f(x)$.

③ $\mathrm{Ran}(f|_{[0,m_1]}) \subseteq [0,\lambda]$, g_5 满足方程 (4.3.12).

④ $f|_{[m_1,n_1]} = 1$.

⑤ $\mathrm{Ran}(f|_{[n_1,u]}) \subseteq [f(n_1), u]$, g_7 满足方程 (4.3.14).

⑥ $\mathrm{Ran}(f|_{(u,1)}) \subseteq (u,1)$, g_{10} 满足方程 (4.3.17).

⑦ 对任意 $x \in [0,\lambda]$ 有 $U(f(x), f(1)) = f(x)$; 对任意 $x \in (\lambda, 1]$ 有 $U(f(x), f(1)) = f(1)$.

(3) 若 $f(m_1) \leqslant u$ 和 $f(n_1) = 1$, 则

① 对任意 $x \in \mathbf{Id}(U)$ 有 $f(x) \in \mathbf{Id}(U)$.

② 对任意 $x \in [0,1]$ 有 $U(f(x), f(e)) = f(x)$.

③ $\mathrm{Ran}(f|_{[0,m_1]}) \subseteq [0, f(m_1)]$, $f(m_1) \leqslant \lambda$, g_8 满足方程 (4.3.15).

④ $f|_{(m_1,n_1]}) = 1$.

⑤ $\mathrm{Ran}(f|_{(n_1,u]}) \subseteq (\lambda, u]$, g_6 满足方程 (4.3.13).

⑥ $\mathrm{Ran}(f|_{(u,1)}) \subseteq (u,1)$, g_{10} 满足方程 (4.3.17).

⑦ 对任意 $x \in [0,\lambda]$ 有 $U(f(x), f(1)) = f(x)$; 对任意 $x \in (\lambda, 1]$ 有 $U(f(x), f(1)) = f(1)$

(4) 若 $f(m_1) \leqslant u$ 和 $f(n_1) \leqslant u$, 则

① 对任意 $x \in \mathbf{Id}(U)$ 有 $f(x) \in \mathbf{Id}(U)$.

② 对任意 $x \in [0,1]$ 有 $U(f(x), f(e)) = f(x)$.

③ $\mathrm{Ran}(f|_{[0,m_1]}) \subseteq [0, f(m_1)]$, g_8 满足方程 (4.3.15).

④ $f|_{(m_1,n_1)} = 1$.

⑤ $f(m_1) \leqslant \lambda < f(n_1)$.

⑥ $\mathrm{Ran}(f|_{[n_1,u]}) \subseteq [f(n_1), u]$, g_7 满足方程 (4.3.14).

⑦ $\mathrm{Ran}(f|_{(u,1)}) \subseteq (u,1)$, g_{10} 满足方程 (4.3.17).

⑧ 对任意 $x \in [0,\lambda]$ 有 $U(f(x), f(1)) = f(x)$; 对任意 $x \in (\lambda, 1]$ 有 $U(f(x), f(1)) = f(1)$.

4.3.5 情况: $f(e) = 1$

引理 4.3.10 考虑一致模 $U = (\lambda, u, e, T_1, T_2, h)$ 且 $U(\lambda, 1) = \lambda$, 二元函数 $f: [0,1] \to [0,1]$ 满足 $f(e) = 1$. 若 f 满足方程 (4.3.1), 则有下面的结论.

(1) 对任意 $x \in (u, 1)$ 有 $f(x) = 1$.

(2) 对任意 $x \in [0, u]$, 要么 $f(x) = 1$, 要么 $f(x) \in [0, \lambda]$.

证明 (1) 令 $x \in (u, 1)$, 则存在 $x' \in (u, 1)$ 使得 $e = U(x, x')$. 由方程 (4.3.1) 可得 $1 = f(e) = U(f(x), f(x'))$, 从而有 $f(x) \in (\lambda, 1]$. 因此 $f(x) = U(f(x), f(e)) = U(f(x), 1) = 1$.

4.3 类柯西方程

(2) 对任意 $x \in [0, u]$，由 $x = U(e, x)$ 和方程 (4.3.1) 可得 $f(x) = U(f(x), 1)$. 因此对任意 $x \in [0, u]$ 有 $f(x) = 1$ 或 $f(x) \in [0, \lambda]$.

虽然引理 4.3.10(1) 刻画了 $f|_{(u,1)}$ 的值，但是引理 4.3.10(2) 只给出了 $f|_{(0,u)}$ 的值域. 为进一步刻画 $f|_{(0,u)}$ 的值，需考虑下面的分析.

除了引理 4.3.10 的需求外，还假设存在 $x_0 \in [0, u]$ 使得 $f(x_0) = 1$，但这不是本质的. 则可以断言：对任意 $x \in [x_0, u]$ 有 $f(x) = 1$. 事实上，对任意 $x \in (x_0, u]$，存在 $x_1 \in [0, u]$ 使得 $x_0 = U(x_1, x)$. 因此由方程 (4.3.1) 可得 $1 = f(x_0) = f(U(x_1, x)) = U(f(x_1), f(x))$. 最后由 U 的结构和引理 4.3.10(2) 可得 $f(x) = 1$.

基于以上的分析，现在记 $E_2 = \{x \in [0, u] | f(x) = 1\}$ 且规定

$$m_2 = \inf E_2,$$

则 $m_2 \leqslant u$，进一步可断言：m_2 是 U 的幂等元，由于证明与引理 4.3.4 类似，所以省略.

引理 4.3.11 考虑一致模 $U = (\lambda, u, e, T_1, T_2, h)$ 且 $U(\lambda, 1) = \lambda$，二元函数 $f: [0, 1] \to [0, 1]$ 满足 $f(e) = 1$，m_2 的定义如上. 若 f 满足方程 (4.3.1)，则 $\mathrm{Ran}(f|_{[0,m_2)}) \subseteq [0, \lambda]$ 和 $f|_{(m_2, u]} = 1$ 同时成立.

从引理 4.3.10 和引理 4.3.11 可知，尽管 $f|_{[0,u]}$ 的值域和函数 $f|_{(m_2, u]}$ 的值是已知的，但是 f 在剩下定义域上的值还不确定.

设 $x, y \in [0, m_2)$，定义两函数 $\phi_{11}: [0, m_2) \to [0, 1]$ 和 $\varphi_{11}: [0, \lambda] \to [0, 1]$ 分别为 $\phi_{11}(x) = \dfrac{x}{m_2}$ 和 $\varphi_{11}(x) = \dfrac{x}{\lambda}$. 因此存在连续三角模 T_{19} 使得方程 (4.3.1) 两边写成 $U(x, y) = \phi_{11}^{-1} T_{19}(\phi_{11}(x), \phi_{11}(y))$ 和 $U(f(x), f(y)) = \varphi_{11}^{-1} T_1(\varphi_{11}(f(x)), \varphi_{11}(f(y)))$. 故对任意 $x, y \in [0, m_2)$，方程 (4.3.1) 为 $f(\phi_{11}^{-1} T_{19}(\phi_{11}(x), \phi_{11}(y))) = \varphi_{11}^{-1} T_1(\varphi_{11}(f(x)), \varphi_{11}(f(y)))$，从而有 $(\varphi_{11} \circ f \circ \phi_{11}^{-1})(T_{19}(\phi_{11}(x), \phi_{11}(y))) = T_1(\varphi_{11}(f(x)), \varphi_{11}(f(y)))$. 做常规替换 $g_{11} = \varphi_{11} \circ f \circ \phi_{11}^{-1}, a_{11} = \phi_{11}(x), b_{11} = \phi_{11}(y)$，可得类柯西函数方程

$$g_{11}(T_{19}(a_{11}, b_{11})) = T_1(g_{11}(a_{11}), g_{11}(b_{11})), \quad a_{11}, b_{11} \in [0, 1). \tag{4.3.18}$$

其中，$g_{11}: [0, 1] \to [0, 1]$ 是未知函数. 这意味着当 $x, y \in [0, m_2)$ 时，求解方程 (4.3.1) 归结为刻画方程 (4.3.18) 的所有解. 幸运地是，这种情况已经完整刻画了.

由以上分析，有下面的定理.

定理 4.3.6 考虑一致模 $U = (\lambda, u, e, T_1, T_2, h)$ 且 $U(\lambda, 1) = \lambda$，二元函数 $f: [0, 1] \to [0, 1]$ 满足 $f(e) = 1$，m_2 和 g_{11} 定义如上，则 f 满足方程 (4.3.1) 当且仅当

(1) 对任意 $x \in \mathbf{Id}(U)$ 有 $f(x) \in \mathbf{Id}(U)$.

(2) $\mathrm{Ran}(f|_{[0,m_2)}) \subseteq [0, \lambda]$，$g_{11}$ 满足方程 (4.3.18).

(3) $f(m_2) \leqslant \lambda$ 或 $f(m_2) = 1$.

(4) $f|_{(m_2,1)} = 1$.

(5) 对任意 $x \in [0,\lambda]$ 有 $U(f(x), f(1)) = f(x)$; 对任意 $x \in (\lambda,1]$ 有 $U(f(x), f(1)) = f(1)$.

证明 与定理 4.3.3 的证明类似, 省略.

例 4.3.4 考虑例 4.3.3 中的 U, 根据定理 4.3.6 可知

$$f_1(x) = \begin{cases} \dfrac{(2x)^c}{4}, & x \in \left[0, \dfrac{1}{2}\right], \\ 1, & x \in \left(\dfrac{1}{2}, 1\right), \\ \dfrac{1}{5}, & x = 1 \end{cases}$$

和

$$f_2(x) = \begin{cases} \dfrac{(4x)^c}{4}, & x \in \left[0, \dfrac{1}{4}\right], \\ 1, & x \in \left(\dfrac{1}{4}, 1\right] \end{cases}$$

满足方程 (4.3.1), 其中 $c > 0$.

参 考 文 献

柴天佑. 2013. 复杂工业过程运行优化与反馈控制. 自动化学报, 39(11): 1744–1757.

陈永义, 汪培庄. 1985. 最优 Fuzzy 蕴涵与近似推理的直接法. 模糊数学, 1: 29–40.

李洪兴, 尤飞, 彭家寅, 等. 2003. 基于某些模糊蕴涵算子的模糊控制器及其响应函数. 自然科学进展, 13(10): 1073–1077.

刘德荣, 李宏亮, 王鼎. 2013. 基于数据的自学习优化控制: 研究进展与展望. 自动化学报, 39(11): 1858–1870.

宋士吉, 吴澄. 2002. 模糊推理的反向三 I 算法. 中国科学 (E 辑), 32(2): 230–246.

王飞跃. 2005. 词计算和语言动力学系统的基本问题和研究. 自动化学报, 31(6): 844–852.

王国俊. 2000. 三 I 方法与区间值模糊推理. 中国科学 (E 辑), 30(4): 331–340.

王国俊. 2001. 适用于多种蕴涵算子的赋值空间上的测度与积分理论. 中国科学 (E 辑), 31(1): 42–49.

王国俊. 2001. 完备格中的成分理论. 数学学报, 44(5): 829–836.

王国俊. 2003. 非经典数理逻辑与近似推理. 北京: 科学出版社.

王国俊. 2003. 数理逻辑引论与归结原理. 北京: 科学出版社.

吴洪博. 2002. 修正的 Kleene 系统中的广义重言式理论. 中国科学 (E 辑), 32(2): 225–229.

吴望名. 1992. 区间值模糊集和区间值模糊推理. 模糊系统与数学, 6(2): 38–48.

吴望名. 1994. 模糊推理的原理和方法. 贵阳: 贵州科技出版社.

辛斌, 陈杰, 彭志红. 2013. 智能优化控制: 概述与展望. 自动化学报, 39(11): 1831–1848.

徐扬, 秦克云, 宋振明, 等. 1997. 一阶格值逻辑系统 FM 的语法问题. 科学通报, 42: 1052–1054.

张文修, 梁怡. 1996. 不确定性推理原理. 西安: 西安交通大学出版社.

Aguiló I, Suñer J, Torrens J. 2010. A characterization of residual implications derived from left-continuous uninorms. Information Sciences, 18: 3992–4005.

Alsina C, Frank M J, Schweizer B. 2003. Problems on associative functions. Aequationes Mathematicae, 66(1/2): 128–140.

Alsina C, Frank M J, Schweizer B. 2006. Associative Functions: Triangular Norms and Copulas. New Jerser: World Scientific Publishing.

Baaz B, Hajek P, Montagna F, et al. 2001. Complexity of t-tautologies. Annals of Pure and Applied Logic, 113(1): 3–11.

Baczyński M. 2001. On a class of distributive fuzzy implications. International Journal of Uncertainty, Fuzziness and Knowledge-Based Systems, 9(2): 229–238.

Baczyński M. 2004. Residual implications revisited: Notes on the smets-magrez theorem.

Fuzzy Sets and Systems, 145: 267–277.

Baczyński M. 2010. On the distributivity of fuzzy implications over representable uninorms. Fuzzy Sets and Systems, 161: 2256–2275.

Baczyński M, Beliakov G, Sola H B, et al. 2013. Advances in Fuzzy Implication Functions. Berlin: Springer.

Baczyński M, Jayaram B. 2007. On the characterization of (S, N)-implications. Fuzzy Sets and Systems, 158: 1713–1727.

Baczyński M, Jayaram B. 2008. Fuzzy Implications. Berlin: Springer.

Baczyński M, Jayaram B. 2009. (U, N)-implications and their characterizations. Fuzzy Sets and Systems, 160: 2049–2062.

Baczyński M, Jayaram B. 2011. Intersections between some families of (U, N)-implications and RU-implications. Fuzzy Sets and Systems, 167: 30–44.

Balasubramaniam J, Rao C J M. 2004. On the distributivity of implication operators over T and S norms. IEEE Transactions on Fuzzy Systems, 12(2): 194–198.

Batyrshin I, Kaynak O, Rudas I. 2002. Fuzzy modeling based on generalized conjunction operations. IEEE Transactions on Fuzzy Systems, 10(5): 678–683.

Bede B, Nobuhara H, Rudas I J, et al. 2008. Discrete cosine transform based on uninorms and absorbing norms. IEEE International Conference on Fuzzy Systems: 1982–1986.

Beliakov G, Pradera A, Calvo T. 2007. Aggregation Functions: A Guide for Practitioners. Berlin: Springer.

Belluce L P. 1986. Semisimple algebras of infinite valued logic and bold fuzzy set theory. Canadian Journal of Mathematics, 6: 1356–1379.

Bertoluzza C, Doldi V. 2004. On the distributivity between t-norms and t-conorms. Fuzzy Sets and Systems, 142: 85–104.

Bodenhofer U. 2003. A unified framework of opening and closure operators with respect to arbitrary fuzzy relations. Soft Computing, 7: 220–227.

Bodjanova S, Kalina M. 2014. Construction of uninorms on bounded lattices. IEEE 12th International Symposium on Intelligent Systems and Informatics: 61–66.

Buchanan B G. Shortliffe E H. 1984. Rule-based Expert Systems-The MYCIN Experiments of the Stanford Heuristic Program-ming Project. Reading: Addison-Wesley.

Buckley J J, Hayashi Y. 1993. Fuzzy input-output controllers are universal approximators. Fuzzy Sets and Systems, 58: 273–278.

Bustince H, Burillo P, Soria P. 2003. Automorphisms, negations and implication operators. Fuzzy Sets and Systems, 134: 209–229.

Bustince H, Calderon M, Mohedano V. 1998. Some conditions about a least squares model for fuzzy rules of inference. Fuzzy Sets and Systems, 97: 315–336.

Bustince H, De Baets B, Fernandez J, et al. 2012. A generalization of the migrativity property of aggregation functions. Information Sciences, 191: 76–85.

Bustince H, Montero J, Mesiar R. 2009. Migrativity of aggregation functions. Fuzzy Sets and Systems, 160: 766–777.

Cai K Y. 2001. Robustness of fuzzy reasoning and δ-equalities of fuzzy sets. IEEE Transactions on Fuzzy Systems, 9(5): 738–750.

Calvo T. 1999. On some solutions of the distributivity equation. Fuzzy Sets and Systems, 104: 85–96.

Calvo T, De Baets B. 2000. On the generalization of the absorption equation. Journal of Fuzzy Mathematics, 8: 141–149.

Calvo T, Mayor G, Mesiar R. 2002. Aggregation Operators: New Trends and Applications. Berlin: Springer.

Calvo T, Mesier R. 2001. Generalized medians. Fuzzy Sets and Systems, 124: 59–64.

Calvo T, Mesiar R. 2003. Aggregation operators: Ordering and bounds. Fuzzy Sets and Systems, 139: 685–697.

Calvo T, Mesier R. 2003. Weighted triangular norms-based aggregation operators. Fuzzy Sets and Systems, 137: 3–10.

Calvo T, De Baets B, Fodor J C. 2001. The functional equations of Frank and Alsina for uninorms and nullnorms. Fuzzy Sets and Systems, 120: 385–394.

Carlsson C, Fuller R, Majlender P. 2003. A note on constrained OWA aggregation. Fuzzy Sets and Systems, 139: 543–546.

Chang C C. 1958. Algebraic analysis of many valued logics. Transactions of the American Mathematical Society, 88(1): 467–490.

Chang C C. 1959. A new proof of the completeness of the Lukasiewicz axioms. Transactions of the American Mathematical Society, 93(1): 74–80.

Chen Y H. 2000. Approximate reasoning mechanism: Internal, external and hybrid. Journal of Intelligent and Fuzzy Systems, 8(2): 121–133.

Cignoli R, Esteva F, Godo L, et al. 2000. Basic fuzzy logic is the logic of continuous t-norms and their residual. Soft Computing, 4: 106–112.

Cignoli R, Esteva F, Godo L, et al. 2002. On a class of left-continuous t-norms. Fuzzy Sets and Systems, 131: 283–296.

Cignoli R, Itala M, Mundici D. 2000. Algebraic Foundation of Many-Valued Reasoning. Dordrecht: Kluwer Academic Publisher.

Cintula P. 2001. About axiomatic systems of product fuzzy logic. Soft Computing, 5: 243–244.

De Baets B. 1997. Fuzzy morphology: A logical approach, in uncertainty analysis//Ayyub B, Gupta M. Engineering and Sciences: Fuzzy Logic, Statistics and Neural Network Approach. Dordrecht: Kluwer Academic Publishers: 53–67.

De Baets B. 1999. Idempotent uninorms. European Journal of Operational Research, 118: 631–642.

De Baets B. 2000. Analytical solution methods for fuzzy relational equations//Dubois D, Prade H. Fundamentals of Fuzzy Sets, The Handbooks of Fuzzy Sets Series. Dordrecht: Kluwer Academic Publishers : 291–340.

De Baets B, Fodor J C. 1999a. Residual operators of uninorms. Soft Computing, 3: 89–100.

De Baets B, Fodor J C. 1999b. Van Melle's combining function in MYCIN is a representable uninorm: An alternative proof. Fuzzy Sets and Systems, 104: 133–136.

De Baets B, Fodor J C, Ruiz-Aguilera D, et al. 2009. Idempotent uninorms on finite ordinal scales. International Journal of Uncertainty, Fuzziness and Knowledge-Based Systems, 17: 1–14.

De Baets B, Kwasnikowska N, Kerre E. 1997. Fuzzy morphology based on uninorms. Proceedings of Seventh IFSA World Congress, Prague: 215–220.

De Baets B, Mesiar R. 1996. Residual implicators of continuous t-norms. Proceedings of EUFIT 96, Aachen: 37–41.

De Baets B, Mesiar R. 1999. Triangular norms on product lattices. Fuzzy Sets and Systems, 104: 61–75.

Depaire B, Vanhoof K, Wets G. 2007. Managerial opportunities of uninorm-based importance-performance analysis. WSEAS Transactions on Business and Economics, 3: 101–108.

Deschrijver G. 2013. Uninorms which are neither conjunctive nor disjunctive in interval-valued fuzzy set theory. Information Sciences, 244: 48–59.

Deschrijiver G, Kerre E E. 2003. On the relationship between some extensions of fuzzy set theory. Fuzzy Sets and Systems, 133: 227–235.

Deschrijver G, Kerre E E. 2004. Uninorms in L*-fuzzy set theory. Fuzzy Sets and Systems, 148: 243–262.

Deschrijver G, Cornelis C, Kerre E. 2004. On the representation of intuitionistic fuzzy t-norms and t-conorms. IEEE Transactions on Fuzzy Systems, 12(1): 45–61.

Dombi J. 1981. Basic concepts for a theory of evaluation: The aggregative operator. European Journal of Operational Research, 10: 282–293.

Drewniak J, Drygas P. 2002. On a class of uninorms. International Journal of Uncertainty, Fuzziness and Knowledge-Based Systems, 10(Suppl.): 5–10.

Drewniak J, Drygas P, Rak E. 2008. Distributivity between uninorms and nullnorms. Fuzzy Sets and Systems, 159: 1646–1657.

Drygas P. 2004. A characterization of idempotent nullnorms. Fuzzy Sets and Systems, 145: 455–461.

Drygas P. 2005. Discussion of the structure of uninorms. Kybernetika, 41(2): 213–226.

Drygas P. 2007a. On monotonic operations which are locally internal on some subset of their domain. Proceedings of the 5th EUSFLAT Conference, Ostrava: 185–191.

Drygas P. 2007b. On the structure of continuous uninorms. Kybernetika, 43: 183–196.

Drygas P. 2010. On properties of uninorms with underlying t-norm and t-conorm given as ordinal sums. Fuzzy Sets and Systems, 161: 149–157.

Drygas P. 2013. On a class of operations on interval-valued fuzzy sets//Atanassov K T. New Trends in Fuzzy Sets, Intuitionistic Fuzzy Sets, Generalized Nets and Related Topics. Warsaw: IBS PAN/SRI PAS: 67–83.

Drygas P, Qin F, Rak E. 2017. Left and right distributivity equations for semi-t-operators and uninorms. Fuzzy Sets and Systems, 325: 21–34.

Drygas P, Ruiz-Aguilera D, Torrens J. 2016. A characterization of uninorms locally internal in A(e) with continuous underlying operators. Fuzzy Sets and Systems, 287: 137–153.

Dubois D, Fodor J, Prade H, et al. 1996. Aggregation of decomposable measures with application to utility theory. Theory Decision, 41: 59–95.

Dubois D, Prade H. 1980. Fuzzy Sets and Systems: Theory and Applications. New York: Academic Press.

Dubois D, Prade H. 1991. Fuzzy sets in approximate reasoning I, II. Fuzzy Sets and Systems, 40: 143–244.

Dubois D, Prade H. 1996. What are fuzzy rules and how to use them. Fuzzy Sets and Systems, 84: 169–185.

Durante F, Sarkoci P. 2008. A note on the convex combination of triangular norms. Fuzzy Sets and Systems, 159: 77–80.

Esteva F, Godo L. 2001. Monoidal t-norm based logic: Towards a logic for left continuous t-norm. Fuzzy Sets and Systems, 124: 271–288.

Esteva F, Godo L, Hajek P, et al. 2000. Residuated fuzzy logics with an involutive negation. Archive for Mathematical Logic, 39: 103–124.

Esteva F, Godo L, Montagna F. 2001. The LΠ and LΠ$\frac{1}{2}$: Two complete fuzzy systems joining Lukasiewicz and product logics. Archive for Mathematical Logic, 40: 39–67.

Fodor J C. 1991. On fuzzy implication operators. Fuzzy Sets and Systems, 42: 293–300.

Fodor J C. 1993. A new look at fuzzy connectives. Fuzzy Sets and Systems, 57: 141–148.

Fodor J C. 1995. Contrapositive symmetry on fuzzy implications. Fuzzy Sets and Systems, 69: 141–156.

Fodor J C. 2000. Smooth associative operations on finite ordinal scales. IEEE Transactions on Fuzzy Systems, 8: 791–795.

Fodor J C. 2003a. Binary operations on fuzzy sets: Resentadvances. LNAI, 2715: 16–29.

Fodor J C. 2003b. On rational uninorms. Proceedings of the First Slovakian-Hungarian Joint Symposium on Applied Machine Intelligence, Herlany, Slovakia: 139–147.

Fodor J C, De Baets B. 2012. A single-point characterization of representable uninorms. Fuzzy Sets and Systems, 202: 89–99.

Fodor J C, De Baets B, Calvo T. 2003. Structure of uninorms with given continuous underlying t-norms and t-conorms. Triangular Norms and Related Operators in Many-

Valued Logics, Abstracts of the 23rd Linz Seminar on Fuzzy Set: 49–50.

Fodor J C, Klement E P, Mesiar R. 2012. Cross-migrative triangular norms. International Journal of Intelligent Systems, 27(5): 411–428.

Fodor J C, Roubens M. 1994. Fuzzy Preference Modelling and Multicriteria Decision Support. Dordrecht: Kluwer Academic Publisher.

Fodor J C, Rudas I J. 2007. On continuous triangular norms that are migrative. Fuzzy Sets and Systems, 158: 1692–1697.

Fodor J C, Rudas I J. 2011. An extension of the migrative property for triangular norms. Fuzzy Sets and Systems, 168: 70–80.

Gabbay D, Metcalfe G. 2007. Fuzzy logics based on $[0, 1]$-continuous uninorms. Archive for Mathematical Logic, 46: 425–449.

Gavalec M. 2001. Solvability and unique solvability of max-min fuzzy equations. Fuzzy Sets and Systems, 124: 385–393.

Goguen J A. 1967. L-fuzzy sets. Journal of Mathematical Analysis and Applications, 18: 145–174.

González-Hidalgo M, Massanet S, Mir A, et al. 2014a. A new edge detector based on uninorms. Information Processing and Management of Uncertainty in Knowledge-Based Systems, Communications in Computer and Information Science, 443: 184–193.

González-Hidalgo M, Massanet S, Mir A, et al. 2014b. On the choice of the pair conjunction-implication into the fuzzy morphological edge detector. IEEE Transactions on Fuzzy Systems, 23(4): 872-884.

González-Hidalgo M, Mir A, Ruiz-Aguilera D, et al. 2009. Image analysis applications of morphological operators based on uninorms. Proceedings of the IFSA/EUSFLAT Conference: 630–635.

González-Hidalgo M, Mir A, Torrens J. 2009. Noisy image edge detection using an uninorm fuzzy morphological gradient. Proceedings of the Ninth International Conference on Intelligent Systems Design and Applications, ISDA: 1335–1340.

González-Hidalgo M, Ruiz-Aguilera D, Torrens J. 2003. Algebraic properties of fuzzy morphological operators based on uninorms//Artificial Intelligence Research and Development. Amsterdam: IOS Press: 27–38.

Gorzalczany M B. 1987. A method of inference in approximate reasoning based on interval-valued fuzzy sets. Fuzzy Sets and Systems, 21: 1–17.

Gottwald S. 2000a. A Treatise on Many-Valued Logic. Baldock: Research Studies Press.

Gottwald S. 2000b. Axiomatizations of t-norm based logics-A survey. Soft Computing, 4: 63–67.

Grabisch M, Marichal J L, Mesiar R, et al. 2009. Aggregation Functions. Cambridge: Cambridge University Press.

Grzegorzewski P. 2012. Survival implications//Greco S, Bouchon-Meunier B, Coletti G, et al. Advances in Computational Intelligence. Berlin: Springer: 335–344.

Grzegorzewski P. 2013. Probabilistic implications. Fuzzy Sets and Systems, 226: 53–66.

Hájek P. 1995. Fuzzy logic and arithmetical hierarchy. Fuzzy Sets and Systems, 73: 359–363.

Hájek P. 1998. Metamathematics of Fuzzy Logic. Dordrecht: Kluwer Academic Publisher.

Hájek P. 2001a. Basic fuzzy logic and BL-algebras. Soft Computing, 5: 243–244.

Hájek P. 2001b. On very true. Fuzzy Sets and Systems, 124: 329–333.

Hájek P. 2002. Observations on the monoidal t-norm logic. Fuzzy Sets and Systems, 132: 107–112.

Hájek P, Harmancova D. 2000. A hedge for Godel fuzzy logic. International Journal of Uncertainty, Fuzziness and Knowledge-Based System, 8(4): 495–498.

Hájek P, Shepherdson J. 2001. A note on the notion of truth in fuzzy logic. Annals of Pure and Applied Logic, 109: 65–69.

Hell M, Gomide F, Ballini R, et al. 2009. Uninetworks in time series forecasting. Proceedings Annual Meeting of the North American Fuzzy Information Processing Society: 1–6.

Hlinená D, Kalina M, Král P. 2013. Non-representable uninorms. Proceedings of EUROFUSE: 131–138.

Hlinená D, Kalina M, Král P. 2014a. A class of implications related to Yager's f-implications. Information Sciences, 260: 171–184.

Hlinená D, Kalina M, Král P. 2014b. Pre-orders and orders generated by conjunctive uninorms. Information Processing and Management of Uncertainty in Knowledge-Based Systems, Communications in Computer and Information Science: 307–316.

Hong D H, Wang S H. 1994. A note on the value similarity of fuzzy systems variables. Fuzzy Sets and Systems, 66: 383–386.

Hu S, Li Z. 2001. The structure of continuous uninorms. Fuzzy Sets and Systems, 124: 43–52.

Huang Q, Yin S, Huang Z. 2008. A Gossip-based protocol to reach consensus via uninorm aggregation operator//Advances in Grid and Pervasive Computing. Los Alamitos: IEEE Computer Society: 319–330.

Jayaram B. 2008. Rule reduction for efficient inferencing in similarity based reasoning. International Journal of Approximate Reasoning, 48: 156–173.

Jenei S. 1995. Contrapositive symmetry of fuzzy implications. Fuzzy Sets and Systems, 69: 141–156.

Jenei S. 1997. A more efficient method for defining fuzzy connectives. Fuzzy Sets and Systems, 90: 25–35.

Jenei S. 2000a. New family of triangular norms via contrapositive symmetrization of residuated implications. Fuzzy Sets and Systems, 110: 157–174.

Jenei S. 2000b. Structure of left-continuous triangular norms with strong induced negations (I): Rotation construction. Journal of Applied Non-Classical Logics, 10(1): 83–92.

Jenei S. 2001. Continuity of left-continuous triangular norms with strong induced negations and their boundary condition. Fuzzy Sets and Systems, 124: 35–41.

Jenei S. 2002. A note on the ordinal sum theorem and its consequence for the construction of triangular norms. Fuzzy Sets and Systems, 126: 199–205.

Jenei S. 2003. A characterization theorem on the rotation construction for triangular norms. Fuzzy Sets and Systems, 136: 283–289.

Jenei S. 2006. On the convex combination of left-continuous t-norms. Aequationes Mathematicae, 72: 47–59.

Jenei S, De Baets B. 2004. Rotation and rotation-annihilation contruction of associative and partially compensatory aggregation operators. IEEE Tranctions on Fuzzy Systems, 12(5): 606–614.

Jenei S, Fodor J C. 1998. On continuous triangular norms. Fuzzy Sets and Systems, 100: 273–282.

Jenei S, Kerre E. 2000. Convergence of residuated operators and connective stability of non-classical logics. Fuzzy Sets and Systems, 114: 411–415.

Jenei S, Montagna F. 2002. A proof of standard completeness for Esteva and Godo's logic MTL. Studia Logica, 70: 183–192.

Karacal F, Mesiar R. 2015. Uninorms on bounded lattices. Fuzzy Sets and Systems, 261: 33–43.

Karimadini M. 2008. Universal controller for monotone systems inspired from fuzzy logic control. IEEE International Conference on Systems, Man and Cybernetics: 962–967.

Khaledi G H, Mashinchi M, Ziaie S A. 2005. The monoid structure of e-implications and pseudo-e-implication. Information Sciences, 174: 103–122.

Kim J, Lee J S. 2010. Sufficient conditions for monotonically constrained functional-type SIRMs connected fuzzy systems. 2010 IEEE International Conference on Fuzzy Systems: 1–6.

Kim J, Won J, Koo K, et al. 2012. Monotonic fuzzy systems as universal approximators for monotonic functions. Intelligent Automation & Soft Computing, 18(1): 13–31.

Klement E P, Mesiar R, Pap E. 1997. A characterization of the ordering of continuous t-norms. Fuzzy Sets and Systems, 86: 189–195.

Klement E P, Mesiar R, Pap E. 2000a. Integration with respect to decomposable measures based on a conditionally distributive semiring on the unit interval. International Journal of Uncertainty, Fuzziness and Knowledge-Based Systems, 8(6): 701–717.

Klement E P, Mesiar R, Pap E. 2000b. Triangular Norms. Dordrecht: Kluwer Academic Publisher.

Klement E P, Mesiar R, Pap E. 2002. On the order of triangular norms-Comments on 'A triangular norm hierarchy' by E. Cretu. Fuzzy Sets and Systems, 131: 409–413.

Klement E P, Mesiar R, Pap E. 2004. Problems on triangular norms and related operators. Fuzzy Sets and Systems, 145: 471–479.

Klement E P, Navara M. 1999. A survey on different triangular norm-based fuzzy logics. Fuzzy Sets and Systems, 101: 241–251.

Klir G J, Yuan B. 1995. Fuzzy Sets and Fuzzy Logic, Theory and Application. Upper Saddle River: Prentice-Hall.

Kolesarova A. 2001. Limit properties of quasi-arithmetic means. Fuzzy Sets and Systems, 124: 65–71.

Kolesarova A, Mayor G, Mesiar R. 2007. Weighted ordinal means. Information Sciences, 177: 3822–3830.

Komornikowa M. 2001. Aggregation operators and additive generators. International Journal of Uncertainty, Fuzziness and Knowledge-Based Systems, 9(2): 205–215.

Kouikoglou V S, Phillis Y A. 2009. On the monotonicity of hierarchical sum-product fuzzy systems. Fuzzy Sets and Systems, 160: 3530–3538.

Kundu S, Chen J. 1998. Fuzzy logic or Lukasiewicz logic: A clarification. Fuzzy Sets and Systems, 95: 369–379.

Laskowshi M C, Shashoua Y V. 2002. A classification of BL-algebras. Fuzzy Sets and Systems, 131: 271–282.

Lee C C. 1990. Fuzzy logic in control systems: Fuzzy logic controller-Part 1. IEEE Transactions on Systems, Man and Cybernetics, 20(2): 404–418.

Lemos A, Caminhas W, Gomide F. 2010. New uninorm-based neuron model and fuzzy neural networks. Proceedings Annual Meeting of the North American Fuzzy Information Processing Society: 1–6.

Lemos A, Kreinovich V, Caminhas W, et al. 2011. Universal approximation with uninorm-based fuzzy neural networks. Proceedings Annual Meeting of the North American Fuzzy Information Processing Society: 1–6.

Li C, Yi J, Zhang G. 2014. On the monotonicity of interval type-2 fuzzy logic systems. IEEE Transactions on Fuzzy Systems, 22(5): 1197–1212.

Li D, Shi Z , Li Y. 2008. Sufficient and necessary conditions for Boolean fuzzy systems as universal approximators. Information Sciences, 178: 414–424.

Li G, Liu H W. 2016. Distributivity and conditional distributivity of a uninorm with continuous underlying operators over a continuous t-conorm. Fuzzy Sets and Systems, 287: 154-171.

Li G, Liu H W, Fodor J C. 2014. Single-point characterization of uninorms with nilpotent underlying t-norm and t-conorm. International Journal of Uncertainty, Fuzziness Knowledge-Based Systems, 22: 591–604.

Li G, Liu H W, Qin F. 2017. Commuting functions with annihilator elements. International

Journal of General Systems, 46(8): 824–838.

Li S, Qin F, Fodor J. 2015. On the cross-migrativity with respect to continuous t-norms. International Journal of Intelligence Systems, 30(5): 550–562.

Li Y M, Shi Z K. 2000a. Remarks on uninorms aggregation operators. Fuzzy Sets and Systems, 114: 377–380.

Li Y M, Shi Z K. 2000b. Weak uninorm aggregation operators. Information Sciences, 124: 317–323.

Li Y M, Shi Z K, Li Z H. 2002. Approximation theory of fuzzy systems based upon genuine many-valued implications-SISO cases. Fuzzy Sets and Systems, 130: 147–157; 159–174.

Liang X, Pedrycz W. 2009. Logic-based fuzzy networks: A study in system modeling with triangular norms and uninorms. Fuzzy Sets and Systems, 160: 3475–3502.

Maes K C J, De Baets B. 2000. A contour view on uninorm properties. Kybernetika, 42(3): 303–318.

Marichal J L. 2000. On the associativity functional equation. Fuzzy Sets and Systems, 114: 381–389.

Marko V, Mesiar R. 2001. Continuous archimedean t-norms and their bounds. Fuzzy Sets and Systems, 121: 183–190.

Martin J, Mayor G, Torrens J. 2003. On locally internal mono-tonic operations. Fuzzy Sets and Systems, 137: 27–42.

Mas M, Mayor G, Torrens J. 1999. T-operators and uninorms on a finite totally ordered set. International Journal of Intelligent Systems, 14: 909–922.

Mas M, Mayor G, Torrens J. 2002a. The distributivity condition for uninorms and t-operators. Fuzzy Sets and Systems, 128: 209–225.

Mas M, Mayor G, Torrens J. 2002b. The modularity condition for uninorms and t-operators. Fuzzy Sets and Systems, 126: 207–218.

Mas M, Mesiar R, Monserrat M, et al. 2003. Associative operators based on t-norms and t-conorms//Bouchon-Meunier B, Foulloy L, Yager R R. Intelligent Systems for Information Processing: From Representation to Applications. New York: North-Holland: 393–404.

Mas M, Monserrat M, Ruiz-Aguilera D, et al. 2013. An extension of the migrative property for uninorms. Information Sciences, 246: 191–198.

Mas M, Monserrat M, Ruiz-Aguilera D, et al. 2015. Migrative uninorms and nullnorms over t-norms and t-conorms. Fuzzy Sets and Systems, 261: 20–32.

Mas M, Monserrat M, Torrens J. 2001. On left and right uninorms. International Journal of Uncertainty, Fuzziness and Knowledge-Based Systems, 9(4): 491–507.

Mas M, Monserrat M, Torrens J. 2002. The modularity condition for uninorms and t-operators. Fuzzy Sets and Systems, 126: 207–218.

Mas M, Monserrat M, Torrens J. 2003. On bisymmetric operators on a finite chain. IEEE

Transactions on Fuzzy Systems, 11(5): 647–651.

Mas M, Monserrat M, Torrens J. 2004a. On left and right uninorms on a finite chain. Fuzzy Sets and Systems, 146: 3–17.

Mas M, Monserrat M, Torrens J. 2004b. S-implications and rimplications on a finite chain. Kybernetika, 40: 3–20.

Mas M, Monserrat M, Torrens J. 2005. On two types of discrete implications. International Journal of Approximate Resoning, 40: 262–279.

Mas M, Monserrat M, Torrens J. 2007. Two types of implications derived from uninorms. Fuzzy Sets and Systems, 158: 2612–2626.

Mas M, Monserrat M, Torrens J. 2010a. Smooth aggregation functions on finite scales. Lecture Notes in Artificial Intelligence, 6178: 398–407.

Mas M, Monserrat M, Torrens J. 2010b. A characterization of (U,N), RU, QL and D-implications derived from uninorms satisfying the law of importation. Fuzzy Sets and Systems, 161: 1369–1387.

Mas M, Monserrat M, Torrens J. 2013. Kernel aggregation functions on finite scales: Constructions from their marginals. Fuzzy Sets and Systems, 241: 27–40.

Mas M, Monserrat M, Torrens J, et al. 2007. A survey on fuzzy implication functions. IEEE Transactions on Fuzzy Systems, 15: 1107–1121.

Massanet S, Torrens J. 2011. The law of importation versus the exchange principle on fuzzy implications. Fuzzy Sets and Systems, 168: 47–69.

Massanet S, Torrens J. 2012. On the characterization of Yager's implications. Information Sciences, 201: 1–18.

Massanet S, Torrens J. 2014. Implications satisfying the law of importation with a given uninorm. Information Processing and Management of Uncertainty in Knowledge-Based Systems. In series: Communications in Computer and Information Science, 442: 148–157.

Mayor G, Torrens J. 1993. On a class of operators for expert systems. International Journal of Intelligent Systems, 8: 771–778.

Mayor G, Torrens J. 2005. Triangular norms in discrete settings// Klement E P, Mesiar R. Logical, Algebraic, Analytic and Probabilistic Aspects of Triangular Norms. Amsterdam: Elsevier: 189–230.

Mesiar R, Bustince H, Fernandez J. 2010. On the α-migrativity of semicopulas, quasi-copulas and copulas. Information Sciences, 180: 1967–1976.

Mesiar R, Novak V. 1996. Open problems from the 2nd international conference on fuzzy sets theory and its applications. Fuzzy Sets and Systems, 81: 185–190.

Mesiar R, Pap E. 1998. Different interpretations of triangular norms and related operations. Fuzzy Sets and Systems, 96: 183–189.

Mesiar R, Stupnanová A. 2015. Open problems from the 12th international conference on fuzzy sets theory and its applications. Fuzzy Sets and Systems, 261: 112–123.

Metcalfe G, Montagna F. 2007. Substructural fuzzy logics. Journal of Symbolic Logic, 72: 834–864.

Meunier B, Kreinovich V. 1999. Fuzzy modus ponens as a calculus of logical modifiers: Towards Zadeh's vision of implication calculus. Information Sciences, 116: 219–227.

Monserrat M, Torrens J. 2002. On the reversibility of uninorms and t-operators. Fuzzy Sets and Systems, 131: 303–314.

Morsi N N. 2002. Propositional calculus under adjointness. Fuzzy Sets and Systems, 132: 91–106.

Mosier B, Tsiporkova E, Klement E P. 1999. Convex combinations in terms of triangular norms: A characterization of idempotent, bisymmetrical and self-dual compensatory operators. Fuzzy Sets and Systems, 104: 97–108.

Novak V, Perfilieva I, Močkoř J. 1999. Mathematical Principles of Fuzzy Logic. Dordrecht: Kluwer Academic Publisher.

Ouyang Y. 2013. Generalizing the migrativity of continuous t-norms. Fuzzy Sets and Systems, 211: 73–83.

Ouyang Y, Fang J X. 2008. Some results of weighted quasi-arithmetic mean of continuous triangular norms. Information Sciences, 178: 4396–4402.

Ouyang Y, Fang J. 2008. Some observations about the convex combination of continuous triangular norms. Nonlinear Analysis: Theory, Methods & Applications, 68(11): 3382–3387.

Ouyang Y, Fang J X, Li G L. 2007. On the convex combination of TD and continuous triangular norms. Information Sciences, 177: 2945–2953.

Ovchinnikov S, Roubens M. 1991. On strict preference relations. Fuzzy Sets and Systems, 43: 319–326.

Pavelka J. 1979. On fuzzy logic I, II, III. Z. Für Mathematik Logic U Grundlagend Mathematic, (25): 45–52; 119–134; 447–464.

Pedrycz W. 2006. Logic-based fuzzy neurocomputing with unineurons. IEEE Transactions on Fuzzy Systems, 14: 860–873.

Pedrycz W, Hirota K. 2007. Uninorm-based logic neurons as adaptive and interpretable processing constructs. Soft Computing, 11: 41–52.

Pei D W. 2002a. Notes on the theory of granular lattices. Computers and Mathematics with Applications, 43: 975–980.

Pei D W. 2002b. R_0-implication: Characteristics and applications. Fuzzy Sets and Systems, 131: 297–302.

Pei D W. 2003. On the strict logic foundation of fuzzy reasoning. Soft Computing, 8(8): 539–545.

Petrík M, Mesiar R. 2014. On the structure of special classes of uninorms. Fuzzy Sets and

Systems, 240: 22–38.

Petrik M. 2010. Convex combinations of strict t-norms. Soft Computing, 14(10): 1053–1057.

Pham T D, Valliappan S. 1991. A least squares model for fuzzy rules of inference. Fuzzy Sets and Systems, 64: 207–212.

Pradera A. 2000. On modus ponens generating functions. International Journal of Uncertainty, Fuzziness and Knowledge-Based Systems, 8(1): 7–19.

Qin F. 2004. Uninorm solutions and (or) nullnorm solutions to the modularity condition equations. Fuzzy Sets and Systems, 148: 231–241.

Qin F. 2015a. Cauchy-like functional equation based on continuous t-conorms and representable uninorms. IEEE Transactions on Fuzzy Systems, 23(1): 127–138.

Qin F. 2015b. Cauchy-like functional equation based on a class of uninorms. Kybernetika, 51(4): 678–698.

Qin F. 2016. Distributivity between semi-uninorms and semi-t-operators. Fuzzy Sets and Systems, 299: 66–88.

Qin F, Baczyński M. 2014a. Distributive equations of implications based on continuous triangular conorms (II). Fuzzy Sets and Systems, 240: 86–102.

Qin F, Baczyński M. 2014b. On distributivity equations of implications and contrapositive symmetry equations of implications. Fuzzy Sets and Systems, 247: 81–91.

Qin F, Baczyński M, Xie A. 2012. Distributive equations of implications based on continuous triangular norms. IEEE Transactions on Fuzzy Systems, 20: 153–167.

Qin F, Fang P. 2010. A new kind of fuzzy relation equations. International Journal of Uncertainty, Fuzziness and Knowledge-Based Systems, 18(3): 333–342.

Qin F, Min Y M. 2016. Distributivity for semi-nullnorms over semi-t-operators. International Journal of Uncertainty, Fuzziness and Knowledge-Based Systems, 24(5): 685–702.

Qin F, Ruiz-Aguilera D. 2015. On the α-migrativity of idempotent uninorms. International Journal of Uncertainty, Fuzziness and Knowledge-Based Systems, 23: 105–115.

Qin F, Wang D. 2012. On the monotonicity of fuzzy systems based upon genuine many-valued implications-SISO cases. The 3rd International Conference on Quantitative Logic and Soft Computing: 565–572.

Qin F, Wang Y M. 2016. Distributivity between semi-t-operators and Mayor's aggregation operators. Information Sciences, 346/347: 6–16.

Qin F, Yang L. 2010. Distributive equations of implications based on nilpotent triangular norms. International Journal of Approximate Reasoning, 51(8): 984-992.

Qin F, Zhao B. 2005. The distributive equations for idempotent uninorms and nullnorms. Fuzzy Sets and Systems, 155: 446–458.

Qin F, Zhao Y Y, Zhu J. 2018. Cauchy-like functional equations for uninorms continuous in $[0,1]^2$. Fuzzy Sets and Systems, 346: 85–107.

Rasiowa H, Sikorski R. 1963. The Mathematics of Matemathematics. Warszawa: Panstwowe Wydawnictwo Naukowe.

Riera J V, Torrens J. 2011. Uninorms and nullnorms on the set of discrete fuzzy numbers. Proceedings of the 7th Conference of the European Society for Fuzzy Logic and Technology EUSFLAT.

Rudas I J, Pap E, Fodor J. 2013. Information aggregation in intelligent systems: An application oriented approach. Knowledge-Based Systems, 38: 3–13.

Ruiz-Aguilera D, Torrens J. 2003. Distributive idempotent uninorms. International Journal of Uncertainty, Fuzziness and Knowledge-Based Systems, 11(4): 413-428.

Ruiz-Aguilera D, Torrens J. 2004. Residual implications and co-implications from idempotent uninorms. Kybernetika, 40: 21–38.

Ruiz-Aguilera D, Torrens J. 2006a. Distributivity of strong implications over conjunctive and disjunctive uninorms. Kybernetika, 42: 319–336.

Ruiz-Aguilera D, Torrens J. 2006b. Strong implications from continuous uninorms. Proceedings IPMU-06, Paris: 635–642.

Ruiz-Aguilera D, Torrens J. 2007. Distributivity of residual implications over conjunctive and disjunctive uninorms. Fuzzy Sets and Systems, 158: 23–37.

Ruiz-Aguilera D, Torrens J. 2009. R-implications and S-implications from uninorms continuous in $[0,1]^2$ and their distributivity over uninorms. Fuzzy Sets and Systems, 160: 832–852.

Ruiz-Aguilera D, Torrens J. 2015. A characterization of discrete uninorms having smooth underlying operators. Fuzzy Sets and Systems, 268: 44–58.

Ruiz-Aguilera D, Torrens J, De Baets B, et al. 2010. Some remarks on the characterization of idempotent uninorms. International Conference on Information Processing and Management of Uncertainty in Knowledge-Based Systems IPMU: 425-434.

Ruiz-Aguilera D, Torrens J. 2004. Distributivity of strong implications over conjunctive and disjunctive uninorms. Kybernetika, 40(1): 1–17.

Schott B, Whalen T. 1996. Nonmonotonicity and discretization error in fuzzy rule-based control using COA and MOM defuzzification. Proceedings of IEEE 5th International Fuzzy Systems, New Orleans, LA: 450–456.

Schwartiz D G, 1985. The case for an interval-based representation of linguistic truth. Fuzzy Sets and Systems, 17: 153–165.

Schweiser B, Sklar A. 1983. Probabilistic Metric Spaces. New York: North-Holland.

Seki H, Ishii H. 2008. On the monotonicity of functional type SIRMs connected fuzzy reasoning method and T-S reasoning method. 2008 IEEE International Conference on Fuzzy Systems: 58–63.

Seki H, Mizumoto M. 2012. SIRMs connected fuzzy inference method adopting emphasis and suppression. Fuzzy Sets and Systems, 215: 112–126.

Smets P, Magrez P. 1987. Implication in fuzzy logic. International Journal of Approximate Reasoning, 1: 327–347.

Stamou G B. 2001. Fuzzy relation equations based on Archimedean triangular norms. Fuzzy Sets and Systems, 120: 395–407.

Stepnicka M, De Baets B. 2013. Implication-based models of monotone fuzzy rule bases. Fuzzy Sets and Systems, 232: 134–155.

Stepnicka M, De Baets B, Nosková L. 2010. Arithmetic fuzzy models. IEEE Transactions on Fuzzy Systems, 18: 1058–1069.

Su Y, Zong W, Liu H. 2015. On migrativity property for uninorms. Information Sciences, 300(10): 114–123.

Takacs M. 2004. Approximate reasoning in fuzzy systems based on pseudo-analysis and uninorm residuum. Acta Polytechnica Hungrarica, 1(2): 49–62.

Takacs M. 2008a. Uninorm operations on type-2 fuzzy sets. Proceedings of the International Conference on Intelligent Engineering Systems: 277–280.

Takacs M. 2008b. Uninorm-based models for FLC systems. Journal of Intelligent Fuzzy Systems, 19: 65–73.

Tay K M, Lim C P, Jee T L. 2012. Building monotonicity-preserving fuzzy inference models with optimization-based similarity reasoning and a monotonicity index. 2012 IEEE International Conference on Fuzzy Systems: 1–8.

Trillas E. 1979. Sobre funciones de negación en la teoría de conjuntos difusos. Stochastica, 3: 47–60.

Trillas E, Alsina C. 2002. On the law $(p \wedge q) \rightarrow r = (p \rightarrow q) \vee (p \rightarrow r)$ in fuzzy logic. IEEE Transactions on Fuzzy Systems, 10: 84–88.

Trillas E, Mas M, Monserrat M, et al. 2008. On the representation of fuzzy rules. International Journal of Approximate Reasoning, 48: 583–597.

Tsadiras A K, Margaritis K G, Mertzios B. 1995. Strategic planning using extended fuzzy cognitive maps. Studies of Information Control, 4: 237–245.

Turken I B, Zhao Z. 1990. An approximate analogical reasoning schema based on similarity measures and interval-valued fuzzy sets. Fuzzy Sets and Systems, 34: 323–346.

Turksen E. 1992. Algebraic structures in fuzzy logic. Fuzzy Sets and Systems, 52: 181–188.

Turksen E. 1995: Well defined fuzzy sentential logic. Mathematical Logic Quarterly, 41: 236–248.

Turksen E. 1997. Rules of inference in fuzzy sentential logic. Fuzzy Sets and Systems, 85: 63–72.

Turksen E. 1999. Mathematics Behind Fuzzy Logic. Berlin: Physica-Verlag.

Turksen I B. 1986. Interval valued fuzzy sets based on normal forms. Fuzzy Sets and Systems, 20: 191–210.

Turksen I B, Kreinovich V, Yager R R. 1998. A new class of fuzzy implications: Axioms of fuzzy implication revisited. Fuzzy Sets and Systems, 100: 267–272.

Van Broekhoven E. 2007. Monotonicity aspects of linguistic fuzzy models. Ghent: Ghent University.

Van Broekhoven E, De Baets B. 2005. A linguistic fuzzy model with amonotone rule base is not always monotone. Proceedings of the EUSFLATLFA, Barcelona: 530–535.

Van Broekhoven E, De Baets B. 2008. Monotone Mamdani-Assilian models under mean of maximal defuzzification. Fuzzy Sets and Systems, 159(21): 2819–2844.

Van Broekhoven E, De Baets B. 2009. Only smooth rule bases can generate monotone Mamdani-Assilian models under center of gravity defuzzification. IEEE Transactions on Fuzzy Systems, 17(5): 590–603.

Vetterlein T. 2008. Regular left-continuous t-norms. Semigroup Forum, 77: 339–379.

Vicenik P. 1999. A note to a construction of t-norms based on pseudo-inverses of monotone functions. Fuzzy Sets and Systems, 104: 15–18.

Vo P, Detyniecki M. 2013. Towards smooth monotonicity in fuzzy inference system based on gradual generalized modus ponens. Proceedings of the 8th Conference of the European Society for Fuzzy Logic and Technology: 788–795.

Wang G J. 1998. On the structure of value functional bag mapping. Fuzzy Sets and Systems, 95: 215–221.

Wang G J. 1999. On the logic foundation of fuzzy reasoning. Information Sciences, 117: 47–88.

Wang G J. 2000. Theory of granular lattices and its applications. Computer and Mathematics with Applications, 39: 1–9.

Wang G J. 2004. Formalized theory of general fuzzy reasoning. Information Sciences, 160: 251–266.

Wang G J, Zhang W X. 2005. Consistency degrees of finite theories in Lukasiewicz propositional fuzzy logic. Fuzzy Sets and Systems, 149(2): 275–284.

Wang S M, Qin F. 2006. Solutions to Cintula's open problems. Fuzzy Sets and Systems, 157: 2091–2099.

Wang Y M, Qin F. 2016. On the characterization of distributivity equations about quasi-arithmetic means. Aequationes Mathematicae, 90: 501–515.

Wang Y M, Qin F. 2017. Distributivity for 2-uninorms over semi-uninorms. International Journal of Uncertainty, Fuzziness and Knowledge-Based Systems, 25(2): 317–345.

Weisbrod J. 1998. A new approach to fuzzy reasoning. Soft Computing, 2: 89–99.

Won J, Park S, Lee J. 2002. Parameter conditions for monotonic Takagi-Sugeno-Kang fuzzy system. Fuzzy Sets and Systems, 132: 135–146.

Won J, Karray F. 2014. Toward necessity of parametric conditions for monotonic fuzzy systems. IEEE Transactions on Fuzzy Systems, 22: 465–468.

Wu H B. 2001. A kind of simplified formal deductive system L_0^* for the system L^*. Fuzzy

Mathematics, 9(2): 365–371.

Wu L, Ouyang Y. 2013. On the migrativity of triangular subnorms. Fuzzy Sets and Systems, 226: 89–98.

Xie A F, Liu H W, Qin F. 2012. Solutions to the functional equation $I(x,y) = I(x, I(x,y))$ for three types of fuzzy implications derived from uninorms. Information Sciences, 186(12): 209–221.

Xie A F, Qin F. 2010. Solutions to the functional equation $I(x,y) = I(x, I(x,y))$ for a continuous D-operation. Information Sciences, 180(12): 2487–2497.

Yager R R. 1997. On a class of weak triangular norm operators. Information Sciences, 96: 47–78.

Yager R R. 2001. Uninorms in fuzzy systems modeling. Fuzzy Sets and Systems, 122: 167–175.

Yager R R. 2002. Defending against strategic manipulation in uninorm-based multi-agent decision making. European Journal of Operational Research, 141: 217–232.

Yager R R, Kreinovich V. 2003. Universal approximation theorem for uninorm-based fuzzy systems modelling. Fuzzy Sets and Systems, 140: 331–339.

Yager R R, Rybalov A. 1996. Uninorm aggregation operators. Fuzzy Sets and Systems, 80: 111–120.

Yi Z H, Qin F, Li W C. 2008. Generalizations to the constructions of t-norms: Rotation (-annihilation) construction. Fuzzy Sets and Systems, 159(13): 1619–1630.

Ying H, Chen G. 1997. Necessary conditions for some typical fuzzy systems as universal approximators. Automatica, 33(7): 1333–1338.

Ying M S. 1990. Reasonable of the compositional rule of fuzzy inference. Fuzzy Sets and Systems, 36: 305–310.

Ying M S. 1994. A logic for approximate reasoning. Journal of Symbolic Logic, 59: 830–837.

Zadeh L A. 1965. Fuzzy sets. Information and Control, 8: 338–353.

Zeng X J, Singh M G. 1994. Approximation theory of fuzzy systems-SISO case. IEEE Transactions on Fuzzy Systems, 2(2): 162-176.

Zeng X J, Singh M G. 1995. Approximation theory of fuzzy systems-MIMO case. IEEE Transactions on Fuzzy Systems, 3(2): 219-235.

索　　引

B

半-copula　44
半零模　46
半三角模　44
半三角余模　44
半 t-算子　46
半一致模　44

E

2-单位元　48
2-一致模　48

G

共轭的　2
GM 聚合算子　100
　　分配性　102
　　幂等的　102
　　幂等元　101

J

加法柯西函数方程　173

L

零模　39
　　吸收元　39
　　t-算子　39
　　(1,0)((0,1))-型左零模　41
　　(1,0)((0,1))-型右零模　41

M

模糊否定　5
　　标准强否定　5
　　强否定　5
　　弱否定　5
　　严格的　5
模糊蕴涵　6
　　D-算子　12
　　恒等性质　7
　　换置位性质　7
　　换置位蕴涵　13
　　交换性质　8
　　结论边界性质　7
　　连续性　8
　　利普希茨条件　11
　　强蕴涵　9
　　QL-算子　11
　　R-蕴涵　8
　　S-蕴涵　9
　　(S,N)-蕴涵　9
　　剩余性质　9
　　剩余蕴涵　9
　　序性质　7
　　左单位性质　7
　　自然否定　8

N

拟算术平均算子　125

索　引

参数　125
生成子　125

S

三角模　1
　　阿基米德的　1
　　乘法生成子　2
　　加法生成子　2
　　幂零的　1
　　严格的　1
三角余模　3
　　阿基米德的　3
　　乘法生成子　4
　　加法生成子　4
　　幂零的　4
　　s-模　3
　　t-余模　3
　　严格的　4

Y

一致模　13
　　阿基米德的　15
　　乘法生成子　20
　　单位元　13
　　Fodor 型一致模　28
　　合取一致模　14
　　基本三角模　14
　　基本三角余模　14
　　几乎连续的　15
　　加法生成子　15
　　假言推理性质　59
　　交换性质　59
　　局部内部的　29
　　可表示的　18
　　满足 C 条件的　36
　　幂等的　29
　　Id- 对称的　35
　　弱单位元　37
　　弱一致模　37
　　剩余算子　58
　　剩余蕴涵　58
　　完全图　35
　　伪连续的　28
　　析取一致模　14
　　序性质　59
　　真一致模　13
　　左单位性质　58
　　左(右)连续的　36

Z

自同构的　2